续论电动汽车和化学蓄电

——杨裕生院士文集

杨裕生　著

科 学 出 版 社

北 京

内 容 简 介

《续论电动汽车和化学蓄电——杨裕生院士文集》是2012年科学出版社出版发行的《纵论电动汽车和化学蓄电——杨裕生院士文集》的姊妹篇，收录了杨裕生院士从2012年9月至2017年9月间在报纸、学术期刊等公开发表论文，以及在多个国内各类会议上所做的学术报告。内容涉及我国电动车发展的补贴政策和技术路线，微型低速电动车和增程式电动车的优越性，各种电池技术在电动汽车和可再生能源中的应用、优缺点、发展前景等热点议题，对我国电动车与规模化学蓄电的发展提出了深思熟虑的独特见解。

本书可供国家相关决策部门的人员阅读，也适合从事电动车技术、新能源发电与储存技术、电池技术等领域的科研工作者与在校学生阅读。

图书在版编目(CIP)数据

续论电动汽车和化学蓄电——杨裕生院士文集/杨裕生著. —北京：科学出版社，2017. 11

ISBN 978-7-03-055002-6

Ⅰ. ①续… Ⅱ. ①杨… Ⅲ. ①电动汽车–文集②化学电源–文集 Ⅳ. ①U469.72-53②TM911-53

中国版本图书馆CIP数据核字(2017)第262978号

责任编辑：耿建业 韩丹岫/责任校对：桂伟利
责任印制：吴兆东/封面设计：正典设计

科学出版社 出版
北京东黄城根北街16号
邮政编码：100717
http://www.sciencep.com
北京九州迅驰传媒文化有限公司 印刷
科学出版社发行 各地新华书店经销
*
2017年11月第 一 版 开本：720×1000 1/16
2022年10月第四次印刷 印张：26 1/4
字数：512 000

定价：168.00元

(如有印装质量问题，我社负责调换)

前　言

我的第一本文集《纵论电动汽车和化学蓄电——杨裕生院士文集》，是 2012 年 10 月我 80 岁生日时由科学出版社出版发行的。该文集收集了 64 篇文章、报告、访谈录。文集除分送了亲朋好友外，还在书店出售。出版社根据需要加印了两次。

2014 年 5 月 5 日中国电动汽车百人会成立时，我收集了 2012 年 8 月以后一年半时间内陆续在报刊杂志上发表的文章和给领导同志的信共 25 篇，编印《纵论电动汽车和化学蓄电(续集)》300 册，作为会议资料分发，表示对大会成立的祝贺。

2012 年以来的五年，我国电动车在快速发展的同时，也经历了风雨。特别是 2015 年在多年高补贴诱发下产生的严重“骗补”（以及为开脱众多企业而取名的“谋补”）风波，进一步引起了广大群众对我国电动汽车发展路线、政策的反思和讨论。我也认真思考了这些问题，并陆续在报刊、杂志、会议上发表了文章和演讲，连同“骗补”前我对补贴政策发表的意见，成为本文集的主要组成部分。

电动汽车的发展路线仍是我这五年关注的重点问题，我继续从用好现有电池出发，论证和表达我的观点：“纯电动车应以微小型为突破口，大中型车应主要发展增程式”。读者可结合补贴开始退坡的形势看出我的上述主张是对的。电动汽车上的电池量大，安全性必须放在第一位，于是我特别看重磷酸铁锂为正极的锂离子电池。我赞成发展并研究高比能电池，但我不欣赏为了追求纯电动里程而将比能量放在第一位、安全性放在第二位的急性行为。可再生能源需用的电池规模更大，安全性问题也更为严峻，这是我大力推动铅酸电池利用和铅炭电池发展的初衷。

五年来，我受各类论坛和学术会议的邀请做了 140 余次演讲，网上大量转发了这些演讲的记录稿。由于口音和专业术语等原因，这些记录稿中存在一定数量的错字，现收集了文章、报告、访谈录等共 110 篇，在重新校对的基础上正式出版此《续论电动汽车和化学蓄电——杨裕生院士文集》。需要说明的是，这本文集包含了 2014 年“中国电动汽车百人会”成立大会资料《纵论电动汽车和化学蓄电(续集)》的内容。

《续论电动汽车和化学蓄电——杨裕生院士文集》共分五部分及附录。

第一部分为“电动汽车的补贴与企业责任”，记录了 2013 年起我对过高补贴问题的分析和改革建议，包括将电动车的发展指标落实到企业。

第二部分为“电动汽车的发展路线”，进一步表述了我“以电池为依据发展电动车”的理念和对增程式纯电驱动电动车优越性的认识，讨论了积分问题。

第三部分为“发展微型电动车”，坚持电动车必须节能、减排及为最广大人民群众服务的发展原则。

第四部分为“动力电池及材料”，记述我国铅炭电池的开拓和超级电容器优势，论述全面认识各种电池的污染问题及其治理。

第五部分为“发展新能源及其他”，包含除上述四方面以外的文章、讲话，以及对科研、创新、科技人员培养的见解。

附录中收集了《纵论电动汽车和化学蓄电——杨裕生院士文集》文集的目录，以便于读者前后对照我的观念。

十年来在我参加了约 300 场论坛、研讨会后，得出一个强烈的印象，就是绝大部分官员们宣讲了政策后夹起皮包就离场，能继续坐下来听听技术进展和群众意见的是极少数。也许他们真的太忙了，但对于太需要学习的人而言，舍弃这种大好的交流、学习机会真是一种莫大的损失。我希望这本文集作为群众的呼声能够送达有关部门的官员。当然，更多的交流对象还是企业、院所的同行们，希望听到大家对这本《续论电动汽车和化学蓄电——杨裕生院士文集》的意见，以便我丰富知识，改正错误。我的电子邮箱：yangyush32@126.com。

谨以此文集作为对党的十九大的献礼！

杨裕生

2017 年 9 月于北京

目　　录

第二部分 电动汽车的发展路线

第三部分　发展微型电动车

第四部分　动力电池及材料

第五部分　发展新能源及其他

附录

第一部分 电动汽车的补贴与企业责任

电动乘用汽车补贴的尴尬与出路*

目前电动汽车是正在起步的新兴产业，中高档产品尚未达到批量生产，成本比较高，用户信心不足，市场一时难以形成。在此期间，许多国家通行的做法是政府给予一定的优惠来助推市场的形成，这种做法人们是可以理解的。但是，电动汽车优惠政策应当适度，如果过度了，不仅达不到助推市场形成的目的，反而会产生副作用，包括养成企业的依赖思想，影响企业根据市场规律自主选择发展方向，耽搁发展速度，甚至因加剧社会财富分配不公而引起公众的不满。

一、我国对中高档电动乘用车的补贴力度是世界之最

美国对电动乘用汽车的补贴是采取税额减免的形式，购买的汽车电池蓄电量达到5千瓦时的可减免税额2500美元，每增加1千瓦时又可再减免税额417美元，最高的总减免税额为7500美元，也就是相当于人民币1.6～4.8万元。累计销售量达到20万辆后再可延续减税一季度，以后每半年减半、一年后停止减税补贴。相比之下，我国对纯电动乘用汽车的补贴就高得多：每辆纯电动轿车国家补贴的最高限额为人民币6万元；在深圳，市政府再补贴人民币6万元；上海市的补贴虽比深圳市少2万元，但不必竞拍牌照而可省去约9万元的开支。

日本全混电动车普锐斯销往美国，最初销价约2万美元，加州给予购买者2000美元的减税，即相当于车价的10%。第二代普锐斯得到3150美元的减税，累计销售量达到6万辆后再延续了减税一季度，从2006年10月起的半年内减税额降为1575美元，2007年3月起的半年内减税额再降为787.5美元，至2007年10月1日起停止减税补贴。值得注意的是，普锐斯的省油率高达30%左右，减税补贴的最高时段也只有车价的15%。

日本也是采取减税的方式进行补贴。对全混电动车普锐斯的补贴是车辆税减半，购置税全免，与车价相比，总数也不高。

我国对电动乘用汽车的补贴（优惠）高达12万至19万元，占车价的1/3（深圳），甚至一半以上（上海），真可谓过度了！用公众纳的税如此大方地补贴给少数购车人，是有欠公允的。

---

* 本文原载于《中国科学报》，2013年4月29日第8版。

二、为何低速短程电动汽车不补贴而供不应求

我国试点向私人出售的电动乘用汽车虽有很高的现金补贴，购车人却寥寥无几，主要由政府买单用于机关用车和出租车。与此形成鲜明对照的是装配铅酸电池的小型低速短程电动汽车，普及型价约3万元，配置较高的约4万元，不仅不要补贴，而且在饱受打压的境况供不应求。山东省2011年全年生产了低速短程纯电动汽车64202辆，全部卖出，并有相当规模的出口，2012年又有新的增长；河北、广东等省也有不同呈度的进展。小型低速短程电动汽车的市场在我国部分开拓精神较强的省份已经开始形成。

市场的形成，是群众的需求、购买力、产品的成熟度、价格四者相互交融和促进的结晶，而不是主观愿望的乌托邦。小型低速短程电动汽车市场的形成正是符合了这四个因素。2010年，中国工程院和中国科学院(以下简称“两院”)应国家发改委要求，组织了几十位院士和专家耗时半年多提出了我国电动汽车发展的咨询报告，其中心思想是“市场引导、扬长避短、低端切入、以低带高、以小促大、零部件攻关、多层次发展”。报告指出，要以市场需求非常大的低速短程纯电动汽车作为市场推进的突破口，不必政府补贴，而靠其低成本优势产生效益，带动零部件关键技术产业化和电动汽车高端化进程。山东等省的事例非常能够说明两院上述咨询意见的正确性。而且有充分理由和现实根据可以说明，在市场需求的推动下，“低速、短程”电动汽车正在继续不断改进提高，必将有力地推动经济支柱汽车产业的转型。

三、为何有大量补贴的电动汽车销路不好

至2012年底，在政府大量补贴下，我国示范的节能与新能源汽车累计仅2.74万辆，1至8月销售的新能源汽车仅6019辆，而且大部分是电动公交车。现在的情况是，发改委等部委不允许发展市场需求的低端电动乘用汽车，然而他们鼓励的中高端电动汽车却不受市场欢迎。由于去年国务院规划2015年我国新能源汽车累计50万辆的指标很难达到，也可能落下“政府说话不算数”的话柄，影响了日益紧迫的节能与环保目标的早日实现。

为何会发生这样“有心栽花花不开，无意插柳柳成荫”的怪现象？

问题还是要回到发展路线上来。有些官员不顾当前动力电池技术水平和我国大多数人消费能力的实际，以燃油车的续驶里程、加速度、速度等指标要求纯电动车，认为搞低速电动汽车是浪费资金，会耽误发展新能源汽车宝贵的战略机遇。因此，这种电动汽车不允许被投放市场、不给上目录、不许上牌照。

谁都承认市场的重要性！但是，具体到电动汽车，却又将“市场”丢到了脑后。

电动汽车市场的形成必然是随着电动汽车技术进步有一个由小到大、由低到高逐渐发展的过程。只有发展路线选准了，补贴才能对市场的形成起到应有的促进和催化作用。而想靠高额补贴搞“拔苗助长”，只会适得其反。某些官员不仅脱离当前我国的技术水平实际，而且忽视了乡镇群众对避风挡雨低档电动汽车需求的渴望，高估了城市广大群众对中高档电动汽车的接受能力，幻想在我国一步到位推行中高档电动乘用车，猛一看是好心，却办了坏事，将我国电动汽车的发展引向了错误方向。

主管部门的官员们不该认真反思吗?

四、几点建议

(1)汽车生产企业在给人民提供汽车、自己大把赚钱的同时，也带来能源消耗、污染空气等负面影响。因此，各汽车企业有义务、有责任逐年提高电动汽车在本企业产品中的比例额度。政府部门可以提出进程表，并制定奖惩办法，实行“超额有奖，以奖代补，以惩促产”的政策，贯彻“耗能少的车多奖”原则，促使企业主动谋划生产有销路、少耗能的电动汽车，而不要以高额补贴的做法鼓励他们“瞄准政府补贴搞生产”。

(2)交通管理部门要制定能够推动各种电动汽车发展的交通管理法规，成为推动电动汽车迅速产业化进程的促进者；不能因怕麻烦而墨守成规，客观上当了“拦路虎”。例如，可规定不允许低速汽车上高速公路；先在中小城市与乡镇试点，取得经验逐步推广。

(3)中央政府部门要以百倍的热情、宽厚的心态对待低速短程纯电动汽车，给上目录、上牌照；或者按照中央改变政府职能的新精神，将审批权下放到各省，让售价约3～4万元的四轮车(如配用锂离子电池，估计也只要约5～6万元一辆)满足广大群众对遮风挡雨代步工具的需求，并可立即对节能减排作出大贡献。

(4)大力鼓励研制、生产纯电驱动的增程式电动汽车。增程式中档电动乘用车的百公里油耗小于3L，12m电动客车的百公里油耗小于20L，远低于插电式和其他混合动力车的能耗，特别适用于城市内行驶。增程式车电池的用量不及纯电动车的一半，而且经常处于“半充半放”的状态，淡化了电池的不一致性问题，延长了使用寿命，是用好现有电池的最佳技术途径，并且将在长时期内显示其优越性。增程式车的成本低于纯电动车，较容易向“无补贴”过渡。

(5)电力等部门要制定政策以鼓励充分利用夜间的“谷电”给电动汽车充电；用省下建设调峰电站的经费(约4000元/kW)，有步骤地大力建设智能充电桩(也许只需一半的资金)。

中高端电动车优惠政策需适度*

罗　兵

电动车时代网消息，电动汽车发展一直备受国家政府关注并给予大力政策扶持，然而统计数据显示，电动汽车发展却并不如预料中的一样得到迅猛发展，至2012年底，在政府大量补贴下，我国示范的节能与新能源汽车累计仅2.74万辆，1至8月销售的新能源汽车仅6019辆，而且大部分是电动公交车，眼看去年国务院规划2015年我国新能源汽车累计50万辆的指标遥遥无期，为何会发生这样"有心栽花花不开"的现象？

在政府不断加大对纯电动汽车的补贴和支持之际，一些业内人士也有不同的声音。中国汽车工业协会常务副会长兼秘书长董扬认为，就节能效果而言，混合动力技术是节能与新能源汽车最重要的组成部分，我国汽车企业应该加大对于混合动力的研发与投入，政府也应尽快出台支持混合动力汽车的政策。

中国工程院院士杨裕生指出，目前电动汽车是正在起步的新兴产业，中高档产品尚未达到批量生产，且其成本比较高，用户信心不足，市场一时难以形成。在此期间，政府给予一定的优惠来助推市场的形成，是许多国家通行的做法，人们是可以理解的。但是，电动汽车优惠政策应当适度，如果过度了，不仅达不到助推市场形成的目的，反而会产生不希望的副作用，影响企业根据市场规律自主选择发展方向，耽搁发展速度。

"在所有的替代性驱动系统中，插电式混合动力未来前景最为广阔。"大众汽车集团全球董事长文德恩2013年4月在第34届维也纳国际汽车研讨会上如此表述大众未来新能源车型的发展路线。事实上，混合动力越来越获得了汽车业内主流企业的认可。

汽车业界普遍的观点是，电动汽车和燃料电池汽车是长远的战略目标，过渡期间最理想的选择就是混合动力汽车。动力混合的程度可以有多种，达到节油的效果也不同。广汽丰田执行副总经理冯兴亚认为，混合动力汽车是在传统汽车技术基础上发展的，技术相当成熟，是所有能源利用技术包括新能源汽车的基础。现在电动汽车最大的障碍是电池功率不够大，将来一旦电池技术成熟，加上外接充电器，混合动力汽车就变成了增程式混合动力汽车、插电式混合动力汽车。再

---

* 本文原载于"电动车时代网"，2013年6月3日。

下一步，电池容量更大了，就不需要发动机了，把汽油发动机摘掉，就变成了纯电动汽车了，未来应当遵循这样的一个发展过程和规律。

数据显示，我国对中高档电动乘用车的补贴力度是世界之最。美国对电动乘用汽车的补贴是采取税额减免的形式，购买的汽车电池蓄电量达到 5 千瓦时的可减免税额 2500 美元，每增加 1 千瓦时又可再减免税额 417 美元，最高的总减免税额为 7500 美元，也就是相当于人民币 1.6～4.8 万元。相比之下，我国对纯电动乘用汽车的补贴就高得多。每辆纯电动轿车国家补贴的最高限额为 6 万元。

对此，杨裕生院士认为，我国对电动乘用汽车的补贴(优惠)高达 12 万至 19 万元，占车价的 1/3(深圳)甚至一半以上(上海)，真可谓过度了。“用公众纳的税如此大方地补贴给少数购车人，是有欠公允的。”

我国试点向私人出售的电动乘用汽车虽有很高的现金补贴，购车人却寥寥无几，主要由政府买单用于机关用车和出租车。与此形成鲜明对照的是装配铅酸电池的小型低速短程电动汽车，普及型价约 3 万元，配置较高的约 4 万元，不仅不要补贴，而且在饱受打压的境况下，反而供不应求。山东省 2011 年全年生产了低速短程纯电动汽车 64202 辆，全部卖出，并有相当规模的出口，2012 年又有新的增长；河北、广东等省也有进展。小型低速短程电动汽车的市场在我国部分开拓精神较强的省份已经开始形成。

据了解，2010 年，中国工程院和中国科学院应国家发改委要求，组织了几十位院士和专家耗时半年多提出了我国电动汽车发展的咨询报告，其中心思想是“市场引导、扬长避短、低端切入、以低带高、以小促大、零部件攻关、多层次发展”。报告指出，要以市场需求非常大的低速短程纯电动汽车作为市场推进的突破口，不必政府补贴，而靠其低成本优势产生效益，带动零部件关键技术产业化和电动汽车高端化进程。

杨裕生院士认为，有些观点不顾当前动力电池技术水平和我国大多数人消费能力的实际，以燃油车的续驶里程、加速度、速度等指标要求纯电动车，认为搞低速电动汽车是浪费资金，会耽误发展新能源汽车宝贵的战略机遇，因而这种电动汽车不允许投放市场、不给上目录、不许上牌照。但电动汽车市场的形成必然是随着电动汽车技术进步，有一个由小到大、由低到高的逐渐发展过程。只有发展路线选准了，补贴才能对市场的形成起到应有的促进和催化作用，想靠高额补贴搞拔苗助长，只会适得其反。低速电动汽车的发展仍需要逐渐引导，不能采取彻底的一刀切战略。

电动汽车的高补贴政策应该改革*

一、电池水平制约高速远程电动车

电动汽车的性能要求一是真能节油、减排——零排放最好；二是买得起——应首先考虑最广大群众的消费水平；三是用得好——安全、充电方便、耐用、省钱。

要充分用好现有的各种电池，生产卖得出去(有市场)的车种。政府补贴只能是杠杆，要找准支点。关键在于加强企业责任感、自主性。动力型锂离子电池现在比能量约 120Wh/kg，15 年后即使锂硫电池可用，实用比能量也仅为油的 1/3。所以，以燃油车的性能要求纯电动汽车是不合理的，否则电池量大、重、耗电多，需要电池更多，价高难销。例如比亚迪-E6，36 万/辆，行程可达 300km，用磷酸铁锂锂离子电池近 700kg，百公里耗电 19.5°，行程不短，价格不菲，耗电不少，用户不多。

国家发改委等四部委高补贴的纯电动汽车，市场不欢迎；想靠重金补贴纯电动车“造”市场，结果政府全额买单。

当前电池比能量不高，需要用快速充电弥补——“充电要像加油那样快”。但是，过快的充电不可取：①短时内产生大量的热，电池升温高，影响电池的寿命，安全问题大；②要建大型充电机，能达到以 2400 千瓦的功率连续充电 5 分钟吗？设备容量大、投资大、负担重；③对电网的冲击大，电网要大量扩容。所以，快速充电不宜作为电动汽车的主流模式。要转变观念，夜间充电，一举多得！①夜电价廉，用户受益！②给电网分散调峰，省建调峰站！③电池安全、长命。

当前电池比能量不高，需要用快速换电弥补。例如北京高安屯电动汽车充换电站，世界规模最大，建设费用世界最高——3 亿多人民币，可以容纳 8 辆车同时换电，每天充换电 400 辆，以环卫车为主。如果粗估一下成本：如果银行贷款年利率低至 5%，20 年折旧率 5%，那么这两笔费用每年达到了 3000 多万元，平均每辆车要摊 8 万元；电、维护、运行等费，也都要分摊在车上，负担过重。此充换电站传承了奥运会指导思想——不计工本！

以色列知名电动汽车充换电服务商 Better Place，总投资额 8.5 亿美元。在以色列运营 33 座换电站，另 5 座即将运营；在丹麦有 17 座换电站和 1 座充电站已经运营。由于投入过高，因而所得回报太小，亏了 5 亿美元。2013 年 5 月 26 日，经历 6 年后，宣布破产清算决定。

---

* 本文是 2013 年 6 月 28 日在“2013 全球节能与新能源汽车峰会”上的演讲。

电池量越大，或比能量越高，危险性也越大！

现在，电池经常全充全放，性能下降过快，已有公交公司呼吁补贴第二套电池了！

补贴何时了！？何年市场化！？

因此，电动车的发展，要另找出路：①放弃高速远程纯电动车强行市场化的打算，首先改掉目前高补贴纯电动车的误导政策；②放手让企业自主研发，多层次的车公平竞争，允许发展低速短程车，耐心研制高速远程车。③充分用好现有电池，以少量的油补充电能，大力发展节油50%的增程式乘用车、公交车，这是纯电驱动，不是混合动力，也不是插电式。

二、无补贴低速短程车逆境中畅销

1. 无补贴的低速短程车发展势头很好

2011年，山东省生产新能源汽车68203辆。其中小型低速纯电动车产量高达6.4万辆，比2010年的2.9万辆增长了120%，其中部分出口。2012年，全国生产小型低速纯电动车产量高达11万多辆，河北、河南、江苏、浙江等省均已有一定产量。虽未成燎原之势，但要扑灭也难了。给小型低速纯电动汽车发临时牌照的已不止山东省，河北等省的一些地区也办了。11万多辆小型低速纯电动车供不应求，国家发改委等打压低速短程电动车是逆潮流而动。

2. 无补贴低速短程车逆境中何能发展

原因之一是低速短程车适合国情，实用型起步，其优越性表现在：①电池少，价廉，安全性高，适合中国市场；②技术积累较好，各种(包括铅酸)动力电池均可用；③夜间的“家用电器”，电表无需增容；④立即可大量节省汽油，减轻城镇空气污染；⑤节材、节能，使用、维修方便，持续发展；⑥打牢零部件基础，是发展更先进汽车的阶梯；⑦符合群众路线要求，有力抑制奢华之风。总之，低速短程车真能节油、减排，群众买得起，用得好，完全适合我国社会发展阶段和技术水平！

原因之二是廉价、安全，铅酸电池功不可没。有些官员深受铅污染、中毒事件纠结而烦恼，到处说“铅酸电池污染环境”。这如同说“猪肉污染环境”一样可笑！养猪场生产猪肉过程中产生粪便废水，控管粪便废水不使进入环境，且猪肉也很香。电池公司在生产铅酸电池的过程中产生含铅废物，控管含铅废物不使进入环境，且电池也很好。政府部门要认真抓污染治理，不要冤枉好电池。

原因之三是部分省市领导的改革勇气可嘉。他们明确群众观点，将最广大群众的需求放心上；他们实事求是的精神强烈，不唯上、不唯书；他们不计个人得失，不畏压力，不怕丢乌纱帽；他们具有远见卓识，牢固掌握科学发展精神。他们与发改委某些人的立场、观点形成鲜明对照；群众自有公论，历史当有评说。

原因之四是民营企业勇于担当风险，逆水行舟。他们拿不到政府经费，自掏腰包搞研制；他们看准国内外市场，完成了市场化开发；他们承受来自政府部门的打压和贬低而不后退；他们自己投资建厂，承担全部风险；他们的产品得不到补贴，而得到群众欢迎；他们千方百计降低成本，不亏本而有盈余；他们在逆境中艰苦奋斗，没有依赖思想；他们不靠外资和外技，民族大义凛然。总之，他们与国有企业形成了全面而强烈对照。

3. 我国存在一股反对低速短程车的权势

一位官方专家说："发展电动汽车要作为一个战略型产业考虑，而不是简单的考虑把石油车替代下来，中国的趋势就是做高水平的电动汽车，山东搞的低速电动车不是我们战略性高技术的电动车标准。"发改委的一位处长说："搞低速电动汽车是浪费资金，会耽误发展新能源汽车宝贵的战略机遇期。这样搞下去是要成为历史的罪人。"国家发改委原副主任刘铁男说："清华大学研制铅酸电池低速短程车，真丢清华的脸。"

他们，片面强调战略性新兴产业必须一步到位发展高速远程电动车，不承认事物的客观发展规律。

他们，操纵制定标准的专家组制定纯电动汽车"双 80"标准，给低速短程电动汽车套上"紧箍"。

他们，将发展低速短程车与发展高速远程车对立起来，用压制前者来保护后者，实质是保护燃油车！

他们，宁可"高水平"电动汽车卖不出去全由政府买单，也不让群众用上节油的低速短程电动汽车。

他们，花费百亿补贴推不动高端电动汽车市场化。

到底是谁浪费了资金(纳税人的血汗)、耽误了发展机遇期、谁将是历史罪人，不是一目了然吗？！但愿刘铁男倒台后，发改委能改变政策。

4. 发展路线之争的根源分析

发展路线和政策，决定于制定者的观念；观念，决定于制定者所代表利益的立场和利害关系。影响和制定电动车发展路线的是有燃油车背景的人，他们不急于让电动车快速发展而冲击了燃油车市场。虽燃油车对 GDP 有贡献，利润却主要在合资外方，国资虽只分一杯羹，但主事人却已成为既得利益集团。

固化当前的汽车格局，对谁最有利？

群众路线的政策要代表最广大人民群众的利益！

代表谁的利益，不靠自我表白，而要从实效衡量。

三、高补贴难造高端电动汽车市场

1. 外国对电动乘用汽车的补贴

美国对电动乘用汽车的补贴最高的减免税额为7500美元，相当于人民币4.8万元。累计销售量达到20万辆后再可延续减税一季度，以后每半年减半、一年后停止减税补贴。

日本全混普锐斯销往美国，加州给予购买者2000美元的减税，即相当于车价的10%。第二代普锐斯得到3150美元的减税，累计销售量达到6万辆后再延续了减税一季度，每半年减税额降一半，减半两次后停止减税补贴。

日本本国也是采取减税的方式进行补贴。对普锐斯的补贴是车辆税减半，购置税全免，与车价相比，总数也不高。

2. 我国对中高档电动乘用车的补贴世界最高

我国对纯电动乘用汽车补贴，每辆国家补贴的最高限额为人民币6万元。在深圳，市政府再补贴人民币6万元。上海市的补贴虽比深圳市少2万元，但不必竞拍牌照而可省去约9万元的开支。对电动乘用汽车的补贴(优惠)高达12万至19万元，占车价的1/3(深圳)，甚至一半(上海)！

北汽新能源E150电动车，厂家指导价为24.98万元。国家和地方各补贴6万元，北汽再补贴2万元。消费者只需付10.98万元。补贴高达56%。高补贴鼓动了厂家提高价格，受惠的就是整车厂。

3. 重金补贴下新能源汽车的销量太少

中国汽车工业协会发布，2011—2012两年共计生产新能源汽车20920辆，这是在政府重金补贴的前提下达到的。上海计划2012年新能源汽车数达两万辆，结果才几十辆。至2015年底，按规划50万辆尚缺47.9万辆，需要补贴约575亿元，不堪想象的“乱开支”。事实证明，仅靠高额补贴形不成市场。

4. 高额补贴“拔苗助长”，危害不浅

高额补贴的弊端主要表现在：

(1)泯灭了企业的责任心，养成对政府补贴的依赖；

(2)误导企业根据补贴额度的高低选择发展方向，束缚企业根据市场规律自主选择发展方向；

(3)鼓励企业抬高车价，纳税人的血汗转成企业利润；

(4)加大了向无补贴过渡的难度；

(5)耽搁发展速度；

(6)人为造成社会不公，也难持久补贴。

按这条路走下去，政府花销很大，企业获利可观，却根本看不到市场化的前景。单纯改变为“按节油率补贴”是远远不够的，必须改变观念和出发点，系统地进行改革。

四、四项建议

建议一，改革补贴政策。

(1) 明确所有汽车企业有义务生产电动汽车。汽车生产企业在自己大把赚钱的同时，带来能源消耗、污染空气等负面影响。因此，各汽车企业有义务、有责任生产电动汽车并逐年提高电动汽车在本企业产品中的比例额度。义务和责任是不必、也不能用金钱换取的。

(2) 超额有奖，以惩促产。政府部门提出进程表，规定节油率大于 15%的电动车在各企业总产销量的比例依 0.5%、1.0%、1.5%等逐年增加，“超额有奖，以惩促产”。贯彻“耗能少的车多奖”原则，促使企业自主谋划生产耗能少、有销路的电动汽车。

(3) 以减税方式补贴给用户。以减免税的形式优惠(补贴)买主；耗能少的车多减税，既吸引买主，又促使企业提高汽车节能水平；企业不直接拿补贴，促使企业降成本、找销路；同一企业(包括外企)的电动汽车在全球的总销量超过若干万辆后，可延续减税一季度，然后减税额减半。半年后再减半；再半年后停止减税，以减免税促进市场形成，走向无补贴。此项改革可能会遭到部分目光短浅企业的抵制，可以检验政府部门发展电动汽车的意志和立场。

建议二，鼓励利用夜间的“谷电”充电。

实行并拉大峰谷差价，以鼓励夜间充电；电网用省下建设调峰电站的经费(每千瓦 4 千多元)，按用户要求安装充电桩，用户出小头。

建议三，为微小型纯电动汽车发展开道。

立即制定低速短程纯电动汽车的标准；国家发改委等要快给低速短程车发“准生证”；公安部要快给低速短程车上牌照。

建议四，推动增程式大、中型汽车发展。

工信部主导的“9 年规划”中未提及这类车，应给补上。这种车途中小功率发电机在最佳工况下发电，可省油一半以上。在新电池出现前的 10～15 年，增程式是最佳过渡车种。

改革补贴政策　强化企业责任*

各位同志：大家好!

我今天讲的内容有如下几部分：引言；第一部分，电池水平制约高速远程电动车；第二部分，无补贴低速短程车畅销的启示；第三部分，高补贴难造高端电动汽车市场；第四部分，四项建议。

对电动汽车的性能要求可以归结为三点：一是真能节油、减排，节油率越高越好，零排放最好，从这一点看，纯电动车最好，二是买得起，存在不同的消费层次，应首先考虑最广大群众的消费水平，不能将目光只盯在高消费者；三是用得好，用得好才有生命力，要安全、充电方便、耐用、省钱。

要生产卖得出去(有市场)的车种，政府补贴只能是杠杆，要找准支点。关键在于加强企业责任感、自主性。

一、电池水平制约高速远程电动车

可能用作动力源的电池有氢镍电池、铅酸电池、锂离子电池及燃料电池。锂离子电池技术在迅速发展，提高比能量的潜力最大，动力型锂离子电池现在比能量可达 120Wh/kg(10 年后可达 250Wh/kg)。汽油的比能量是现锂离子电池的约 50 倍，电池的电功效率约为汽油热功效率的 5 倍，所以，电池实用比能量还差 10 倍。因此，以燃油车的性能要求纯电动汽车是不合理的。否则，电池用量大，车重；车重耗电多，需电池更多；最终价高难销。例如：BYD-e6 型电动力，36 万/辆，行程可达 300km，用磷酸铁锂锂离子电池近 700kg，百公里耗电量为 19.7°，行程不短，价格不菲，耗电不少，用户不多。

可见，国家发改委等部委高补贴的中高端电动汽车市场不欢迎，想以重金补贴纯电动车“造就”市场，结果是政府全额买单。

纯电动公交车更是如此。而且电池量越大，或比能量越高，危险性也越大!

15 年后即使锂硫电池可用，实用比能量也仅为油的 1/3，那时要求纯电动汽车的性能全面赶上燃油车，也非常困难。

现在，电池经常全充全放，性能下降过快，已有公交公司呼吁补贴第二套电池了！再过三年，要呼吁补贴第三套电池了！补贴何时了！？何年市场化！？

当前电池比能量不高，于是有人想用快速充电弥补，“充电要像加油那样快”。

---

* 本文是 2013 年 7 月 6 日在北京“第十七届中国电动车辆学术年会”上的演讲。

但是，过快的充电并不可取，理由有：

(1)短时内产生大量的热，电池升温高，影响电池的寿命，安全隐患大。

(2)要建大型充电机，能达到以 2400 千瓦的功率连续充电 5 分钟吗！？

(3)对电网的冲击大，电网需要大量扩容。

所以，快速充电不宜作为电动汽车的主流模式，应该转变观念为夜间充电。夜间充电一举多得：夜电价廉，用户受益；分散调峰，省建调峰站；电池安全、长命。

当前电池比能量不高，于是有人想用快速换电弥补。充电/换电，要以经济效益为裁判员。例如，北京高安屯电动汽车充换电站，世界规模最大，建设费用世界最高——人民币 3 亿多。可容纳 8 辆车同时换电，每天充换电 400 辆，以环卫车为主。粗估其运行成本：若银行贷款年利率低至 5%，加上 20 年折旧率 5%。这两笔费用则每年高达 3000 多万，平均每辆车要摊 8 万元；还有电费、维护、运行等费用，也都要分摊在车上。太贵了！

该充换电站传承了奥运会指导思想——不计工本！然而要商业性运行，就必须认真进行经济核算。

据第一电动网题为“换电梦碎 Better Place 走向破产”的报道，2013 年 5 月 26 日，经历 6 年的以色列知名电动汽车充换电服务商 Better Place 宣布破产清算决定。Better Place 总投资 8.5 亿美元，亏了 5 亿。在以色列有 33 座换电站正在运营，另外 5 座即将投入运营；在丹麦有 17 座换电站和 1 座充电站已经投入运营。业内人士告诉记者“Better Place 破产，资金问题是一个方面，而运营模式和盈利能力是更为严重的问题”，“Better Place 的商业模式导致投入过高，所得回报较小，在经济上算不过账来。” Better Place 模式的优势在剥离电池，降低购车成本，换电比充电更省时等等，但却没有等来消费者的大规模响应但却由于运营成本高、车企不支持等因素而破产。

既然 10～15 年内以燃油车的性能要求纯电动汽车是不合理的，那么，电动车在此期间的发展又不能停滞，因此需要另找出路。

(1)放弃高速远程纯电动车强行市场化的打算，首先改掉目前高补贴纯电动车的误导政策；

(2)放手让企业自主研发，多层次的车公平竞争，允许发展低速短程车；耐心研制高速远程车；

(3)充分用好现有电池，以少量的油补充电能，大力发展节油 50%的增程式乘用车、公交车。它是纯电驱动，不是混合动力，也不是插电式。

二、无补贴低速短程车逆境中畅销

1. 无补贴的低速短程车发展势头很好

2011 年，山东省生产新能源汽车 68203 辆，其中小型低速纯电动汽车产量高达 6.4 万辆，比 2010 年的 2.9 万辆增长了 120%，部分出口。2012 年，全国生产小型低速纯电动汽车产量高达 11 万多辆，河北、河南、江苏、浙江等省均已有一定产量。虽未成燎原之势，但要扑灭也难了。给小型低速纯电动汽车发临时牌照的已不止山东一省，河北等省的一些地区也办了。

11 万多辆小型低速纯电动汽车供不应求。国家发改委等部委打压低速短程电动汽车是逆潮流而动。

2. 无补贴低速短程车逆境中何以畅销

原因一是低速短程车适合国情。实用型起步的优越性表现在：

(1) 电池少，价廉，安全性高，适合中国市场；

(2) 技术积累较好，各种动力电池(包括铅酸)均可用；

(3) 夜间的“家用电器”，电表无需增容；

(4) 立即可大量节省汽油，减轻城镇空气污染；

(5) 节材、节能，使用、维修方便，持续发展；

(6) 打牢零部件基础，是发展更先进汽车的阶梯；

(7) 符合群众路线要求，有力抑制奢华之风。

总之，低速短程车真能节油、减排，群众买得起，用得好，完全适合我国社会发展阶段和技术水平！

原因二是廉价安全的铅酸电池功不可没。

有些官员深受铅污染、中毒事件纠结而烦恼，到处说“铅酸电池污染环境”。这很不在理！如同说“猪肉污染环境”一样可笑！控管粪便废水不使进入环境，猪肉很香；控管含铅废物不使进入环境，电池很好。因此，政府部门要认真抓污染治理，不要冤枉好电池。

原因三是部分省市领导的改革勇气可嘉。他们群众观点明确，将最广大群众的需求放心上；他们实事求是的精神强烈，不唯上、不唯书；他们不计个人得失，不畏压力，不怕丢乌纱帽；他们具有远见卓识，牢固掌握科学发展精神；他们与发改委某些人的立场、观点形成鲜明对照。群众自有公论，历史当有评说。

3. 低速短程电动汽车的发展前途坎坷

中国工程院、中国科学院应政府要求提出电动汽车发展路线咨询报告，中心思想是“市场引导、扬长避短、低端切入、以低带高、以小促大、零部件攻关、多层次发展”。

徐冠华、陈清泰、吴敬琏、欧阳明高等 5 人，在 2011 年建议国务院发展低速短程纯电动车，未见采纳；杨裕生、郭孔辉、陈清泉、田昭武、彭苏萍、顾国彪、韩英铎 7 位院士 2013 年 2 月建议政治局以大力发展微小型纯电动汽车为突破口。领导同志批转的建议如石沉大海，可见阻力强大。我国存在一股反对低速短程车的权势。

一位官方专家说："发展电动汽车要作为一个战略型产业考虑，而不是简单的考虑把石油车替代下来，中国的趋势就是做高水平的电动汽车，山东搞的低速电动车不是我们战略性高技术的电动车标准。"国家发改委的一位处长说："搞低速电动汽车是浪费资金，会耽误发展新能源汽车宝贵的战略机遇期。这样搞下去是要成为历史的罪人。"国家发改委原副主任刘铁男说："清华大学研制铅酸电池低速短程车，真丢清华的脸。"他们片面强调了战略性新兴产业必须一步到位发展高速远程电动车的重要性，而不承认事物由低到高、由小到大的客观发展规律；他们操纵制定标准的专家组制定纯电动汽车"双 80"标准，给低速短程电动汽车套上了"紧箍"；他们将发展低速短程车与发展高速远程车对立起来，用压制前者的方法来保护后者，实质是保护燃油车；他们宁可"高水平"电动汽车卖不出去全由政府买单，也不让群众用上节油的低速短程电动汽车；他们花费百亿补贴推不动高端电动汽车市场化。到底是谁浪费了资金(纳税人的血汗)、耽误了发展机遇期、谁将是历史罪人，不是一目了然吗？！

发展高性能动力电池、高水平电动汽车是公认的大方向。但此高端化的大方向必然要经历从低到高的过程，电动汽车的水平只能随着动力电池性能的提高而不断提高。

目前，用不合理的高额补贴去强推不合理设计的高端电动汽车市场化，是不可能持续发展的。必须在大力发展高性能动力电池的同时，巧妙地用好现有的动力电池。

所以，国家发改委等部委当前不该否定低速短程电动车，而是应当制定积极的引导政策，规范对低速电动车的合理指标要求，使之成为新能源汽车发展的突破口，并促使其不断提高技术水平。

4. 发展路线之争的根源在利害关系

发展路线和政策，决定于制定者的观念。制定者的观念又决定于他们所代表利益的立场。影响和制定电动车发展路线的是有燃油车背景的人，他们不急于让电动车快速发展而冲击了燃油车市场，燃油车虽对 GDP 有贡献，利润却主要在合资外方，国资虽然只分一杯羹，但主事者的工资却很高。

固化当前的汽车格局对谁最有利？群众路线的政策要代表最广大人民群众的利益！代表谁的利益，不靠自我表白，而要从实效衡量。

三、高补贴难造高端电动汽车市场

1. 外国对电动乘用汽车的补贴

美国对电动乘用汽车的补贴采用税额减免的政策：购买的汽车电池蓄电量达

到5千瓦时的可减免税额2500美元，每增加1千瓦时又可再减免税额417美元，最高的总减免税额为7500美元，相当于人民币1.6万至4.8万元。累计销售量达到20万辆后的汽车，再可延续减税一季度，以后每半年减半、一年后停止减税补贴。

美国对日本销来的全混普锐斯，在最初销价约2万美元时，加州给予购买者2000美元的减税，即相当于车价的10%。第二代普锐斯得到3150美元的减税，累计销售量达到6万辆后再延续了减税一季度；从2006年10月起的半年内减税额降为1575美元；2007年3月起的半年内减税额再降为787.5美元；至2007年10月1日起停止减税补贴。

值得注意的是，普锐斯的节油率高达30%左右，减税补贴的最高时段也只有车价的15%。

日本也是采取减税的方式进行补贴。对全混电动车普锐斯的补贴是车辆税减半，购置税全免，与车价相比，总数也不高。

2. 我国对中高档电动乘用车的补贴世界最高

我国对纯电动乘用汽车补贴，每辆国家补贴的最高限额为人民币6万元。在深圳，市政府再补贴人民币6万元。上海市的补贴虽比深圳市少2万元，但不必竞拍牌照而可省去约9万元的开支。两市对电动乘用汽车的补贴(优惠)高达12～19万元，占车价的1/3(深圳)，甚至一半(上海)！

北汽新能源E150电动车，厂家指导价为24.98万元。国家和地方各补贴6万元，北汽再补贴2万元。消费者只需付10.98万元。补贴高达56%。高补贴鼓励了厂家提高价格，受惠的则是整车厂。

3. 重金补贴下新能源汽车的销量太少

2011—2012年期间共计生产电动车20920辆，这是在政府重金补贴的前提下达到的。上海计划2012年新能源汽车数达两万辆，结果才几十辆。至2015年底，全国按规划尚缺电动车47.9万辆，还需要补贴575亿元。真是不堪想象的“乱开支”！

事实证明，想靠高额补贴是形不成市场的。按这条路走下去，政府花销很大，企业获利可观，却根本看不到市场化的前景。

4. 高额补贴是“拔苗助长”

高额补贴的后果是：①泯灭了企业的责任心，养成对政府补贴的依赖；②束缚企业根据市场规律自主选择发展方向；③鼓励企业抬高车价，纳税人的血汗转成企业利润；④加大了向无补贴过渡的难度；⑤耽搁发展速度；⑥人为造成社会不公，也难持久补贴。

市场的形成需要4个条件：产品成熟，价税合适，用户需要，有购买力。4条件相互协调，才能形成市场，其关键在企业——产品好、价格低。补贴只能、也必须作为杠杆，撬动企业尽快形成物美价廉的能力，过度的补贴必将适得其反。

补贴政策单纯改变为“按节油率补贴”，是远远不够的，必须改变观念和出发点，系统地进行改革。

四、四项建议

建议一，改革补贴政策。

(1)明确所有汽车企业有义务生产电动汽车。汽车生产企业在自己大把赚钱的同时，带来能源消耗、污染空气等负面影响。因此，各汽车企业有义务、有责任生产电动汽车并逐年提高电动汽车在本企业产品中的比例额度。义务和责任是不必、也不能用金钱换取的。

(2)超额有奖，以惩促产。政府部门提出进程表，规定节油率大于15%的电动车在各企业总产销量的比例依 0.5%、1.0%、1.5%等逐年增加，“超额有奖，以惩促产”。贯彻“耗能少的车多奖”原则，促使企业自主谋划生产有销路、少耗能的电动汽车。

(3)补给用户，补贴数按总销量增加而递减。减免税的形式优惠(补贴)买主；耗能少的车多减税，促使企业提高水平；企业不直接拿补贴，促使企业降成本、找销路；同一企业(包括外企)的电动汽车在全球的总销量超过若干万辆后，可延续减税一季度，然后减税额减半。半年后减税额再减半；再半年后，停止减税减免税促进市场形成，走向无补贴。此项改革可能会遭到部分目光短浅企业的抵制，但是可以检验政府部门发展电动汽车的意志和立场。

建议二，鼓励利用夜间的“谷电”充电。

实行并拉大峰谷差价，以鼓励利用“谷电”；电网用省下建设调峰电站的经费(每千瓦 4 千多元)，按用户要求安装充电桩，用户出小头。

建议三，为微小型纯电动汽车发展开道。

立即制定低速短程纯电动汽车的标准；国家发改委等部委要快给低速短程车发“准生证”；公安部要快给低速短程车上牌照。

建议四，推动增程式大、中型汽车发展。

工业和信息化部主导的“9 年规划”中未提及这类车，应予以补上。这种车途中小功率发电机组在最佳工况下发电，可省油一半以上。在新电池出现前的10～15 年，增程式是最佳过渡车种。

谢谢！

高补贴难造高端电动车市场*

“尽管发展高性能动力电池、高水平电动汽车是公认的大方向，但这需要过程。目前，用不合理的高额补贴去强推高端电动汽车的市场化是不可能持续的。”在“2013 新能源汽车创新论坛”上，中国工程院院士杨裕生在接受《中国科学报》记者采访时强调，高补贴难造高端电动汽车市场。

中国对中高档电动乘用车的补贴是全世界最高的。但重金补贴之下，新能源汽车的销量仍旧惨淡。相关数据显示，相较于 2011 年，2012 年新能源汽车的总销量从 8000 多辆增加到 12000 多辆，两年共计 2 万辆。而此前，我国制定的发展目标是，到 2015 年新能源汽车达到 50 万辆。这样算来，还要销售 48 万辆，如以每辆车中央和地方财政各补贴 6 万元计算，总共要支付 576 亿元。

杨裕生认为，这显然是不堪想象的“乱开支”。“在这种高补贴情况下，制造电动车的大企业都在观望，希望通过政府补贴得到实惠。”杨裕生表示，由此养成了企业对政府补贴的依赖，影响了企业根据市场规律自主选择电动车的发展方向，进而耽搁了电动车发展速度。

相较之下，政府不补贴的低速短程电动车发展势头良好。2011 年，山东生产新能源汽车 68203 辆，其中小型低速纯电动汽车产量高达 6.4 万辆，比 2010 年的 2.9 万辆增长了 120%。2012 年，全国小型低速车的产量高达 11 万多辆。

杨裕生据此认为，无补贴的低速电动车才适合国情，因为低速电动车技术积累较好，且电表不需要增容就可以充电，使用与维修都方便。“它是发展更先进汽车的阶梯。”他告诉记者，只有随着动力电池性能的提升，电动汽车的性能才会不断提高。目前用高补贴强推高端电动汽车，是在鼓励企业生产高价、高利润的车，但企业并不担心因车价高而难销，因为有政府通过各种渠道全部收购。“按这条路走下去，政府花销很大，企业获利可观，却根本看不到市场化的前景。”杨裕生表示，为此有关部门应放弃强推高速远程纯电动车市场化的打算，放手让企业自主研发有销路的电动车。同时，要允许发展低速短程车，并充分利用好现有的电池，以少量的油在车上补充电能，大力发展节油 50%的增程式乘用车和公交车。

对于现行高补贴政策应如何改革的问题，杨裕生认为，首先要明确所有汽车企业都有义务生产电动汽车。“现在的汽车生产企业，在自己大把挣钱的同时，

---

* 本文原载于《中国科学报》，2013 年 7 月 17 日第 1 版。

带来了大量消耗能源、污染空气等负面影响。因此，各个汽车企业都有责任生产电动汽车。”

其次，政府部门应提出一个进程表，规定节油率大于15%的电动车在各企业总销量中所占的比重要逐年增加。同时，要贯彻耗能少的车多奖励的原则，促使企业自主谋划生产有销路、少耗能的电动汽车。

“再者，补贴要以减免税的方式补给用户；减免税补贴的金额要按总销量的增加而递减。比如，同一个企业的电动汽车在全球总销量超过一定量以后，可延续减税一个季度，然后减税金额减半，半年后减税金额再减半，再半年后停止减税。”杨裕生介绍说，用减免税的形式来补贴买主，这也是美国、日本目前通行的做法。另外，对于耗能少的汽车，政府要多减税，促使企业提高技术水平并降低价格。

给谢子聪老师的回信

谢子聪老师：

大作“电动车补贴新政：应助《节能与新能源汽车产业发展规划(2012—2020年)》(以下简称《规划》)目标完成——探索有效落实国务院《规划》目标策略之三”已经拜读，对此助《规划》目标完成的良方，印象深的有两点：一是中央部委增加补贴，地方政府搞好基础设施；二是电动汽车生产企业等着按补贴搞生产。

我不敢苟同您的办法。现在的关键问题是政府没有将发展电动车的责任加给汽车生产企业，单纯用高补贴去引诱。我国对电动车的补贴已是全世界最高的了。补贴越高，汽车生产企业越被“惯坏”，使他们不考虑节约成本和开拓市场，反而哄抬车价，牟取高利。结果是：车价越高，越没人买。

近年来，锂离子电池价格已大幅度下降，补贴更应该减少。

我的意见和建议已在我的文章中表述了，您有空时可一阅。

杨裕生

2013年9月3日

单靠补贴不给力　要给企业明责任*

单纯的补贴不足以有效地“开展新能源汽车的推广应用”，还必须对汽车企业提出电动汽车产销量与时俱进的要求。

2013 年 9 月 17 日，国家财政部、科技部、工信部、发改委四部委联合发布了《关于继续开展新能源汽车推广应用工作的通知》(下称《通知》)。网上、报刊热烈议论，第一电动网的记者还总结出八个亮点(推广目标大幅提升、30%底线遏制地方保护主义、30%比例要求确保公共领域率先使用、推广城市设淘汰机制、中央通过车企注册地发放补贴、补贴退坡机制、乘用车补贴以里程为单位、中型纯电动客车获补贴)和一个缺憾(基础设施补贴政策不明)。

其实，这个“缺憾”可以不算，因为《通知》已明确“对示范城市充电设施建设给予财政奖励”“具体奖励办法及标准另行制定”，明确此项政策是迟早的事。至于“亮点”，还可补充两个，一是明确了增程式等同于插电式混合动力车的位置；二是补贴标准细分，合理性有所提高。由此看来《通知》应是亮点闪闪了。

说实在的，《通知》的举措比此前的政策只有“量”的改进，正如《通知》的标题所说，可以“继续开展新能源汽车推广应用”而并无“质”的提升。其最大的问题是，《关于继续开展新能源汽车推广应用工作的通知》实际上成了《关于继续对新能源汽车进行补贴的通知》，全是各级政府包揽的承诺，不见对汽车生产企业的要求和约束。给人一种该《通知》是某个汽车协会起草的印象。可以预料的后果是：

第一，汽车生产企业可以将车价定得高高的，不愁卖不掉，自有特大型城市或重点区域的政府“兜底”。地方政府为了使新能源汽车三年累计推广量不低于 10000 辆或 5000 辆，必然会为高价车“买单”——既要给“地方补贴政策”，又要政府机关、公共机构采购，花的全是公款。

第二，购买新能源汽车给予的补贴，形式上补贴了消费者，实际上一旦成车企业如数全额拿到了自定的车价，则不会有积极性去考虑如何降低成本和开拓市场。《通知》只是变换了说法精心照顾成车企业，而且客观上鼓励企业生产续驶里程长、电池用量大因而车子重、耗能高的高价、高利润的车，而不是设计现有

---

* 本文原载于“第一电动网”，2013 年 9 月 27 日。

电池水平下最合理的里程和电池用量。

第三，不对汽车生产企业提出新能源汽车生产量的指标，不赋予他们任何责任和义务，他们可以“随心所欲”，依旧大力生产燃油车而大把大把地赚钱，不顾节能减排和污染大气的后果；他们对于电动汽车，就会跟着补贴这根指挥棒转，而不会去考虑根据市场化前景选择电动车发展方向，从而会耽搁我国电动车发展速度。

总的后果是，单纯靠补贴，政府既费钱又费力，而且效果不佳。

我建议政府，首先要明确所有汽车企业都有义务生产电动汽车。他们出售燃油车带来了能源大量消耗和污染大气等负面影响，因此有责任、有义务生产电动汽车，而义务和责任是不容推卸的。

同时，政府部门应提出一个进程表，规定各成车企业的汽车总销量中电动汽车所占的比重应逐年增加，例如，今年 0.5%，明年 1.0%，后年 1.5%；政府对于电动汽车超过当年最低限额的企业要进行奖励，而且耗能少的车要多奖励；达不到最低限额的要惩罚，促进他们增产既节能而又有销路电动汽车。有了责任指标，又有了奖与罚的规定，企业必将自主谋划生产有销路、少耗能的电动汽车，也为向无补贴过渡奠定基础。

总之一句话，单纯的补贴不足以有效地“开展新能源汽车的推广应用”，还必须对汽车企业提出电动汽车产销量与时俱进的要求。

能源汽车不能大量跑起来是电池的原因吗？*

一、什么样的新能源汽车没有大量跑起来？

事实证明：高额补贴的新能源汽车没有大量跑起来！按这条路走下去，政府花销很大，企业获利可观，却难看到无补贴的市场化的前景。

汽车企业不承认“电机电控技术、整车技术”是制约新能源汽车产业发展的因素！电池企业也不会承认是由于电池的问题！看来，还得另找“核心问题”。

二、打压下的低速短程新能源汽车为什么发展快？

这种汽车已经大量跑起来了，且远销国外！如果国家发改委让生产，公安部给上牌照，早就“火”起了！

低速短程起步，能够推动电动汽车大量跑起来。低速短程车大量跑起来是利国利民的大好事！要继续大声疾呼：“让实用型新能源汽车更大量跑起来”。

三、鲜明的对比度，说明了一些什么样的问题？

从观念到政策都值得反思。

(1)不顾当前我国大多数人消费能力和动力电池的实际，市场需求的低端电动车发改委等不允许发展。

(2)用“标准”卡住微小型车生产，使愿做的没“资质”；用“牌照”卡住销路，使有“资质”的不做微小型车。

(3)按燃油车性能发展中高档电动乘用车，给的补贴世界最高，实际上鼓励车企抬价，汽车销不出去。

(4)充电要像加油那样快，充电快不了就换电，不顾换电站建设和运行成本能否商业化。

总之，政策中处处显露出利益集团的身影，脱离实际、脱离市场、脱离群众、脱离技术水平，这才是新能源汽车不能大量跑起来的根源。

因此，要从端正立场、改变观念入手。政策上要重新审视电动车发展规划；技术路线上用合适的电池发展合适的车。

---

* 本文为2014年1月10日在广州举办的“探索革命性的中国发展新能源汽车之路”研讨会上的发言提纲。

四、为了新能源汽车大量跑起来，向政府建议

建议一，革新观念，明确企业责任，改革补贴政策。

(1)明确所有汽车企业有义务生产电动汽车。各汽车企业有义务、有责任生产电动汽车，并逐年提高电动汽车在本企业产品中的比例额度。义务和责任是不容讨价还价的，更是不必用金钱换取的。

(2)超额有奖，奖罚兼施。

(3)以减免税的形式补贴给用户，补贴数按总销量增加而递减。此项改革可能会遭到部分目光短浅企业的抵制，可以检验政府部门发展电动汽车的意志和立场。

建议二，鼓励利用夜间的“谷电”充电。

建议三，为微小型纯电动汽车发展开道。

给马凯副总理的信

马凯副总理：您好！

您最近南北奔走、深入一线考察电动汽车问题，使我提高了对我国电动汽车发展的信心。我也在不断关注、调研电动汽车的发展，写过一些文章，编成了文集，寄上一本请参阅、指正。

在上一轮电动汽车补贴政策推动下，虽然我国以世界最高额的补贴执行了三年，但效果甚差。关键问题是政府没有将发展电动车的责任加给汽车生产企业，而是想靠高补贴去引诱企业发展电动车。2013 年冬发布的电动汽车补贴新政策与以前的政策相比，是做了些调整，但是基调没有改变，高补贴提起了许多城市和汽车企业暂时的兴趣，却难见长远效果。

发展高水平的长行程纯电动汽车是公认的大方向，但是提高动力电池的比能量需要有个较长过程，而且电池比能量越高危险性越大。在这长的过渡期中，现实的做法是充分用好已有的电池，发展买得起、用得好、容易推广、立见节油减排效果的电动汽车。今后随着电池技术水平的提高，再做行驶里程逐步延伸的纯电动汽车。中国工程院和中国科学院 2010 年根据国家发改委的要求提出过电动汽车发展路线咨询报告，其中心思想是："市场引导、扬长避短、低端切入、以低带高、以小促大、零部件攻关、多层次发展。"我在多次报告和文章中的具体建议是：以大力发展小型低速短程轿车为突破口，大、中型车采用节油率高达 50%以上的增程式技术。可惜，这些意见均未被发改委采纳。

用不合理的高额补贴去强推高端纯电动汽车，负面作用很大：鼓励企业生产高价、高利润的车；他们既不考虑市场是否接受，也不讲究节约成本，反而哄抬车价，牟取高利；企业并不担心车价高了没人买，因为有各级政府通过各种渠道全部收购。按这条路走下去，政府花销很大，企业获利可观，却根本看不到市场化的道路和前景。

近年来，锂离子电池价格已大幅度下降。几个月前，韩国三星集团宣布，在东南亚生产的 8 瓦时 18650 型电池每支售价 1 美元，合每瓦时 0.8 元人民币；国产电池因原料价和人力成本较高，售价有可能每瓦时 1.5 元人民币，加上电池的成组和管理系统成本，成组电池每瓦时售价约合人民币 2 元。北京纯电动乘用车装的 25 千瓦电池组，现价约 5 万元人民币，但该整车售价人民币 24.98 万元，而类似配置的燃油车只卖几万元，可见利润和降价的空间何其大！根源就是有两级政府的高补贴而将车价定高的。

我在山东泰丰控股集团有限公司考察，得知他们购买浙江吉利控股集团有限公司 2.5 万元的车身，配上本集团下属公司生产的锂离子电池、电机、电控系统，装配成纯电动乘用汽车，售价仅 5 万元。他们由于没有资格拿到政府补贴，于是积极主动地研究市场需求，千方百计地降低成本，走的是一条勤勉图强的大道，与靠政府补贴而发财的“大佬”企业形成十分鲜明的反差。可见，对于发展电动汽车，政府补贴并非不可或缺的条件，只是对初期产销量较小、引起成本较高的一种暂时平衡措施，应该适可而止。

我建议改革现行的电动汽车的高补贴政策，包括以下几点。

首先，政府要让所有燃油汽车企业明确自己有义务和责任产销电动汽车。燃油汽车生产企业在自己大把挣钱的同时，给国家带来了能源大量消耗、空气严重污染等负面影响。因此，生产电动汽车是各个汽车企业的义务和责任。而义务和责任是不必用政府的补贴费换取的。

其次，政府部门应提出一个进程表，规定在各企业总销量中，电动汽车所占的比重要逐年增加。比如说，要求今年占的比重为 1.0%，明年、后年分别为 1.5%和 2.0%，依此类推增长。政府对于电动车产销量超过当年最低限额的企业要按超额量给予荣誉和适当的金钱奖励，达不到最低限额的就要惩罚，促进其增加电动车的产销量。还要贯彻耗能少的车多奖励的原则，促使企业自主谋划生产有销路、少耗能的电动汽车。

第三，政府补贴，既然是对因产销量较小引起价格较高的一种平衡措施，所以应该以减免税的方式补给用户而不该补给企业。随着该车总产销量的积累，成本和价格就该不断下降，于是减免税补贴的金额就可递减。比如，同一个企业的电动汽车在全球总销量超过一定量(如 10 万辆)以后，可以延续减税一个季度，然后减税金额减半，半年后减税金额再减半，再半年后停止减税。美国、日本就是用类似递减的减税形式来补贴买主的。另外，对于耗能少的汽车，政府要给购车者多减税，促使企业提高节能水平和降低价格。

最后，我再次建议，要放手让企业自主研发有销路的电动车，包括鼓励民营企业发展小型低速短程车；要充分用好现有的锂离子电池，大力发展在车上高效发电补充电能、节油 50%以上的增程式公交车和乘用车；暂缓发展已在许多城市“趴窝”的纯电动公交车。

敬礼！

杨裕生

2014 年 1 月 14 日

产品适销对路是新能源汽车产业发展的关键*

一、我国新能源汽车产业的简况

第一个情况是我国有生产资质的大型企业的做法。他们以全面开发纯电动、轻混、强混、插电式为“荣”；以政府补贴的高低作为上市品种的选择依据，而不考虑开发面向中国广大消费者的新能源汽车产品；不根据当前中国广大消费者的消费能力去开发价格较低的电动汽车，只将目光盯向政府买单，搞“高水平”、高利润、打不开市场的产品。他们对于怎样实现产业化心中没数，对于向无补贴过渡的态度是得过且过。

第二个情况是没有生产资质的民营企业的做法。他们生产政府不给补贴而广大消费者需求的微型低速电动汽车，2013 年全国产量已经超过 20 万辆，而且供不应求。据了解，仅山东省就占总产量的 80%。这种车价格与我国广大群众的消费水平相吻合，适合大量二三线城市和城镇化人口的出行需求，既可以用铅酸电池，也可以用锂离子电池。这种车电池用量少、车身轻，节能省钱，可接 220 伏的家用电源，或在居民小区停车处设充电桩，利用变压器夜间的低负荷充电，既方便又可替电网“填谷”。这种车正是我国面向广大消费者的新能源汽车产品。

但我国发展小型低速短程轿车阻力不小，连不少部委领导、政府官员都极力反对。曾有领导认为，清华大学研制用铅酸电池的低速短程汽车，是“丢清华的脸”。更有领导声称，低速电动汽车是“老古董”“垃圾技术”，是“被历史事实证明没有生命力的产品”，搞低速电动汽车是“浪费资金”，再做下去“要成为历史的罪人”。还有官员在接受采访时公开表示，“让低速电动车在路上跑，地方政府应该承担法律责任”。他们制定了“双 80”标准，同时掐死了低速电动车的标准。

“低速电动车不安全”实际上是一种谬论，问题的根本在于管理。遗憾的是，这些观念也存在于做传统汽车的人士中，有一位官方专家说：“发展电动汽车要作为一个战略性产业考虑，而不是简单地考虑把石油车替代下来，中国的趋势就是做高水平的电动汽车，山东搞的低速电动车不是我们战略性高技术的电动车标准。”此专家片面地追求“高”，殊不知“高”是由“低”发展而来的，离开“战术”谈“战略”一定会打败仗！

这些问题表面上是“重点发展什么车”之争，实际的根源是说不清道不明的利害关系。此外这和部分官员的世界观也有关系。

---

* 本文原载于《中国汽车报》，2014 年 3 月 10 日第四版。

二、目前不宜大做长程、高速纯电动车

当前我国动力电池存在不少问题，一是比能量欠高，二是一致性不够好，三是寿命不够长，四是价格比较贵，五是安全性有问题。

目前，锂离子电池比能量提高有限，预计到2020年有可能比现在提高一倍，达到250Wh/kg，但不能指望达到汽油的能量水平。另外电池比能量越高，安全性问题越突出。未来“理想”电池出现后有可能不用油，但在过渡时期内如何用好电池，发展电动汽车是个需要考虑的问题。

长程、高速纯电动车的弱点，是在现有的电池比能量下，合理的设计里程仅约150千米，如果要设计行驶200～300千米的车，则需要多加电池。电池多了，车辆就重，耗能增加，价格也贵，市场就小。若电池和纯电动车价格高，长期很难离开补贴。

此外，追求长行程，电池常处于满充全放的状态，电池性能衰退很快，电池如果与车辆不能同等寿命，后续的电池谁来补贴？另外，地方政府大量圈地搞充电站、换电站，费钱多且效率低。电池量大，散热就困难，从而加重了安全问题的解决难度。现在高档纯电动汽车浪费能源、销路不畅的例子很多。如某国产品牌电动汽车，电池重量将近700kg，每百公里耗电19.5°，车价36万元。

再看特斯拉豪华跑车，其电池量大，价格高，安全性也有问题。从去年10月1日到今年2月14日，已烧了5辆车。它的车价相当高，耗电量100千米为15～18kWh，部分车型数据具体见表1。

表1　特斯拉部分车型数据

电池容量/kWh	40	60	85
里程/km	256	370	480
100km耗电/kWh	15.63	16.22	17.71
车价/万美元	4.99	5.99	6.99

我国的能源结构以煤为主，煤炭提供了我国80%的电力消费。从表1可以看出，这些车百公里电耗相当于标准煤5.5～6.5kg，排放二氧化碳的量相当于7.5～9升油。另外，它的氧化硫(SOX)、氧化氮(NOX)排放得更多。从某种意义上讲，大气污染只是搬了个地方，从煤厂搬到电厂去了。因此，大型、豪华汽车基本上没有节能减排的效果。特斯拉最近也宣布，将要开放“普及型”的电动汽车。这类车型目前在我国基本由政府买单，或高额补贴、送牌照，很难看出这类车的市场化机制和市场化前景。

三、发展微小型电动汽车是国际潮流

欧洲、美国、日本近些年先后发布了小型电动车法规。这些地区和国家的电动汽车发展很快，改革也很及时。虽然中国的小型电动车外销符合外国法规，但在国内却惹得“地方政府要承担法律责任”。以下介绍欧洲、美国、日本的小型电动车相关法规要求。

1. 欧洲

欧洲小型电动车主要是两种规格，一种是 L6e 轻型四轮机动车，一种是 L7e 重型四轮机动车，法规的具体要求详见表 2。

表 2　欧洲小型电动车法规

类别	内容
L6e 轻型四轮机动车	空载质量不超过 350km（不含电池质量） 有效载荷不超过 200kg 最高设计车速不高于 45km/h 电机最高持续额定输出功率不超过 4kW 长×宽×高不大于 4m×2m×2.5m 需要满足针对 L2e（三轮助力车）的技术要求，特殊规定的条款除外
L7e 重型四轮机动车	空载质量：载客车辆不超过 400km，载货车辆不超过 550kg（不含电池质量） 有效载荷：载客车辆不超过 200kg，载货车辆不超过 1000kg 电机最高持续额定输出功率不超过 15kW 长×宽×高不大于 4m×2m×2.5m 需要满足针对 L5e（机动三轮车）的技术要求，特殊规定的条款除外

2. 美国

美国交通部制定了低速电动车法规（FMVSS500），具体规定如表 3 所示。尽管美国各州对小型电动汽车的车速要求不尽相同，但都在每小时 25～45 英里以下。

表 3　美国轻型电动车法规

参数	内容
最高设计速度	每小时高于 20 英里、低于 25 英里（即 32～40km/h）
总质量（GVWR）	小于 3000lbs（1361kg）
基本装备要求	要求装有前灯、尾灯、停车指示灯、转向灯、反光镜、驻车制动器、后视间、挡风玻璃、车辆识别号码 VIN 和安全带

注：2005 年版本要求小于 2500lbs 并取消了对卡车的限制，2006 年版考虑动力电池的重量将上限提高到 3000lbs。

3. 日本

日本从去年1月31日开始实施《超小型交通工具认证制度》，以推动低碳交通系统建设。所谓的超小型交通工具定义为：以轻型汽车类别为基础，新增的一种更小的车型类别，有三轮及四轮车的区别，具体的法规要求参见表4。丰田、本田、日产等都发布了他们的车型。

表4 日本超小型交通工具法规

类别	三轮及四轮车	
	第一类	第二类
主要规格及构成要素	额定输出功率8千瓦以下(含)	额定输出功率8千瓦以上
	额定乘员2人以下(含)安装了2个儿童乘车安全辅助装置的车辆为3人以下(含)	车长3.4m，宽1.48m，高2m；需进行车检；乘车定员为4人
	不可上高速公路行驶	可上高速公路行驶

四、马凯副总理最近的重要指示让业界燃起新希望

今年年初马凯副总理在南方考察时讲到："发展新能源汽车要认真贯彻党的十八届三中全会精神，加快转变政府职能，有效调动国有企业和民营企业等各方面积极性，完善支持产业发展的政策措施。积极开发面向广大消费者的新能源汽车产品，不断健全新能源汽车产业体系和市场体系。"最后这句话很具体，也很关键，即要积极开发面向广大消费者的新能源汽车产品。

面向广大消费者，产品要适销对路，这是市场化的关键。我们且看政府部委是否认真贯彻落实。

1. 如何贯彻落实"积极开发面向广大消费者的新能源汽车产品"

政府部委要尽快制定适销对路产品的法规，主要是"微小型、低速电动车的标准"；要放手地方政府和汽车企业依照法规生产面向广大消费者的产品；要鼓励，而不是担心民营汽车企业依照法规与国资控股企业并驾齐驱；要让相关公务人员认真总结经验教训，更新观念，改变立场，从而消除阻力；完善交通法规给微型低速车上牌照。前面几项主要是国家发改委和工信部的职责，上牌照主要涉及公安部。

2. 改革补贴政策，消除高补贴带来的问题

现在我国对新能源汽车的补贴是世界最高的，政府想靠高额补贴形成市场，结果适得其反。高补贴带来的问题主要有以下几方面：一是泯灭了企业的责任心，养成对补贴的依赖思想；二是影响企业根据市场规律自主选择电动车发展方向；三是鼓励企业抬高车价，加大了向无补贴过渡的难度；四是耽搁了发展速度；五

是人为造成社会不公，用纳税人的钱去支持少部分有钱人买车，这样下去也难以持久地补贴。所以，高补贴政策严重阻碍了市场化进程，必须加快改革。

3. 关于改革补贴政策的建议

一是明确所有汽车企业有义务生产电动汽车。汽车生产企业在赚钱的同时，带来油料大量消耗、严重污染空气等负面影响。因此，各汽车企业有义务、有责任生产电动汽车，并且逐年提高电动汽车在本企业产品中的比例额度。要明确义务和责任是不允许讨价还价的。

二是超额有奖，奖罚兼施。政府部门要提出进程表，规定节油率大于 15%的电动车在各企业总产销量比例依照 1%、2%等逐年增加，做到“超额有奖，以奖促产，缺额要罚，罚款充奖”。此外要贯彻“耗能少的车多奖”这一原则，促使企业自主谋划生产有销路、少耗能的电动汽车。

以改革促进电动汽车的发展
——写在“十三五”计划制定时*

经过“十二五”三年多的上下努力，我国电动汽车在举世无双的高补贴下取得的进展还是不尽如人意，在剩下的一年多的时间里要完成50万辆任务甚为吃力。

以合资企业为主生产的燃油汽车继续滚滚而来，在大量利润外流的同时，城市空气污染不断加重，加速发展电动汽车日益紧迫。

“十三五”计划的电动汽车，必须认真总结“十二五”计划的经验教训，切实改革，才能有望取得较大的发展。

一、改革鼓励发展的车种

在延续发展的纯电动汽车、增程式、插电式三种电动汽车中，要特别鼓励发展节能(节电和节油)的电动汽车，真正减排二氧化碳。不鼓励发展类似特斯拉的大型车、豪华车，这类车虽然不用油，但是耗电量大(百公里耗电 16°～18°)，既浪费能源，又增加发电中的二氧化碳的排放，不是中国应该鼓励发展的类型。

鼓励发展增程式纯电驱动汽车，它是节能、里程、安全、速度、寿命等综合性能最为全面的车种。我国的磷酸铁锂电池技术已渐成熟，完全可以满足增程式纯电驱动汽车今后至少 10 年的发展需要。增程式纯电驱动小车可以首先替代全国城市现行的百万余辆出租车，每年可节油约 600 万 t；城镇居民使用，节能减排效果也很显著。增程式纯电驱动大型客车用于城市公交，节能减排可观。

对于增程式纯电驱动汽车，鼓励因地制宜地发展多种增程的车上发电技术，包括汽油发电、柴油发电、燃气发电和燃料电池发电等。

参考美、欧、日的微小型电动汽车标准，制定和执行中国的微小型电动汽车标准。规定微小型电动汽车中的低速汽车不允许上高速公路，可在城市指定的道路上行驶。在坚持标准、保证质量的前提下，允许和鼓励民营企业参与发展微小型电动汽车。

微混(启停)式虽不列为我国的“新能源汽车”，但对减轻城市空气污染有显著效果，应参考国外的做法，在我国“十三五”结束时要求新生产销售的燃油汽车必须一律加装启停功能。

---

* 本文原载于《中国科学报》，2014 年 12 月 2 日。

二、改革补贴政策

1. 对燃油汽车生产企业实行电动汽车责任指标与奖励、惩罚相结合的政策

燃油汽车生产企业在给人民提供汽车的同时，也带来油料消耗、污染空气的负面影响。因此，各汽车企业有责任、有义务逐年提高电动汽车在本企业生产销售产品中的比例额度。政府提出“十三五”的进程表，例如2016年为1%，以后每年递增2%。同时执行奖惩办法，实行“超额有奖，以奖代补，以惩促产”，促使企业主动谋划生产价格合理、有销路的电动汽车，而避免他们“瞄准政府高额补贴搞生产”。

如果2016—2020年各年电动汽车的销售比例确能按照上述进程表分别达到1%、3%、5%、7%、9%，以每年全国汽车总销售量2200万辆计，则5年电动汽车的总销售量为550万辆，方能使得此前政府规划的“2020年电动汽车保有量500万辆”的目标不致落空。

2. 对燃油汽车生产企业的奖惩办法

以各燃油汽车生产企业每年的实际的销售量为结算单元，以其纯电动汽车、增程式、插电式销售量的总和作为考核对象。同时，国资委要将企业是否完成电动汽车产销比例额度作为的一项重要考核指标。

3. 对单纯生产电动汽车的企业实行奖励政策

小型电动汽车每销售一辆奖励2000元，电动大客车每销售一辆奖励20000元。

4. 对电动汽车用户实行奖励“基本用电量”的政策

在明确电动汽车在各企业销售产品中的比例额度后，企业不但不会再肆意抬高车价，而且还会千方百计降低成本和售价，以扩大销量，电动汽车的价格将回归到合理的水平。于是，电动汽车超过燃油车的合理差价，主要应由用户在油费-电费差额中得到补偿。同时，对电动汽车用户实行“基本用电量”奖励。

基本用电量的奖励标准：小型(及微型)纯电动汽车每辆每年1500°，增程式、插电式车汽车每辆每年1000°；大客车纯电动每辆每年15000°，增程式、插电式车每辆每年10000°；基本用电量的电费由国家财政向电力公司拨给，超用部分由用户自付。

汽车充电电价由国家发改委制定，实行峰谷分时计价，“谷”期充电量由“谷峰价比”折算成峰价电量。以小型纯电动汽车为例，1500°基本用电量的额度用于夜间充电，可充4500°，足够小型汽车行驶36000千米，足够微型汽车行驶54000千米，均节省用户每年燃油费21600元(分别以每100千米用油60元和40元计)。

至于城市电动公交车超过基本用电量的用电费用，则由各城市在原燃油补贴政策中给予补足。

三、改革充电政策

电动汽车用电与其他用电户应享有同等用电的权利和义务，电网公司(电力局)依法有责任拉线送电到位。在峰谷分时计价下，电动汽车用电可对电网起“填谷”的有利作用，减少了建设“填谷”设施的开支，因此，充电站(桩)由电网公司建设是合理的。为了维系电网公司(电力局)与电动汽车用户的固定关系，充电站(桩)可以由双方共同出资建设，平等地享有产权。

政府部门要责成街道办事处和居民小区优先为电动汽车用户划给固定停车位，电网公司(电力局)及时为电动汽车用户在指定停车位安装充电桩。

总结换电站的运行经验，全面审计换电站的建设和运行经费。

四、转变思维

电动汽车发展的关键已不是单纯的电动技术问题或补贴问题，而是原有社会建设的硬件、软件没有包容此新事物出现后提出的新需求。因此，电动汽车的发展应该成为全社会的事，电动汽车政策的改革也必然会涉及社会的各个方面，必须动员全社会参与，作为一个系统工程统筹办理。

目前，汽车大型企业的领导们已经习惯于电动汽车的高补贴政策，对改革会感到“首当其冲”。其实，他们今后迟早总有一天靠不上补贴而要靠真本事打拼市场的，这也是对这个阶层的人士一点考验，人们对他们寄予厚望，希望他们做发展电动汽车的动力，而不要成为改革的“阻力”。

政府部门要有决心，要有坚忍不拔的意志去做艰苦的工作。官员们要有勇气坚持原则，敢于对大汽车企业严格要求，不做“老好人”，不当“铁哥们”。

最后，希望政府部门对民营企业倍加关怀，至少也要一视同仁。民营企业的老总们都是精英，他们对振兴民族经济满怀热情，在许多不利的条件下为发展电动汽车使尽了浑身解数，任劳任怨，精神十分可贵。

对补助标准的补充和修改意见*

财政部等四部委发布《2016—2020 年新能源汽车推广应用财政支持政策(征求意见稿)》(以下简称《征求意见稿》),我提供意见,盼望采纳。

一、对《征求意见稿》的“补助标准”提出紧密相关的两点意见

“(三)补助标准”修改的意见为:①超额有奖,以罚促产;②补贴逐年退坡。具体如下(黑体字为我的修改内容)。

(三)补助标准　补助标准主要依据节能减排效果,并综合考虑生产成本、规模效应、技术进步等因素确定,**同时规定各年度新能源车销售量在本公司全部汽车总销售量应达到的的比例,超额有奖,以罚促产**。其中:纯电动乘用车按照续驶里程、纯电动公交客车按照能量消耗量、纯电动专用车按照电池容量大小分档予以补助,超级电容公交客车、燃料电池汽车等车型采取定额补助的方式。为加快产业化进程,鼓励优势企业规模化生产降低成本,2016—2020 年除燃料电池汽车外其他车型补助标准**逐年**退坡,自 2017 年起纯电动汽车、插电式混合动力汽车补助标准**每年按 2016 年补助标准递减 20%**。

各年度新能源车销售量在本公司全部汽车总销售量应达到的比例:2016 年、2017 年、2018 年、2019 年、2020 年分别各为 1%、2%、3%、4%、5%。同时执行奖罚办法,实行“超额有奖,以罚促产”:每超额销售一辆大客车奖励 1 万元,每超额销售一辆乘用车奖励 1 千元;每欠额销售一辆大客车罚款 2 万元,每欠额销售一辆乘用车罚款 2 千元。

二、对“超额有奖,以罚促产”意见的说明

总的原则:对燃油汽车生产企业实行电动汽车责任指标与奖励、惩罚相结合的政策。

燃油汽车生产企业在给人民提供汽车的同时,也带来油料消耗、污染空气的负面影响。因此,各汽车企业有责任、有义务逐年提高电动汽车在本企业生产销售产品中的比例额度。由政府提出“十三五”的进程表,2016 年为 1%,以后每年递增 1%。类似的措施在美国加州已经实行,效果显著。

---

* 本文为 2015 年 1 月四部委《2016—2020 年新能源汽车推广应用财政支持政策(征求意见稿)》提出的意见和修改稿。

2014 年全国汽车总销售量 2400 万辆，比 2013 年增长 7%，故以后几年以每年增长 6%计算是合理的。按此算法，则 2016 年全国汽车总销售量为 2700 万辆。如能实现上述责任指标的进程，则 2016—2020 年各年全国新能源汽车的销售量可见表 1。

表 1　2016—2020 年新能源汽车销售量

年份	全国汽车预计总销售量/万辆	政府定新能源汽车销售比例	新能源汽车预计销售量/万辆
2016	2700	1%	27
2017	2862	2%	57
2018	3034	3%	91
2019	3215	4%	129
2020	3409	5%	170
	五年预计总量		474

可见，如果“十三五”期间电动汽车的总销售量预计达到 474 万辆，方能使得此前政府规划的“2020 年电动汽车保有量 500 万辆”的目标有可能达到。否则，单凭补贴一个措施，2020 年电动汽车保有量要达到 500 万辆的指标，也很可能像 2015 年的 50 万辆保有量指标一样落空。

同时执行奖罚办法，实行“超额有奖，以罚促产”，目的是促使汽车企业主动谋划生产价格合理、有销路的电动汽车，改变现在“政府着急而企业不着急”的状况，并且避免企业不重视营造市场而“瞄准政府高额补贴搞生产”、甚至故意抬高价格的做法。权利和义务应该相互依存，只让企业享有补贴的权利而对他们没有责任和义务的要求和约束，那就是放任自流，这种局面必须结束。

至于“奖少罚多”(每超额销售一辆大客车奖励 1 万元，每超额销售一辆乘用车奖励 1 千元；每欠额销售一辆大客车罚款 2 万元，每欠额销售一辆乘用车罚款 2 千元)，是考虑完成的超额销售中已给了补贴，而且有合理的利润，奖励是“锦上添花”，是企业的纯收入，应适可而止。而“罚多”是政府唯一可以体现对企业施加责任和义务的手段，要有一定的力度方有“促产”的效果。

对燃油汽车生产企业的奖罚，以各燃油汽车生产企业每年的实际的销售量为结算单元，以其纯电动、增程式、插电式和燃料电池汽车销售量的总和作为考核对象。

对单纯生产电动汽车的企业，除按各类新能源汽车补助标准实行补贴外，可参照实行上述奖励办法(只奖不罚)。

三、对“逐年退坡”意见的说明

我国现在对新能源汽车的补贴是世界的最高标准，对新能源汽车的推广应用有积极的作用，2014 年销出了 8.49 万辆车，但也将纳税人的钱“资助”了汽车企业卖高价车。

2016 年的新能源汽车如果销售 27 万辆，政府的补贴可能在 160 亿左右(各类、大小车笼统平均以每辆补贴 6 万元计)。如果按照征求意见稿“2017 年纯电动汽车、插电式混合动力汽车补助标准在 2016 年基础上下降 10%，2019 年补助标准在 2017 年基础上再下降 10%”的方案，2019 年在 2016 年基础上共下降 19%，2019 年新能源汽车如果销售 129 万辆，当年政府的补贴可能在 630 亿之巨(还不包括地方政府的补贴)。即使按照本建议“逐年退坡”的方案，2019 年补助标准为 2016 年 40%，2019 年新能源汽车如果销售 129 万辆，当年的政府补贴也可能还要大约 310 亿。

所以，如不随着新能源汽车产量的上升而逐年退坡，不仅企业没有足够的动力去主动谋划降低成本、生产有销路的电动汽车，直接影响新能源汽车的发展进程，而且政府花费数量十分惊人的钱搞补贴，会引起广大非受益群众不满。

随着企业的新能源汽车产量的上升，生产成本将不断下降。按照上表中的测算，2020 年全国新能源汽车的产量为 170 万辆，将是 2016 年的 6 倍，已是规模化生产，政府的补贴逐年退坡到 2016 年的 20%(约 200 亿)是可行的、应该的。

即使按照本建议的“逐年退坡”办法，“十三五”期间电动汽车的总补贴数估计也是 1200～1300 亿元的巨额(表 2)。

表 2　2016—2020 年新能源汽车补贴金额

年份	新能源汽车预计销售量/万辆	按照征求意见稿补贴估数/亿	按照本建议的补贴估数/亿
2016	27	160	160
2017	57	310	270
2018	91	490	330
2019	129	630	310
2020	170	830	200
总计	474	2420	1270

四、结束语

2014 年 12 月 2 日第 6 版《中国科学报》曾刊登我的文章“以改革促进电动

汽车的发展——写在“十三五”计划制定之时”，看来未能起到与四部委通气的效果。

我感觉，此次财政部等四部委发布的《2016—2020年新能源汽车推广应用财政支持政策(征求意见稿)》，已经充分(甚至是过分)考虑了汽车企业的利益了。我希望在修改时，能更多地听取和采纳“第三方”的、客观性的意见。

2015年1月22日

“十三五”电动汽车补贴政策必须改革*

新浪财经讯　由全国工商联新能源商会举办的第九届中国新能源国际高峰论坛于 2015 年 4 月 15 日—16 日在北京国家会议中心举办。论坛主题为：新能源，为新常态带路。

中国工程院院士杨裕生出席并演讲。以下为演讲实录：

各位上午好！我今天想讲一讲关于“十三五”电动汽车补贴政策必须改革这样一个题目。财政部等国家四个部委发布了一个公告，征求对“十三五”电动汽车补贴征求意见。看到这个之后，我做了一些思考和计算。今天想讲这样几个问题：第一个是电动汽车现行的高额补贴政策，现在问题很多；第二个是“十三五”电动汽车产业链的预计进程；第三个是研讨四部委这个补贴征求意见稿；第四是改革“十三五”电动汽车补贴政策的建议，最后是结束语。

第一个问题，电动汽车现行的高额补贴政策的问题很多。2014 年的新能源汽车国家补贴多少钱，现在这个数字不是很准确，要保密。我做了一个统计。这里展示的是汽车工业协会提供的汽车数量。2014 年销售了 74000 多辆车，按照国家补贴，不同的车有不同的补贴标准，平均每一辆车是 119000 元。将近 90 亿，这个数不是官方的数，这是我算出的。按照中国电动汽车百人会的数据为 8.49 万辆，这样算的话，去年补贴就会超过 100 个亿。还有地方补贴。我们国家对新能源汽车的补贴是世界的最高标准，这对推动新能源汽车有积极的作用，2014 年销售了 7.42～8.49 万辆车。但是，过高补贴政策的负面作用是不容忽视的主要包括：①汽车生产企业，主要是大的企业，可以卖高价车。名义上是补贴消费者，实际上等于纳税人的钱补给了有钱人，大部分的补贴最终成了汽车企业的利润。②汽车生产企业追逐高补贴，地方政府压公交公司。于是，纯电动公交车在我们国家是畸形发展，扒窝的比比皆是，国家损失严重。③汽车生产企业稳赚不赔，只享利益，没有义务。

第二个问题，想讲一讲十三五电动汽车产量的预计进程。政府已经提出来到 2020 年全国新能源汽车的累计数要达到 500 万辆，要不要下决心达到这个目标？如果要，这五年当中各年应该有什么样的目标？最近科技部又发布了“十三五”电动汽车的科技发展计划，又再次强调科技发展要为 500 万辆做技术支撑，政府

---

* 本文原载于“新浪财经”2015 年 04 月 15 日。原题目为《杨裕生：电动汽车行业高额补贴政策存在很多问题》。

部门是一再肯定的，那么五年当中应该有什么样的步伐？2014 年全国汽车总销量辆 2400 万辆，比 2013 年增长了 7%，以后几年在新常态下，以每年增长 6%来计算这个增长是可能的，2016 年全国总汽车销售量为 2700 万辆，以后四年还要逐年增加。如果要实现 500 万指标，则 2016 年至 2020 年的新能源洗车汽车销售比例必须分别为 1%、2%、3%、4%、5%，即每年必须增加当年总产量的 1%。我做了一个计算，新能源汽车“十三五”的五年内的总数可以到 474 万，再加上我们“十二五”的 20 万辆，到 2020 年累计数大概可以达到 500 万辆。也就是说，我们每年有增长的数字，才能达到 500 万的目标。新能源汽车应有的销售量必须落实到销售汽车企业，否则给了惊人补贴后政府目标还会落空。

第三个问题，研讨四部委“十三五”电动汽车补贴的征求意见高。四部委整训 2016 年的新能源汽车有一定的标准，这个标准基本上和 2014 年相等，为了便于计算，2016 年的补贴金额平均每辆车以 12 万整计算。主要是因为纯电动公交车一辆车是 40 几万到 50 万一辆，这个数量非常大，所以把整个汽车补贴的平均数拉高了。征询意见稿里面，2013 年纯电动汽车、插电式混合动力汽车补助标准在 2016 年基础上下降 10%，2019 年补助标准在 2017 年基础上再下降 10%。每一辆车的平均数应该是这个数。这样算出来总数应该是 4829 亿元，这可是一个了不得的数字。我们为了 500 万辆汽车的这样一个目标，国家就要拿出这么多的钱来补贴，这个可行性值得思考。我们现在考虑有这么几个问题：第一个问题，十三五政府花费数量十分惊人的钱搞补贴，4000 多亿，财政支出是非常庞大；第二个问题，企业没有足够的动力去主动谋划生产有销路的电动汽车，长期靠补贴过日子，我国从汽车大国迈向汽车强国将从何谈起；第三，造成社会不公，不会引起广大非受益群众的不满吗？十三五补贴必须加速“退破”。不仅这样，而且还要降低作为基数的 2016 年的补贴金额。只有这两条一起，才能得到一个比较合理的数。其中首先是纯电动车，尤其是纯电动公交车是补贴大头，这个数必须要降下来。我按照退坡的机制算了一个五年总共补贴 700 亿的方案坚持补贴基数降低与退坡机制的共同实施，如果单凭补贴一个措施，2020 年电动汽车保有量 500 万辆的目标可能很难达到，所以必须有改革措施相配套。

关键是要促使企业产生足够的动力，首先是要改变观念，不是单单靠追求高补贴，而是首先要尽责任；第二点是主动谋划生产有销路的电动汽车；第三，努力降低售价，企业得营造市场。企业没有主动性的话，这个是做不到的。所以，改革的措施必须要调动汽车企业积极性和责任性。也就是说，新能源汽车 500 万辆销售量必须落实到各个汽车企业，企业和政府共同扛起担子。

最后一个问题，讲一讲对十三五电动汽车补贴政策的几个建议：适当补贴，责任指标，超额有奖，以罚促产。①适当补贴，十三五继续补贴电动汽车，但是金额降低，逐年退坡。对原有生产企业实现电动汽车责任指标与奖励相结合的政策。燃油汽车生产企在给人民提供汽车的同时，也带来能源消耗、污染空气的负面影响，因此各汽车企业有责任、有义务逐年提高电动汽车在本企业生产销售产品中的比例额度。②责任指标，规定每年度电动汽销售量在本公司全部汽车总销售量应达到的比例，落实国家总目标。③超额有奖，以罚促产，每超额销售一辆大客车奖励 1 万元，每超额销售一辆乘用车奖励 1 千元，每欠额销售一辆大客车罚款 2 万元，每欠额销售一辆乘用车罚款 2 千元。超额有奖，以罚促产实行的目的，促使汽车企业主动谋划生产价格合理，有销路的电动汽车，改变现在政府着急而企业不着急的现状，并且避免企业不重视营造市场，而瞄准政府高补贴搞生产，甚至故意抬高价格的做法，故意抬高价格现在很普遍。权利和义务应该相互依存，只让企业享有补贴的权利，而对他们没有责任和义务的要求和约束，那就是放任自流。这种软弱无力的做法应该改变。

最后讲几句话，推动电动汽车发展是国民的义务和责任，而不是靠利益来驱动。厂家要降低价格，生产广大群众欢迎的车。用户要用节油的钱，抵偿电动系统的差价。现在电动汽车电池比较贵，所以电动汽车比较贵。那么电动汽车可以节省油，节省油之后就有节省，应该用这个钱抵偿车的差价。厂家和用户都不该想趁高补贴电动汽车之机从国家捞一把。

五年内过渡到无补贴，厂家要抓紧实际练出真功夫。

谢谢大家！

“十三五”电动汽车补贴不宜“先花钱，后算账”*

推动电动汽车发展是国民的义务和责任。生产企业要降低价格，生产出广大群众所欢迎的车型。消费者要用节油的钱来抵偿电动系统的差价。生产企业和消费者都不应该只想着借政策高补贴电动汽车之机“捞国家一把”。

一、现行补贴政策问题多

中国电动汽车百人会提供的数据显示(表 1)，2014 年全国电动汽车售出数为 8.49 万辆，而国家补贴已过百亿元。此外，各地方的配套补贴，用的也都是“公”款。

表 1　2014 年国家补贴新能源汽车的费用

类型	汽车工业协会提供的售出数/辆	2014 年的国家补贴标准/万元	2014 年的国家补贴费用/亿元	平均每辆的国家补贴费用/万元
纯电动乘用车	36356	4.75	17.269	
插电式乘用车	17559	3.325	5.838	
纯电动大客车	8165	46	37.559	
插电式大客车	12156	23	27.959	
总计	74236		88.625	11.94

可以说，我国对新能源汽车的补贴是世界的最高标准。不可否认，这对新能源汽车的推广应用有积极的作用。但是，过高的补贴政策所带来的负面作用不容忽视。

首先，汽车生产企业追逐高补贴而积极生产纯电动客车，地方政府施加压力让公交公司来使用。于是，纯电动公交车出现畸形发展的态势。然而，受限于电池寿命，公交车“扒窝”的现象比比皆是，让国家补贴白白损失。对于尚能运行的公交车，公交公司则发愁过 2、3 年后电池失效了，第 2 套电池的补贴问题怎么办。

其次，汽车生产企业(主要是大企业)可以随意提高车价，其结果就是：大部分补贴成了汽车企业的超额利润；说是补贴消费者，实际上是普通纳税人的钱补给了有钱买车的富人。

---

* 本文原载于《能源报》，2015 年 4 月 27 日第 5 版。

最后，汽车生产企业稳赚不赔，只享利益，没有义务。于是，造成企业不思努力去生产符合市场需求的车型。

二、“十三五”的预计进程

到2020年，全国新能源汽车保有量目标要达到500万辆。最近，科技部发布《国家重点研发计划新能源汽车重点专项实施方案(征求意见稿)》,(以下简称《征求意见稿》)并再次重申，要“为2020年实现新能源汽车保有量达到500万辆提供技术支撑”。

不难看出，政府已经下定决心，一定要达到500万辆的目标！那么，未来5年中每年应有怎样的增长规划呢？

2014年，全国汽车总销售量为2400万辆，比2013年增长了7%，因此未来几年内新常态以每年增长6%来预计是可行的。

那么，2016年全国汽车总销售量将为2700万辆，未来4年逐年增加。如要实现500万辆新能源汽车的总目标，则2016—2020年各年的新能源汽车销售增长比例必须分别为1%、2%、3%、4%、5%，即每年必须同比增加1%(表2)。

表2　2016—2020年全国新能源汽车预计销售量

年份	全国汽车预计总销量/万辆	政府应定新能源汽车的销售比例	新能源汽车应有的销售量/万辆
2016	2700	1%	27
2017	2862	2%	57
2018	3034	3%	91
2019	3215	4%	129
2020	3409	5%	170
	五年预计总量		474

计算得来的这474万辆新能源汽车销售量必须落实到各汽车企业，否则，给了惊人补贴后政府目标还将会落空。

三、真要补贴4000多亿吗?

财政部等四部委征询2016年新能源汽车推广应用的补助标准，基本与2014年持平。为便于计算，2016年补助金额以平均每辆12万元的整数计。

按照征求意见稿“2017年纯电动汽车、插电式混合动力汽车补助标准在2016年的基础上下降10%，2019年补助标准在2017年的基础上再下降10%”，即2017年和2018年同一标准；2019年和2020年同一标准(表3)。

表 3 2016—2020 年按照《征求稿意见》新能源汽车预计销售量和补贴准对比

年份	新能源汽车预计销售量/万辆	按照征求意见稿补贴标准的估计数/亿元
2016	27	324(12 万/辆)
2017	57	616(10.8 万/辆)
2018	91	983(108 万/辆)
2019	129	1254(9.72 万/辆)
2020	170	1652(9.72 万/辆)
总计	474	4829

通过计算，为了 2020 年累计 500 万辆的目标，政府的补助总数将达 4000 多亿元！人们不禁要问：“十三五”期间政府将花费数量十分惊人的 4000 多亿钱搞补贴，财政支出如此庞大，必要吗？合理吗？企业没有足够的动力去主动谋划生产有销路的电动汽车，长期靠补贴过日子，“我国从汽车大国迈向汽车强国”将从何谈起？

我们是否可以得到如下结论：“十三五”补贴必须“加速退坡”，每 2 年只退坡 10%的速度太慢了；还要继续降低作为基数的 2016 年的补贴标准。首先是纯电动车，尤其是其中纯电动公交车更是“大头”。

在这里，我们设想一个控制 5 年总补贴数 700 亿的方案，结合退坡机制，推算出各年每辆车的平均补贴数(表 4)。当然，如果“十三五”总的补贴数为 700 亿元，这也并非是个小数！无论如何，国务院要给四部委明确一个控制总数，决不能“先花钱，后算账”。

表 4 2016—2020 年内每辆车的平均补贴数预估

年份	新能源汽车预计销售量/万辆	按照“征求意见稿”的补贴估数/亿元	按照降低补贴基数+逐年退坡的设想/亿元
2016	27	324(12 万/辆)	160(6 万元/辆)
2017	57	616(10.8 万/辆)	230(4 万元/辆)
2018	91	983(108 万/辆)	180(2 万元/辆)
2019	129	1254(9.72 万/辆)	130(1 万元/辆)
2020	170	1652(9.72 万/辆)	0
总计	471	4829	700

注：设想一个控制 5 年总补贴数 700 亿的方案，结合退坡机制推算。

实施“降低 2016 年补贴基数+退坡”的方法后，如果单凭补贴这一个措施，2020 年电动汽车保有量达 500 万辆的目标可能很难实现。所以，必须有改革措施相配套，目的是要激发企业产生足够的生产动力。这就需要改变观念：首先是尽责任；其次要主动谋划生产有销路的电动汽车；努力降低售价，营造市场氛围，使企业和政府共同扛起实现新能源汽车达500万辆目标的担子。

四、补贴当“逐年退坡”

笔者认为，政府补贴的总思路应该是：适当补贴；责任指标；超额有奖；以罚促产。

何为适当补贴？政府在“十三五”应继续补贴电动汽车，但要将金额降低，做到逐年退坡。

谈及责任指标，首先要指出，燃油汽车生产企业在给社会提供汽车产品的同时，也带来油料大量消耗、空气污染等负面影响。因此，各汽车企业有责任、有义务逐年提高电动汽车在本企业生产销售产品中的比例额度。类似的措施在美国加州已经实行过，并取得显著效果。

具体来说，可以规定各年度电动汽车销售量在汽车生产企业的全部汽车销售总量中应达到的比例，并落实国家总目标，即2016年、2017年、2018年、2019年、2020年各年度电动汽车销售量在企业全部汽车销售总量应达到的比例分别为1%、2%、3%、4%、5%。

“超额有奖，以罚促产”是指对燃油汽车生产企业，实行电动汽车责任指标与奖励、惩罚相结合的政策。每超额销售一辆大客车奖励1万元，每超额销售一辆乘用车奖励1千元；每欠额销售一辆大客车罚款2万元，每欠额销售一辆乘用车罚款2千元。

实行“超额有奖，以罚促产”的目的是促使汽车企业主动谋划生产价格合理、有销路的电动汽车，改变现在“政府着急而企业不着急”的状况，并且避免企业不重视营造市场而“瞄准政府高额补贴搞生产”，甚至故意抬高价格的做法。

权利和义务应该相互依存！只让企业享有补贴的权利，而对他们没有责任和义务的要求与约束，那就是放任自流。这种“软弱无力”的做法应该改变！

关于控制电动汽车补贴总额，明确企业开发责任的建议*

杨裕生　田昭武　陈清泉　顾国彪　苏万华　何继善
多　吉　梁维燕　杜祥琬　何多慧　衣宝廉　雷清泉
郭孔辉　韩英铎　洪伯潜　马永生　彭苏萍　黄其励　杨奇逊

2015年4月29日财政部等四部委发布《关于2016—2020年新能源汽车推广应用财政支持政策的通知》（以下简称《通知》）规定，2017年、2018年的补贴标准比2016年降低20%。2019年、2020年的补贴标准比2016年降低40%。《通知》的“退坡”速度虽比《征求意见稿》有所提高，但是，这个“退坡”的力度仍然太低，将造成的国家财政负担仍然很大。看来四部委在发布《通知》时未曾按《通知》的补贴标准估算国家财政在2016—2020年新能源汽车推广应用的补贴开支总数是一个多么庞大的巨款。

一、2016年平均每辆新能源车补贴的估计

2014年国家补贴新能源汽车的费用据说是保密数据，无法获得。表1给出了我们按汽车工业协会提供的售出数74236辆和2014年的国家补贴标准算出的估算数，国家补贴费用为88.6亿元，平均每辆的国家补贴费用11.94万，为便于记忆和计算，就取整数12万元(此数还不包含地方配套的补贴)。

表1　2014年国家补贴新能源汽车的费用

类型	汽车工业协会提供的售出数/辆	2014年的国家补贴标准/万元	2014年的国家补贴费用/亿元	平均每辆的国家补贴费用/万元
纯电动乘用车	36356	4.75	17.269	
插电式乘用车	17559	3.325	5.838	
纯电动大客车	8165	46	37.559	
插电式大客车	12156	23	27.959	
总计	74236		88.625	11.94

* 本文由中国工程院杨裕生院士起草，并归纳各位院士的修改意见后得到一致同意，于2015年7月9日由中国工程院呈送党中央、国务院。

《通知》公布的 2016 年新能源汽车推广应用的补助标准，基本与 2014 年相等。所以，2016 年补助金额可按平均每辆 12 万估计。

二、“十三五”新能源车发展进程的预计

政府提出，到 2020 年全国新能源汽车保有量目标要达到 500 万辆。最近，科技部发布《国家重点研发计划新能源汽车重点专项实施方案(征求意见稿)》，再次重申，要“为 2020 年实现新能源汽车保有量达到 500 万辆提供技术支撑。”

不难看出，政府是下了决心，一定要达到 500 万辆的目标！那么，未来 5 年中每年应有怎样的增长速度才能达到 500 万辆的目标呢？

2014 年，全国汽车总销售量为 2400 万辆，比 2013 年增长了 7%，故以后几年以每年增长 6%来预计是合理的。那么，2016 年全国汽车总销售量将为 2700 万辆，未来 4 年逐年增加。如要实现 500 万辆新能源汽车的总目标，则 2016—2020 年各年的新能源汽车销售比例必须分别为 1%、2%、3%、4%、5%，即每年必须同比增加 1%，见表 2。

表 2　2016—2020 年全国新能源汽车预计销售量

年份	全国汽车预计总销售量/万辆	新能源汽车占汽车总销量的比例	新能源汽车预计销售量/万辆
2016	2700	1%	27
2017	2862	2%	57
2018	3034	3%	91
2019	3215	4%	129
2020	3409	5%	170
	新能源汽车五年预计总量		474

如能实现表 2 中的比例，再加上“十二五“期间的销量，到 2020 年新能源汽车累计数才有可能达到 500 万辆。

三、按四部委的“通知”，“十三五”要补贴 3900 亿

按照《通知》，2017—2018 年纯电动汽车、插电式混合动力汽车补助标准在 2016 年基础上下降 20%，2019—2020 年补助标准在 2016 年基础上下降 40%，即 2017 与 2018 年同一标准，2019 与 2020 年同一标准，则得下表 3。

由表 3 得知，“十三五”要补贴 3900 亿，这可不是个小数！除非 2020 年的 500 万辆的目标并不想认真去实现，否则，国家财政是要支付这么多真金白银的。此外，地方财政还要支付配套的补贴。

表 3 2016—2020 年按照《通知》新能源汽车预计销售量和补贴标准对比

年份	新能源汽车预计销售量/万辆	按照《通知》补贴标准的估计补贴数/亿元
2016	27	324(12 万/辆)
2017	57	547(9.6 万/辆)
2018	91	874(9.6 万/辆)
2019	129	929(7.2 万/辆)
2020	170	1224(7.2 万/辆)
总计	474	3898

可见，四部委的“通知”的“退坡”力度太低。我们认为，必须控制“十三五”电动汽车的补贴，加速“退坡”。我们试用不同的“退坡”速度估算“十三五”电动汽车的补贴数，结果见表 4。

表 4 2016—2020 年不同“退坡”速度下的补贴金额

年份	新能源汽车预计销售量/万辆	按照逐年退坡 20%的估计补贴数/亿元	按照逐年退坡 25%的估计补贴数/亿元
2016	27	324(12 万/辆)	324(12 万/辆)
2017	57	547(9.6 万/辆)	513(9 万/辆)
2018	91	655(7.2 万/辆)	546(6 万/辆)
2019	129	619(4.8 万/辆)	387(3 万/辆)
2020	170	408(2.4 万/辆)	0
总计	474	2553	1770

由表 4 可见，即使自 2017 年起纯电动汽车、插电式混合动力汽车补助标准每年按 2016 年补助标准递减 20%或 25%，“十三五”的 5 年电动汽车的总补贴数估计也是 2553 亿或 1770 亿的巨额。

四、长期高额补贴不利于有效推动电动汽车的发展

电动汽车发展初期，适当补贴有利于电动汽车产业的发展，各国普遍如此。我国对新能源汽车的补贴是世界的最高标准，也显示出了积极的作用，2014 年销出了 7.42 万辆车(中国电动汽车百人会上的数据是 8.49 辆)。但是，补贴多少，利弊需仔细权衡，过高补贴政策的负面作用不容忽视。

(1)汽车生产企业追逐补贴最高的纯电动客车，积极生产；地方政府追逐政绩，压公交公司使用它。于是，纯电动公交车发展快速，成为拉高补贴总额的主要因素(在 2014 年的 88 亿元中占 37 亿元)。但是电池寿命有限，“扒窝”的比比皆是，国家损失严重。对于尚能运行的车，公交公司则发愁过几年电池失效后，第二套电池的补贴从何而来。

(2)汽车生产企业倚靠高补贴提高价车，其结果是大部分补贴成了汽车企业的超额利润；说是补贴消费者，实际上是普通纳税人的钱补给了有钱买车的富人；

(3)汽车生产企业“稳赚不赔”，只享利益，没有义务。于是，不思降低成本去努力生产广大群众需求的车，将总理、副总理的一再号召置若罔闻。

(4)政府财政负担太重，而且拉动电动汽车发展的效果并不令人满意，“十二五”的目标眼看是达不到了！

2015 年 4 月，我国电动汽车市场(不算低速电动车)已超过美国，理当适当减少补贴，以利新兴产业的均衡健康发展。

五、向政府提两点建议

1. 为“十三五”电动汽车补贴总额设定一个“上限”

国务院要为“十三五”电动汽车补贴总额设定一个“上限”，而不宜让四部委“先花钱，后算账”；四部委要将“十三五”电动汽车“补贴总额的上限”也列为调整补助政策的“根据”“因素”(即将《通知》的最后有一句改为：“四部委将根据技术进步、产业发展、推广应用规模、成本变化、补贴总额的上限等因素适时调整补助政策”)。

2. 明确各汽车生产企业的责任，完善政策措施

实施“加速退坡”之后，如果单凭补贴一个措施，2020 年电动汽车保有量 500 万辆目标可能很难达到。所以，必须有改革措施相配套，目的是要促使企业产生足够的动力：①改变企业的观念，首先是尽责任；②主动谋划生产有销路的电动汽车；③努力降低售价，营造市场，使企业和政府共同扛起新能源汽车 500 万辆的担子。

配套的改革措施归结为：适当补贴，责任指标，超额有奖，以罚促产。

(1)适当补贴：“十三五”继续补贴电动汽车；但金额降低，加速逐年退坡。

(2)责任指标：燃油汽车生产企业有责任、有义务逐年提高电动汽车在本企业生产销售产品中的比例额度。类似的措施在美国加州已经实行，效果显著[①]。

规定各年度电动汽车销售量在本公司全部汽车总销售量应达到的比例，以落实国家总目标：2016—2020 年各年度新能源车销售量在本公司全部汽车总销售量

① 美国加州自 1990 年启动 ZEV 积分政策，1998 年正式实施至今，经多次修订，但目标始终保持长期性和强制性，且指标每年都有提高。该政策的核心内容是，要求汽车生产商在加州销售的乘用车、小型车车辆中，必须含有一定比例的零排放(ZEV)或者部分零排放车辆(PZEV)。不同的车型可以获得不同的积分。2020 年，零排放(ZEV)和部分零排放车辆(PZEV)车型的比例，要分别占到生产商在加州年销车总量的 6%(ZEV)和 3.5%(PZEV)。……该政策规定，在加州销售的零排放和部分零排放汽车必须达到最低分数线，否则罚款。……美国有 9 个州模仿加州，陆续实施 ZEV 积分政策。(摘自《中国电动汽车百人会通讯》2015 年总第 4 期的文章“百人会与特斯拉交流加州零排放汽车政策”)。

应达到的比例分别为1%、2%、3%、4%、5%。

(3)超额有奖，以罚促产：对燃油汽车生产企业，实行电动汽车责任指标与奖励、惩罚相结合的政策。超额销售有奖，欠额销售受罚，每超额销售一辆的奖金少于每欠额销售一辆的罚金，既加大推动的力度，又减轻政府财政负担。

实行“超额有奖，以罚促产”的目的：促使汽车企业主动谋划生产价格合理、有销路的电动汽车，改变现在“政府着急而企业不着急”的状况，并且避免企业不重视营造市场而“瞄准政府高额补贴搞生产”、甚至故意抬高价格的做法。

权利和义务应该相互依存！只让企业享有补贴的权利，而对他们没有责任要求和义务约束的局面应该改变！

3. 继续对电动汽车技术的创新发展加强支持

目前我国在一些核心技术方面和国外还有差距，如车体的轻量化、一体化动力平台、动力电池新材料、汽车专用电力电子器件、汽车专用电机材料和工艺等。建议对上述核心技术的创新发展，加强财政和政策支持，组织企业与国家技术团队的协同创新和攻关；同时，推动市场创新，创立多种商业模式，加强基础设施建设，形成有效的国家发展战略，促进企业生产广大群众买得起、用得方便、安全可靠的电动汽车产品，避免低级重复，恶性竞争。

建议人：

杨裕生　中国工程院院士
新能源技术
防化研究院
田昭武　中国科学院院士
物理化学
厦门大学
陈清泉　中国工程院院士
电气工程
香港大学
顾国彪　中国工程院院士
电机设计制造
中国科学院电工研究所
苏万华　中国工程院院士
热能动力工程
天津大学

何继善　中国工程院院士
地质与矿产探测
中南大学
多　吉　中国工程院院士
矿产资源与地质勘查
西藏地质矿产勘查开发局
梁维燕　中国工程院院士
水电工程
哈尔滨动力设备股份有限公司
杜祥琬　中国工程院院士
核科学技术应用
中国工程院、中国工程物理研究院
何多慧　中国工程院院士
核科学技术应用
中国科技大学
衣宝廉　中国工程院院士
新能源技术
中国科学院大连化学物理研究所
雷清泉　中国工程院院士
电气工程
哈尔滨理工大学
郭孔辉　中国工程院院士
车辆设计制造
吉林大学
韩英铎　中国工程院院士
电气工程
清华大学
洪伯潜　中国工程院院士
煤炭开发
中国煤炭科工集团有限公司
马永生　中国工程院院士
油气资源与勘察
中国石油化工股份有限公司
彭苏萍　中国工程院院士
地质与矿产探测
中国矿业大学(北京)

黄其励 中国工程院院士
电气工程
国家电网公司
杨奇逊 中国工程院院士
电气工程
华北电力大学

电动汽车补贴“退坡”下的动力电池*

一、电动汽车补贴“退坡”

2015 年 5 月，财政部、科技部等四部委在其公布的《关于 2016—2020 年新能源汽车推广应用财政支持政策的通知》（以下简称《通知》）中明确了“十三五”期间电动汽车补贴政策——每两年降低 20%。补贴“退坡”已经开始!

按照《通知》的补贴标准，参照 2014 年各种车销售量的比例，2016 年每辆车的平均补贴数额约为 12 万元。按四部委“通知”，实现 2020 年 500 万辆的目标——年增 30～40 万辆，“十三五”期间中央政府需补贴约 3900 亿元(有人估计 5 千亿元)，数额巨大，并未经过全国人民代表大会常务委员会的批准。

该金额还未含地方政府补贴(现许多城市已补贴不起了)。即使加速退坡，估算补贴的数额仍然巨大，若退坡速率为每年 20%，则中央政府五年补贴为 2553 亿，若退坡速率为每年 25%，则需 1770 亿元。

在经济下行、财政收入增速减缓下的趋势下，应该收紧政府财政开支。2015 年 7 月中国科学院和中国工程院 19 位院士向中央提出《关于控制电动汽车补贴总额，明确企业开发责任的建议》指出，①国务院为“十三五”电动汽车补贴总额设定上限，而不可让四部委“用了算”；②实行“责任指标，超额有奖，以罚促产”；③继续支持电动汽车技术进步。

二、“十三五”的政策要完善

为确保 2020 年既达到 500 万辆电动汽车的目标又要向无补贴过渡，政府、企业、用户都要调整思路：政府政策要完善，补贴只发挥杠杆作用，让企业承担起发展的主要责任；企业营造市场，生产的车要卖得出去；用户要愿意买，愿意用节油钱补偿“差价”。

19 位院士建议采用的新政策为“责任指标，超额有奖，以罚促产”。参考美国加州的政策措施，它的核心内容是，要求汽车生产商在加州销售的乘用车、小型车辆当中，必须含有一定比例的零排放和部分零排放车辆，要求到 2020 年，在加州销售的汽车里，应该有 6%的零排放和 3.5%的部分零排放的车，按积分多少进行赏罚。“他山之石，可以攻玉”。要求各汽车厂必须销掉一定比例的电动汽车，电动车行业就要及早谋划有效措施。

---

* 本文是 2016 年 1 月 17 日在双登集团技术委员会上的演讲。

三、补贴“退坡”中电动汽车和动力电池发展的八点预测

(1)如果采纳院士建议，补贴“退坡”加速，并给企业明确定额比例，实行“责任指标”，则企业首先考虑车要卖得出去，自然就会自主决定技术路线，生产什么车，用什么的电池，由企业做主而建立起健康的市场。在保证安全和质量的前提下大力降低成本，不但不抬价，且会降价到用户可以接受的水平，做到在补贴“退坡”情况下，电动汽车的“购置费+使用费”与燃油车的费用相当。

(2)如果坚持3900亿补贴，则其后果：一是汽车生产企业继续追逐补贴最高的纯电动客车；二是汽车生产企业不会根据市场规律积极营造市场；三是大部分补贴成了汽车企业的超额利润，人为造成社会不公；四是政府财政负担太重，而拉动电动汽车发展的效果不佳，甚至耽搁了发展速度。

以《中共中央关于制定国民经济和社会发展第十三个五年规划的建议》的指导思想“以提高发展质量和效益为中心”为衡量准绳，则有补贴过高＝“发展质量和效益不高”。

(3)“十三五”期间对纯电动车的预测：电池寿命短于车辆，普遍“未老先衰”，车辆航程缩短；“十二五”电池质保期过期，一致性问题突显！第二套电池谁补贴？可能出现“趴窝高潮”！“十二五”末期动力电池供不应求，质量下降，还有部分不合格电池流入市场！

“十三五”事故概率将上升！可能出现电动车的“低谷期”！2015年发生的4起事故是公交车着火事件(2015年1月30日深圳；2015年4月26日晚深圳；2015年7月22日厦门；2015年9月16日杭州)，预示了电池量大的车在未来五年中安全问题不容乐观。电池比能量高的TESLA平均每月烧近一辆车，也给我们敲了警钟。

(4)“十三五”期间对动力电池的预测：锂离子电池“十三五”期间可用比能量可达150Wh/kg，但是里程仍有限。追求快速提高比能量的倾向则将使安全性更加堪忧。

锂离子电池将出现“整合期”，淘汰落后产能的设备，投产新设备，高品质产品将不断增产。国内、外锂离子电池价格竞争日渐激烈。

铅蓄电池应用于微型、低速纯电动车，质优价廉，不要补贴，销路很好，市场广阔。电动物流车、特种车(三轮、四轮)持续增长，动力型铅酸电池将保持良好发展势头。

(5)增程式电动车有可能快速发展。内燃机只给发电机提供动力，只有电动机驱动车，故属于纯电驱动。内燃机功率小，且在最佳工况下发电——节能；也按需要，给电池充电。电池运行于“半充”与“半放”状态间——安全、长寿；现有磷酸铁锂电池完全满足要求，且安全性高。

增程式电动车节油 50%以上是实际测量结果但仍有人不相信。他们的论点是，内燃机发出的动力要经过机–电–机两次能量转换，效率大打折扣。与燃油车相比，节油 50%的因素包括：

①增程式车上内燃机的功率减小一半，只需满足平均行驶速度，故耗油少；

②内燃机调节在最节能的恒定功率工况，效率高；

③内燃机在红灯停车时“0”效率、堵车时的低效率状态都不会发生；

④能回收减速、刹车的能量；

⑤用了事先充的电能。

增程式客车不充电，仍能大量节油。2014 年 8 月 14 日，由国家交通部主办的“丝绸之路经济带交通文化之旅”活动举行启动仪式。两辆侨兴科岭的增程式城市客车带领 60 位记者，从新丝绸之路东端的连云港出发，穿越六省、16 个城市，奔波 5000 多千米到达新疆乌鲁木齐。不依赖充电桩(站)，平均百公里耗柴油只有 16.3 升(同行的、相同长度的燃油客车百公里耗柴油约 32 升)。他们能做到，别人经过努力也能做到。有人说：“增程式车只有在城市工况行驶时节油率高”，而此例说明长途运输也很省油，不充电节油率也很高！

增程式电动车最容易过渡到无补贴。电池用量少，车的成本比其他车种低，节油率高；电池安全性高、寿命长，可与汽车“白头偕老”；12m 客车价如逐渐降到 80 万元(比燃油车高 25 万元)，用户可以从三年左右的节油费中找回。如用卷绕铅炭电池(或铅酸电池+超级电容器)成本更低，安全性更高。

因而，增程式电动车最有可能向无补贴过渡，从而可使增程式电动乘用车(首先是出租车)和大客车(公交、长途)成为一个强劲增长点。

(6)微混型(起停)电动车的预测。

①2020 年新产燃油车全部装配起停功能，这是全世界的行动——节油 5%～8%并显著减排；我国年产 2000 多万辆车，电池用量很大。

②各种电池争抢这块“肥肉”，铅炭电池优势明显，要提高高温工作性能。锂离子电池价格不断降低，竞争力强劲。

③启动电池传统企业有“地头蛇”优势，但在新功能要求下，其优势不是绝对的。

(7)其他各车种发展的预测。

①插电式混合动力车。50 公里以上全用油，不节油；两套动力系统，重量大，成本高。在补贴退坡中仍有销路；无补贴后，失去优势。

②全混合或深度混合电动车。丰田的合资企业将普锐斯“国产化”而降低售价，节油 30%～35%，不需外部充电，可与增程式竞争。中国本土的公司，机械加工技术有待提高。

③燃料电池电动车。还要继续研究提高技术，但有人会忽悠紧跟日\美，急于

上路，造成浪费。

(8)锂离子电池环保问题的预测。

锂离子电池产量、用量大增，对环境的影响日益加重。从石墨生产到废电池处理，都有污染问题亟待解决。“十三五”期间废锂离子电池渐增，必须进行规模处理。但是，废锂离子电池处理中有价物资不多，可能亏本，谁出钱？

政府要尽快出台全套政策，规范废锂离子电池处置。从收集、运送到解体都应看作易燃品，锂离子电池梯次应用的安全问题不容轻视。

四、给双登的“十三五”建议

(1)将动力型铅电池与锂电池推向各种电动车。将动力电池提升到与双登传统业务同等的地位；加强卷绕型铅碳电池的水平提高与推广应用；主动向增程式电动车企业联系合作开发；开发微型低速电动车、物流车、特种车用电池；开发微混型(起停)电动车用电池。

(2)磷酸铁锂电池要继续提高性价比和比功率。磷酸铁锂电池安全性高，大有用武之地；继续提高比能量、寿命和优质品率，降低成本；动力电池的比功率要提高，同时兼顾其他性能，可考虑发展电容型锂离子电池。

(3)提高废电池再生铅回收率，充分利用资质。废电池再生铅回收是本行业十分重要的环节。困难大、利不高，也要下决心干好。全国每年 400 万吨废铅回收，回收率 99%，就有四万吨铅通过三废进入环境；如果回收率提高到 99.5%以上，则三废总量就可减半。如皋电池回收厂的资质很宝贵，要用新技术充分发挥作用。

五、结束语

“十三五”期间电动车持续发展必须“以提高发展质量和效益为中心”。

“十三五”期间电动车补贴“退坡”，给动力型铅酸电池发展提供了新机遇。

锂离子电池仍是电动车的主力电源，“十三五”期间必须将安全性放在第一位。

谢谢！

补贴“退坡”下的电动汽车可持续发展*

各位同志，上午好！因为我的PPT已经发给大家了，所以我PPT上的东西等会儿讲得比较简单，我把最近考虑的问题给大家介绍一下。

2015年2月，四部委在网上公布了补贴“退坡”的方案，根据那个方案我估算“十三五”补贴需要4800亿，因此我提了一个意见，要加速“退坡”，他们部分采纳了意见。到2015年5月正式公布了补贴“退坡”的办法，按照这个办法，我重新做了一个计算，“十三五”大概需要3900亿。也有人告诉我需要5000亿，总之，这是很大的数。我就在考虑，应该怎么处理这个问题，工程院和科学院19位院士联名向政府提了一个建议，通过工程院报上去了，要提出一些新的措施和办法。

从“十五”“十一五”“十二五”三个五年计划以来，电动车发展应该回顾总结一下，这个总结的工作照理说应该由政府的相关部门来做，但是由哪个部来做恐怕都有问题，因为谁也管不了谁，这里面成果是谁的、责任是谁的，可能也说不清，我就来大胆妄为，根据我的认识和体会，回顾一下15年的电动车发展。

2015年12月份我在《中国科学报》发表了两篇文章，今天也发给大家了，第一篇文章是关于“忧”从何来，这个题目是怎么来的呢？我认为15年的电动汽车发展是喜忧参半，不是出现的问题是小头，而是一半对一半，“喜”大家都高兴，“忧”的根源是什么，我总结了四条，在文章里面作为正面的提法提出来的，实际上就是四个方面没有做到。

第二篇文章是对“十三五”的电动汽车在“退坡”条件之下应该怎么发展的问题。今天的题目本来我要讲这个问题，由于时间很短，我就不从头细致地讲了，我下面重点说几个问题。

刚才说“退坡”，“十三五”需要补贴3900亿，还没有包括各个地方的补贴，现在要求1∶1，仍需要4000亿。现在已经有许多城市补贴不起了。“十三五”和“十二五”要完成500万辆，每年大概完成多少是有一个增长的过程，四个部委的领导定下的补贴金额并没有经过人大常委会批准，“十三五”的预算是要开人大代表大会才能讨论。另一方面，要加速“退坡”也有一个顾虑，现在的方案是明年、后年“退坡”20%，再后年，再大后年“退坡”40%，就是3898亿，如果每

---

* 本文为2016年1月24日在“第二届中国电动汽车百人会”论坛的演讲。

年“退坡”20%，也需要2553亿，如果每年“退坡”25%，经过四年退完，也要1770亿，这是很庞大的数，都是诸位在座的纳税人交的税款出来的。昨天大会报告里有一个数，全世界的补贴以及各种优惠政策总共是160亿美元，算成人民币大概是1000亿。其中，中国过去十几年中大概占了一半以上。过去搞了50万辆不到，今后还有450万辆，所以，这个数额相当可观。

十八届五中全会提出来发展建议，以提高发展质量和效益为中心，拿这个指导思想作为衡量的准绳，补贴过高是发展质量和效益不高的第一个原因。19位院士，包括在座的郭孔辉院士，我们一起提的建议已经交到中央去了，建议包括三个主要内容。

(1)国务院要为“十三五”电动汽车补贴总额设定1000亿为上限，而不可以让四部委“用了算”;

(2)实行“责任指标，超额有奖，以罚促产”;

(3)继续支持电动汽车技术进步。

如果以1000亿为上限，我们也考虑了一个设想的方案，还没有能够明确是否采纳。

政策上要做完善，单纯靠补贴，而不向生产企业提出责任要求，是发展质量和效益不高的第二个原因。这是我们总结过去三个五年计划很重要的教训。

19位院士提出来的“责任指标，超额有奖，以罚促产”，是参考了美国加州的政策措施，美国加州的政策措施核心内容是要求汽车生产商在加州销售的乘用车、小型车当中必须含有一定比例的零排放和部分零排放的车辆；要求到2020年在加州销售的汽车中应该有6%的零排放和3.5%的部分排放的车，按积分多少进行赏罚。

我们认为“他山之石可以攻玉”，参考他们怎么做，这次百人会上也有一个专题研究，提出来一个类似的意见。各个汽车厂必须要销售到一定比例的电动汽车，美国企业担当了这个责任，中国的企业没有理由不这么干。

第三个问题，向无补贴过渡中应该有基本条件，这个文字都有了，我就不详细讲了。其中讲到的第三个问题，思想要前进，观念要更新。三个观点为：

(1)车的差价愿意用节油的油价来抵偿，这是对用户来讲的；

(2)推动电动汽车发展是国民的义务和责任，节油减排是对国家的贡献，要有光荣感，要有这样的思想认识，这是对我们全民来讲的；

(3)改变通过高补贴，从国家捞一把的想法，汽车企业要用真本领占领市场，这个主要是对汽车企业说的。

这里说一下给汽车企业的参考意见。

(1)以电池水平作为电动车发展路线的依据。过去政府没有很好地做到这一条，一些不太妥当的做法在我的文章里面已经有所论述，现在我建议企业要考虑这个问题，要以电池的水平作为电动汽车发展路径的依据。“十三五”可用电池的比能量不会大于 150Wh/kg，里程仍有限。

(2)一致性要提高，寿命还不够长，使用成本难降低，这是电池当前的状况。

(3)电池的用量越大，比能量越高，发生事故的概率就越高，这是从安全角度讲必须要充分重视。2015 年电动汽车发生了烧车的情况。这里有四起公交车事故，主要因为公交车用的电池量大，电池量大，发生事故的机会就多。再有一个，特斯拉的电池比能量高，现在平均差不多一个月要烧一辆车，这是美国朋友告诉我的情况。就是因为比能量高，特斯拉用的电池电极材料危险性就提高了。

再提一个对增程式电动车的建议，希望大家考虑增程式电动汽车最有可能向无补贴过渡，这个文字也有了。我就讲一讲关于电池处于半充半放状态之下，它的安全性提高，寿命可以延长。现有的磷酸铁锂电池完全可以满足要求。昨天在闭门会上有一位美籍华人在会上讲到增程式有很多问题。我听了以后，他所讲的情况是他在美国通用公司工作情况老的技术。现在经过这几年，增程式电动车发展很快，技术进步很大，已经不是他们那个时候美国 Wolt 汽车的状况了。现在节油可以接到 50%以上，这是实际测量的结果。我的分析发现，增程式客车不充电仍然能够节油，这个事例很值得大家注意。前年两辆车从连云港开到乌鲁木齐，平均 100 公里耗油 16.3L，同行的燃油车是 32L/km，节油将近 50%。这是因为它沿途不充电，完全靠增程机制来完成的。有人说增程汽车只有在城市工况行驶的时候节油率高，这个事例已经说明长途运输也很节油，不充电，节油率也很高，增程式车子可以不用充电桩。

增程式电动车最容易过渡到无补贴，这个我也做了一个计算，可以用铅酸电池或者是铅炭电池，成本更低、安全性更高。增程式电动车有可能向无补贴过渡。

对于补贴“退坡”的其他车种可持续发展的预测，纯电动车因为电池用量大，价格高，节油补偿期很长，电池寿命短于车辆，第二套车辆还没有着落，所以很可能出现趴窝的高潮，现在趴窝的纯电动车已经不少了。前一阶段电池供不应求，质保期大量的过期，今年事故概率可能会不断地上升。我特别在这里强调，微型、低速、短程纯电动汽车，质优价廉，市场广阔，这样的纯电动车应该在“十三五”加快发展。

关于插电式、混合动力汽车，还有燃料电池都有一些看法，请大家参考，特别讲到燃料电池。现在日本、美国又有新的呼声，要加快发展，我们国家首先要把燃料电池做好，而不是马上装车上路。奥运会和世博会几百辆燃料电池车，现在都已经不做燃料电池车使用，有的趴窝趴在那里，有的已经改成其他车子了，现在如果要检验燃料电池的示范，这些车子已经说明了问题，燃料电池现在需要提高水平。

最后我想说，“十三五”电动车持续发展，必须以提高发展质量和效益为中心，这是贯彻十八届五中全会决议的精神。要完善政策，将补贴从“动力”退坡为“杠杆”，加强企业的责任，使企业从“趋利者”成为推动者。还有一个建议，希望今年开一次增程式电动车的研讨会。

谢谢大家！

今年电池事故或高发补贴政策应退坡*

2016年1月23—24日，中国电动汽车百人会论坛在北京钓鱼台国宾馆举行。会上，来自政府部门，行业专家、学术机构以及多家车企就新能源汽车市场目前遇到的问题，未来发展方向，以及政策导向等问题进行了多角度讨论。会上，杨裕生院士从电池技术方面表达了看法，他提到今年或是电池事故高发年，因为五年前的推出的电动车今年电池将达到寿命期限。

杨裕生院士认为，目前新能源骗补现象的出现，是因为国家补贴过高引起的，补贴应该是杠杆效应，应该将补贴从‘动力’退坡为‘杠杆’，以此来推动新能源汽车发展。

而增程式混动技术路线也是杨裕生认为最有可能向无补贴过渡的类型。杨裕生认为，增程式汽车从节能环保方面以及使用寿命方面都能够得到很好的提升。杨裕生院士从技术角度分析了增程式技术的好处，电池用量少安全性有保障，车的成本低，节油率高；电池不会过充安全性高、不会过放所以寿命长；长途行驶也很省油，不充电节油率也很高。用户同时可以获得节油成本。

同时，杨裕生院士特别强调“十三五”期间电池的安全性。他说，蓄电池是一个含能器件，都有不同程度的危险性。选用电池要将高安全性放在首位，宁愿牺牲一些比能量。另外，在电池使用过程中要规范安全操作规程，绝不可以滥用。而针对冬季电动车电池性能会受影响的问题，他表示锂电池确实会出现温度较低时性能较差的现象，因此针对北方使用电池，更要注意保温或者加温。而随着十二五规划中新能源汽车电池使用周期的来临，今年也或许将迎来电池事故高发年，因为电池回收，可持续性都面临严峻问题。

---

* 本文原载于“网易汽车”，2016年1月25日。

改革补贴政策　健康发展电动汽车*

2015 年 5 月，财政部、科技部等四部委在其公布的《关于 2016—2020 年新能源汽车推广应用财政支持政策的通知》（以下简称《通知》）中明确了“十三五”期间电动汽车补贴政策——每两年降低 20%。按照《通知》的补贴标准，参照 2014 年各种车销售量的比例，2016 年每辆车的平均补贴数额约为 12 万元。实现 2020 年 500 万辆的目标，“十三五”期间中央政府补贴约 3900 亿元（有人估计 5 千亿元），还未含地方政府补贴。每辆车平均补贴数高的根源是纯电动客车补贴很高。“十三五”电动汽车补贴数额估算，实现 2020 年的 500 万辆的目标，即每年增 30～40 万辆，按四部委“通知”，中央政府“十三五”要补贴 3900 亿（表 1）。

表 1　2016—2020 年全国新能源汽车预计销售量及补贴金额

年份	全国汽车预计总销售量（按 6%增长计）/万辆	新能源车占汽车总销量比例	新能源汽车预计销售量/万辆	按照《通知》补贴标准的估计补贴数（平均每辆补贴数）/亿元
2016	2700	1%	27	324（12 万/辆）
2017	2862	2%	57	547（9.6 万/辆）
2018	3034	3%	91	874（9.6 万/辆）
2019	3215	4%	129	929（7.2 万/辆）
2020	3409	5%	170	1224（7.2 万/辆）
总计			474	3898

我国实行了世界最高补贴政策，后果之一：汽车生产企业追逐补贴最高的纯电动客车，稳赚不赔，也不必顾忌销不出去。后果之二：汽车生产企业只享利益，没有义务。不思降低成本去营造市场，反而是故意抬高车价；更不去选择电动车发展方向，向无补贴过渡。后果之三：大部分补贴成了汽车企业的超额利润；普通纳税人的钱补给少数人，人为造成社会不公。（2015 补贴宇通集团 68.565 亿元，股东分红 33.2 亿元）。后果之四：政府财政负担太重，而拉动电动汽车发展的效果不佳，甚至耽搁了发展速度。后果之五：怪事丛生。6 米纯电动中巴卖 1 元；12 米大巴卖 200 多万元；插电式混合动力车买去当燃油车行驶，甚至卖掉电池“轻装前进”；发生了大面积的骗补丑闻！

* 本文是 2016 年 4 月 19 日在“骗补风波后的新能源政策反思——中国新能源汽车政策学术沙龙第三季”上的演讲。

中国工程院和中国科学院院士 19 人(杨裕生、田昭武、陈清泉、顾国彪、苏万华、何继善、多吉、梁维燕、杜祥琬、何多慧、衣宝廉、雷清泉、郭孔辉、韩英铎、洪伯潜、马永生、彭苏萍、黄其励、杨奇逊)于 2015 年 7 月 8 日通过中国工程院正式向中央提出建议。建议的内容主要为三条：①国务院为“十三五”电动汽车补贴总额设定上限，需多少补贴要先算再用，而不可让四部委“用了算”；②要明确各个汽车生产企业的责任，实行“适当补贴，责任指标，超额有奖，以罚促产”的政策措施；③继续加强对电动汽车技术创新发展的支持。“适当补贴”是指“十三五”补贴电动汽车金额要降低，且要加速逐年退坡。“责任指标，超额有奖，以罚促产”，是参考美国加州的政策措施，“他山之石，可以攻玉”。其核心内容是，要求汽车生产商在加州销售的乘用车、小型车辆当中，必须含有一定比例的零排放和部分零排放的车辆，要求到 2020 年，在加州销售的汽车里，应该有 6%的零排放和 3.5%的部分零排放的车，按积分多少进行赏罚。各汽车厂必须销售掉一定比例的电动汽车。

院士的建议半年没有得到回应！直到 2015 年底骗补丑闻的揭露，引起了对补贴问题的重视！2016 年 2 月 24 日国务院常务会议，确定进一步支持新能源汽车产业的措施；要坚持市场导向和创新驱动，依托大众创业万众创新，努力攻克核心技术，打破瓶颈制约，加速新能源汽车发展步伐。一是加快实现动力电池革命性突破，以奖代补；二是加快充电基础设施建设；三是扩大城市公交、出租车、环卫、物流等领域新能源汽车应用比例；四是提升新能源汽车整车品质；五是完善财政补贴等扶持政策，督促落实不得对新能源汽车限行限购的要求，破除地方保护，打击“骗补”行为。

2016 年 3 月，四部委征求意见的会议拟降低电动客车补贴！四部委的内容未能正式看到，据说已经送呈上级了。现在只能针对网上的“传文”发表意见，网上的“传文”已习惯性地用作心照不宣的探空气球了。

(1) 网上“传文”新能源乘用车调整方案为：①增加车辆售价上限 35 万元；②增加能耗指标，吨百公里电耗不超过 13kWh；③增加插电式乘用车混动状态能耗指标，B 状态燃料消耗量与现行的常规燃料消耗量国家标准中对应限值相比不高于 80%；④补助额度建议不调整。

我的意见是：①插电式(含增程式)乘用车 B 状态燃料消耗量与现行国家标准中对应限值相比，应由方案中的不高于 80%改为不高于 65%，与新能源客车持平；②增加一条：插电式(含增程式)乘用车补贴最高电池额为 10kWh，防止多装不必要的电池多拿补贴(10kWh 的电能已够 “阔车”行驶 50 公里以上了)；③不鼓励发展浪费能源的大吨位乘用车。

(2) 网上“传文”新能源客车调整方案为：①设定补贴上限。对于纯电动客车按照 1800 元/kWh，设定补贴上限=1800 元/kWh*装载电量。插电式客车按照 4000

元/kWh 设定上限。快充类纯电动客车暂不设置电池上限。②提高能耗水平要求。插电式混合动力商用车(含货车、客车)B 状态燃料消耗量(不含电能转化的燃料消耗量)与现行的常规燃料消耗量国家标准中对应限值相比不高于 65%。

我的意见是：①插电式客车的电池是要求比功率高，价格贵些，但现在的市价已低于 3000 元/kWh。何况用户应该从今后油–电差价节省的钱中找回首付电池多花的费用，不该由国家全部负担电池的价款。故可按 2500 元/kWh 进行补贴，而舍弃 4000 元/kWh 的方案；2500 元/kWh 进行补贴，是参照插电式乘用车电池补贴标准(2370 元/kWh)比纯电动乘用车的低功率电池补贴标准(1700 元/kWh)高出 39%的比例；②设定插电式客车的电池补贴量的上限为 80kWh，其纯电动里程也已远大于 50 公里。而如果按照上述方案，插电式客车的补贴可以达到 20 万元，比以前的标准 22.5 万元减少并不多。想提请领导注意，要防止善于钻营者利用每 kWh 补贴费高于市场价的欠妥措施，多装过多的电池，多拿国家补贴，形成“合法的骗补”!

总之一句话，每 kWh 电池的补贴费，必须小于电池每 kWh 的市价。否则，漏洞补不胜补！而且今后每 kWh 电池的补贴费应该越来越小——“每年退坡 20%”。

(3) 网上“传文”新能源货车和专用车的调整方案为：设定补助上限，按提供驱动动力的电池容量每千瓦时补助 1800 元，补助上限为 13 万元。

我的意见是：①新能源货车和专用车要区分纯电动与插电式。②分别按照新能源客车的纯电动与插电式的标准进行补贴。将新能源货车和专用车与客车的补贴标准统一起来是合理的!

(4)“以奖代补”的问题。国务院常务会议决定“以奖代补”。但是，网上“传文”中通篇讲的是“补贴”，而未见体现国务院常务会议决定中“以奖代补”的措施。是“传文”不全面，还是各部委另有安排呢？人们关心的是贯彻执行国务院常务会议决定不打折扣、不走样。

院士们建议要明确企业开发新能源汽车责任，奖罚分明，权利与义务共存。根据美国加州的情况可以预料，这样做是能收到很好的效果的。

过高的电动汽车补贴政策应快调整*

2015 年 2 月，国家财政部、科技部等四部委在网上公布《2016—2020 年新能源汽车推广应用财政支持政策》的初步方案，广泛征求意见。按此方案估算，“十三五”期间中央政府关于新能源汽车的补贴将达约 4800 亿元。为此，笔者提出了降低补贴的修改意见，并指出要加速“退坡”。

2015 年 5 月，财政部、科技部等四部委在其公布的《关于 2016—2020 年新能源汽车推广应用财政支持政策的通知》(以下简称《通知》)中，正式明确了“十三五”期间电动汽车补贴政策。按照《通知》中规定的补贴标准计算，到 2020 年要实现 500 万辆新能源车推广的目标，“十三五”期间，除地方政府补贴的部分外，中央政府要补贴 3900 亿元。如此，不仅财政负担过重，而且从“十二五”期间的经验教训来看，采取高补贴政策拉动电动汽车发展的成效并不乐观。

2015 年 7 月 8 日，19 位两院院士联名提出“关于控制电动汽车补贴总额，明确企业开发责任”的建议。建议分析了过高补贴政策带来的弊端，主要内容为：第一，国务院应该对“十三五”期间电动汽车补贴总额设定上限，需多少补贴要先算再用，而不可让四部委“用了算”；第二，要明确各个汽车生产企业的责任，实行“适当补贴，责任指标，超额有奖，以罚促产”的政策措施；第三，继续加强对电动汽车技术创新发展的支持力度。所说“适当补贴”，就是指“十三五”期间对电动汽车的补贴金额要降低，且要加速逐年退坡。“责任指标，超额有奖，以罚促产”，是参考美国加州的政策措施。它的核心内容是，要求汽车生产商在加州销售的乘用车、小型车辆当中，必须含有一定比例的零排放和部分零排放的车辆，具体是到 2020 年，在加州销售的车辆中，应该有 6%的零排放、3.5%的部分零排放的车，按积分多少进行赏罚。我们认为“他山之石，可以攻玉”，好的做法我们应该借鉴、引进。

新能源汽车业“骗补丑闻”曝光后，电动汽车补贴问题引起相关领导的高度重视。

2016 年 2 月 24 日，国务院常务会议曾作出要坚持市场导向和创新驱动、中央财政采取以奖代补方式等决定。近来笔者反复思考 2016 年新能源汽车补贴政策的有关问题，特别是如何贯彻落实国务院常务会议“以奖代补”和“坚持市场导向”决定的精神。现整理出如下意见，供领导参考，供大家讨论：

---

* 本文原载于“电池中国网”，2016 年 4 月 27 日。

(1)按每 kWh 电池计的电动车补贴费，必须小于每 kWh 电池的市价；同时适当限定电池的补贴量，既降低车重减少能耗，又防止多装不必要的电池多拿补贴。

目前，纯电动车用的能量型锂离子电池每 kWh 市价约 1700 元，插电式(含增程式)用的动力型锂离子电池每 kWh 市价约 2200 元。按电池计的电动车补贴费每 kWh 的补贴费应该小于上述两个价格数，而且从 2017 年起每年要降 25%，做到 2021 年停止补贴(燃料电池电动车另行安排)。

(2)享权利和尽责任必须相辅相成！各汽车企业 2016 年销售的汽车中，新能源车占 1.0%以上者方能获得补贴。新能源车销售量不足 1.0%者，每欠一辆乘用车罚交国家财政 1 万元；每欠一辆客车罚交国家财政 8 万元(相当于插电式补贴费的一半、纯电动车补贴费的 1/4)，促使汽车企业主动谋划生产价格合理、有销路的电动汽车。

2017 年起各汽车企业销售的汽车中，新能源车占的比例每年要增加一个百分点。全国至 2020 年可累计销售 500 万辆新能源车。

(3)插电式(含增程式)乘用车及商用车(含货车、客车)，B 状态(混合动力状态)燃料消耗量(不含电能转化的燃料消耗量)与现行的常规燃料消耗量国家标准中对应限值相比，不高于 65%者方能获得补贴(即节油率大于 35%，与没有补贴的油电混合车普锐斯的节油率持平)。而且，在此后 4 年内每年应提高节油率 3 个百分点。补贴的最高限额归纳如表 1 所示。

表 1　不同车型电动车补贴限额

车辆种类		乘用车	商用车、客货车				2016 年中央补贴每 kWh 金额/元 (地方不再补贴；2017 年起每年降 25%)
车长/m			＞12	10～12	8～10	6～8	
纯电动	每辆车最高补贴电池量/kWh	25	200	160	120	80	1500
插电式(含增程式)		10	80	60	45	30	2000

(4)要树立“节能减排是公民应尽的义务”新观念。用户应该从三年左右的节油费中找回购车时的差价；整车企业的利润率要合理，不能再出现靠过高的政府补贴给股东分红几十亿的“奇迹”。为了国家发展电动汽车，大家都不应想从政府补贴中捞一把。

改革补贴政策　发展电动汽车*

各位同志：

我在新疆搞核试验二十七年半，所以我是一个核试验的专家。后来因为快到六十岁了，就让我回北京了。回北京后选上了院士，不让退休，所以我就做点电池工作，在电池方面做了一些年之后，接触到电动车，就从电池角度考虑电动车该怎么发展的问题，这样才开始对于电动汽车是怎么回事有所了解。

在十几年的接触当中，越来越感觉到电动汽车非常重要也非常难，对于我们国家一些电动汽车发展的相关路线和相关的政策经常关注，也发表了一些意见，有些意见也得到了一些同志的支持，也有少数人不同意我的观点，我觉得这是很自然的。但是，实践是检验真理的唯一标准，从这些年来看，我感到我的一些观点还是经得起检验的。对于补贴政策的问题，大概在六七年前我就关注，也就在上海世博会前后。世博会召开的两年前到上海，一辆 12 米的纯电动公交车卖 160 万，过了不到一年到上海，是卖 190 万。到了世博会的当年年初再到上海，是 220 万，到了世博会开幕前三个月，卖到 260 万。

从那个时候起，我就感觉到电动汽车的补贴和价格里面的问题太多。因为一个 12 米的大巴需要两吨左右的电池，按照当时的价格，整个电池算下来可能在 80 万左右。那么为什么一下子提到 260 万，而一辆普通的公交车大概就 50 万左右。这里面国家补贴 50 万，地方再补贴 50 万，补了 100 万。为什么要补那么高？从这时开始我就关注这个问题。所以我一直在呼吁，凭什么 12 米的纯电大巴要卖 260 万？我在好多会上都讲这个话，大概触动了一些人的利益，网上有个别人骂我是“白痴”。但是我始终认为这个补贴里面有问题。

我今天要说句话，今天有官员同志和大家一起讨论，很好。

但是，我在很多场合参加会，经常遇到的情况是这样，会议请些官员来发布政策，请他们先讲话，讲完了之后就走了。然后后面再说什么他根本就不听，他也不想听，他也听不到，所以我发表的一些演说、文章起不了作用。后来我慢慢想通了，还不单单是这个问题，因为现在有很多尤其是在中央四部委的官员们，他们都认为自己是专家，他比你还专家，他比你问题考虑的深刻、考虑的全面，你这么一个门外汉说的话，我为什么要听你的？

这些年来，我一直对于补贴政策的问题说了很多，大家可以在网上点一点“杨

---

* 本文是 2016 年 5 月 7 日在“新能源交通政策论坛”上的演讲。

裕生”或者“杨裕生院士”，有很多报道。效果虽然不好，但是我觉得还是要讲。所以这次顾教授请我来参加会，我说我参加，大家一起来探讨我们国家电动车究竟应该怎样发展。今天我讲《改革补贴政策，发展电动汽车》，实际上就是感到我们国家补贴政策必须要改。下面我想讲三个问题：第一个是电动汽车十五年的回顾，第二个是怎样改革电动汽车补贴政策，第三个是用好成熟的电池，发展好“十三五”可市场化的电动汽车。

一、关于电动汽车十五年的回顾

（一）对我们国家十五年电动汽车发展我的总的评价是喜忧参半

所谓喜的一半是关键技术有了长足进步，初步建立了关键零部件和整车的工业基础。到2015年底，我国累计销售的新能源电动汽车可能达到40多万辆。现在都在说49.7万辆，我对于这个数存在疑惑，我想闫主任可能会同意我这个观点。因为上牌的数量和所销售的数量对不上，这里面2015年前十个月就差7万辆，实际上后面的骗补还有很多虚数在里面。所以我说，不能老拿这个数字津津乐道。但是至少我们电动汽车是发展的比较快的，而且也尝试了很多运行的模式。

但我们也应该看到存在的问题，所以我说喜忧参半。有人可能不同意我的对半开的评价，我想这个不是主要问题。

存在的问题，第一个就是几百亿的中央补贴代价，加上数目相当的地方政府补贴，对推动电动汽车市场形成的效果不佳。第二个是不少纯电动公交车未老先衰，本来可以行使150公里或者200公里，很快就变成80公里或者50公里了，还有些干脆就走不动了。所以这49.7万辆里面，有多少未老先衰的，有多少“趴窝”的，我觉得还是很值得统计一下，而且这种现象正在蔓延。我觉得这个蔓延的问题值得注意。去年突发性的增长，把多年仓库里存的不合格的电池也通通卖完，这批电池卖出去，不但寿命不长，而且危险性很大。所以这个“趴窝”的和未老先衰的问题还会继续蔓延，而且第二套电池没有着落。第三个是不少人取得优惠政策之后，把插电车当作燃油车使用，耗油和污染排放照旧。有的甚至把电池卖掉，这也是一种骗补。第四个是北京和上海几百辆先天不足的燃料电池电动车现在在休眠当中，有的改装了锂离子电池，这实际上是降低了身价，因为补贴的数额不一样。

（二）电动汽车发展十五年来的经验教训

我对于这个问题专门有一篇比较长的文章，这里我想简要得说说提纲。

第一个是发展路线摇摆不定，而且拿不准，这是第一个经验教训。总的来概括就是，十五年三个五年计划换了三个重点："十五"期间以燃料电池电动车作为重点，经费排在第一位。当时跟着美国布什总统，布什认为氢能是最终的能源。到了"十一五"，混合电动车成为重点支持的车种，有些公司就想和日本的公司合作，当时普锐斯比较成熟，要引进日本的技术，甚至买了日本的部件回来组装。发现这些苗头之后，我们很多人都反对这样搞混合动力车，因为这实际上是跟着日本人走。日本有专利，当时丰田的专利是一百多项，把这个混合动力车封得死死的；再有就是我们国家的机械加工水平很难绕开专利把行星齿轮这个核心部件做好，所以感到我们应该做好我们国家自己的电动汽车。到了"十二五"，把纯电动作为重点。因而这三个五年计划重点在那里摇摆。

第二个经验教训就是没有把电池水平作为制定电动车发展路线的依据。这个问题，我们可以看看刚才讲的普锐斯系列，现在已经销售 800 万辆，使用的镍氢电池比能量是每公斤 50 瓦时，但是因为他有核心技术行星齿轮加上重要的电控，把控制做得非常好。通过这两个技术，把燃油的动力和电动力做了绝佳的组合，这个车子可以省油省到 35%～40%，所以，问题不在电池的比能量多少，而是把这个镍氢电池用好了，充分发挥了电池的作用。但是我们国家就没有，这里我主要讲搞汽车的同志。当时锂离子电池的比能量达到每公斤 80～90 瓦时，比镍氢电池高了将近一倍，这个电池没有用好，却偏偏搞什么纯电动、长行程。用这样的电池搞纯电动，就遇到一系列的问题。所以，没有以电池水平作为制定电动汽车发展路线的依据，实际上是脱离了我们最根本的现实搞电动车设计。

第三个经验教训是高补贴而没有要求。对企业补贴很高但是没有要求，你愿意怎么做就怎么做，因而对电动汽车的市场化没有起到作用。现在补贴政策一不明确，马上电动汽车就不交易了，汽车厂现在不接受订单。这个现象不是一次了，已经发生过两次了，这次是第三次了。没有根据市场，而看着补贴、看着政策决定怎么做，这是非常坏事的。

第四个经验教训就是脱离了城乡差别大的实际。把目光聚焦在大城市电动车，忽略了广大中小城市的需求，一再打压微小型低速电动车，这是我们很大的经验教训。

第五个经验教训是混淆了电动汽车的技术研究阶段和产业化阶段。研究和产业化这是有关联的两个阶段，但是两者之间有区别，是两个不同的阶段。我们科技部讲三纵三横，三纵刚才说到三个五年计划换了三个重点。我举个形象的例子，好像玩魔方一样，三纵不断地在那里转，作为科研，那样转也还算了。但是科技部对于产业化非常积极，实际上科技部是积极参与了产业化，他把研究阶段的三纵拿到产业化里面去了，所以导致事情乱套了。

第六个经验教训是对新事物不热情，反应迟钝，管理水平跟不上客观形势发展。我们相应的政策措施不配套，微型车在几个省里面发展那么快，却没有形成相应的政策和配套法规。这样的微型车不要求上牌照，不要求驾驶员考交通规则，在这种情况下就发生了一些车祸事故，被人撞的，他撞人的，最后都归结在一起说，低速电动车不安全！这个话从道理上就讲不通，应该是速度越高越不安全，怎么会越低速越不安全？实际上，是管理没有跟上。

（三）实行世界上最高补贴的后果

后果之一是，汽车生产企业最热衷于补贴最高的纯电动客车，稳赚不赔，电池装的多补贴高，最终安全性低，不节能减排。刚才主持人替汽车企业说话，说追逐利润是他们的本性，我觉得这个话也对也不对。君子爱财取之有道，只有取财有道才无可厚非，老钻政策的空子算是君子吗？或者说企业家本来就不是君子，这个话也不能这么讲，就打击了一大片。但是补贴过高，就会产生偏向。

后果之二是，汽车生产企业只想利益没有义务，不想去降低成本营造市场，反而是故意抬高车价，根本不去考虑电动车向无补贴方向的过渡，反正有高补贴托底。我曾经在一个演讲中比喻，那是躺在那里吃肉，而且吃的是肥肉，他为什么要操那么多心。所以没有义务不行，权利与义务必须相辅相成。

后果之三是，大部分补贴成了汽车企业的超额利润，普通纳税人的钱补给了少数人，人为地造成了社会不公。我们知道宇通很有名，他去年得到的补贴是68.565亿，他的股东分红是32.2亿。这在过去的汽车行业是绝无仅有的！这几年我对汽车行业的利润做了调查，少的是2%的利润率，多的是5%，到8%就不得了了。而这个公司去年利润高的已经是不像话了。这就是补贴补的，把在座各位纳的税都放到这些股东腰包里面了，虽然我已经八十五岁不纳税了，但我替大家心疼。

后果之四是，政府财政负担太重，而拉动电动汽车的发展效果不佳，甚至耽搁了发展的速度。

后果之五是，怪事丛生。6米的电动中巴只卖一元钱一辆，只要一元钱的发票就可以领补贴；12米大巴卖到200多万，这是因为电池装得多可以多补，插电混合电动车买来当作燃油车使用；再有就是骗补丑闻。这些怪事的发生和高补贴有内在的联系，和补贴政策不完善有直接关系。

这是我想讲的第一个问题，电动汽车十五年的回顾。

二、怎样改革电动汽车的补贴政策

2015年5月，四部委正式公布了“十三五”的补贴政策。在正式公布前三个月，在网上发布了一个征求意见稿，我看了以后给他们提了意见，因为按照这个补贴政策稿，估算“十三五”要补贴4800亿。正式政策出来之后，我又估算要3900亿左右，看来还是吸收了我的一点意见，减了900亿。这里面还没有包括地方的补贴，实际上现在许多城市已经补贴不起了。2015 年底在北京开了一个会，会上公交部门讲了公交补贴这个问题，也请了广州、上海、武汉几个城市，我记得也包括我们南京，他们说新能源汽车怎么发展的好，地方补贴到位。搞几个富裕的城市做代表，说明地方补贴很到位并且拥护这个补贴，我觉得有点表面文章，实际上很多地方补不起。

那么，为什么补得会那么多？主要是纯电动客车补得高，实际上乘用车也不低，但主要还是纯电动客车的补贴太高。刚才看了闫主任给的文章，我很赞成，6～8 米的车子补贴 30 万，再加上地方补贴共 60 万，成本大概是 40 万左右，包括电池在里面。这个问题完全颠倒了过来，回头想，可以说是小学算术都没有及格。所以补贴政策不改革，电动汽车就不能健康发展。

2015 年 5 月公布政策之后，6 月我们两院开院士大会，十九位院士一起商讨向政府提出建议，因为院士建议是一种制度。我们十九个老头，平均年龄 78 岁。为什么讲年龄，我们这些人是经历过大跃进、人民公社的。在座的可能不是很了解，大跃进把社会搞得很乱，把经济搞乱。现在就感到电动汽车这么补下去，实际上是搞大跃进，所以要提建议。最后在 2015 年 7 月 8 日通过中国工程院给政府交了一份建议书，题目是《控制电动汽车补贴总额　明确企业开发责任》，建议主要有 3 条内容：第一条国务院要为“十三五”的电动汽车补贴总额设定一个上限，补多少要先算了再用，不可让四部委先用了算；第二条是明确各个汽车生产企业的责任，实行“适当补贴，责任指标，超额有奖，以罚促产”这样四句话；第三条是继续加强对电动汽车技术创新发展的支持。

我对这四句话作简单解释；适当补贴，就是“十三五”继续补贴电动汽车，但金额要降低，而且要加速退坡。所谓“责任指标，超额有奖，以罚促产”，这 3 句话是参考美国加州的政策措施，核心内容是，要求汽车生产商在加州销售的乘用车、小型车当中，必须含有一定比例零排量或者部分零排量的车辆，并且要求到 2020 年在加州销售的汽车里面应该增加到 6%的零排放和 3.5%的部分零排放，按积分多少进行赏罚。这是加州美国人定的办法。当时我们好多同志都注意到这个规定，所以感到这个办法可以借鉴，这叫做“他山之石可以攻玉”，也就是各个汽车厂必须销售出一定比例电动车。车怎么销售出去，必须满足市场的要求，按市场化的思路考虑发展电动车。

我们的建议从 2015 年 7 月 8 日交上去，半年左右没有得到回应，也不知道建议到哪里去了。所以，有的同志说，你们院士应该多提建议，我们也想。但是看来没什么用，我们也知道自己能量不大，并不是年龄大能量就大。一直到补贴丑闻揭露之后，才引起了对补贴政策的重视，所以 2016 年 2 月 24 日国务院召开常务会议，提出 5 条决定，大家都知道了。我比较感兴趣的是“以奖代补”，这是第一条决定里面的，对电池要以奖代补。那么，现在国务院常务会议决定怎么执行，正在讨论方案。这个方案还挺难产，意见不容易统一。实际上，意见不容易统一，首先是由于观念不一致。据说有三个方案提交领导定案，这个可能不太确切，因为提交领导定案，拿出三个当作参考，不太确切。但的确曾有三个比较方案。

我觉得，应该按照国务院常务会议的精神执行。它里面提到要坚持市场导向和创新驱动，这点很重要。怎么坚持市场导向，具体怎么做？以奖代补，到底怎么实行？我觉得这是新的补贴规定里面的关键问题，这是国务院常务会议决定里面我觉得最重要的两点，根据这两点我提出如下设想。

第一点是，电池每个千瓦时的补贴费必须小于每个千瓦时的市场价格。现在的方案是倒过来的。比如说，现在能量型的锂离子电池是 1700 块钱左右一度电，而现在补贴 1800 元，这是前阶段网上传的方案。功率型的锂离子电池市场价大概在 2200 元一度电，方案补贴 2470 元。这样实际上就给搞汽车的人有了合法的骗补机会，电池装的越多补贴越多，从电池差价里面就可以得到额外利润。所以我说第一条，补贴的钱必须低于电池市场价格，这样他才不能拼命多装电池。而且如果多装电池，会使车子重量增加，能耗增加。此外，补贴要逐年退坡，每年退 25%，到 2020 年退完。

第二点是，各个汽车企业 2016 年销售的汽车中新能源车必须占 1%以上，从 2017 年起每年要增加一个百分点，才能获得补贴。这个限额必须要有，模仿美国加州的办法，不足比例的就要罚，罚得有点心疼，就可以促使企业主动谋划生产价格合理、有销路的电动汽车。

第三点是，插电式和增程式的乘用车或商用车在混合动力运行状况下的燃料消耗，应该比常规燃料汽车消耗量的国家标准低 35%，才能拿到补贴。原来网上传的标准里对大客车要求是低 35%，乘用车是低 20%，我认为应该统一为 35%，节油率必须大于 35%，否则插电式或增程式都不能拿到补贴，因为没有达到显著的节油效果。35%实际上和日本普锐斯持平，普锐斯我们国家不给补贴。

这是我说的第二个问题，怎样改革电动汽车的补贴政策。

三、用好成熟电池，发展好“十三五”可市场化的电动汽车

1. 用好成熟电池，发展增程式电动汽车

所谓增程式电动汽车就是自带发电机的纯电驱动电动车。这在我的很多文章和报告里都讲到。它最大的特点就是在有充电的条件之下，节油 50%以上，这是实际测量的结果。但有人不相信怎么可以做到这么高，他们说，先把油发电，电再转成动力，经两次的转换，效率不会这么高！

实际上两次转换的能量损失问题不是那么严重，和燃油车相比节油 50%：①增程式车上发电机的内燃机功率比同级燃油车小一半以上，普通小车只需要

0.7 升排量左右，如宝马 i3 就是 0.7 升排量，实际上只有 670 毫升，排量小了节油就多；②此内燃机调整在最佳节能的恒定功率条件之下工作，调节到这种恒定功率，效率很高，而不像燃油车的内燃机在低功率和高功率状态都要照顾燃油效率，动态范围宽了实际上的平均效率就不高了；③能回收减速、刹车的能量；④普通汽车遇到红灯时，内燃机的效率是零，堵车的时候效率很低，这种情况对于增程式电动车不会发生，它可以把发电机发的电充到电池里面；⑤用了事先充的电。

如果不事先充电或中途不充电，也可以节油，节油率大概不到 50%。闫主任坐过这个车从连云港到乌鲁木齐，两个 12 米的大巴平均下来是每 100 公里耗油 16.3 升。同行的两辆进口车是 100 公里 32 升。可见，两次能量转换的损失只是小数，在整个节能里面不占很明显的比例，这个测试结果是可信的。顺便说一句，电动汽车用的电都要经过两次转换，发电厂使用煤发电，这次是从热能转到电能；电再送到电池里面，电池里面的电送到发电机驱动车子，是第二次转换。而增程式电动车的第一次转换，没有在发电厂做，是在车子上做，效率比在发电厂做更高，因此将内燃机的效率提到了很高的水平。再顺便说一句，增程式车可以不用充电，这时稍多用些油，从节油 50%以上降到 40%多、接近 50%。刚才说的两辆车是交通部主持的一次丝绸之路文化之旅，不用充电桩，不用发电厂的电长途行驶，用增程式车就可以大量的节油，这还解决了很大的充电难题。

增程式车优点就不再重复，大家可以参考相关资料。而且，增程式电动车最容易过渡到没有补贴。这一条要算算账：因为增程式车的电池相当于纯电动车的 40%左右，电池用得少，所以成本就比较低；再加上节油率高，用节约下来的钱抵偿最初买电池花的钱，大概两、三年就可以找回来。这就需要发生观念上的改变，要舍得用节油的钱抵偿电池的钱，而不是总想着买车既便宜、补贴又多，这样车子就难以卖出去。大家要从国家的利益出发，考虑怎么发展电动车，做到节能减排，要有这样的思想，而不学一些不法企业想从国家捞一把的思想。

增程式车子在我们国家可以大力发展，一是公交车可以很好用这个车子，做到节能减排，二是出租车，昨天听说全国已经有 135 万辆，一天行驶 400 公里，一辆车相当于 10 辆家用乘用车。在北京，搞了 1500 辆纯电动出租车在郊区跑，不能在市里面跑，因为行程满足不了要求，充一次电大概一百几十公里，距离稍远就不敢跑。而城市里面污染严重，需要节能减排的车，但北京偏要弄纯电动，对混合动力、增程式车一概拒绝。我曾给北京市委书记写过信，在报纸上也发表了文章，建议出租车用增程式，但没有回应。三是长途客车用增程式是非常有节油潜力的，其耗油量大。四是乘用车，我们国家已经承诺 2030 年要降到 100 公里 5 升以下，这个承诺既然说出来就要做到，增程式是非常好的途径。再有五是卡车，耗油量非常大，我们国家已经对运输车节油开始重视，而加拿大有公司已经把增程式卡车做出来了，去年在一个会议上，他们做了介绍，百公里耗油 17 升。所以卡车是一个很大的节油方面。

2. 用铅酸电池发展公众需要的车

公众需要什么车，大家都可能很清楚。

现在有些人对铅酸电池有不同看法，认为它古老、落后、有污染。实际上铅酸电池比燃料电池年轻 20 岁，它的所谓“污染问题”也要正确看待。现在每辆汽车都有一块铅酸电池，你下车之后污染了吗？现在所说的生产过程之中发生的污染和铅中毒问题，是由于管理不善、监管不力造成的。最近两三年政府部门抓起来了，行业协会也在努力，这两三年有了很大改观，也使生产面貌更换一新。最近我看了好几个工厂，车间里没有多少工人，都是自动化生产设备。现在还有很多新技术，比如铅和石墨烯的合金解决了正极板栅的腐蚀和软化问题；铅酸电池负极里添加特种活性炭，叫做“铅炭电池”，解决了负极的硫酸盐化问题。这两个问题一解决，铅酸电池的寿命大大的延长，低温性能显著改善。还有，废电池的湿法回收生产技术，解决了烟尘污染的问题，提高了回收率。

2016 年 4 月 14 日，国家标准化管理委员会对 2016 年一批拟立项的国家标准项目公开征求意见，这里面四轮低速电动乘用车技术条件已经列进去了，也就是说，这样的车很可能很快就有技术标准，也就是可以合法生产了。所以，“十三五”有条件用铅酸电池(包括铅炭电池)，发展低速车，当然也可以用锂离子电池。交通管理部门应该及时制定管理办法管好低速电动车。另外物流车、特种车、观光车、旅游船都有可能迅速发展，把铅酸电池用好。

3. 燃油车全部实行微混化

这个就不多加赘述，微混和启停是一类的。说一说这里面也有补贴问题。现在一讲到搞启停式需要 1500 块钱，搞微混大概要 3000 块钱，增加这个钱又是要补贴。需要多少就补贴多少，是不对的，因为它节油可以节到 5%到 8%左右，这两项节油率就可以很快把这个 1500 或者 3000 多元增加的钱找回来。不能够干点什么就要补贴，不补贴就干不成，这种坏习惯要不得，这会把企业养娇了，把购车人也惯娇了。

4. 关于“十三五”其他新能源车发展的预测

(1)纯电动车电池用量大，价格高，“十三五”里面纯电动客车电池的寿命可能不是很长，而且第二套电池没有着落，所以可能出现“趴窝”的高潮。去年劣质的电池或者低质量的电池，在供不应求的情况下也卖出去了，“十二五”使用上的电池有大量的将过期，事故概率有上升的趋势。补贴降低之后，纯电动客车销量可能就要发生下降，这是我的第一个预测。

(2)关于插电式，35%节油率的要求最后落实的难度是相当大，需要很好的努力才行。另外它有两套动力系统，重量比较大，成本比较高，在补贴退坡当中逐渐失去优势，如果它不好好提高水平的话，插电式可能就要产生危机。所以我觉得搞插电式的公司要及早转向增程式。两者在技术上有相通的地方，早点转向好，越早越主动。

(3)全混合或深度混合，就是刚才说的普锐斯类型，过去要从普锐斯买组件回来组装，我不赞成。如果我们自己能够发展，能够突破普锐斯的专利，有自主的知识产权，我觉得这种车能够节油 30%到 40%，还是值得发展的。上个月开会，吉利的老总说他们正在做这个车，我觉得是个好的方向，因为它用的是镍氢电池，安全性好。我觉得安全第一，电池不要片面追求高比能量，纯电动车不要追求长里程，否则，都会降低安全性。

(4)燃料电池电动车，可能会有人看到国外搞了多少辆而呼吁我国快上路。我认为，“十三五”还是应该在实验室里把燃料电池做好、检测好，否则还会造成浪费。

最后，我希望要明确一条：当前电池水平决定了“十三五”电动车产业发展方向，而不是超越现在电池水平去追求不节能减排的长里程、高速度、大重量纯电动汽车，电动车应该随着电池水平而发展。所以“十三五”还是我的一句老话：要发展增程式纯电驱动汽车和微型短程纯电动汽车，这我已经说了不止五年了，现在再次强调一下，我觉得这句话还是经得起实践检验的。

谢谢大家!

增程式电动车最容易过渡到无补贴*

“补贴是走向市场化的一个杠杆，必须同时对企业提出走向市场化的要求，补贴的力度要适当，而且要不断地退坡、减少补贴。”**2016 年 6 月 23 日，中国工程院院士杨裕生在深圳《第五届中国充换电技术高峰论坛》发表主题演讲中提到。**

对于电动汽车行业补贴政策的改革，杨裕生院士谈及几点建议：

首先，电池每千瓦的补贴费必须小于每千瓦的市价，而且从 2017 年起，每年就要降低 25%，到 2021 年要停止补贴。“现在补贴的费用比电池的价格还高，所以电池装得越多，拿的补贴越多，这是非常不合理的补贴。”

其次，奖罚结合，各汽车厂商 2016 年销售的汽车当中，新能源车占 1%以上的才能获得补贴，不足 1%的要罚，每年销售量要增加一个百分点，也就是到 2020 年应该达到 5%。

第三，插电式混合动力汽车，包括增程式乘用车及商用车，含货车客车，节油率必须大于 35%，才能拿到补贴。而且在此后 4 年内每年应提高节油率 3 个百分点。

在回顾 2015 年电动汽车发展时，杨裕生院士认为，我国电动汽车发展存在部分车型节油不减排，而节油减排的小型电动车则仍奋斗在困境中；高补贴政策误导纯电动公交车；夜间充电在政策方面支持不力；忽视锂电池污染治理等问题。

对于“十三五”电动汽车的技术路线选择，杨裕生院士认为，纯电动乘用车应大力发展小型、低速、短程，而各种大、中型车应使用纯电驱动的增程式电动车。

杨裕生院士表示，“增程式电动车优点突出，电池组不会缺电和过放电，寿命延长，安全性高。可以不用充电桩，且能远距离行驶。也可晚间在停车场充电，既推销电网的谷电，用户又可享受峰谷电价差而节省开支。电池少，成本较低，节油率 50%以上。增程式电动车最容易过渡到无补贴。”

---

* 本文原载于《21 世纪经济报道》，2016 年 6 月 24 日。

处理新能源汽车骗补不能止于四部委，须移交司法*

第一电动网编者：新能源汽车“骗补”核查临近尾声，即将公布结果。中国工程院院士杨裕生先生，素来关注新能源汽车产业发展，对“骗补”核查处罚一事，投书第一电动网，关切之情溢于言表。本文标题为第一电动网编辑所加，原文标题为“处理新能源汽车骗补是四部委的责权吗”。正文部分小有修改，但延续作者本意。本文仅代表杨裕生先生的观点。欢迎读者朋友通过第一电动网“大牛说”自媒体频道发文讨论。

工业与信息化部赛迪研究院人士在2016年7月8日天津的“第二届锂电及关键原材料采配会/技术交流会”上宣称：“骗补：调查已经完成，等待结果公布。仅点名小部分企业(如吉姆西)，大部分企业均不会存在风险”。

赛迪研究院是工业与信息化部下属的顾问单位，其代表在会上所提供的信息应该是可靠的。他所说新能源车骗补问题的这段话虽然不长，却说明了如下事情：

(1)存在骗补行为的企业确实还有“大部分”，但是在结果公布时他们不会有被点名的“风险”。

(2)公布结果，仅由工业与信息化部等部委“点名小部分企业”，没有涉及追究刑事责任。

对此，我结合新能源汽车“骗补”事件学习党中央“依法治国”的精神，整理出如下问题：

(1)诈骗是犯罪。诈骗罪(刑法第266条)是指以非法占有为目的，用虚构事实或者隐瞒真相的方法，骗取数额较大的公私财物的行为。

新能源汽车骗补是否构成犯罪，要由公检法部门按法律程序审理确定，而不应由工业与信息化部等四部委作出判断。

(2)2016年2月24日，国务院常务会议五条决定中的第五条明确要“打击‘骗补’行为”。如果新能源汽车“骗补”构成了犯罪，应由人民法院依法用法律来惩处，而不应止步于工业与信息化部等四部委行政处罚。

(3)根据有关司法解释，诈骗罪的“骗取数额较大”，以2000元为起点。但这并不意味着诈骗未遂的不构成犯罪。诈骗未遂，情节严重的，也应当定罪并依法处罚。新能源汽车补贴一辆乘用车在2万元以上，最小的商务车补贴30万。所以，即使骗取国家的补贴尚未到企业，也不是确定不构成犯罪的理由。是否构成

---

* 本文原载于“第一电动网”，2016年7月21日。

犯罪，如何处罚，要由法院审定。

(4)四部委拟以“点名小部分企业(如吉姆西)，大部分企业均不会存在风险”的方式，处理这件轰动全国、总额数以若干亿计的事件，不仅给人以“大事化小、小事化了”的印象，难以服众，而且可能存在滥用职权、违背依法治国、法律面前人人平等原则的问题，与国务院常务会议决定“打击‘骗补’行为”的要求也不符合。

总之，依法治国，决不能作为空喊的口号，而应该是国家机关的实际行动。我作为有 52 年党龄的一名中共党员，从爱护我党的执政部门和有关公务人员出发，将上述问题提请慎重考虑。

共商正确的政策引领我国电动汽车顺利市场化*

2015 年 5 月，四部委公布的《关于 2016—2020 年新能源汽车推广应用财政支持政策的通知》（以下简称《通知》）中，明确了“十三五”期间电动汽车补贴政策退坡。

一、补贴适度，是政府培育市场的手段

电动汽车补贴是在其市场化过程中的临时性、必要性措施。四部委公布的《通知》有两大问题：一是补贴过高，有的车种的补贴高过车的成本(补贴总额高达 3900 亿)；二是没有提出对企业的责任要求，企业拿补贴的积极性很高，而缺乏建立市场的积极性。

事实证明，过度的补贴必然妨碍市场化，而且副作用很大。过度补贴，害多而无一利。

害之一：生产企业追逐补贴最高的纯电动客车，国营公交公司包销，寿命不长也不必顾忌销不出去。

害之二：生产企业不思降低成本去营造市场，反而是故意抬高车价，12 米大巴卖 200 多万元；更不去选择电动车发展方向——跟随补贴指挥棒转。

害之三：大部分补贴成了汽车企业的超额利润；普通纳税人的钱补给少数人，人为造成社会不公。

害之四：政府财政负担太重，而拉动电动汽车发展的效果不佳，耽搁了发展速度。

害之五：诱发了“骗补”、“谋补”大丑闻。6～8 米的商用车出现了补贴远高于车的成本、卖 1 元钱的怪事。涉及面广，公务员也牵扯进去。有些人可能要法办！

2015 年 7 月两院的 19 位院士杨裕生、田昭武、陈清泉、顾国彪、苏万华、何继善、多吉、梁维燕、杜祥琬、何多慧、衣宝廉、雷清泉、郭孔辉、韩英铎、洪伯潜、马永生、彭苏萍、黄其励、杨奇逊向中央提出《关于控制电动汽车补贴总额，明确企业开发责任的建议》。内容主要有三条：①国务院为“十三五”电动汽车补贴总额设定上限，而不可让四部委“用了算”。②明确各个汽车生产企业的责任，实行“适当补贴，责任指标，超额有奖，以罚促产”的政策。③继续对电

---

* 本文为 2016 年 9 月 21 日在“中国新能源汽车发展研讨会”上的演讲。

动汽车技术创新发展的支持。

适当补贴，主要是加速坡退；责任指标，主要是搞积分制。积分制主要参考美国加州的政策措施，它的核心内容是要求汽车生产商在加州销售的乘用车、小型车辆当中，必须含有一定比例的零排放和部分零排放的车辆，要求到2020年，在加州销售的汽车里，应该有6%的零排放和3.5%的部分零排放的车，按积分多少进行赏罚。迫使企业降低成本，主动谋划生产市场接受的车，使汽车企业成为电动汽车市场化的主角。

没有补贴，企业难以为继；不坡退，企业难以自立；不搞积分制，责任落实不到企业，缺少持续发展动力。总之，补贴退坡+积分制是电动汽车市场化的关键措施。

2016年中国电动汽车百人会上，发布了研究美国加州ZEV零排放汽车积分制的专题报告，2016年1月23日，工业部和信息化部副部长辛国斌在"2016中国电动车百人会论坛"上说："国家补贴政策方面要逐步退出，企业的内生动力要作为产业发展的主要推动力，我们也准备采取新能源汽车积分和传统能源汽车燃料消耗量限值挂钩的方式来鼓励新能源汽车产业的发展。"

2016年8月国家发改委发布了《新能源汽车碳配额管理办法》(以下简称《碳配额》)征求意见稿。主要内容为：①"碳配额"即二氧化碳减排配额，是汽车企业生产(不含出口)和进口的新能源汽车在使用过程中，与燃油汽车相比减少的二氧化碳排放量；②对汽车企业设定新能源汽车与燃油汽车年度产销量的比例要求，算出企业应缴的二氧化碳减排总量；③未达到碳配额要求的企业须通过碳排放市场交易购买配额，否则将面临巨额罚款，超额完成碳配额要求的企业可在碳排放市场交易卖出配额而得利；④2017年试点，2018年实行。国家发改委将积分制的"积分"改称"碳配额"，实质相同！

针对国家发改委《碳配额》征求意见，我谈几点认识和建议。①国家发改委拟推行《碳配额》，应该拥护；②建议：碳配额只考虑CO_2的实际减排量，不可与纯电动里程挂钩，避免加州鼓励高排放车的弊端；③"碳配额"三字，字面上容易理解为"配给的碳额度"，而实际上是企业因生产新能源车而自身产生的CO_2减排量，故应改称为"减排碳"。企业因生产燃油车而必须完成国家规定的CO_2减排额度，故可以称为碳配额。应避免两者相混淆。企业的"减排碳"必须大于"碳配额"；④国家发改委与工信部要统一意志和步调。

二、积分制或碳配额制必须促进节油又减排的车

我国已成为世界能源消费第一大国、世界CO_2排放总量第一大国，人均排放也超过了欧盟。造成地球平均气温升高，中国"贡献"不小！2015年12月12日气候变化《巴黎协定》决议："把全球平均气温升高幅度控制在2摄氏度以内"。

2016年9月3日，习近平总书记与奥巴马总统在杭州向联合国秘书长递交了气候变化《巴黎协定》批准书，中、美两国正式承担减少CO_2排放的责任。减少CO_2排放是全中国人的共同责任！

发展电动车的目的是节油、减排。节油是国家能源安全的需要，减排是保护环境的绿色要求。

要看到，美国加州积分制存在的局限性：①以只在美国加州销售的车为基数，不反映企业在全国销售燃油车总量所应尽的责任；②积分=0.5+0.01×纯电动英里。特斯拉-S电池多，得4分，而在新加坡由于高耗电(即高排放)而受罚，这种做法与纯电动里程挂钩，违背减排宗旨；③与纯电动里程挂钩，如用于以煤电为主的中国，其结果是鼓励双重增加排放——自身不节能减排，买积分的车更不节能减排；④“零排放车积分”与“部分零排放车积分”不互换，不便结算，每个企业必须生产这两类车；⑤企业必须完成的责任分与企业销售电动车得到的积分两者都称为“积分”，容易混淆。

制订中国的积分制，可以参考加州的积分制，但不能照抄照搬！美国加州发电排放CO_2很少，电动车节油与减排一致。而我国发电78%用煤，纯电动车只节油而耗电排放的CO_2并不少！耗电量大的车更是加重CO_2排放!

要参考新加坡考核汽车的CO_2排放量的做法——罚了耗电高的特斯拉。积分制应该推动企业销售节油又减排的车；要将减少用电、减轻CO_2排放与积分挂钩，不可片面追求长里程纯电动！

$$每辆电动车积分\ C = D(节油积分)+E(减排积分)$$

节油积分可以参照加州的基本分，减排积分按减排量计算。

据说，四部委不愿意承认过去补贴过高而采取降低补贴的措施，而要提高补贴的门槛，如“吨百公里电耗”不超过13kWh方给补贴；还要逐步提高纯电动客车等车型的续驶里程。

将整车重量放进分母，车越重则越容易达标；这是鼓励做大车、做重车！提高纯电动客车的续驶里程，必然要多装电池；这是鼓励做耗电高、排放多的车！如此提高门槛，误导电动汽车背离轻量化发展方向，与发展电动汽车降低CO_2排放的初衷，背道而驰！

中国汽车工业协会“十三五”规划确定新能源汽车的能效目标为百分里10kWh，考核方向正确。

在此，我建议到2016年，＜14kWh/百公里的车给补贴；此后，每年应减少1kWh/百公里，达到中汽协2020年目标。

三、寄语汽车企业

2015 年 5 月，四部委公布的《关于 2016—2020 年新能源汽车推广应用财政支持政策的通知》中，明确了“十三五”期间电动汽车补贴政策退坡。

2020 年后不再补贴，意味着政府主导培育市场模式的结束，企业主导培育市场阶段的开始。

2016—2020 年间是“市场化”过渡时期，类似于婴儿的断奶期，其间母婴都不适应，尤其是婴儿。措施得当，健康成长；政策措施如不当，2020 年后补贴陡然停止，必然影响市场“发育”。

同时，2016—2020 年间车企必须转变观念、改变习惯、苦练内功，建立主导培育市场的意识和能力。

1. 2016—2020 年间，车企必须转变观念

要时刻牢记发展电动车的目的：节油＋减排，节油涉及国家能源安全，减排关呼保护地球人类。

汽车企业销售燃油车，造就了耗油和排放“大户”，所以生产电动汽车，更是车企义不容辞的责任。既然是责任，就不是可做可不做，而是必须做!而且，要下定决心永久做下去!这是车企必须转变的观念。

2. 2016—2020 年间，车企必须转变习惯

高补贴培养了我国某些汽车企业一些习惯：①追逐高补贴车种的习惯；②依赖高补贴的习惯；③短视眼前利益的习惯；④做高配置、高价车的习惯。⑤利润率远高于燃油车的习惯。

这些习惯，不利于本企业发展和电动汽车市场化，必须在市场化的过渡进程中改变。涉及骗补、谋补的企业则要洗心革面，主动重树诚信。

3. 2016—2020 年间，车企必须苦练内功

建立主导培育市场的意识和能力。补贴，或称为激励机制，是发展初期政府培育市场的手段，是在电动汽车市场建立过程中临时性、过渡性的必要措施。既然是临时性、过渡性的，就必然要改变。建立电动汽车市场，终究要由汽车企业主导。汽车企业要在电动汽车必然持续发展的大格局下，不存侥幸心理，不搞短期行为，下定决心作长远打算，掌握核心技术，将企业建成为强大的电动汽车专业性公司，为节油和减排作大贡献。

四、电动汽车市场化的技术路线

1. 发展节能又减排的小型乘用车

小型乘用车用材少，电耗低，电池少，成本低合理配置受补贴退坡的影响就

小，较易市场化。要更新观念，将节能减排放在第一位，面子第二位。要发展不需补贴、已市场化的低速车，允许用铅酸电池。

铅酸电池有新技术，行业整顿效果显著，须要公正对待：①铅炭电池的特种活性炭解决了负极硫酸盐化问题；②铅–稀土合金、铅–石墨烯合金解决了正极板栅腐蚀问题，延长了电池寿命；③湿法再生，解决了烟尘污染问题，提高了回收率。

应尽快制定低速纯电动车的标准；允许上二级以下的路。

2. 用好现有电池，发展增程式电动汽车

增程式电动车的内燃机只给发电机提供动力，只有电动机驱动车故属纯电驱动，行驶前电池组充电，50 公里纯电动。内燃机功率小，并在最佳工况下发电可节油 50%(图 1)。以 2～3 年的节油钱抵偿电池的价钱，完成市场化阶段！

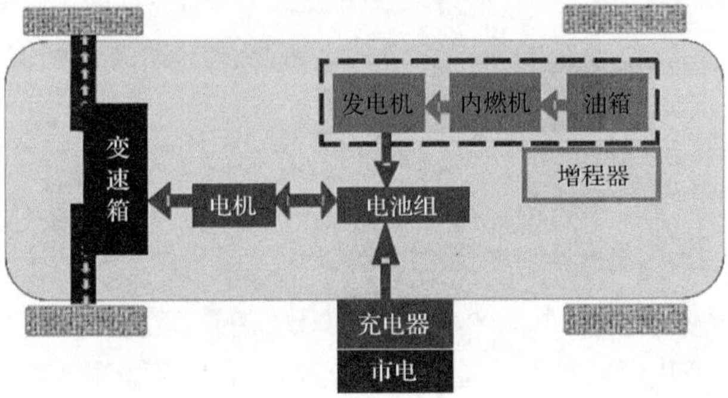

图 1　增程式电动车原理图

现有磷酸铁锂电池完全满足要求，且安全性高，不必追求比能量高而安全性低的电池做纯电动车。

五、结束语

(1) 简单地说，电动汽车市场化就是补贴退坡、直至取消补贴的过程。

(2) 电动汽车市场化的关键措施是补贴退坡+积分制(或碳配额制)。

(3) 电动汽车积分制，应该节油和减排并重；特斯拉式长里程纯电动车排放高，不宜鼓励！

(4) 小型乘用车和增程式是最容易市场化的电动车。

(5) 低速短程电动车已进入市场，要允许发展。

谢谢！

答复雷洪钧对《关于杨院士对新能源汽车几个质疑的推敲》*

2016 年 10 月 19 日，电动汽车资源网特约湖北省客车工程技术研究中心雷洪钧先生著文《关于杨院士对新能源汽车几个质疑的推敲》。如果我的“观点”真是该推敲，那确实是该欢迎的。但是“四个观点”中有些是雷总的主观推论(如认为我主张“对铅酸电池也要补贴”)；有此是断章取义然后“推敲”了一番；有些观点本是正确的，却以似是而非的论点“推敲”了一通。所以，有必要答复一下！

1. 雷文推敲我的“观点之一”是“新能源客车补贴高于生产成本，这不合理”

我要在此重申，我的这句话没有错！

(1) 新能源客车补贴高于车的生产成本，不是事实吗？6 米的商务车，国家补贴加地方补贴达 50 万～60 万，不高于车的生产成本吗？怎么样解释出现了 1 元钱买走一辆车的怪事呢！这不是过高补贴造成的吗？这样的补贴办法合理吗？

(2) 给纯电动车适当补贴，主要是因为电池的价格高，使纯电动车的成本高于传统的燃油车。但是，近几年动力锂离子电池的价格不断下降，目前的价格在 2200～2300 元/kWh，一辆 12 米的客车装电池 200～300kWh，价格在 45 万～70 万。雷文也承认：“高技术水平的企业目前能拿到(国家补贴+地方补贴)在 70 万左右，最优秀企业在补贴力度最大的地方则可能拿到 100 万的补贴。”这样的补贴还算不高吗！

(3) 电动车的电费比燃油车的油费低不少，如果发展电动车，是真心从“为国家能源安全而节油、为减缓全球气候变化而减排”的立场出发，就应该用油–电差价来部分抵尝电池费用，而不应该全靠补贴给电池买单。在制订政策时本该大力宣传、贯彻这种理念，遗憾的是现在高补贴政策既误导了汽车行业追逐高补贴，又淡化甚至抹杀了电动车使用者的爱国思想和改善气候环境的义务。按照这个应该用油–电差价来部分抵尝电池费用的道理，补贴更应该下降一大块。希望雷先生来推敲一下这个观点。

(4) 雷先生在其“推敲”中说：“目前 12 米纯电动客车售价没有超过 200 万的。基本面在 150 万左右。”现在的一辆 12 米的燃油客车价格在 50 万左右，即使纯电动客车按“基本面在 150 万左右”计算，一辆 12 米的纯电电动客车价要高

---

* 本文原载于“第一电动网”，2016 年 10 月 24 日。

出燃油客车百万元之巨！如果没有高补贴在垫底，车企能将价格抬到这样的高度吗？价格抬到这样的高度，还能开拓市场吗？可见，这样的高补贴政策显然不利于推动电动汽车的市场化进程。

我在演讲中也举过上海世博会 12 米纯电动客车售价涨到了 260 万的例子，我还特别说明上海世博会前我四次去上海的价格变动过程，我说的难道不是事实吗？雷文故意不提我说话所指的时间、地点背景，采取断章取义、移花接木的手法，想给读者造成我是说现在 12 米纯电动客车的价格 260 万的印象，这就不实事求是了。

(5)我一贯赞成在电动车发展初期政府要给以大力的政策扶植，包括补贴。但是，我不赞成过度的补贴。我归纳了过度补贴产生的 5 个有害之现象。应该说，5 个有害之现象不可能每个有关单位都发生，就如骗补，据传雷先生所在的扬子江就没有被查出问题。但是，扬子江没有被查出问题，不等于其他企业也查不出问题。而且，事实并不像雷先生在山西的演讲中所说“个别企业在申请政府补贴的过程不规范”。不是“个别企业”，而可能是 70%～80%之众，说成是“个别企业”的目的是什么呢？不是“过程不规范”，而是有的手段还很恶劣，有意轻描淡写又为了什么？

我在举出过度补贴产生的 5 个有害之现象的时候，没有特别将没有被查出问题的扬子江汽车集团排除在外，有点“城门失火殃及池鱼”的味道。遗憾了！但是，作为社会现象的分析，也只能做到如此程度，见谅吧！

2. 雷文所推敲我的“观点之二”是“补贴不退坡，企业难以自立。补贴已经成为企业的高额利润”

我的这句话也没有错！

(1)雷先生一定见过报道，郑州的一家客车企业 2015 年获得的补贴超过 65 亿，给股东的分红超过 33 亿！我国传统燃油车企业的利润率在 5%左右，差的企业利润只有 2%；而电动车的利润率可以达到百分之十几、甚至二十几，这主要就包含了补贴转化的结果。“补贴已经成为企业的高额利润”的观点，是有事实根据的。

(2)“补贴不退坡，企业难以自立”，我的这句话也没有错！补贴不退坡，就如婴儿长成儿童还不断奶，是会营养不良的，更何谈健康成长？这个浅显的问题没有再“推敲”的必要了！

(3)雷先生所说我的本意是“只有新能源汽车实行了市场化，企业才会自立”。如此对我本意的猜测是不准确的。我认为，电动汽车的市场化是一个发展过程，实质在于“化”，也就是由政府政策主导的阶段向由企业主导的阶段转化的过程。四部委将这个转化过程的时间定为 2016～2020 年间的 5 年。汽车行业在此阶段中要加强修炼，提高自立的能力，摆脱对补贴的依赖，拿出市场接受的电动车产品，达到自我发展的水平。企业是否自立的主要标致，是在没有补贴的条件下能够经营下去且真正赢利。汽车行业在此5年后，可能实行电动汽车的基本市场化(如同现在的燃油车的市场经营)，但也难保每家企业到时都能自立，关键的因素是企业领导层的自立决心。真诚希望雷先生所领导的扬子江能够走在自立队伍的前列。

3. 雷文推敲我的“观点之三”是“目前新能源汽车片面追求续航里程是错误的，杨院士的本意要发展增程式汽车”

的确，我是不赞成对纯电动车要求过长续驶里程的。这是我对当前和今后相当一段时期电池性能考察、研究并经反复思考得出的观点。

汽车专家郭孔辉院士更作过深入研究，其结论是在现今电池水平下，合理的纯电动续驶里程是150公里。我们认为，如果要求续驶里程过长，就必然要多装电池，其负面的后果有三：车身重则多耗电能并且增加发电中的温室气体排放；电池多则事故概率增加使安全性降低；多装电池则成本高而增加市场化的难度。国内外不少纯电动车也是如此设计的。少有的例外是Tesla。但是，Tesla在新加坡受罚、公开的燃烧车已超过13辆、靠在美国加州卖高积分度日而且亏本经营，这就是三个负面后果的典型反面教材。

我认为，不论是现在还是将来，超越电池的比能量及比能量与安全度相关的规律、单凭主观意志提出纯电动车的长续驶里程的做法，是不合理的，是错误的。无论是“交通运输部规定新能源营运客车续驶里程不到200公里不得入门”也好，或是四部委以纯里程长短给补贴也罢，都不能拿来作为衡量长纯电动续驶里程是否合理的依据，恰恰相反，要用科学的论证来检验这些部委提出的规定是否合理。他们现在可以不听老人言，但我相信，未来的事实发展可以给出公正的评判。

我也相信，有的企业不真想“片面追求续航里程”，只是跟随这四部委两项规定的指挥棒转而已。可以理解这种跟着转的无奈，但不要把头转晕了就好。

雷先生的下列几个观点我不能认同

(1)雷先生说：“燃油汽车目前的续驶里程基本在600公里以上，单从这一个指标来看，可以说明新能源汽车技术上还在培育期，根本不具备“市场化”的基本条件”，“纯电动汽车续航里程到不了400公里，不可能市场化运作。”

汽油的比能量大约是现今锂离子电池的50倍，要求纯电动汽车和燃油车比赛600公里的续驶里程本来就不合理。从电池水平的发展进度估计，今后十年内纯电动车的续驶里程达到燃油车水平并又保持较高的安全性，是极难的。

我想请教雷先生，“纯电动汽车续航里程到不了400公里，不可能市场化运作”，其理论根据何在？400公里又是怎样算出来的呢？其实，此观点的潜台词是补贴应该持续下去，直到续驶里程达到400公里这一个指标！恕我以小人之心度君子之腹猜测，这大概就是雷先生文章的核心思想吧！

(2) 雷先生说："发展增程式汽车为了过渡到纯电动汽车。"

我从合理使用电池而又取得很好的节油减排实效出发，并避开纯电动车为增长里程而产生的一系列困扰，近些年来大声推荐发展增程式汽车。但是，我认为，发展增程式汽车绝不是为了过渡到纯电动汽车。所谓"增程式汽车"，简化点说是在纯电动汽车上装上发电装置。目前，成熟的发电装置是燃油和燃气内燃机驱动的发电机，正在发展的发电装置是燃料电池以及燃气轮机驱动的发电机，将来还可能是高效的光伏电池。其中，燃料电池的角色，由于其功率响应能力、价格等弱点，已经从过去认为的主动力转为增程器了。由此可见，增程式汽车(全面地说，是以燃料电池为增程器的增程式汽车)可能是各种电动车所要过渡去的最终目标。

(3) 雷先生说："不能说'纯电动汽车'提高持续里程是错的。""要发展纯电动汽车提高持续里程是基本要求。"

发展纯电动汽车的基本要求应是节油、减排，而过分提高持续里程必然与节油、减排相抵触，因而是错的。

电动车发展路线一直是争论的热点，还将继续争论几年。我的观点是，我国的乘用车应该以发展短程、小型纯电动车为主，大、中型车应该发展增程式电动车。估计补贴停止之后，最节能减排、最高性价比、最易市场化的电动车，将会真正脱颖而出。但我预测，它不会是高持续里程的纯电动汽车。我们可以拭目以待。

4. 雷文推敲我的"观点之四"是"补贴对铅酸电池不公正

雷先生并拿出"国家《汽车禁用物质要求(GB/T 30512—2014)》里已经规定，含"铅"的物质是要禁用的"来证明我的"对铅酸电池也要补贴"是错的。

对雷先生的第四点"推敲"做出的几点再推敲

(1) 雷先生说："国家《汽车禁用物质要求(GB/T 30512-2014)》里已经规定，含"铅"的物质是要禁用的。"

该国标中含"铅"的物质是指铅酸电池吗？从 2014 年执行这项标准以来两年多，全国产销燃油车 4000 多万辆，有几辆不装铅酸电池作为启动电源的？包括雷先生所在的东风汽车集团，是否都违反了这项国标的规定了？雷先生为什么不拿这份国标去和你们东风汽车集团的董事长、总经理们理论一番，看看他们怎样回答你？

(2) 雷先生说："杨院士多次提出了对铅酸电池也要补贴才是公平、公正的。"

我要严正申明，我从来没有这种想法。一次也没有提过要对铅酸电池给补贴，更不要说多次了。我的演讲 PPT 都是公开散发、允许复制的。听众和读者远不止雷先生一人，大家能从我的任何一次演讲中听到或看到我提出了"对铅酸电池也要补贴才是公平、公正的"片言只字吗？不可能！我等待雷先生公布你的证据，以正视听！

看来，雷先生想的是，首先“敲定”你“多次提出了对铅酸电池也要补贴才是公平、公正”的讲话，然后，你就该同意价格更高的锂离子电池该给更高的补贴了。如果雷先生想用这种手法封住我对电动车过度补贴的批评之口，那你的愿望就已彻底落空了！因为我从无此说！何况，用铅酸电池作动力电池的电动汽车，不用国家补贴就已经供不应求了，根本无需任何人为它谋求补贴。

我的确曾经多次公开批评过刘铁南之辈对铅酸电池的污蔑、贬低、打压行为，要为铅酸电池的应有名声和它在国民经济、国防建设中的重要作用和地位讨个公道；为装用铅酸电池的低速短程电动车的合法生存和正常发展而一再呼喊，难道这就是雷先生所说的“多次提出了对铅酸电池也要补贴才是公平、公正的”吗？这不是过于牵强附会了吗？

我也对税务总局征收铅酸电池消费税提出过不同意见，因为所有电池都用化学品，处理不好和管理不善都可能发生环境污染。锂离子电池从原料生产、电池制作到废电池处置都有污染问题，并未治理好，而且严重性与日俱增，税务总局为什么不征收锂离子电池消费税，而单收铅酸电池消费税呢？我在这个消费税问题上是说过税务总局办事不公平、不公正。雷先生将它“嫁接”到补贴问题上，真是用心良苦，但不高明！

(3)雷先生说：“杨院士的本意是，对铅酸电池也要补贴”。

雷先生的这句话与上一句话不同，这句话从字面就可看出是雷先生的推论，而非出自杨某人之口。而雷先生推论的依据是什么呢？原来是我讲过“铅酸电池有新的技术，行业的整顿效果也很显著”。雷先生由此推论出我的“本意是对铅酸电池也要补贴”。诸位读者，你们是否感到这样的逻辑推理是太离谱、太荒唐了一些？

5. 最后要推敲一下雷先生推敲的问题的初衷

据电动汽车资源网报道，2016 年 5 月 14 日下午，在山西太原召开的“2016 新能源汽车运营商与车企对接采购交流会暨论坛”上，雷洪钧博士作为重要嘉宾参加并做重要演讲，雷洪钧博士的演讲主题为“发展新能源汽车，国家(政府)为什么要给补贴？”。他说：“其中的道理许多人不清楚，发展新能源汽车已经不是一个、两个企业事情了，而是国家的事情了。国家事情自然是由国家来主导。”初听此话，似乎也对，而且政府也是利用补贴等政策主导了电动汽车事业的启动。但是推敲一下，此话还是有些问题。

节能减排，人人有责。尤其汽车企业销售大量的燃油车，在解决人们的交通运输问题的同时，造成了大量的油料消耗和污染气体排放，更有责任和义务发展电动汽车来减少燃油和排放，这是不容推卸的。而国家在电动汽车发展初期的主导作用，丝毫也减轻不了汽车企业的这份责任和义务。再有，政府的主导作用是初期中的必要措施，但也是一段时期的政策，电动车的发展终究要企业来营造市场，不可能由政府长期“抱着孩子让他学走路”。

雷先生还说：“政策不是儿戏，不是说要调整就可以调整，如：《2016年新能源汽车推广应用补助标准》是四个部委联合会签的文件。这个文件还没有执行，说要调整，其依据是什么？即使要调，肯定是微调，也是有利于这个行业的健康发展。”

雷先生的这段话表面上是在捍卫四部委文件的严肃性，实质上是想保住四部委文件带来的既得利益，类似的现象也是在改革中常见的。在社会改革的时代，成十上百的过时政策、法规、决定，一批又一批地修改、修订、甚至废除，这难道是儿戏吗？如果答案是否定的，那么，到了《2016—2020年新能源汽车推广应用补助标准》以下简称《补助标准》的调整怎么就成了儿戏呢？

这份《补助标准》在征求意见阶段时收到不少意见，并没有被认真采纳。2015年5月正式公布后，作为国家咨询机构的中国科学院、中国工程院有19名院士于当年7月初联名提出建议，却如石沉大海。直到严重的骗补事件曝光，才有了2016年2月国务院常务会议的严查决定和现今正在难产的政策调整。当然，骗补的主体是犯事的那些企业，但是涉及面如此之广、暴露的情节如此之重，不得不联系上政策的缺陷及其执行中的漏洞。这就是政策要调整的主要依据！

政策有缺陷就要及时调整，已经执行的该如此，即将执行也该如此。早调整比晚调整好，更比事后调整损失小！

雷先生说：“即使要调，肯定是微调”。微调也是调，应该微调的就微调。雷先生既然同意微调，那么，如果实践证明是应该小调、中调，为什么不可以小调、中调呢？说白了一句话，小调、中调是会有“切肤之痛”的，所以不能同意！

雷先生又说：“主要是一些人(包括部分专家和学者)对《2016—2020年新能源汽车推广应用补助标准》的意见较大。”。我大概属于部分专家和学者之类，而且是意见较大的。到这里，就清楚雷先生为何要在网上对我关于补贴的观点进行推敲了！他在为捍卫电动汽车的高补贴而奋斗！

我想奉劝两句话：一是不要只顾你所处的那个局部，要多为国家、民族和人类想些事！二是要实事求是说话，不搞移花接木；推论要合逻辑，避免思维混乱。

补贴养出新能源车企一身毛病！*

2016年12月21日，2016（第二届）中国新能源汽车领袖峰会开幕，大会以“后补贴时代的产业共融”为主题。中国工程院杨裕生院士，针对新能源汽车的现状和未来发展发表观点，他认为，中国针对新能源汽车的政策补贴初衷很好，但培养了某些汽车企业的坏习惯，包括：

①追逐高补贴车种的习惯；②依赖高补贴的习惯；③短视眼前利益的习惯；④做高配置、高价车的习惯；⑤利润率远高于燃油车的习惯等。

杨裕生院士认为，政府给补贴，企业就接受，利用好政策规定，但不要“公关”维系高补贴！更不要动“邪念”。企业应该真心实意接受积分制，承担责任。对于中国新能源汽车发展，他继续坚持：纯电动车主要做微小型，大中型车要用增程式。

杨裕生院士对于2020年的发展预测包括：①高补贴支撑的长里程纯电动车，销量将下降；②混动工况下节油率不高的插电式，逐渐减产；③油电混合电动车节油率高，不用充电，本土企业生产产量上升；④燃料电池作为纯电驱动电动车的增程器，能够减排，但受到氢能源系统限制，仍是示范，高补贴政策如果不调整，将会产生乱象；⑤补贴几千亿“新能源汽车”累计可达500万辆；⑥不补贴的低速电动汽车、电动物流车等可能多8～10倍，贡献节能减排。

以下为杨裕生院士的演讲实录。

大家下午好！

补贴要逐步减少了！在这样的新形势之下，电动汽车怎么发展？我谈谈一些看法，和大家一起交流。我想讲的题目是“企业要主导培育电动汽车市场”，讲四个问题：第一个问题是发展电动汽车的世界潮不会逆转；第二个问题是培育电动汽车市场本该由企业主导；第三问题讲接受电动汽车积分制是实际行动；最后想展望一下四年后电动汽车市场化的情景。

一、发展电动汽车的世界潮不会逆转

我国已经成为世界能源消费第一大国，世界二氧化碳排放总量第一大国，人均排放也超过了欧盟，造成地球平均气温升高，中国“贡献”不小。2015年《巴黎协定》做了决议，把全球平均气温升高幅度控制在2℃以内。2016年9月3日，

* 本文原载于“新浪汽车”，2016年12月21日。

习近平总书记和美国总统奥巴马在杭州向联合国秘书长递交了《巴黎协定》批准书，中美两国正式承担减少二氧化碳排放的责任。减少二氧化碳排放是多方面的，煤炭是很重要，实际上汽油当然也是有"贡献"。

减少二氧化碳排放是全中国人的国际承诺，是一个共同的责任。所以发展电动汽车的世界潮不可能逆转，要少用油，也要少用煤，不是因为要少用煤就可以不讲少用油这个问题，要发展可再生能源，减少煤的用量。我们汽车企业有义务履行国际承诺，特别是我们汽车很大部分是集中在城市里面，汽车的排放对城市的污染情况，应该说是更加直接。所以要努力发展减排的电动车，不仅是节油的车，节油的车不一定是减排的车，耗电量大的电动车不减排。

二、培育电动汽车市场本该由企业主导

现在政府给补贴是电动汽车市场化过程当中所必要的、临时性的措施。电动汽车市场化就是通过价值规律，由电动汽车供求关系决定的运行机制形成过程，市场化是一个过程。对于电动汽车给补贴是政府培育市场的手段，是在市场建立过程中必要的临时性的措施，是国际上通用的办法。电动汽车和燃油车之间有相应的部件，价格也基本相当，只有电池价格比相对应的燃油车油箱价格要高，所以在电动汽车发展初期，政府要按此差价来给予适当的补贴，使电动汽车的技术和工程能够发展。

然而事实证明，过度的补贴必然妨碍市场化，而且副作用很大。所谓过度的补贴，就是补贴的力度过大、时间过长。主要是生产企业不考虑降低成本去营造市场，反而是故意抬高车价，背离市场化的方向，延缓了产业的发展。随着产量的增加和电池价格的下降，用户对电动汽车的认可度提高，政府补贴应该及时退坡、取消。但是补贴退坡、取消涉及利益问题，所以难免有阻力。

但是补贴退坡、取消已经成为定局，2015 年 5 月份四部委公布的通知当中明确"十三五"期间电动汽车补贴退坡，明确 2020 年以后不再补贴，这就意味着政府主导培育市场模式的结束，开始企业主导培育市场的阶段。那么，在 2016—2020 年两种模式转变的过渡期间，汽车企业必须要转变观念，改变习惯，苦练内功，建立主导培育市场的意识和能力。

第一，先讲"十三五"五年期间企业必须转变观念。要时刻牢记发展电动车的目的，是节油+减排，节油关乎国家能源安全，减排关乎保护地球人类。减少二氧化碳排放是全中国人包括汽车人的责任。汽车企业销售燃油车，造就了耗油和排放大户，生产电动汽车是汽车企业义不容辞的责任。既然是责任，就不是可做可不做，而是必须要做，而且要下定决心永远地做下去，尤其是一些汽车大企业必须转变的观念。我这里讲的汽车大企业，当然是指我们国家排在前面的大企业，相对来讲他们对于发展电动汽车的积极性，不如中小企业。

第二，在“十三五”五年期间车企必须转变习惯。过去几年的高补贴，培养了我们国家某些汽车企业一些习惯，是指的是一些不好的习惯。我这里举 5 条：①追逐高补贴车种的习惯，哪一种车种补贴高，就去做哪一种；②依赖高补贴的习惯；③短视眼前利益的习惯；④做高配置、高价车的习惯；⑤利润率远高于燃油车的习惯。燃油车现在的利润是百分之几，我统计过有一年有一些企业只有 2%的利润，最近可能好一点。但是我们电动汽车的利润远远不是百分之几，这是这几年培养出来的一种习惯。这些习惯不利于本企业发展和电动汽车的市场化，必须在市场化过程当中改变这些习惯，要生产卖得出去的车，这是我们市场化的一个关键问题。所以企业要摆脱对补贴的依赖，越早越主动。

第三，在“十三五”五年期间，车企必须苦炼内功，建立主导培育市场的意识和能力。企业应该是市场的主角，与市场休戚相关，对市场最敏感，培育电动汽车市场本该企业来主导。所以，一要建立主导培育电动汽车市场的意识，也就是要认清电动汽车必然持续发展的大趋势，不存侥幸心理，不搞短期行为，不持观望态度，必须长期打算；二是要建立主导培育电动市场的能力，也就是要掌握核心技术，将企业建成为强大的电动汽车专业性公司，不断的拿出深受市场欢迎的产品，凭真本事在市场中占稳一席之地，为节油和减排做出大贡献。

三、接受电动汽车积分制是实际行动

第三，接受电动汽车积分制，应该有一个实际行动。我们 19 位两院院士在 2015 年 7 月给国家提出一个建议：“关于控制电动汽车补贴总额，明确企业开发责任的建议”。这个建议主要有三条内容：①国务院为“十三五”电动汽车补贴总额设定一个上限既而不可让四部委用了算；②要明确各汽车生产企业的责任，实行适当补贴，责任指标，超额有奖，以罚促产的政策，要规定企业每年必须生产多少电动汽车(可以参考美国加州的积分制，给企业以责任指标)；③继续对电动汽车技术创新发展的支持。

2016 年 9 月 22 日，工信部发布了一个征求意见稿——《企业平均燃料消耗量与新能源汽车积分并行管理暂行办法》，征求意见稿的主要内容有：①平均燃料消耗量达标企业将产生油耗正积分，不达标将产生负积分；②从 2018 年起，一定规模以上的乘用车企业需产销规定比例的新能源汽车，获取年度正积分；③年度企业新能源汽车积分未达到比例要求的将产生负积分，负积分通过购买正积分进行抵偿；④将油耗负积分与新能源汽车正积分进行挂钩，油耗负积分可以通过用或买新能源汽车正积分进行弥补。这四条意见，我总体觉得是很好的，所以我觉得我们要接受这样一个新的办法，来促进电动汽车发展和燃油车燃油量的减少。

中国积分制的制定可以参考美国加州的积分制度，但是不能照抄照搬。要参考新加坡考核汽车二氧化碳排放量的制度(罚了特斯拉)。积分制应该推动企业销售节油又减排的车，要将减少用电，减轻二氧化碳排放与积分挂钩，不要追求长里程纯电动。工信部的积分计算方法可以用这个公式来表达：积分= 0.5 + 0.01×纯电动公里。这样的鼓励结果是，电池装的越多积分越高，而将来的积分就是钱，相当于现在的补贴那样的间接补贴。那么，电池装的多，车子就重，车子重了行驶当中耗电就高，像比亚迪-E6，百公里电耗都在 20°或者以上，这是非常耗电的。消耗的电从哪儿来？现在我们国家主要靠煤发电，所以耗电多了实际上造成了排放多。

所以，我们建议积分要由两部分来组成，一部分是节油积分，一部分是减排积分，形式和上面的差不多，但是意义不一样，计算的方法也不一样。前面这一项节油积分，可以参考加州的基本分，纯电动车是 0.5 分，相当于工信部的公式也是 0.5 分，插电式是 0.3 分。后面这一项减排积分，要按照与燃油车排放量相比较它所减排的量进行计算，这只要把百公里耗电量测出来之后，这个数就可以算出来。现在工信部最终的办法还没有公布，正在征求意见及修订当中，但是实行积分制是确定了的，到底采取哪个计算方法是第二层次的问题。积分制肯定要实行。

补贴退坡+积分制是政府在“十三五”电动汽车政策的核心，也是电动汽车市场化的关键措施。所以，我觉得车企首先应该是这样的态度：政府给补贴，企业当然就接收，要利用好政策规定，但不要搞公关去维系高补贴，更不要动邪念。从一心紧跟补贴转向无补贴下的经营之道，无补贴之后企业到底怎么办，自己要好好去考虑。第二，企业应该真心实意地接受积分制度，承担责任，增强发展动力，努力降低成本，主动谋划生产市场接受的车，成为电动汽车市场化的主角。所以企业接受积分制是积极发展电动汽车的实际行动。

四、2020 年后的电动汽车市场化

四年后汽车企业的环境特点之一是民众的节能减排意识逐渐增强，燃油车平均燃料消耗定额不断降低，微小型汽车普遍接受。可能最近几年到欧洲去过的人就看到，欧洲小型车占有相当一部分比例。随着我们国家的人民群众对于节能减排的意识增强，小型车的接受程度要增加。电动汽车补贴在 2020 年之后要停止，电动汽车产销比例要求逐年提高，现在大概在 1%～2%左右，将来每年要增加比例。汽车企业的竞争能力将加强，竞争将加剧，八仙过海，我相信各个企业会有自己的高招。

我在十年前曾经对我们国家汽车发展的路线提过一个观点，现在仍然应该可以作为参考，该观点可以两句话来概括：第一句，纯电动车主要做微小型；第二句，大中型车该做增程式。从现在的发展情况看，我觉得这个话仍然是正确的。

第一句话的意思是发展真节能、真减排的轻小型乘用车。轻小型乘用车用材

少、电耗低、电池少、成本低，合理配置，以够用为主，少搞豪华型。豪华型的乘用车，曾经也很吸引眼球，今天有特斯拉的人参加，还有比亚迪，实际上这就是比较豪华的车型，做得很大，迎合了一种虚荣性的观点，那就是汽车越大越有身价，这是一部分人的一种错误观念。要高举真减排的大旗占领市场。第二句话的意思是用高安全电池发展增程式纯电驱动汽车。增程式车的内燃机功率小，并在最佳工况下发电，它的节油率可以到50%以上。它还可以不用充电，这个时候油耗稍微增加一点。油箱不大，但可以远距离行驶。这种车用两到三年节油的钱就可以抵偿电池的价格，所以有很强的竞争力。它的电池用量相当于现在的 150 公里左右的纯电动车的一半还不到，电池少了车的价格就便宜。再有，这个车的电池始终处于半充半放的状态，所以寿命很长。另外，要可用安全性高、价格便宜的铅酸电池，最后让市场来裁判。

我对 2020 年之后有几点预测：第一，高补贴支撑下的长里程纯电动车，销路将下降。第二，混动工况下节油率不高的插电式将逐渐减产。现在插电式是很受欢迎，是因为这种车不需充电，当燃油车行驶；有的人将插电式的电池拿掉(甚至卖掉)，拿了补贴当燃油车用，而且在有些地方不要拍卖牌照，这很吸引人。第三，油电混合电动车(包括丰田的普锐斯)的节油率将提高，它不用充电。我国的公司准备开始生产这样的车，所以这种车产销量将要上升。在有补贴的情况之下，不给这种车补贴，所以它竞争力不强。等到补贴停止了之后，因为节油率达 40%以上，它就有相当的竞争力了。第四，燃料电池作为纯电驱动电动车的增程器。燃料电池不能单独用，必须要有蓄电池和它配合。这种车十分减排，但是受氢源系统的限制，仍然是示范。燃料电池的补贴现在偏高，因为燃料电池最近这两年价格降得很快，政府没有想过要降低这个补贴。燃料电池车的高补贴政策如不及时调整，可能会再滋生 2015 年电动汽车的乱象。

在补贴几千亿的情况下，到 2020 年新能源汽车累计达到 500 万辆的数目估计是能够达到的。但是不补贴的低速电动汽车、电动物流车等等可能要多 8～10 倍，这些车对节能减排的贡献非常明显。用铅酸电池做的低速电动车，今年的产量估计要达到 100 万辆，山东是生产主力，其他还有好几个省市也有产量，并以每年50%左右的速度增长。最近国家标准化管理委员会已经开始准备制定这类车子的标准，标准出来之后，低速电动车就更加合法，它的发展速度是可以期待的好消息。现在物流车发展速度很快，每年是几百万辆，它也是应该属于电动车的范围，但是传统汽车那些人士是不承认这种电动车的，实际上这也是一种偏见。

最后，过年了，我写一个对联，上联：盼电动汽车驰骋大地；下联：数英雄企业还看明天；横批：节能减排。新年到了给大家拜个早年。

补贴停止后的电动汽车政策探讨*

一、补贴停止开启电动汽车发展新阶段

2015 年 5 月，四部委公布的《关于 2016—2020 年新能源汽车推广应用财政支持政策的通知》中，明确了“十三五”期间电动汽车补贴政策退坡。2020 年后不再补贴——意味着政府主导培育市场模式的结束和企业主导培育市场的阶段的开始。从生存、赢利出发，激发出空前的发展积极性，切实开发符合节能减排政策而市场又欢迎的电动车。电动汽车的未来在企业培育市场。

在政府确定的指导思想指引下每个企业必须完成自己的“责任指标”，企业自主决定经营之道和技术路线。生产什么车，一定要卖得出去！用什么样的电池，一定要买主接受！政府不宜干涉，也不必干涉。

新时期开始后的关键问题是政府如何引导电动汽车发展，指导思想是怎样的，要有怎样的具体政策。

二、新阶段要有新的发展指导思想

国务院办公厅〔2014〕35 号文件指导思想：“贯彻落实发展新能源汽车的国家战略，以纯电驱动为新能源汽车发展的主要战略取向，重点发展纯电动汽车、插电式(含增程式)混合动力汽车和燃料电池汽车，以市场主导和政府扶持相结合，建立长期稳定的新能源汽车发展政策体系，创造良好发展环境，加快培育市场，促进新能源汽车产业健康快速发展。”

建议补贴停止后新阶段的指导思想：“贯彻落实发展电动汽车的国家战略，发展以减排为核心要求的纯电驱动汽车，在政府政策支持下，以企业为主体加快发展电动汽车市场，建立日益强大的电动汽车产业。”为何“发展以减排为核心要求的纯电驱动汽车”？

(1) 我国已成为世界能源消费第一大国、世界二氧化碳排放总量第一大国，人均排放也超过了欧盟。造成地球平均气温升高，中国“贡献”不小！2015 年 12 月 12 日《巴黎协定》决议“把全球平均气温升高幅度控制在 2 摄氏度以内”。2016 年 9 月 3 日，习近平总书记与奥巴马总统在杭州向联合国秘书长递交了气候变化《巴黎协定》批准书，中、美两国正式承担减少二氧化碳排放的责任。减少 CO_2 排放是全中国人的国际承诺和共同责任！我国有责任发展减排的电动车，而不仅

* 本文是 2017 年 1 月 14 日在“中国电动汽车百人会”上的演讲。

是节油的车。

(2)减排的电动车，肯定是节油、节能的车；而纯电动汽车则有可能是排放严重的车——长里程或豪华型纯电动汽车必然要多装电池；多装电池的纯电动汽车必然重量大、截面大；重量大，风阻大的纯电动汽车必然耗电量大。而中国的电主要来自燃煤！

特斯拉-S 电池多，在美国加州可得最高积分 4 分，是因为加州的积分与纯电动里程挂钩(见式(1)、(2))：

$$\text{加州零排放车的积分} = 0.5 + 0.01 \times \text{纯电动英里} \tag{1}$$

$$\text{部分零排放车的积分} = 0.3 + 0.01 \times \text{纯电动英里} \tag{2}$$

特斯拉可以靠卖积分每年得美元数以亿计来弥补公司的亏本。而在新加坡却会由于高耗电(即高排放)而受罚。

新加坡的政策正确!美国加州的鼓励方向错误！

鉴于以上两个理由，必须从发展的指导思想上改变，不宜笼统地说“以纯电驱动为新能源汽车发展的主要战略取向”。这种提法不完善，可能导致鼓励高排放的车。完善的提法应是“发展以减排为核心要求的纯电驱动汽车”。“减排”不能成为空口号，要量化管理！

三、纯电驱动汽车“减排”的量化管理

1. 对积分的量化

纯电驱动汽车的百公里排放，来自其百公里电耗量即：

百公里排放=百公里电耗×该年全国平均度电煤耗×每克煤生成 CO_2 量

“减排”的多少以燃油车“平均油耗指标”为基准，工信部已经执行“乘用车的平均油耗指标”，目前是 6.9 升/百公里。

$$\frac{\text{燃油车百公里}CO_2\text{排放量} - \text{该电动车百公里耗电的}CO_2\text{排放量}}{\text{燃油车百分里}CO_2\text{排放量}} = E \tag{3}$$

式中，E 可称为减排积分，纳入工信部的积分考核体系。百公里电耗越小，减排积分 E 越高；燃料电池车的 E=1，得满分。

今后乘用车百公里油耗不断收紧，电动汽车的 E 也将减小。这就能推动企业必须不断、同步减少燃油车和电动车的排放。

2016 年 9 月 22 日，工信部《企业平均燃料消耗量与新能源汽车积分并行管理暂行办法(征求意见稿)》，将平均燃料消耗量的积分与电动汽车积分挂钩(表 1)，

是一值得赞赏的管理创新。但是，照搬加州的积分打分方法就不可取了！

表 1　新能源汽车积分打分办法

车辆类型	纯电动续驶里程 R(单位：公里)				
	80≤R＜150	150≤R＜250	250≤R＜350	R≥350	R≥50
纯电动乘用车	2	3	4	5	—
插电式混合动力乘用车(含增程式)	—	—	—	—	2
燃料电池乘用车	—	—	4	5	—

据表 1 推导出工信部的积分公式：积分 = 0.5 + 0.01×纯电动公里

可见与加州的积分公式基本相同：积分 = 0.5 + 0.01×纯电动英里

工信部的积分公式比加州有两处放宽：①英里改为公里；②按里程区间最大值计分。工信部的此方案与现行补贴标准与纯电动里程挂钩的思路一脉相承，在征求意见中虽有修改建议，但据某官员的讲话，工信部不拟改变。

中国以煤电为主，积分与纯电动里程挂钩的结果是鼓励双重增加排放——电动车自身不节能减排，而买它积分的车更加不节能减排！因而违背了减排宗旨。我们殷切地希望，在补贴停止后，积分制的思路能改弦更张。相信在“发展以减排为核心要求的纯电驱动汽车”指导思想下的电动汽车积分制，将有力地推动企业生产、销售既节油又减排的车。要将减少用电、减轻 CO_2 排放与积分挂钩，不要鼓励长里程纯电动。

对积分的计算有如下建议，如式(4)所示。

$$积分\ C = D(节油积分) + E(减排积分) \tag{4}$$

其中，节油积分 D 按加州的基本分(纯电动 0.5，插电式 0.3)计算；减排积分 E 按与燃油车排放量相比的减排量计算，即式(3)。

2. 对积分的两点认识

(1) 要认识“积分”实际上包含着人民币，积分制是无补贴下最有力的指挥棒；请政府部门要认真听取专家意见，不要再将企业引向增排、费能的歧途。

(2) 中国的积分制要推动中国企业发展真减排、真节能的汽车；要根据中国的实际制定中国政策，加州经验不是“圣经”，Tesla 不是典范。

3. 对积分的四点预测

在“发展以减排为核心要求的纯电驱动汽车”的指导思想下，预测我国电动车的发展：

(1) 纯电动汽车小型化、里程合理化，真节能、真减排，改变以大车、豪车为荣的社会风气。再加上低速电动车的规范化，我国纯电动车将快速发展。

(2)增程式汽车突显优势：可用磷酸铁锂电池、用量又少(安全性高、价廉)，里程长、节油率高等。

(3)插电式汽车从原来的纯电动力与油动力先后使用的模式，转变为纯电动力与油电混合动力先后使用，以提高混动工况下的节油率(即减排积分)。

(4)燃料电池成为纯电驱动汽车的增程器，再稳步发展利用可再生能源发电和制氢，电动车走向无排放。

四、不断提高电动汽车在汽车总产量中的比例

政府要及早提出电动汽车长远发展目标，明确电动汽车在汽车总产量中的比例，便于汽车企业按照“责任指标”制定发展规划，也便于上、下游行业企业考虑发展规划。例如各种电动汽车在汽车总产销量中的比例：2025 年为 30%，2017－2025 平均每年增加 3%；2030 年为 50%，2026－2030 平均每年增加 4%；2040 年＞90%，2031－2040 平均每年增加 4%。与某些外国相比，这是一个比较保守的指标。当然，政府部门还可组织具体的论证！

实行保证电动汽车增长速度的政策，包括：

(1)实行包含“减排积分”的积分制；

(2)提高每年电动汽车在汽车总量的比例；

(3)不断下调燃油汽车的燃料消耗量限值；

(4)提高燃油税、燃油汽车购置税，限牌照；

(5)减免电动汽车购置税、牌照费；

(6)降低电动车充电电价，夜间微价或免费充电；

(7)采用《国务院办公厅关于加快新能源汽车推广应用的指导意见》(国办发〔2014〕35 号)中除补贴外可以继续执行的条款，并修订完善之。

过年了，送副对联拜年。

上联：盼电动汽车驰骋大地

下联：数英雄企业还看明天

横批：真正减排

谢谢！

第二部分

电动汽车的发展路线

目前不宜大规模推广纯电动客车*

新能源汽车热，推动了有关新能源汽车发展的争论。在近期举行的几次论坛上，多位业内外专家针对新能源汽车发展，坦率发表了各自的观点。这些看法虽然只是一家之言，但犀利中不乏独到之处，希望引起读者关注，共同探讨中国新能源汽车的发展之路。

“纯电动公交车结构简单，节能环保，但目前尚不具备在城市中大规模推广的条件。”在 2010 年 9 月 8 日中国(杭州)节能和新能源客车示范应用高峰论坛上，中国工程院院士杨裕生这样表示。在北京奥运会和上海世博会期间，一批纯电动公交车已上路行驶，有人认为纯电动公交车走进中国城市指日可待。但杨裕生认为，这样的理解是错误的。

一、纯电动客车使用成本过高

杨裕生院士是电池研究方面的专家，他认为国内的动力电池还没有达到纯电动客车的使用要求，存在电池重、续驶里程不够长、使用成本太高等问题。

“按照目前电池的能量来推算，纯电动大客车一次充电的续驶里程是 150 公里。但这无法满足公交车平均日行驶 200～300 公里的要求，需要建大量充电站或换电站。而建充电站，地皮和备用电池的投入会非常大。”杨裕生指出，2008 年北京奥运会期间，花费 7000 万元建一座充电站为 50 辆公交车服务，这是一般公交公司难以承受的。“目前，我们不能简单地将奥运会、世博会纯电动公交车示范运行作为蓝本，用来大力发展纯电动公交车。”

除建设充电设施的费用较高外，纯电动公交车所用电池的成本也不可小觑。尽管现在国家对参加“十城千辆”示范运营的纯电动客车给予最高 50 万元/辆的补贴，但仍然需要“电池降至 3000 元/千瓦时以下、循环寿命达到 1500 次才可保本，这是目前电池的性能很难达到的。”杨裕生说。

目前，纯电动公交车比传统动力公交车的购车成本高很多。据了解，2008 年上海纯电动公交车为每辆 190 万元，2009 年为每辆 210 万元，2010 年世博会前涨至 260 万元。过高的价格主要是由于电池成本较高造成的，依据目前的技术和使用条件，降低电池成本是一个长期的过程。这也是纯电动公交车只能极少量演示，不能大量推广的主要原因。

有公交公司负责人向记者透露：“除了一次性成本高，纯电动公交车的使用

---

* 本文原载于“汽车网”，2010 年 9 月 25 日。

成本也很高。前期试运营的纯电动公交车的电费、维修、保养等费用是普通公交车的 5～6 倍。”

二、发展电动客车存在三个误区

杨裕生指出，目前在发展电动客车的过程中存在三个误区，或者叫不正确的观念。

其一，充电要像加油那样快。杨裕生认为，过快充电不可取，因为快充电要求电网大量扩容，并且快充对电网冲击很大，要建大型充电机。假设有一个 200 千瓦时的公交车，如果用一小时充电，只需 200 千瓦时的电，如果要 6 分钟充完，就要建大型充电机，而且影响电池寿命。因此，发展电动汽车要改变观念，多选择夜间慢速充电，用电网的“低谷电”，既省钱又能保护电池。

其二，以全面高指标要求电动公交车，例如不分南方、北方，要求温度指标一样；不管长途、短途，要求装车的电池总量一样；不论山城、水城，要求爬坡能力一样。“盲目追求全面的高指标，不利于纯电动客车的推广，各城市应该根据本城市的具体情况，追求性价比最高的车，以够用为原则，尽量降低成本，以利于发展。”杨裕生说。

其三，电动客车要做就做豪华型。杨裕生指出，“豪华”这一要求将导致车重增大，增加了电池用量，“豪华”还会造成高车价，增加公交车运营的成本和风险。因此，发展纯电动公交车应该以提高技术性能为重，提倡讲求实效。

三、应优先发展小型低价纯电动汽车

那么现阶段，我国应该着力发展什么样的电动客车？杨裕生认为，在公交车领域，增程式大中型客车是我国电动公交车发展的最佳过渡车型。这种车不需要充电站，车在行驶期间，发电机与电池并联驱动电动机，也给电池充电，可以延长电池使用时间，用油可以省一半，电池用量比纯电动车少，车自重较轻，价格低。

2010 年年初，杨裕生会同中国工程院院士陈清泉、陈立泉和郑绵平 4 人联合署名上书国务院，建议优先发展纯电动汽车。提出应以“纯电驱动”的微小型、低速、短程乘用车为突破口，逐步提高水平；以增程式“纯电驱动”的大中型公共客车和中高档乘用车为主要过渡车种；打牢基础，向新一代纯电动车方向发展。

“应该优先发展微小型、低速、短程纯电动轿车。电动车做小，电池、价格等方面的矛盾都易解决。”这是杨裕生一直坚持的观点。据悉，行驶 100 公里微型电动车耗电约为 6～8 千瓦时，小型电动车约为 10～13 千瓦时。对于使用铅酸电池的小型电动车，杨裕生也表示应该鼓励发展。“售价在 3 万元左右，使用成本也很低，电池折旧加上电费的每公里花费为 0.16 元，相比于普通微型轿车每公里 0.35 元左右的燃油费用低了一半左右。如果配用锂离子电池，售价也只有 5 万元左右。这种汽车非常适合我国小城镇和乡村的消费水平。”他说。

试论电动汽车的安全性*

同志们：你们好！

今天我想讲的内容是：一、电池组着火事件频发；二、几个基本观念；三、影响安全的因素；四、安全性的衡量尺度；五、已可采用的安全措施；六、要解决的深层次问题；七、结束语。

一、电池组着火事件频发

近年来发生的事件：深圳 XX 公司在武汉的大客车，在公司本部的小轿车，在曹妃甸的大客车；上海 XX 公司在新疆的大客车，在车库里的大客车；825 路公交车；杭州出租汽车；合肥大客车冒烟；深圳 223 路双层混动公交大巴冒烟；南方电网的储能锂离子电池组冒烟。

举例不全面，被"捂着"的不少，大部分发生事故的汽车的电池正极为磷酸铁锂。现在，锂离子电池开始进入电动自行车，事故频发，2011 年前的不完全统计见表 1。

表 1　2010-2011 年电动车电池安全率的不完全统计表

事故时间	地点	着火情况
2011 年 2 月 28 日	柳州白云路 11 号 1 栋 1 单元	一电动车充电着火，引燃 5 辆车
2011 年 8 月 17 日	徐州段庄红绿灯北的人行道	一辆电动自行车突然起火
2011 年 1 月 14 日	郑州市农业路 5 号院内	车棚内约 50 辆电动自行车被烧
2011 年 3 月 29 日	合肥市中国人民银行门口	电动自行车突然冒出浓烟燃烧
2011 年 4 月 1 日	海口海秀中路秀英村 250 号楼	几辆电动自行车全部被烧
2010 年 11 月 30 日	郑州市金水区柳林镇柳林村北二街村民自建租赁房门厅	电动车充电时电气线路短路引发火灾，造成 3 人死亡，2 人受伤
2011 年 6 月 28 日	嘉善县浦先生骑电动自行车行至解放路与谈公路交叉口	车上冒出火花，一股火苗从车身上窜出，瞬间点燃了整辆电动车
2011 年 1 月 6 日	沈阳沈铁路 42 号楼三门楼道	可能由于电动车充电引发火灾
2010 年 10 月 13 日	化工路与红旗西路交汇处附近	自行车行驶突然熄火，后冒烟起火
2010 年 9 月 24 日	市区汶河南路电动车便民充电站	一辆正在充电的电动车起火
2011 年 7 月 25 日	株洲大桥桥中央	一辆电动自行车起火，被烧得只剩下车架子，现场浓烟笼罩

---

* 本文为 2012 年 9 月 17 日杨裕生院士在中科院苏州纳米研究所的演讲。

2012 年上半年电动自行车事故继续发生。2012 年 4 月 11 日晚 9 点，北京海淀区一住户家中，正在充电的电动自行车电池突然爆炸，巨大的冲击波让住户家损毁严重。十余个比 5 号电池稍大的电池单体散落在地上，单体中的黑色石墨已经外泄。“它们像子弹一样，蹦得到处都是。”绿源电动车有限公司销售负责人表示，事故可能是电池保护板出问题，公司方会为此次爆炸负责，并尽快召回该批次电动车电池。

2012 年 5 月 9 日晚 9 时左右，北京望京西园四区 418 楼 2012 室住户自家的电动自行车电池在家充电时突然爆炸。爆炸燃起的火星点燃室内其他物品引起火灾。

2012 年 5 月 10 日下午 4 点多，南京虎踞北路古平岗车站附近，大学生小李骑着绿源牌锂电池电瓶车，突然嘭的一声，许多子弹壳一样的东西四处发射，接着她的电瓶车就着起火来。这辆车才买不到 4 个月。

2012 年 6 月 15 日，北京一家三口骑一辆电动自行车，电动自行车电池爆炸，3 人全受伤。

18650 型锂电池如果发生爆炸，后果也很严重！自 2008 年以来，仅河南省就发生电动自行车引起伤人、亡人的火灾事故 8 起，致 6 人死亡 12 人受伤。

由于示范运行的纯电动汽车发生多起冒烟、着火事故，有些官员就认为“纯电动车不成熟”。于是在2012年7月9日发布的《节能与新能源汽车产业发展规划(2012—2020 年)》(以下简称《规划》)中，混合电动车升格，纯电动汽车“退居二位”。

安全性确实是电动汽车首先要考虑的因素！但是如何提高中国电动汽车的安全性呢？

电动汽车的安全性基本上就是电池的安全性，这是个复杂的问题。

二、几个基本观念

首先，要承认电池组像汽油箱那样，是一种含高能物质的部件。而且，锂离子电池中的电解液是用易燃的溶剂配制而成，正、负电极上的氧化剂和还原剂只隔一层约 20 微米厚的隔膜，在达到一定温度时氧化剂和还原剂均易与电解液发生大量生热的化学反应，隔膜失去断流的作用；何况电池组又是在高电压、大电流下运行。因此，电池本质上是具有危险性的，且随着电池比能量和比功率的提高，发生事故的危险性将增大。

其次，要将使用电池作为使用易燃、易爆物品和高电压器件一样对待。要制定并严格执行安全设计标准和使用规范。

再次，要认识到，安全性是一个事故概率问题，安全因素控制得好，发生危险事故的概率就降低。

三、影响安全的因素

(1) 电池的品种。在各种动力电池中，锂离子电池的比能量最高，可能有多种原因引起化学副反应大量放热，易造成电池内气压升高，重则爆炸，轻则电解液泄漏而易燃烧。金属氢化物/镍电池和铅酸电池的电解液分别是碱性和酸性的水溶液，泄漏时有腐蚀的危险，不过其燃、爆性要低得多，但是也并非绝对不出问题。

(2) 电池的设计水平。锂离子电池正极材料如用磷酸亚铁锂，安全性要高于其他正极材料，但也会发生问题，近些年发生的事故大多数用的就是磷酸亚铁锂做正极；负极用硬碳，安全性可优于石墨类；电解液、隔膜的优选均有可能提高电池的安全性。但是这些技术往往以牺牲电池的比能量和比功率为代价，应该综合考虑。2012 年 4 月淄博镍氢电池大客车大火，原因可能是将负极的储氢合金以过多的活性炭替代，造成正极活性物质过量，导致电池中积累了氢气。铅酸电池在充电时也会发生水电解成氢气和氧气，这个问题已经得到较好解决。

(3) 电池的质量。有些厂家电池试制出来不经长期充分考验，连单体电池的故障率参数还无法统计就急于交付装车演示，电池组的安全性从何谈起？同样以磷酸亚铁锂做正极的锂离子电池，有些厂家生产的电池发生的事故多些，有的就少些，还有的根本没有发生事故；同一个厂，改进生产工艺、加强质量管理后，电池发生事故的概率明显下降。这些都充分说明了提高生产质量对改善安全性的重要作用。电池单体的品质还表现在寿命、容量、内阻和自放电率的一致性，它们也与安全性密切相关。

(4) 电池的总容量。电池的总容量=电池的单体数×每个单体容量，不言而喻，电池总溶量是与事故概率成正比的基本因素。为了追求电动汽车的续驶里程和最高速度而过多装载电池，不仅浪费能量和材料，价升而市场小，充放电中的热量更难散发，而且增加了事故发生的概率。这是传统汽车专家们“燃油车惯性思维”下，不顾当前的电池水平盲目追求高指标而误导出的严重安全隐患。

(5) 使用时间的长短。也可用充放电次数或行驶里程来表达此因素。电池组持续使用后，各单体的容量下降和内阻升高的程度不同，而且使用时间越长此等差别越大，发生问题的概率随之上升。

(6) 安全措施的有效性。管理系统是保证电池组正常工作的有效部件，管理系统失灵可能产生严重后果。电池的泄压机构(安全阀等)可有效地防止电池爆炸，其可靠性越高，发生爆炸的概率越低。但是，从泄压机构泄出的电解液或气体与空气相遇后仍有燃烧的危险性，这可能就是软包装和塑料壳电池不爆炸而会燃烧的原因。

(7) 使用的合理性。不按电池组的特性行事，后果严重。目前，电池组的使用存在快充电、充满电、放完电、超负载等问题。过充和过放不仅会损伤电池的寿命，而且也增加发生事故的危险性。即使是按标称容量全充全放，也不应受到鼓励。超限的载重和速度均需用过大的电流，电池温度将陡然上升，如过流保护机构缺失或失灵，将可能触发安全事故的发生。

(8) 其他因素。例如，电动汽车对各种意外因素(如对严重的撞击、意外事故危害)的调控力和适应性等。

四、安全性的衡量尺度

安全性的实质就是事故概率。既然是概率，它就可以用数值来表示。例如核反应堆设计时，安全性要达到 10^{-5} 或 10^{-6}/堆 · 年。一要有高水平的设计、制造力；二要在运行中有一套严密的操作规程和严格的维修保养制度来保障。电动汽车和电池设计、制造中必然要考虑许多安全措施，也应该有量化的形式来最后集中表达其安全程度，例如 10^{10}(100 亿)车 · 公里发生燃烧、爆炸事故不超过一件；或用 10^{-10}/千瓦时 · 公里等其他表达形式。

我国现有约 1 亿辆燃油汽车，平均每天发生一起自燃事故；每辆汽车平均按每天行驶 100 公里计，事故概率正是 10^{10} 车公里发生一起燃烧事故。现在媒体和公众对这样的事件频率，似乎是可以接受的一个安全指标。如果电动汽车的事故概率也降到这样的水平，也就不会引起大的轰动了。但是，如何将此指标落实(分配)到电动汽车(主要是电池)的各项设计措施中；如何通过汽车实际达到的各项性能计算出该汽车的安全水平(或事故概率)；如何通过计算出的各汽车事故概率指导该汽车提高安全性等，是一个复杂的课题。

五、已可采用的安全措施

(1) 采取增程技术提高安全性和节油率。在现有电池水平下，纯电动大、中型汽车的合理设计里程仅约 150 公里，电池组常满充满放，性能衰退快；电池量大，散热困难，解决安全问题的难度加重。纯电驱动的增程式车，用小功率发电机在行驶途中以最佳工况发电，不仅节油率高，而且不必配太大容量的动力电池就可远行；电池组运行于“半充”与“半放”状态之间，淡化了不一致性问题，且内阻小，发热量小；电池不过充、不过放，循环寿命长，安全性好，尤其适用于大、中型车辆。

(2) 发展安全性高的微小型纯电动汽车。微、小型纯电动汽车用的电池容量小，从根本上降低了电池的事故概率。这种车还可用铅酸电池，不仅价廉，而且安全性比锂离子电池好。

(3) 提高电池的安全性能。要推广应用对水不敏感的电解质、减少溶剂用量的聚合物(或凝胶)电解质，电解液中添加阻燃剂、防过充或防过热的聚合物单体等，涂有陶瓷微粉的耐热、不收缩隔膜。减低电池的内阻有利于减少电池的温升，十分重要，全极耳和极耳与极柱一体化等专利技术应该推广。

(4) 电池组防火功能设计。优良的管理系统，牢靠的连接方法，有效的散热途径，稳妥的空气隔绝，及时的监测报警，正确的灭火措施等，贯彻这些防火设计原则和相应的技术措施，将有助于提高动力电池组的安全性。电池组有效散热和隔绝空气相结合的专利技术，对于防止电池燃烧很有价值。

六、要解决的深层次问题

要解决的深层次问题包括：

(1)对动力电池研发的难度估计不足，电池与整车研发投入强度颠倒，急功近利做整车。

(2)对动力电池的安全问题认识不足，电池安全研究没有放在足够重要的位置。

(3)电动汽车开发违背发展常规。违背“先易后难、先小后大”的常识，片面地强调技术先进，否定成熟的铅酸电池。

要克服观念混乱的问题包括：

(1)“以燃油车的指标要求纯电动车”“续驶里程、加速时间、最高速度等不达燃油车水平不能叫汽车”，这种观念脱离了动力电池的当前实际水平。将标准提得高高的，表面上好像是维护电动汽车，实质上是“好事做坏”，因为电池多，则危险性大。要转变观念：标准、设计、运行，应将安全要求放在第一位；按实际可能确定合理的最高车速和加速度；优选合适的电池用量和电机，尽量减轻自重；坚持合理设计的原则，随电池水平循序渐进。

(2)“纯电动汽车要高档、大型”“普及型车技术水平低”，实际上是担心普及型冲击现有秩序。也可能与小排量车不让上路的“面子观”一脉相承，错将奥运会、世博会的大客车经验商业化。其结果是：档次高，配置高，易燃物多，车身更重。车身重量大，电池用量多，危险性增大。奥运会、世博会的保障水平无法商业化；做中高档车，有“面子”却没有市场。要转变观念：一切从实际出发；循序渐进！

(3)“充电要像加油那样快”。过快的充电不可取，因为短时内产生大量的热，电池升温，影响电池的寿命，造成安全隐患；对电网的冲击大，电网要大量扩容，要建大型充电机。要转变观念：夜间充电！夜电价廉，为电网调峰，电池命长，安全性高，一举多得。

七、结束语

要提高电动汽车安全性，需要立项，系统地研究电动汽车的安全性规律和用数值来表达安全性(即事故概率)；以电池发展为依据规划电动汽车发展；用好现有的各种电池，生产相应的车；在持续治理铅污染的同时，大力支持研制高比能量、长寿命、高功率等新技术铅酸电池(50～60Wh/kg)。要发展 60～80Wh/kg 的高安全水电解液电池。

谢谢！

以动力电池审视电动汽车发展路线*

首先简单介绍防化研究院军用化学电源研究与发展中心。1996 年我们倡导中国士兵系统采用高新技术装备武装士兵，论证要求电池的比能量至少应有 300Wh/kg，无人愿意承担。1998 年成立化学电源课题组挑起此担子，招收博士生、硕士生、博士后，并与北京理工、北京化工、北京科大、中国矿大联合培养博士生、硕士生，承担军内、国家、民企课题，进行军民融合。2000 年参与发起燃料电池国家 973 项目，2001 年研制国家电动汽车专项超级电容器，2002 年成立“军用化学电源研究与发展中心”。2006 年开辟规模储能电池新方向，先后研究液流电池和铅炭电池。2012 年申请成功“先进化学蓄电技术与材料北京市重点实验室”。

今天讲的内容包括以下几部分：一、综述；二、总结经验，以利再战；三、动力电池技术的现状；四、电动汽车的进展和评价；五、我国电动汽车的发展路线；六、要更新观念；结束语。

一、综述

(一) 发展电动车的必要性

减轻城市空气污染和雾霾——大城市空气污染的大于 30%来自汽车；石油与“国家能源安全”——原油对外依存度已大于 50%；减少二氧化碳排放，缓解温室效应——1 亿吨油产生 CO_2 约 3 亿吨；汽车增多石油更紧！发展电动车刻不容缓，以“谷电”代油，发展电动车，已有广泛共识。

(二) 电动汽车发展的要素

1. 电动汽车发展的技术要素

车体、电机、电控、电池四项，难度依次增大，而我国的技术基础依次薄弱。燃油汽车工业中的车体设计、生产技术全可用；现有电机的能量转换效率已较高，仅有比功率要提高；电控技术虽然有难度，但是进步较快；唯独动力电池技术基础薄弱，成为决定电动汽车发展的第一关键，要有正确的电池发展计划；要有充足的经费支持。

---

* 本文为 2013 年 3 月 7 日在国家发展与改革委员会能源研究所的演讲。

2. 电动汽车发展的性能要素

电动车应该真能节油、减排，节油率越高越好，零排放最好。就这一点而言，纯电动车最好。要能买得起，有不同的消费层次，应首先考虑最广大群众的消费水平，不能将目光只盯在高消费者。还要用得好，要安全、充电方便、耐用、省钱，才有生命力。

动力电池是电动汽车的心脏，电动汽车性能要素主要决定于电池。

3. 电动汽车发展的路线要素

电动汽车的发展路线(或发展战略)实质是动力电池的发展路线和使用策略。国家要制定动力电池的发展计划；要循序渐进，需要与可能相结合；要全面考虑，突出重点品种；分清远近，指标分段提高。

电动汽车发展路线的核心问题是用好各个发展阶段的各种电池。

(三)“电动技术产业”正在兴起

“电动技术产业”是以电动车的生产、运行为主体，以动力电池生产为核心的高技术产业群，包括电动车、电动机、电控系统；动力电池、电源管理、能量回收；正极材料、负极材料、电解液、隔膜；电池回收、电池复用、资源再生；供电体系、充电设施、充电服务等。

年产 500 万辆电动车，年产值万亿元！维持几千万辆电动车运行，年产值千亿元！

二、总结经验，以利再战

回顾“三纵三横”的三纵，“十五”期间，燃料电池电动车(FCEV)经费最多；到了奥运会，力保纯电动公交车和 FCEV 轿车一显身手；提出“十城千辆”时，混合动力公交车成为补助大户。

十来年成绩斐然、进步很大、差距缩小、奠定基础，同时取得的经验教训很多。要认真总结教训，选准路线，以利再战。

教训一，电动车发展重点轮换，难、大“优先”。先是跟着小布什时期美国政策走，燃料电池电动汽车经费最多；动力电池与燃料电池位置颠倒，错断远近。

以燃油车里程为模板，高补贴纯电动车，电池用量大，安全问题多。于是，又有人提出“纯电动车技术尚不成熟”“当前应以混合电动车为主要车种”“要发展插电式混合电动车”等观点。

教训二，重整车，轻电池，研发经费投入位置颠倒。对电池技术的难度认识不足，研发投入少；同时，急功近利，颇有“大跃进”的遗风，急于做整车。

教训三，片面追求“先进”，拒用、打压铅酸电池。造成这种现象的原因包括：

①我国电动车发展受传统汽车观念和人士支配；②电动车的路线和重点严重受国外影响，当局者缺乏主见；③示范推广模式过分受奥运会、世博会左右，扰乱了商业化思维；④政绩思想挂帅，电动车研制被急功近利思想观念笼罩。

要切实承认(而不是口头)动力电池是电动车的核心部件，同时也决定了电动车的发展路线和运行模式。要认真做到“汽车未动，电池先行”。电动汽车，量电池之力而行！

三、动力电池技术的现状

(一)动力电池评价内容

①安全性——不燃、不炸；②成本与寿命——降价、节能；③能量转换效率与自放电；④比能量、比功率；⑤可维护性；⑥生产过程与环境友好。

(二)动力电池的性能比较

目前，铅酸电池安全性最好，价格最低；锂离子电池比能量、比功率最高，寿命最长；镍氢电池各项指标居中。随着技术发展，动力电池的性能比较顺序会有变化。

(三)金属氢化物-镍电池

优点：比功率较高，环境友好，资源循环利用，循环寿命较长，能量转换效率较高。不足：比能量不及锂离子电池，价格不低。

已用于混合电动轿车的电源，与锂离子电池几乎同时诞生，竞争中受到锂离子电池与铅酸电池的“夹击”，生不逢时。

(四)锂离子电池

电动车的主力电池优点：比能量高，比功率高，高能量转换效率，循环寿命长。不足：有的体系安全性较差，价格还不够低，再生时可能污染环境。

锂离子电池技术在进步中，包括：新材料及纳米化，提高比能量和比功率；隔膜国产化，价格降低；电池生产半自动化，可靠性、一致性提高；电源管理和控制系统改进，安全性和循环寿命正在提高。锂离子电池的新进展中，提高比能量最重要，首要是提高电极材料比容量。

(1)正极材料。锰镍钴三元、镍基、富锂锰基等材料相继出现，提高了容量、电压。硫，容量特高，但电压低。磷酸铁锂中添加活性炭提高了功率和寿命。

(2)负极材料。锡及锡基合金。纳米硅，超高容量，理论容量达到了4200mAh/g。钛酸锂，超长寿命，但电位高，使电池的电压和比能量降低。

当前我国的锂离子电池的问题：①生产水平参差不齐，与国外差距拉大；②科技成果没有普遍用于电池产业；③安全性有待提高；④比能量不能支持远距离行驶；⑤一致性不够好，成组技术尚在成熟中；⑥寿命不够长，汽车运行成本高。

锂离子动力电池性能提高是一个长过程；而且锂离子电池比能量提高有限度，不能指望达到汽油的水平。

近年来，中、美锂离子电池组频发着火事件，既不必惊慌，又要重视。大容量、高电压锂离子电池组的安全是个新问题，影响因素多，环节复杂，深刻认识和圆满解决有要个过程。要树立如下的观念：电池是含能部件，又含有机溶剂，是易燃物；今后比能量提高，危险性更大；一定要加强电池防火功能设计和电池组防火功能设计。

组织“十城千辆”的政府部门要管安全问题，建立事件报告制度，查找原因，不允许隐瞒。

（五）如实地认识铅酸电池

铅酸电池是化学电池中市场份额最大、使用范围最广的电池——每辆机动车用一块，其他领域也用得最多。它的优点突出：安全性高；廉价；功率特性、高低温性能优越；回收技术较成熟等。弱点是比能量较低、循环寿命偏短，正在克服中。

铅酸电池本身不污染环境。生产和再生铅加工过程如管理不善，可能会对环境造成危害。将由于法规不健全、监管不力而造成的铅中毒事件算在铅酸电池的账上，是不公平的。

说“铅酸电池污染环境”很不在理，这如同说“猪肉污染环境”一样可笑！控管粪便废水不进入环境，猪肉很香！控管含铅废物不进入环境，电池很好！

我国铅酸电池因“古老”“落后”“污染”等不实之词，新技术的研究已多年得不到国家支持，甚至受到排斥。而发达国家一直没有中断铅酸电池新技术的研究，各种先进铅酸电池已在各类电动汽车中进行批量路试，部分新型电池已进入产业化。

铅酸电池有多种新结构。新技术主要是铅炭电池等，在70%的放电深度条件下，循环寿命达4500次。因此要正确使用铅酸电池，这种电池也又将大有作为。

我国铅酸电池技术与发达国家差距拉大了！奥巴马一上台就支持新一代电池及材料15亿美元（约合人民币100亿元），其中有铅酸电池及材料3项：资助铅炭电池和超级铅酸电池2种新型铅电池（都添加特种活性炭）约合人民币4.7亿元；资助高能密度纳米炭材料约合人民币1.5亿元。此举与我国政府形成鲜明的对照。

铅炭电池高倍率部分荷电态（HRPSoC）循环性能特别优越，适用于港机、电梯等电能回收；微混、轻混电动汽车、坦克的启动电源；大规模储能；电动自行车、电动摩托、电动汽车的动力。

四、电动汽车的品种和评价

电动汽车按动力划分为两大类：纯电驱动类和混合(双)动力类。

纯电驱动类为只有电动机一种动力驱动车轮，包括：①纯电动车(EV)；②燃料电池电动车(FCEV)燃料电池发电，与电池并联；③增程式纯电动车(EREV)内燃机发电，与电池并联。

混合(双)动力类为有内燃机和电动机两种动力，包括：①油-电混合电动车(HEV)轻、中、全等不同混合程度；②电-油混合电动车(PHEV)插电式混合动力车；③起-停式(微混)汽车，绿灯电起动-燃油行驶-红灯熄火。

(一)纯电动车(EV)

纯电动车是奋斗目标，它最节油；如用“谷电”“风电”，则最减排；无油路/气路/水路，很简单；一般性加工，车身便宜；有资源优势和一定基础。轿车如能驶 80 公里，就可满足我国城市大多数用户要求。

但是公交大客车又当别论，纯电动公交车目前只宜少量演示。

在现有电池比能量下，合理的设计里程仅约 150 公里，但公交大客车一日需行 200～300 公里；大量圈地搞充电站、换电站，费钱多而效率低，奥运会、世博会的模式不能用于商业运行；电池单体、成组、使用欠成熟，性能衰退过快；电池和纯电动公交车价格高，长期离不了补贴，电池与车辆不能齐寿，后续电池谁补贴？电池量大，散热困难，安全问题解决难度加重；电池性价比的提高，要有个较长过程。观点：应该少量演示，发现问题，积累经验。

(二)燃料电池电动车(FCEV)

燃料电池在纯电动车上发电，只有电动机一种动力，故属纯电驱动。

燃料电池存在五个问题：①价格贵，市场太小；②氢难储运；③系统复杂，维护难；④寿命不够长；⑤铂的资源不够用，一辆小轿车用铂大于 20g，5 万辆车要用铂一吨多，而我国年产铂仅有 4 吨，因而远不够化工用，即使全造车，也只 20 万辆车。必须研究无铂催化剂，这是大难题。估计在 10～20 年内难以规模化。丰田汽车公司先进技术组的全国经理 Bill Reinert 说：除非燃料电池堆和氢存储系统的成本降低有所突破，否则燃料电池车辆最早也要到 2030 年才能大量生产。我国政府与全球环境基金、联合国开发计划署合作，共同支持在北京商业化示范运行燃料电池电动公交车，3 辆奔驰牌，原定运行两年。结果在一年用坏了 6 台燃料电池发动机后，于 2008 年中不得已提前一年悄然停驶，花费数千万人民币不了了之。而燃料电池电动公交车的外国制造商，却获得了宝贵的运行数据打道回国了。

观点：燃料电池要做长期的基础研究。

(三)增程式电动车(EREV)

只有电动机一种动力，故属纯电驱动；行驶前电池组充电，途中小功率发电机最佳工况下发电。短途行驶时，全用电；长途行驶时，车上发电虽仍用油，但省油一半多；发电机可与电池并联驱动电动机，也可给电池充电。

观点：很长时期内的最佳过渡车种。

(四)油-电混合动力车(HEV)

两种动力组合，内燃机系统和电机驱动系统各有一套变速机构，比较复杂；两者通过行星轮式齿轮机构结合综合调节两动力之间的转速关系，加工要求高，我国无优势；以普锐斯为代表，全球销量 300 多万辆。普锐斯式的全混合电动车设计复杂，加工要求高，不易做好，专利也难绕过；电池要求高比功率；车价贵，在中国卖不动。

美国政府不支持油-电混合动力车，以插电式(PHEV)抗衡。日本政府打算在 2014 年发展 PHEV，2016 发展年 EV。

中国混合动力公交车是补贴重点。但是中度混合动力公交车节油不多，在 2010 中国(杭州)新能源公交客车精英赛七，5 家汽车公司参赛的 7 辆混合动力客车，平均节油 14.63%；2011 中国(昆明)公交车精英赛，平均节油 15.61%。

电池寿命也不乐观，也有后续电池补贴的问题。部分企业用外企部件拼装交帐，不掌握核心技术。

观点：应按节油率补贴(而不是电池量)。

(五)插电式混合动力车(PHEV)

短途不用油(同增程式)，远距离全用内燃机。内燃机和电动机两动力系统，复杂，价较贵；用内燃机时，大马拉小车，油耗仍很高。有人买插电式混合动力车，拿了免费牌照和补贴却当燃油车用，甚至卖掉电池组又捞一把。

观点：企业行为，可以在竞争中发展。

(六)起停式(微混)低排放汽车

两种动力，不混合。技术成熟可靠，可节油 5%～8%。但是燃油车数量大，只要做少许变动就能节油可观，更重要的是可以减少城市污染。起停式节能汽车已呈国际发展趋势，北美、欧洲、日本等发达国家已明确在 2020 全部淘汰纯燃油车。

观点：廉价的铅酸电池将是该应用领域的主导电源，可增加不低于 1000 万 kVAh 的市场。

五、我国电动汽车的发展路线

至2012年底，示范的节能与新能源汽车累计销售仅2.74万辆，2012年1月至8月销售的新能源汽车仅6019辆。

市场需求的低端电动汽车政府不允许发展，政府鼓励的高端电动汽车市场不欢迎。眼看着2012年国务院规划2015年我国新能源汽车的累计50万辆的指标很难达到，可能落下“政府说话不算数”的话柄，也影响日益紧迫的节能与环保目标的早日实现。而消费力强大的美国远远前行了，仅2012年一年销售新能源车约50万辆，其中日本产的普锐斯混合动力车占了6成。

中国工程院和科学院两院组织几十位专家耗时半年多完成电动车咨询，贯彻了科学发展观，提出“市场引导、扬长避短、低端切入、以低带高、以小促大、零部件攻关、多层次发展”。但是，2012年发布的9年规划并没有采纳两院的咨询意见。而此规划的特点是：观念超前，基础不牢；不顾市场，偏离国情；思路不清，重点不明。

我认为发展路线的核心问题是用好各个发展阶段的各种电池，生产相应的车。具体化为三句话：2020年前大力发展小型低速纯电动汽车为突破口；大、中型车以纯电驱动的增程式为主要过渡车种；为向新一代纯电驱动汽车方向跨越发展奠定基础。

(一)放手发展小型低速短程轿车

小型低速短程起步的优越性：①电池少，价廉，易推销，是电动自行车、摩托车用户的升级换代产品，满足广大城镇需求；②技术积累较好，无需国家投资可以很快建(改)成几个年产20万辆的厂；③每夜的11亿多度低谷电，可供亿辆小型电动汽车充电，还省掉建设调峰电站的大笔投资；④立即可大量节省汽油，减轻城镇空气污染；⑤节材节能，使用、维修方便、可以持续发展，并可抑制奢华的社会风气；⑥可充分发挥现有铅酸电池安全、廉价的作用。

发展的优越条件：①粤、鲁、苏、浙等省的一些厂家研制了最高车速不同的小型电动轿车，售价在人民币3万元左右，2012年山东产销过6万辆，产品已经出口；②我国电动自行车、电动摩托车的发展(电动自行车存量已经超过1亿)带动了电池、电机、电控核心技术等多方面的发展，造就了我国发展小型低速电动汽车的特殊环境和基础；③电动自行车、摩托车产业2万多经销商，构成了遍布全国的废电池有偿回收网络，为彻底解决废旧电池污染的问题奠定了基础。

《科学时报》2011年7月28日A3版刊登了我的文章“别藐视铅酸电池微型电动汽车”。

(二)微型轿车也可使用锂离子电池

锂离子电池比能量(近 100Wh/kg)是铅酸电池的 3 倍；车小、轻(含电池＜800kg)，耗电少(5～6 度电/百公里)，120kg 电池充电一次可以行驶约 200 公里；电池少，安全性高，价格低廉(5 万～6 万元人民币)，容易推销；充电方便(220V，5A)；容易向无补贴过渡，适应大城市用户、中产阶层需求。

(三)采用增程技术发展大、中型车

只有电动机一种动力，故属纯电驱动。高功率电池或储能电池+超电容，用量大减，并可回收电能。行驶前电池组充电，短途不用油，无排放；长途用油发电，功率小，最佳工况发电，能效高。

北京科凌公司首创我国增程式电动汽车，有动态控制功能的 40kW 发电机组，制造成本仅约 80 万元人民币，含 5 万元铅酸电池配 10 万元超级电容器，使用寿命可达 5 年以上。两天从北京开到扬州，1100 公里中途充电，一次百公里油耗不足 19L。

增程式电动公交车研制已成功多辆，包括：①以铅酸电池+电容器为能源(北京科凌)；②以锂离子电池为能源(杭州赛恩斯)；③以锂离子电池+超级电容器(合肥江淮)；④以锂离子电池为能源(宁波神马)；⑤以超级电容器为能源(浙江青年-巨容)。

增程式轿车最近有新进展：①长安汽车 C203 正式点火成功，2012 年试运行；②中国汽车工程研究院与德国 FEV 公司合作完成科技部任务“国家科技合作计划重点项目——增程式电动车”；③广汽-科岭合作承担国家 863 项目增程式轿车，2011 年 4 月正式立项，同年 11 月 11 日样车在东营研制成功。

纯电驱动增程式车的优点：①不必配太大容量动力电池且可远行；②电池组不会缺电和过放电，寿命延长；③不一定用锂离子电池而用它种，价格低；④夜间在停车场充电不另建充电站，省地；⑤夜间充电是使用电网的“谷电”，“填谷”；⑥不需要充电/换电的周转电池，低投入；⑦不需要大量的换电设施和人员，运行省；⑧传统汽车设施和成就全继承，且易加工；⑨现有技术就可节油 50%以上，节能减排多；⑩政府补贴负担轻，且容易过渡到无补贴。所以，增程式车是新一代电池纯电动车投用前的最佳车种。

车辆在行驶中，发电机给电池充电，电池始终运行于“半充”状态与“半放”状态之间(以电池半容量为基准)，好处是：①内阻最小，发热量小；②不过充，安全有保障；③不过放，循环寿命长；④淡化了不一致性问题；⑤可简化电源管理系统；⑥可用廉价的铅酸电池。

(四)电动汽车蓄电池的充电问题

电动车要从电网取用大量电能，要处理与电网的关系：①快速充电，可能冲击电网；②夜间充电可以“填谷”，充分发挥现有装机作用；③“换电”方案的经济效益要细算，现在换电站强调自动化，建设费用太高，又要有备用电池，成本高，电池使用中，用者能否尽心爱护电池也是一问题；④“动力电池并网“削峰”为电网储能”(V2G)问题。

电动车能用来“削峰填谷”吗？目前不合算，除非将来电池寿命很长、价格低廉：①动力电池的寿命本来就比车子短很多，如将其电能用于电网削峰，将更不能与车“白头偕老”；②动力电池价格比储能电池高，大材小用，将增加削峰成本。

应该提倡一举多得的夜间充电：夜电价廉，电网填谷，慢充命长，安全性高。所以，目前电动车，填谷很好，削峰不宜。

六、要更新观念

观念一：“以燃油车的指标要求纯电动车”“续驶里程加速时间最高速度，不达燃油车水平不能叫“汽车”。

此观念主要存在于当权的传统汽车人士中，脱离了动力电池的当前实际水平。将标准提得高高的，表面好像是维护电动车，实质是“形左实右”，起了“卡、压”作用。结果是“好事做坏”：价格高，卖不出去；电池多，危险性大。

用目前的锂离子电池做纯电动车，性能不能与燃油汽车全面相比，估计在15至20年内也难全面做到！电池与油的能量密度相差2个量级，很难消除此差距。尤其在电动汽车发展初期，更不能这样要求。

转变观念：根据我国具体情况，追求最廉价、最节能的车；按实际需要，选择节能的最高车速和加速度；优选合适的电池用量和发电机，尽量减轻自重；以合用/够用为原则，尽量降低成本，以利发展；要创造宽松环境，容许新事物在发展中进步；标准、设计、运行，应将安全要求放在第一位。

观念二：“纯电动汽车要做就做中高档的”“普及型车技术水平低”“垃圾技术”“搞低速电动汽车是浪费资金，会耽误发展新能源汽车宝贵的战略机遇期。”

这种观念的思想根源类似前些年小排量车不让上路的虚荣心；错将奥运会、世博会的大客车经验商业化；企业将追求高利润和政府高补贴放在第一位；公安部有些官员怕麻烦，认为低速车与高速车并行不安全，管理不方便。

怪现象：小型低速纯电动汽车能够批量出口欧、美；在国内却不允许投放市场、不给上目录、不许上牌照。

后果：有“资质”的不做微小车，愿做的没“资质”；不发“准生证”，实际上“帮”大厂搞垄断；中高档车没有市场，迟缓了电动车发展：档次高的车，易燃物多；车身重，电池要多用，危险性大。

转变观念：从中国实际出发，解放思想，放开手脚。提倡节能减排为荣，服务大众为重。

观念三："充电要像加油那样快"

过快的充电不可取。电站要大量扩容，对电网的冲击大，要建大型充电机，短时内产生大量的热，影响电池寿命，安全问题增大。

转变观念：夜间充电！①用电网的"谷电"，替电网"分散填谷"；②风能发电利用：夜风大，风电上网难；③核能发电利用，有利于其稳功率运行。

实质：主要用夜间的核电、风电，而非煤电。夜电价廉、"低碳"、一举多得！

七、结束语

对电动汽车发展的建议：

(1) 以"不用油、零排放"为最终目标——要经长期奋斗才能逼近，故必需有过渡产品和阶段目标。

(2) 以电池为依据，发展近期就能节能减排的车种；容忍逐渐提高的过程，不提过高的指标。

(3) 抓紧电池的长期性、多样性发展，随电池水平的提高，生产相应水平的电动汽车。

(4) 政府要硬性规定各汽车企业产量中电动汽车最低比例和传统汽车微混化的进度。

(5) 公安部要制定能够推动电动汽车发展的交通管理法规，不能因怕麻烦而墨守成规。

(6) 电力等部门要制定政策以鼓励充分利用风电和夜间的"谷电"。

题外话：企业要重视传统汽车的节油减排，优化现有动力系统。燃油车的设计最高速度要与高速公路 120 公里的限速相对应，可参阅我的文章《关于汽车设计时速大于 120 公里的 18 问》，原载于《中国汽车报》2013 年 2 月 28 日。

谢谢！

改变新能源车的老想法
——寻找中国汽车业的绿方向*

感谢“2013 第五届中国汽车蓝皮书论坛”邀请我就“寻找中国汽车业的绿方向”作主题演讲。

谈到绿方向，很多人就会讲不要搞污染就是没有污染，实际上目前要一步达到这一水平是不可能的，这需要有个过程。

我要讲四点建议：第一，不用油、零排放是最终节能目标，要经过长期奋斗才能逼近，要选好过渡产品和阶段目标，不能操之过急；第二，以节能减排的微型电动车要优先发展，容忍逐渐提高的过程，不提过高的指标；第三，政府要解放思想，改变观念，做促进派；第四，电力等部门要制定政策以鼓励充分利用风电和夜间的谷电。

我国新能源汽车发展的问题是一连串的，关键在于观念更新，瓶颈还是定式思维。

一、貌似超前的观念实际落后

第一，中国汽车要有自己的特色。我国人多资源少，是一个发展中国家，要突出代步工具的属性，而不是把汽车作为一个财富象征；强化节能环保意识、合理配置、减轻汽车重量；自主设计最高时速，减少油机冗余功率；提倡短途使用为主，不模仿“轮上国家”发展模式；立足群众需求，高档产品要少做，但要精。

第二，政策要接地气。在汽年发展当中，现在我们国家定的一些政策和做法或多或少还是有些问题。

首先，汽车最高时速设计要变革。2013 年年初，我看到电视上面有两个交通管理专家做了一个节目，讲到高速公路上面限制时速是 120 公里，理由主要是时速超过 120 公里之后，发生事故的概率上升、死亡率上升。所以定到 120 公里是有根据的。

从这个问题可以想到，我们国家高速公路限制时速 120 公里，还有什么路可以允许车子开得更快？好像没有了。既然没有了，现在我们生产的汽车为什么设计的最高时速要达到 150 公里、180 公里，甚至大于 200 公里，且越高档的汽车设计的最高时速就越高，目的又是什么？

---

* 本文是 2013 年 3 月 30 日在“第五届中国汽车蓝皮书论坛”上的演讲。

汽车设计最高时速越高，发动机设计的功率就越大，传动系统和车身就要加固，这就造成汽车总重量上升，用的材料就要多，油耗就要增加，这就会浪费能源，不是“绿”的方向。

其次，过分依赖新材料。用轻质合金也可以减轻车重，但是轻质合金的耗能比钢铁要高得多，价格更贵，中国传统汽车在这方面不具有明显的技术优势，大量应用只会降低自主品牌竞争力，且不是真正节能的一条道路。

总之，我们现在的汽车设计都是外国老师教的，外国就是这样设计的，照搬外国的好像很自然。但是，长期下去我们怎样进行自主设计？

第三，推行微小型汽车。汽车在中国大部分人士头脑里已经成为社会地位和财富大款的象征，排量大的豪华车更是受到追捧。对企业来说，名利双收。但是这个社会风气却与党的十八大号召的“提倡俭朴、反对奢华”相悖，也与艰苦奋斗的传统精神不相符合。

第四，纯电动汽车推广应以低速短程车为突破口。中国工程院和中国科学院曾组织了几十位专家，按照国家发改委要求，耗时半年多完成了一个咨询报告。这个报告重点阐述了新能源汽车推广阶段的发展策略：“市场引导、扬长避短、低端切入、以低带高、以小促大、零部件攻关、多层次发展”。但 2012 年发布的《节能与新能源汽车产业发展规划》并没有采纳两院意见。

至 2012 年底，示范的节能与新能源汽车累计 2.74 万辆。而国务院《节能与新能源汽车产业发展规划》里面要求“2015 年新能源汽车累计要达到 50 万辆”。纯电动汽车比亚迪-E6 市场价为 36.98 万元，政府补贴 12 万元后，消费者还得掏 24.98 万元，目前该车主要用在出租车领域，私人购买的量很小。

今年是 2013 年，离国务院的上述规划的时间剩下不到 3 年了，怎么去达到 50 万辆的目标？我看是非常困难。但是，山东省推广的每辆 3 万多元低速电动车供不应求。其中新大洋等公司的微型车远销国外，但是不允许在国内上牌，这是一个很怪的现象。我所总结的可以概括为：观念超前、基础不牢、不顾市场、偏离国情、思路不清、重点不明。

二、少数官员成阻力，铅酸电池“蒙冤”

为什么微型电动汽车难以大面积推广？阻力主要来自国家发改委少数官员。

他们认为，“普及型车技术水平低，这种车是垃圾技术，搞低速电动车是浪费资金，会耽误发展新能源汽车宝贵的战略机遇期”。还有的说，“这样搞下去是要成为历史的罪人”。我想，这个历史罪人的帽子到底会套在谁头上还不一定呢！

公安部有些官员怕麻烦，他们认为“低速车和高速车在一条路上并行不安全，管理不方便”。我认为不安全是现象，根本是要管好。实际上，道路上行驶的车子也并不是同一速度。所以，不能怕麻烦，要按照新的形势，把新的管理规定搞好。

因为专业法规的缺失及监管不力，在新能源汽车发展过程中常常涉及的铅酸电池也遭受“不白之冤”。

如何认识铅酸电池？铅酸电池是化学电池中市场份额最大、使用范围最广的电池，目前每辆汽车上都有一块。有些官员和媒体常说铅酸电池有污染问题。其实，铅酸电池本身不污染环境，主要问题出在生产和再生铅加工的管理不善环节，造成污染。现在法规不健全，监管不力造成铅中毒的事件频发，算在铅酸电池的账上是不公平的。

说铅酸电池污染环境，如同说猪肉污染环境一样可笑。养猪场生产中产生粪便、废水，如同铅酸电池生产中产生含铅废物，两者如果处理不好一样污染环境。但如果养猪场控制得好，猪肉就会很香。如果铅酸电池生产体系管理得好，这个电池就很好。所以不能说铅酸电池污染环境，而是我们的环保部门不得力，还有一些基层官员们在保护落后的铅酸电池再生小作坊，造成了严重的污染。另外，个别公司的环境环保意识不强，肆意排污。只要态度认真，这些问题都是不难解决的。

因为政府不支持且限制发展，我国的铅酸电池技术已落在世界后面。奥巴马上台之后，政府拨款了 8000 多万美元来支持铅酸电池的衍生品——超级电池和铅炭电池。前者里面加了活性炭电极，充放电倍率提高，循环寿命延长；后者是把炭放在铅酸电池负极里面，也起到类似的效果。所以说，全新的铅酸电池性能已大为改善，寿命长了，再生的污染也就小了。

针对目前比较流行汽车起停技术，欧洲、日本、北美等国家制定了相关法规提出“2020 年汽车全部加装起停节能技术”的要求。这个起停技术涉及的电能源就是铅酸电池，重点就是指超级电池和铅炭电池。

微型电动车是突破口，混动不宜鼓励

从官员到车企老总，以燃油车指标来要求纯电动车的观念很普遍。他们认为“续驶里程、加速时间、最高速度达不到燃油车水平就不能叫汽车”。这种观念脱离了动力电池的实际水平，现在的动力电池远达不到传统汽车水平的要求。为了追求长里程和高速度，就必须多装电池。结果价格高，卖不出去；电池多，危险性也大。

我认为，根据我国国情，我们应该追求最廉价、最节能的车，设计要选择节能的最高车速和加速度，要优选合适的电池用量和发电机，尽量减轻自重。以“合用、够用”为原则，尽量降低成本、以利发展；创造宽松环境，容许新事物在发展中进步。在标准、设计、运行等方面将安全要求放在第一位，而不是把其他的一些指标放在第一位。

国家发展节能与新能源汽车的根本目的是节能与环保，而节能与环保的路子是不是只有纯电动汽车一条发展路径呢？

除发展微型电动汽车外，传统汽车的节能技术进步也很重要。大、中型车应该使用增程技术，主要是通过电池组驱动电机，然后由电机来驱动变速器；路程更长的情况下可以用内燃机烧油发电，发的电既可驱动汽车，又可给电池组充电。如此，汽车的续航性能就大为改变，其电池用量比纯电动车要大大减少且可以回收电能。行驶之前电池组充电，短途不用油为零排放，50 公里以外用油发电，但是这个发电机的功率小，而且可以在最佳工况下工作，所以它的能效很高。北京理工科凌电动车辆股份有限公司使用该技术的客车从北京开到扬州，2 天 1100 里行程，途中充一次电，百公里油耗 19 升，节能 50%左右。

我认为，我国在混合动力技术方面没有优势。按日本丰田普锐斯的全混合模式，设计复杂，加工要求高，我国现有水平难以达到要求，而且普锐斯的星式齿轮箱等专利也难绕过。中度混合动力车有成为补贴重点的趋势，但节油不多。相比之下，增程式是高比能量电池量产前的最佳过渡车种，过渡期可达 15～20 年，也许更长，我国应该大力发展。

增程式将成为我国电动汽车的主流*

我今天讲四个问题：第一，发展电动汽车十分重要；第二，动力电池的现状；第三，电动汽车发展路线之争；第四，增程式纯电驱动车真好。

一、发展电动汽车十分重要

发展电动车很是必要。汽车是大城市空气污染和雾霾的主要来源，发展电动车以减轻城市空气污染；我国原油对外依存度已大于 50%，发展电动车减少石油消耗，有利于提高国家能源安全；烧 1 亿吨油产生 CO_2 约 3 亿吨，用可再生能源发电可减少 CO_2 排放，缓解温室效应。

我国汽车产销量快速增多，石油更紧。发展电动车刻不容缓，以“谷电”代油，已有广泛共识。

“电动技术产业”——以电动车的生产、运行为主体、以动力电池生产为核心的高技术产业群——正在兴起。年产 500 万辆电动车，年产值万亿元！维持几千万辆电动车运行，年产值千亿元！

对电动汽车的性能有要求：真能节油、减排——纯电动车最好，节油率越高越好，零排放最好；买得起——有不同的消费层次，应首先考虑最广大群众的消费水平，不能将目光只盯在高消费者；用得好——才有生命力，要安全、充电方便、耐用、省钱。

如何选择发展车种大有文章。动力电池是电动汽车的心脏，电动汽车的发展决定于电池及其用法。

电动汽车可按动力划分为两大类：纯电驱动类和混合(双)动力类，又可分为 6 种。①纯电动车(EV)；②燃料电池电动车(FCEV)，燃料电池发电，与电池并联；③增程式纯电动车(EREV)，内燃机发电，与电池并联；④油-电混合电动车(HEV)，有轻、中、全等不同混合程度；⑤电-油混合电动车(PHEV)，即插电式混合动力车；⑥起-停式(微混)汽车，红灯熄火，绿灯电起动，燃油行驶。前 3 种车只有电动机一种驱动力，后 3 种车都有内燃机和电动机两种动力。

以下分析、比较一下这六种车：

1. 燃料电池电动车(FCEV)

21 世纪初的美国总统说，燃料电池电动车用的氢能是“终极”能源。三年后

---

* 本文为 2013 年 7 月 11 日在上海国际集团公司的演讲。

他承认，这是未来的解决方案。燃料电池存在五大问题：价格贵，国家负担重；氢难储运；系统复杂，维护难；寿命不够长；铂的资源不够用，一辆客车用铂约200克，5千辆车要用铂一吨；我国年产铂4吨，本就远不够化工用，即使全用来造燃料电池电动车，也只能产出2万辆车。必须研究无铂催化剂，这是化学一大难题，需假以时日，可说是远水不解近渴。

2. 纯电动车(EV)

做到以电代油。最节油——用“谷电”“风电”是未来的发展方向之一。简单——无油路/气路/水路。车身便宜——一般性加工。有资源优势和技术基础。但是，在当前电池比能量不高的条件下，纯电动公交车、轿车的行程均有限；电池寿命短；电池用量大，有燃烧爆炸隐患；充电设施要求复杂，政府负担重。所以，在可见的未来，纯电动车不能作为发展的重点。

3. 插电式混合动力车(PHEV)

大内燃机、大电动机、两个动力系统、重、复杂、价较贵；50公里内可不用油，但50公里外全用油，还是“大马拉小车”，很费油。所以，不是电动公交车的理想模式。

4. 油-电混合动力车(HEV)

中度混合车省油15%～20%，电池要求高比功率，车价贵。但是，电池失效如换不起，可按常规燃油车驶，“有后路”。全混车的内燃机系统和电机驱动系统各有一变速机构，通过行星轮式齿轮机构结合调节两者的转速关系。如日本的普锐斯，节油30%～35%，已销出300多万；新款式车加充电功能可更节油。但是，两动力组合系统复杂，加工要求高，目前我国无优势。

5. 起停式(或者微混)低排放汽车

这是燃油车的改进型。燃油车数量大，起停式车减少城市污染作用可观。电池已研制成功，技术成熟，只要做少许变动，加价不多，可节油5%～8%。起停式汽车已成国际发展趋势，北美、欧洲、日本等发达国家已明确2020生产的纯燃油车必须全部加装起停功能。廉价的铅酸电池将是该应用领域的主导电源。

6. 增程式纯电驱动车(EREV)

行驶中给电池充电的纯电动车。该车只有电动机一种动力，故属纯电驱动，而不是“串联式混合动力”。行驶前电池组先充电，行驶间小功率发电机在最佳工况下发电，故节能。发电机与电池并联驱动电动机，也给电池充电。车上充电，延长里程；地面充电设施可有可无。传统车生产、保障网络全部可用，普及成本最低。

二、动力电池的现状

(一) 电池技术水平的评价内容

电池技术水平的评价内容包括以下方面：①安全性；②成本与寿命；③比能量；④比功率；⑤能量转换效率与自放电率；⑥可维护性；⑦生产、处理中与环境友好性。

同一个体系的电池，既可做成能量型，也可改变设计而做成用于电动汽车的功率型。

(二) 动力电池的性能比较

目前，铅酸电池安全性最好，价格最低；锂离子电池比能量、比功率最高，寿命最长；镍氢电池各项指标居中。随着技术发展，动力电池的性能比较顺序会有变化。

锂离子电池是电动车的主力电池，其优点是比能量高，比功率高，能量转换效率高，循环寿命长。不足之处是有的体系安全性较差，价格还不够低，再生时可能污染环境。

锂离子动力电池比能量还不能支持远距离行驶。性能提高是一个长过程，而且锂离子电池比能量提高有限度，不能指望达到汽油的水平。汽油比能量是现锂离子电池的约 50 倍，电功效率约为汽油热功效率的 4～5 倍，总算下来，电池实用比能量还差 10 倍。所以，以燃油车的性能要求纯电动汽车是不合理的，否则电池量大，重，耗电多，电池更多，价高难销，例如：比亚迪-E6，36 万/辆，行程可达 300km，用磷酸铁锂锂离子电池近 700 公斤，百公里耗电量为 19.5 度，行程不短，价格不菲，耗电不少，用户不多。

可见，国家发改委等高补贴的中高端电动汽车市场不欢迎，想以重金补贴纯电动车“造就”市场，结果是政府全额买单。纯电动公交车更是如此，而且电池量越大或比能量越高，危险性也越大！

15 年后即使锂硫电池可用，实用比能量也仅为油的 1/3，那时要求纯电动汽车的性能全面赶上燃油车，也很难。

现在的电池经常全充全放，性能下降过快，已有公交公司呼吁补贴第二套电池了！？再过三年，要呼吁补贴第三套电池了！？补贴何时了！？何年市场化！？

既然 10～15 年内以燃油车的性能要求纯电动汽车是不合理的，那么，此期间又不能停滞，就要另找出路：①放弃高速远程纯电动车强行市场化的打算，首先改掉目前高补贴纯电动车的误导政策；②放手让企业自主研发，多层次的车公平竞争，允许发展低速短程车，耐心研制高速远程车；③充分用好现有电池，以少量的油补充电能，大力发展节油50%的增程式乘用车、公交车，它是纯电驱动，不是混合动力，也不是插电式。

当前我国的锂离子电池的问题：①生产水平参差不齐，与国外差距拉大；②科技成果没有普遍用于电池产业；③安全性有待提高；④比能量不能支持远距离行驶；⑤一致性不够好，成组技术尚在成熟中；⑥寿命不够长，汽车运行成本高。

近年来，中国和美国锂离子电池组频发着火事件，最近美波音787一再着火，用的日本电池。大容量、高电压锂离子电池组的安全是个新问题，影响因素多，环节复杂，深刻认识和圆满解决需要有要个过程。要树立观念：电池是含能部件，又含有机溶剂，是易燃物；今后比能量提高，危险性更大。危险性是个事故概率问题，没有零概率的电池。

因此电池用量要少；充、放电时温度不高——不满充满放；一定要加强电池防火功能设计和电池组防火功能设计。

三、电动汽车发展路线之争

国务院审议一年半后，常务会议批准了《节能与新能源汽车产业发展规划2012—2020年)》(以下两种《规划》)。《规划》要以纯电驱动为汽车工业转型的主要战略取向，当前重点推进纯电动汽车和插电式混合动力汽车产业化，推广普及非插电式混合动力汽车、节能内燃机汽车，提升我国汽车产业整体技术水平。争取到2015年，纯电动汽车和插电式混合动力汽车累计产销量达到50万辆，到2020年超过500万辆。

规划为何多次修改，一再推迟公布？纯电动汽车与混合动力汽车，何者优先？电池快速充电与快速更换电池，何为主？《规划》兼顾了各方需求和意愿，但不理想。

十来年经验教训颇多，选准发展路线是主要问题：

(1)电动车发展重点轮换，先是跟着布什走，燃料电池电动汽车经费最多；动力电池与燃料电池位置颠倒，错断远近。

(2)以燃油车为模板，高补贴纯电动车，“纯电动车技术尚不成熟”“当前应以混合电动车为主要车种”“要发展全混合电动车”，意见纷纭。

(3)重整车，轻电池，投入位置颠倒。

(4)对电池技术的难度认识不足，研发投入少。

(5)急功近利——急于做整车，有“大跃进”的遗风。

(6)片面追求“先进”，难、大优先，拒用铅酸电池。

产生上述问题的原因可能有四：我国电动车发展受传统汽车势力支配；电动车的路线和重点严重受国外影响；示范推广模式过分受奥运会、世博会左右；电动车研制被急功近利思想观念笼罩。

有种观念，“以燃油车的指标要求纯电动车”，续驶里程、加速时间、最高速度等不达燃油车水平不能叫“汽车”。此观念主要存在于传统汽车的人士中，他们将标准提得高高的，好像是维护电动汽车，实质是“好事做坏”——价格高，危险性大。

发展规划的核心问题是用好各个发展阶段的各种电池，发展相应的车。当前要用好现有的电池，生产最合适的车种。按当前锂离子电池比能量 90Wh/kg 计，纯电动汽车合理速度＜100km/h；合理里程约 150km，否则电池要多用；车重增加；又要加电池；电池多了，安全性下降，造成不合理设计。

但是，传统汽车人士不认同合理设计，而要按燃油车的性能要求电动汽车。

当前电池比能量不高，于是有人就想用快速充电弥补——“充电要像加油那样快”。过快的充电不可取：①短时内产生大量的热，电池升温高，影响电池的寿命，安全问题大；②要建大型充电机，5 分钟充满则充电机功率要达到 2400 千瓦，设备容量大、投资大、负担重；③对电网的冲击大，电网要大量扩容。所以，快速充电不宜作为电动汽车的主流模式。

要转变观念，夜间充电，可一举多得！夜电价廉，用户受益；分散调峰，省建调峰站；电池安全、长命。

当前电池比能量不高，于是有人就想用快速换电弥补。无论是充电还是换电，要以经济效益为裁判员。举例：北京高安屯电动汽车充换电站，规模世界最大，建设费用世界最高——3 亿多人民币。可以 8 辆车同时换电，每天充换电 400 辆，环卫车为主。但如粗估成本，银行贷款如年利低至 5%，20 年折旧 5%，这两笔则需每年 3000 多万，每辆车要摊 8 万元。再有电、维护、运行等费用，也都要分摊在车上。可见，此充换电站传承了奥运会指导思想——不计工本！

第一电动网报道《换电梦碎 Better Place 走向破产》。2013 年 5 月 26 日，经历 6 年的以色列知名电动汽车充换电服务商 Better Place 宣布破产清算决定。Better Place 总投资 8.5 亿美元，亏了 5 亿美元。在以色列有 33 座换电站正在运营，另外 5 座即将投入运营；在丹麦有 17 座换电站和 1 座充电站已经投入运营。业内人士告诉记者：“Better Place 破产，资金问题是一个方面，而运营模式和盈利能力是更为严重的问题”。“Better Place 的商业模式，投入过高所得回报较小，在经济上算不过账来。”“Better Place 模式没有等来消费者的大规模响应。而运营成本高，车企不支持。”

四、增程式纯电驱动车真好

1. 因为外增程式电动车发展简史

北京科凌公司2008年研制成功我国第一、第二辆增程式电动公交车，以铅酸电池+电容器为电源。从北京到扬州1100公里开两天，中途充电一次，百公里油耗19L(均速50km/h以下)。接着，多辆增程式电动公交车研制成功：以锂离子电池为能源(杭州赛恩斯)；以锂离子电池+超级电容器为能源(合肥江淮)；以锂离子电池为能源(宁波神马)；以超级电容器为能源(浙江青年-巨容)；以锂离子电池为能源(科岭-广汽客车)。

科技部863计划2011年支持研制增程式轿车。广汽-科岭合作，在19家中独家申请成功。杜炬担任课题组长、首席科学家，2011年4月正式立项，同年11月11日样车在东营研制成功，增程式纯电驱动四座轿跑车参加2013底特律北美车展。该项目2013年结题，要交出增程式轿车500辆。

增程式轿车也有新进展，包括：①长安汽车C203正式点火成功，2012年试运行；②中国汽车工程研究院与德国FEV公司合作，承担国家科技部“国家科技合作计划重点项目——增程式电动车”。

在国外，凯迪拉克ELR增程式双门电动跑车将于年内在底特律Hamtrack工厂投产，预计在美国市场售价为5.5万美元(约合人民币34.2万元)。该车与雪佛兰沃蓝达和欧宝Ampera共享增程式动力系统(直列四缸发动机、电动机和锂离子电池组)。2012年，雪佛兰沃蓝达曾经创下月销售2289台的最高纪录。

但是，工信部牵头的9年规划中未列入增程式电动车，是一憾事。

2. 增程式电动车技术原理

增程车行驶中发电机给电池充电，电池始终运行于“半充”状态与“半放”状态之间(以电池半容量为基准)。电池运行于“半充”与“半放”状态之间的好处有：①内阻最小，发热量小；②不过充，安全有保障；③不过放，循环寿命长；④淡化了不一致性问题；⑤可简化电源管理系统；⑥可用廉价的铅酸电池。

增程式十大好处有：①不必配太大容量动力电池——远行又安全；②电池组不会缺电和过放电——寿命延长；③不一定用锂离子电池而用别种——价格低；④在停车场充电不另建充电站—省地少费用；⑤夜间充电是使用电网的“谷电”——“填谷”；⑥不需要充电/换电的周转电池——低投入；⑦不需要大量的换电设施和人员——运行省；⑧传统汽车设施和成就全继承——且易加工；⑨现有技术就可节油50%以上——节能减排多；⑩政府补贴负担轻——较容易过渡到无补贴。

3. 增程式电动车性能优势

增程式车是电动汽车中的最佳车种，比较如下。

(1) 增程式轿车优于常规纯电动轿车。常规纯电动轿车设计难以合理，锂离子电池重达 700 公斤的比亚迪-E6 是一个例子，如果电池用量少，行程就短，就要中途快充电或者快换电池，服务保障条件要求高！

(2) 增程式公交车优于纯电动公交车。在现有电池条件下，纯电动车合理设计里程仅约 150 公里，但每天行驶 200～300 公里，充电一次不够跑一天！奥运、世博的模式费钱多而效率低，难以商业运行。电池组性能衰退快，与车不能齐寿，二次补贴无着落，车子只得趴窝了。电池量大，散热困难——安全问题解决难度加重。

(3) 增程式优于插电式混合动力车。插电式 50 公里内也不用油，但是远距离全用内燃机，仍然是“大马拉小车”，油耗仍很高。内燃机和电动机两动力系统，较增程式复杂、贵；对电池性能的要求，一点也不低于纯电动车。

(4) 增程式公交车优于混合动力。中度混合动力公交车节油不多，2010 中国(杭州)公交车精英赛节油 14.63%；2011 中国(昆明)公交车精英赛节油 15.61%。电池寿命也不乐观，也有后续电池补贴的问题。部分企业用外企部件拼装交帐，不掌握核心技术。

(5) 增程式比混联式(全混合)更适合中国企业。普锐斯是混联式的代表，加工要求高，专利难绕过，我国生产无优势。普锐斯总销量 300 多万辆，在中国的销路不如美国(价格不同，购买力有差别)。请注意：普锐斯在不断降价，丰田还要在中国搞“国产化”。

(6) 增程式机械结构简单，加工费低，节油多达 50%，使用成本低，有竞争优势！

五、结束语

(1) 科凌公司增程式技术优势突出。既适合用于做轿车，0.6 升排量发动机，100 公里油耗<2.4 升。也适合用于做大中型客车，1.9 升排量发动机，100 公里油耗<18 升。控制器、发动机、发电机、充电器全有知识产权。技术水平国内领先，竞争力强劲！

(2) 增程式汽车前程十分远大。美国总统布什说“燃料电池汽车是电动汽车的终极！”我说不一定！上述的燃料电池本身五大问题即使解决，还有以下两个问题：第一，氢无矿藏；由其他一次能源转化，能效低。第二，燃料电池单独供电在电动汽车中无法使用，因为燃料电池发电，要求功率稳定，适应不了电动车功率大波动工况。必须与蓄电池组并联工作驱动电动机。而且，高功率电池或储能电池＋超电容也可回收刹车、下坡产生的电能。

由图 1 可见，燃料电池增程原理、控制与内燃机增程相同，即使燃料电池进入电动汽车的“终极”，它也只是增程式汽车中的一种！

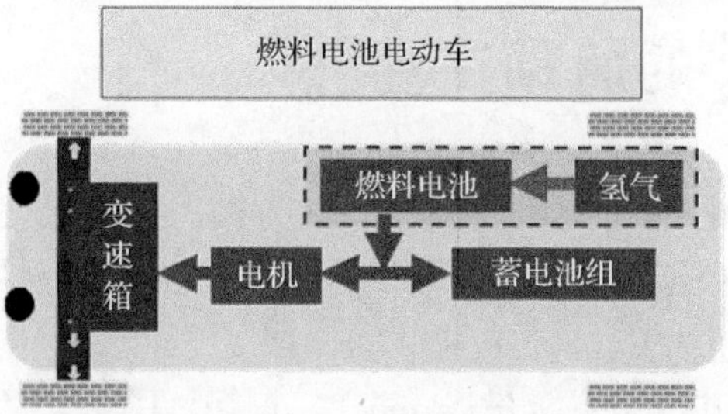

(a) 燃料电池发电增程

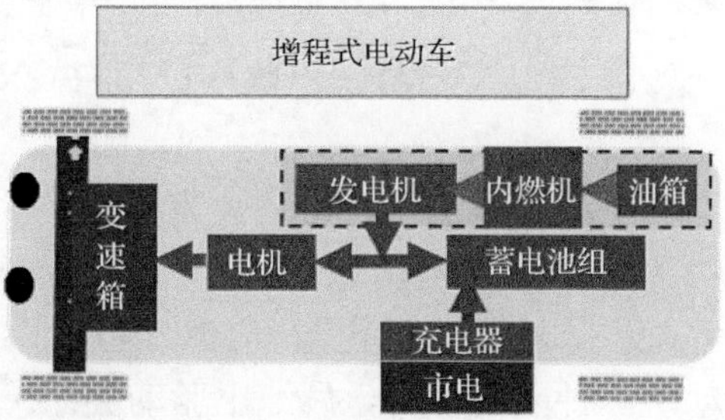

(b) 内燃机发电机增程

图 1　燃料电池与增程式电池电动汽车原理

此外，还可以发展多种能源发电的增程式汽车。应该说，增程式汽车是电动汽车的“终极”。

谢谢！

我国电动汽车发展的瓶颈在观念*

电动汽车按动力可划分为两大类，纯电驱动类和混合(双)动力类。又可细分为 6 种：①纯电动车(EV)；②燃料电池电动车(FCEV)，燃料电池发电，与电池并联；③增程式纯电动车(EREV)，内燃机发电，与电池并联。以上三种只有电动机一种驱动动力，属纯电驱动类；④油-电混合电动车(HEV)，有轻、中、全等不同混合程度；⑤电-油混合电动车(PHEV)，又称插电式混合动力车；⑥起-停式(微混)汽车，绿灯电起动-燃油行驶-红灯熄火。以上三种有内燃机和电动机两种动力，属混合(双)动力类。

电动汽车的性能有以下要求：真能节油、减排——纯电动车最好，节油率越高越好，零排放最好，买得起——有不同的消费层次，应首先考虑最广大群众的消费水平，不能将目光只盯在高消费者；用得好——有生命力，安全、充电方便、耐用、省钱。要生产卖得出去(有市场)的车种。

动力电池是电动汽车的心脏，电动汽车的发展决定于电池及其用法。

一、动力电池的现状

可能用作动力源的电池主要有氢镍电池、铅酸蓄电池、锂离子电池。各种电池各有短长：锂离子电池比能量最高，研究的人最多，技术在迅速发展；铅酸电池安全性最高；新发展的铅炭电池，保持了价廉，安全、原料易得，可靠的优点，且其寿命和比功率、快充电等性能大幅度提高(表 1)。

表 1　不同电池性能比较

	铅酸电池	镍氢电池	锂离子电池
工作电压/V	2.0	1.2	3.2～3.7
质量比能量/(Wh · kg^{-1})	30～40	50～70	90～120
体积比能量/(Wh · L^{-1})	150～200	150～200	270～350
寿命/次	300～500	500～800	500～2000
自放电率/%	10～15	20	6～8
充放电速率/C	0.2～1	1	1～20

防化研究院与南都公司合作研制的铅炭电池，2012 年与同尺寸铅酸电池的比

* 本文为 2013 年 9 月 16 日在“中国科学院 2013 年科技前沿论坛”上的演讲。

较见表 2。

表 2 铅炭电池性能优势

电池(75Ah)	比功率 /(W·kg^{-1})	比能量 /(Wh·kg^{-1})	10C 倍率放电时间/s	HRPSOC 放电循环寿命/次	–20℃下放电时间/s	快充能力
普通铅电池	150	41	无法放电	8000	4200	
铅炭电池	240	41	96	$>16\times10^4$	5050	1h 充满 95%

电池的安全第一！近年来锂离子电池组不断发生的着火事件，而且“捂着”的不少。对着火事件既不必惊慌，又要重视。大容量、高电压锂离子电池的安全是个新问题，影响因素多，环节复杂，圆满解决有要个过程。

要树立观念：锂离子电池是含能部件，又含有机溶剂，是易燃物。今后比能量提高，发生危险事故的概率更大。所以，电池和电池组都要有防火功能设计。

二、电动汽车的现状

现状之一：政策摇摆，发展重点不断轮换。

最初跟着美国将燃料电池电动车放在首位，后来美国降调了，但科技经费不减少；接着想以重金补贴纯电动车“造就”市场，结果是政府全额买单，且因电池性能下降过快而运行艰难；现在混合动力车的呼声高了，似乎“三纵”轮流坐庄，最后该轮到它了。风水轮流转了 13 年，经费花了数百亿，既没有总结出经验，也不愿吸取教训，更不愿接受中国工程院和中国科学院联合咨询报告建议的发展路线。

现状之二：政策与我国发展现状严重脱节。

①国家发改委等高补贴的中高端电动汽车市场不欢迎，例：比亚迪-E6，36 万/辆，行程可达 300km，用磷酸铁锂锂离子电池近 700 公斤，百公里耗电量为 19.7 度，行程是不短但价格不菲，耗电不少，用户不多；②市场需求的低端电动车发改委等不允许发展；③有“资质”的不做微小型车，愿做的没“资质”；④山东省推广的每辆 3 万元低速电动车供不应求，2012 年全国产销超过 11 万辆；⑤远销国外，但是不允许在国内上牌。

中国工程院、中国科学院应政府要求提出电动汽车发展路线咨询，中心思想为“市场引导、扬长避短、低端切入、以低带高、以小促大、零部件攻关、多层次发展”。徐冠华、陈清泰、吴敬琏、欧阳明高等五人 2011 年建议国务院发展低速短程纯电动车，未见采纳。杨裕生、郭孔辉、陈清泉、田昭武、彭苏萍、顾国彪、韩英铎七位两院院士 2013 年 2 月建议政治局，大力发展微小型纯电动汽车为突破口，未见回音，效果不明。

现状之三：重金补贴下的销量很少。

《节能与新能源汽车十二五规划》要求“2015 年新能源汽车累计要达到 50 万辆”。至 2012 年底，我国示范的节能与新能源汽车累计 2.74 万辆。剩下的 3 年时间里，怎么达标？政府难出高招，担心说话不算数；企业冷眼旁观，等待补贴得实惠。据说，工信部松动，愿意发展“实用型”车，但是国家发改委和公安部还不愿下台阶。上海计划 2012 年新能源汽车数达两万辆，结果才几十辆。事实证明：想靠高额补贴，形不成市场，按这条路走下去，政府花销很大，企业获利可观，却根本看不到市场化的前景。

上述现象的产生的根源在发展路线，发展路线和政策又决定于观念，观念又决定于代表利益的立场。于是可知，发展路线之争的根源在利害关系。影响和制定电动车发展路线的是各层的燃油车专家，他们不急于让电动车快速发展而冲击了燃油车市场。燃油车虽对 GTP 有贡献，利润却主要在合资外方；国资虽然只分一杯羹，主事者的工资却天高。稳定当前的汽车格局，对谁最有利？

群众路线的政策要代表最广大人民群众的利益！代表谁的利益，不靠自我表白，而要从实效衡量。

三、观念与政策

观念之辩 1：“以燃油车的指标要求纯电动车”不合理。

存某些传统汽车的人士中存在这样的观念：“续驶里程、加速时间、最高速度，不达燃油车水平不能叫汽车”。将标准提得高高的，好像是维护电动汽车，实质是“好事做坏”——价格高，危险性大。用目前的锂离子电池做纯电动车，上述的性能不能与燃油汽车相比，估计在 15～20 年也难全面做到！为什么？电池与油的能量密度相差 2 个量级，很难消除此差距。

观念之辩 2：当前电池“充电要像加油那样快”是不行。

过快的充电不可取，因为短时内产生大量的热，电池升温高影响电池的寿命，安全问题大。要建大型充电机达到 5 分钟内实现 2400 千瓦，对电网的冲击大，需要电网大量扩容。再转变观念为夜间充电。夜电价廉，用户受益；分散“调峰”，电网得利；电池安全、长命。一举多得！

观念之辩 3：充电/换电，要以经济效益为裁判员。

举北京高安屯电动汽车充换电站为例：该充换电站为世界规模最大，建设费用世界最高达 3 亿多，可 8 辆车同时换电，每天充换电 400 辆，环卫车为主；号称实现“削峰填谷”及“电池的阶梯利用”。但是粗估成本，银行贷款如年利低至 5%，20 年折旧 5%，这两笔每年 3000 多万，每辆车要摊 8 万元，电、维护、运行等费，也都要分摊在车上。此充换电站传承了奥运会不计工本的指导思想！应该以停车位充电为主，夜间用谷电、慢充为主。

《换电梦碎 Better Place 走向破产》，6 年后的 2013 年 5 月 26 日，以色列知名的电动汽车充换电服务商 Better Place 宣布破产清算决定。Better Place 总投资 8.5 亿美元，亏了 5 亿。在以色列有 33 座换电站正在运营，另外 5 座即将投入运营；在丹麦有 17 座换电站和 1 座充电站已经投入运营。业内人士告诉第一电动记者，"Better Place 破产，资金问题是一个方面，而运营模式和盈利能力是更为严重的问题"。"Better Place 的商业模式，投入过高所得回报较小，在经济上算不过账来"。"Better Place 模式的优势为剥离电池，降低购车成本，换电比充电更省时等等，没有等来消费者的大规模响应。而运营成本高、车企不支持"。

观念之辩 4：微、小型纯电动汽车功过要由实践评说。

国家发改委的一位处长说，"搞低速电动汽车是浪费资金，会耽误发展新能源汽车宝贵的战略机遇期。这样搞下去是要成为历史的罪人。"

而实际上，实用型起步的优越性很显著：①电池少，价廉，安全性高，适合中国市场；②技术积累较好，各种(铅酸)动力电池均可用；③夜间的"家用电器"，电表无需增容；④立即可大量节省汽油，减轻城镇空气污染；⑤节材、节能，使用、维修方便，持续发展；⑥打牢零部件基础，是发展更先进汽车的阶梯；⑦符合群众路线要求，有力抑制奢华之风。谁浪费资金、耽误发展机遇期、是历史罪人，还很难说！

观念之辩 5：说"铅酸电池污染环境"，很不在理！

这种说法，如同说"猪肉污染环境"一样可笑！控管粪便废水不使进入环境，猪肉很香；控管含铅废物不使进入环境，电池很好。政府部门要认真抓污染治理，不要冤枉好电池。

观念之辩 6：想主要靠高额补贴形成市场是行不通的。

群众的需求和购买力，产品的成熟度和价格，四者相互交融、促进，才能形成市场。我国对中高档电动乘用车的补贴世界最高。补贴过度，即想靠高额补贴搞"拔苗助长"，带来的后果为：①达不到助推市场形成的目的；②养成企业依赖思想；③影响企业根据市场规律自主选择发展方向；④耽搁发展速度；⑤加大了向无补贴过渡的难度；⑥既不公平合理，也难持久。

只有发展路线选准了，适当的补贴才能对市场的形成起到应有的促进和催化作用。

错误观念影响下的不正确政策包括：①打压铅酸电池，极不公正地对待低速电动车，不顾当前我国大多数人消费能力的实际；②将纯电动车标准的指标订得高高的，不顾当前动力电池比能量、比功率水平的实际；③鼓励按燃油车性能发展中高档电动乘用车，给的补贴世界最高，仍然销不出去；④充电要像加油那样快，充电快不了就换电，不顾换电站建设和运行成本能否商业化。

脱离实际、脱离市场，不遵循科技规律，其后果是"有效地"抑制了电动车的发展速度。

四、结束语

1. 建议一——改革补贴方法

(1) 明确所有汽车企业有义务生产电动汽车。汽车生产企业在自己大把赚钱的同时，带来能源消耗、污染空气等负面影响。因此，各汽车企业有义务、有责任生产电动汽车并逐年提高电动汽车在本企业产品中的比例额度。

(2) 超额有奖，以惩促产政府部门提出进程表，规定节油率大于 15%的电动车在各企业总销量的比例依 0.5%、1.0%、1.5%按年增加，实行“超额有奖，以惩促产”的政策；贯彻“耗能少的车多奖”原则，促使企业自主谋划生产有销路、少耗能的电动汽车。

(3) 补给买主，补贴数按总销量增加而递减。同一企业(包括外企)的电动汽车在全球的年销量大于 1 万辆后，补贴减半；大于 2 万辆后，补贴再减半；大于 3 万辆后，停止补贴。

2. 建议二——鼓励利用夜间的“谷电”充电

(1) 实行并拉大峰谷差价，以鼓励利用夜间的“谷电”给电动汽车充电。

(2) 电网用省下建设调峰电站的经费(每千瓦 4000 多元)，根据用户要求的位置安装智能充电桩，用户出小头。

3. 建议三——为微小型纯电动汽车发展开道

微、小型低速短程纯电动汽车为突破口是上策；国家发改委等要快给实用型车发“准生证”；公安部等要快给实用型车上牌照。

4. 建议四——大力发展增程式大、中型汽车

科技部 863 计划支持增程式电动轿车和客车，但工信部主导的“9 年规划”中只字未提。只有电动机动力，故属纯电驱动，不是混合动力。途中小功率发电机最佳工况下发电省油一半以上。在新电池出现前增程式是最佳过渡车种。

5. 建议五——2020 年产燃油车全做微混式

逐年提高微混式的比例(参考其他国家的进程)，作为降低城市污染的重要措施。

6. 建议六——按照最高时速 120 公里设计

按照中国高速公路允许最高时速 120 公里的标准设计发动机和车身，不准超限。要摆脱国外汽车设计传统的影响，自主设计最高时速，减少发动机冗余功率。

谢谢！

向北京市进一言：电动出租车该用增程式*

北京近两年频发的雾霾天气引起公众的关注。不同来源的估计，汽车排放对空气污染的“贡献”约在 30%～40%，推广纯电动出租汽车将是一种有力的减排举措。纯电动出租车零污染、低噪声、加速快、怠速零能耗，十分有利于节能减排。而“增程式”电动汽车具有节能、安全、成本低、充电桩可有可无、排放少、行驶里程长的综合优良性能。增程式纯电驱动技术不仅适合市区出租车，而且适合市区行驶的所有车辆，而市区出租汽车单车每天运行 400 公里以上，使用这种技术效果尤其突出。

一、电动出租车已在北京远郊区县进行区域示范

北京作为首都和国家“十城千辆”示范工程的首批试点城市之一，积极推动电动车在环卫、公交、出租等领域示范应用，尤其在纯电动出租车方面进展很快。继 2011 年 3 月 1 日延庆首批 50 辆电动出租汽车投运后，又在房山、昌平、大兴、怀柔、平谷、密云、通州、顺义、门头沟等全部 10 个远郊区县陆续开展区域电动出租车示范运营，已开始改善远郊区县的市民出行、交通秩序和环境状况。预计到 2013 年底，区域电动出租车将达到 1600 辆，成为国内规模最大的电动出租车示范运营城市。

二、北京市区为何不搞电动出租车示范

纯电动出租车零污染、低噪声、加速快、怠速零能耗，十分有利于节能减排。北京近两年频发的雾霾天气引起公众的关注。不同来源的估计，汽车排放对空气污染的“贡献”约在 30%～40%，推广纯电动出租汽车将是一种有力的减排举措。

北京市规划，2011 年到 2015 年间出租汽车总量将保持在 6.66 万辆。北京市的出租汽车绝大部分在市区行驶，单车每天运行在 400 公里以上，相当于其他乘用车平均里程的 10 倍，6.66 万辆出租汽车的排放量相当于 60 万～70 万辆其他乘用车。以百公里油耗 9 升计算，6.66 万辆每年燃油 1.92 万吨，排出二氧化碳 6 万吨和大量的气体、固体污染物以及热量。显然，北京推广电动出租车的重点应该放在市区。

那么，远郊区县每辆车日均行驶 100～140 公里（延庆、昌平）示范运营成功的

---

* 本文原载于《中国科学报》，2013 年 9 月 23 日第 8 版。

汽车，能推广应用到市区来吗？为什么北京市要“捡芝麻、丢西瓜”，到空气污染不严重的远郊区县开展区域电动出租车示范运营，而放弃急需减轻污染的市区呢？原因主要可能有三条。

一是现有电池的比能量只约每公斤 100 瓦时，纯电动乘用车一次充电的合理设计里程为 150 公里左右，充电时间要几小时。这样的纯电动出租汽车只能适合在远郊区县的小区域运营，而满足不了市区出租汽车单车每天运行 400 公里以上的要求。

二是有的同志认为电动汽车还不成熟，有安全隐患，在市区运行风险大。

三是(有我推测的成分，但愿不确切)北京市领导的“纯电动车”情结，从 2008 年北京奥运会以来就是这样考虑问题的：绿色奥运、绿色北京。他们宁可等待“10 年(甚至更长)后的未来”高能电池带来“纯绿色”的汽车，也不愿推广立即可以比燃油车省油 50%以上、减排 70%以上的其他解决方案。

三、增程式纯电驱动汽车最适合市区出租车

“增程式”电动汽车节能、安全、成本低、充电桩可有可无、排放少、行驶里程长的综合优良性能，超过目前所有其他电动车。增程式纯电驱动技术不仅十分适合市区出租车，而且适合市区行驶的所有车辆。而市区出租汽车单车每天运行 400 公里以上，使用这种技术效果尤其突出。

1. 为何能够节能

“增程式”电动汽车上装的小功率内燃机发电机组，始终在最佳工况下以近乎恒定功率发电，其发电的功率满足车辆在一定平均速度下稳定行驶，电池组可提供足够的电功率帮助电动机驱使车辆起动、加速和爬坡，从而避免了常规汽车发动机“大马拉小车”的费油运行模式。此外，电池组能够有效地回收车辆刹车和下坡的能量。

2. 为何成本低

电池组只是在车辆启动、加速和上坡时起“帮手”的作用，所以装量只有纯电动车的 40%～50%(储 10～12 度电)，从而大幅度降低车的成本，并减轻政府的补贴负担。据测算，售价可在 18 万元以下，量产后还有较大的降价空间。

3. 为何安全性高

内燃机发电机组可在需要时给电池组充电，使电池始终在“半充半放区间”运行，内阻小、发热量小，充放电效率高，经济性就高；并且，电池不会发生过充、过放，所以不仅电池的寿命长，安全性更为提高。

4. 为何充电桩可有可无

电池如先由市电充电，可在原有停车位上利用电网夜间的“谷电”充电，充

电桩功率 1～3 千瓦就够，不需白天快速充电，也不必建设更换电池的设施，百公里油耗可小于 2 升。如果没有充电桩，电池也可在遇红灯停车或堵车时全由车上发电机组充电；此情况下百公里油耗约在 2.5 升，节油率仍很高。

5. 为何排放少

这不仅因为百公里油耗低，而且内燃机始终在最佳工况下工作，没有燃油车在红灯停车或堵车后的怠速、启动过程中加重排放的问题。这是增程式特别适合市区使用的重要原因之一。

6. 行驶里程可有多长

增程式的行驶里程决定于油箱的容积，一个 25 升的油箱(远小于燃油车的 60～80 升)可供电动出租汽车两天行驶之需。

由此可见，“增程式”电动出租汽车的优势十分显著。

此外，增程式电动汽车不仅可以免去新辟充电站或换电站的占地，而且不需电网系统新增白天的负荷，还帮助电网“填谷”销售夜间的电。

四、增程式出租车的效益十分可观

与汽油燃油出租车每 100 公里耗 9 升汽油相比，增程式电动出租车每 100 公里耗油 2.5 升，每车每日省油 26 升，合人民币约 200 元。出租车公司和司机都可增加收益，乘客的燃油附加费也可减去 70%。

北京市 6.66 万辆出租车改为增程式，每年可节省燃油 1.39 万吨，相应减少二氧化碳和大量的废气、固体污染物和废热的排放，将向“纯绿色”迈进一大步。

到 2013 年年底，北京市购齐 1600 辆区域纯电动出租车共花 4 亿元(含国家补贴)，年总运行能力约可达 8000 万公里；而广州市准备花不到 0.9 亿元购置 500 辆增程式电动出租车，将有相等的年总运行能力。“国内规模最大的电动出租车示范运营城市”的美名，将难以与经济效益和社会效益挂钩，更甭谈将来出租车大规模(甚至全部)使用增程式电动车的情景了！

五、北京市有条件发展市区增程式出租汽车

要说起我国的增程式电动汽车，第一辆 11.3 米的大巴、第二辆 8.5 米的中巴还是北京科凌电动汽车公司于 2008 年研制成功的，按城市工况行驶的节油率都在 50%以上。2010 年起科凌公司又与广汽研究院联合承担国家 863 计划的“增程式电动轿车”研制项目，2013 年底将以 500 辆车的小规模生产能力完成、结题。按照广汽研究院提供的数据，该增程传祺轿车按 NEDC(欧洲新的汽车能耗测试方法，比较接近实况)循环测试，百公里油耗仅 2.4 升。

北汽在开发 E150EV 纯电动汽车用于远郊区县出租车的同时，也投入了大量

人力和物力研发出了包括增程式在内的多种节能与新能源车。遗憾的是，增程式不被“纯绿色”的眼光看中，束之高阁不能为北京市的节能减排做贡献。

北京市公交线路有 900 余条，公交车超过 2.8 万辆，每辆日均行驶约 170 公里，柴油车还占相当大的部分，污染排放总量比出租车只略低一些，如改用增程式，也将大量节能，并对市区空气质量的改善大有益。

建议北京市领导换一个角度考虑问题。

发展电动汽车关键在切入点*

发展电动汽车是提高汽车产业竞争力、保障能源安全和发展低碳经济的重要途径。我国积极实施电动汽车科技战略，促进汽车工业产业结构升级和动力系统电动化转型，培育和发展电动汽车社会，并取得了一定效果。

电动汽车发展已进入关键时期，既面临重大的发展机遇，也面临严峻的挑战。谈及我国电动汽车发展中存在的问题，中国工程院院士杨裕生认为，最关键的问题是发展路线问题，中国应当优先发展小型低速和增程式电动车。

谈路线：从电池水平现实出发

CEI: *我国电动汽车发展存在哪些关键问题？*

杨裕生：现在的电动汽车发展路线是首长意志，不遵循产业发展规律，不遵循市场规律，甚至妄图以"重补"代替市场。

这些年来，我国电动汽车技术(即"三横"，指多能源动力总成控制系统、电机及其控制系统和电池及其管理系统)进步很大，成绩斐然，和国外的差距逐步缩小，奠定了今后产业发展的基础，但是问题依然存在。在"三纵"(混合动力汽车、纯电动汽车、燃料电池汽车)车种方面，中国优先发展最难的车，而不是从以电池水平为核心的现实出发，优先发展相应水平的电动车。

最初，我国学美国将燃料电池电动车发展放在首位，后来又跟着美国降温了，接着，发展纯电动车想以重金补贴造就市场，结果是纯电动乘用车因定的指标过高，造成车价过高而卖不出去。纯电动公交车虽由政府全额买单，却因电池性能下降过快而运行艰难。现在混合动力车的呼声高了，似乎是"三纵"轮流坐庄，最后该轮到混合动力车了。风水轮流转了 13 年，经费花了数百亿元，既没有总结出经验，也不愿吸取教训。所以说，我国电动汽车发展最关键的问题是发展路线问题。

与发展路线紧密相关的是经费投入重点问题：整车与电池的位置颠倒，电池研究投入量小，而整车的投入高，急功近利发展产业。动力电池与燃料电池位置颠倒，若干年后可能成为主力的燃料电池，其科技经费在多年里比当前急需的动力电池高得多，片面强调追求技术的先进性，拒用技术成熟的铅酸电池，不仅不支持研究经费，而且进行贬低和打压。

现在，国外的电动车通过合资企业进入我国，并且美其名曰"国产化"，这是

---

* 本文原载于《中国经济和信息化》2013 年 11 期 43 页，由刘俊卿采访。

不是将重蹈过去燃油车“以市场换技术”的覆辙？在电动汽车上会不会丢掉市场换不来技术，把大把的利润送给外资？这一危机很可能发生。

CEI：你认为当前我国电动汽车发展应该选择怎样的路线？

杨裕生：我们要发展的电动车，必须真正节油、减排，买得起、用得好，才能实现发展方式的根本转变，产业才能健康可持续发展，这也是检验电动车发展路线是否正确的标准。2010 年，国家发改委要求中国工程院和中国科学院提出我国电动汽车发展的咨询报告，两院组织几十位专家耗时半年多完成了任务，其中心思想是“市场引导、扬长避短、低端切入、以低带高、以小促大、零部件攻关、多层次发展”。报告指出，要以市场需求非常大的低速短程纯电动汽车作为市场推进的突破口，不必政府补贴，而靠其低成本优势产生效益，带动零部件关键技术产业化和电动汽车高端化进程。

能证明这一意见正确性的事例是，山东省在十分不利的条件下，2011 年全年生产低速短程纯电动汽车 64202 辆，供不应求，并有相当规模的出口。2012 年全国生产的低速短程纯电动汽车已超过 11 万辆，在不需要补贴的前提下，已经实现了很可观的节能减排成效。相比之下，国家补贴 6 万元、地方又补贴 6 万元的纯电动轿车，虽然符合“标准”的指标要求，很高档，但是很少有人问津，因为它是脱离中国实际，超越当前电池水平的发展路线产物。

我国电动汽车的发展路线应该是：优先发展微小型纯电动轿车，作为我国发展电动汽车的突破口。大中型车则以增程式电动车为主要过渡车种。

谈电动：以小型低速和增程式电动车为先

CEI：你为什么推崇小型低速电动车？

杨裕生：微小型、低速、短程纯电动汽车之所以应该优先发展，是因为低速电动汽车车身轻小、耗电少、电池小、安全性高，还可以用铅酸电池，因而价格低廉，市场容易接受，尤其适合成为中小城市电动自行车用户遮风挡雨的代步工具。电动车做小了，使用 5 安培的家电插头就能充电，而且可以使用夜间的廉价电。如此一来，高档电动车的矛盾都解决了。这就是微小型、低速、短程纯电动汽车受欢迎的理由，简而言之，适销对路。

有些人不顾当前动力电池技术水平和我国大多数人消费能力的实际，以燃油车的指标要求纯电动车，认为做低速电动汽车是浪费资金，会耽误发展新能源汽车宝贵的战略机遇期。事实上，小型低速电动汽车非但没有要求国家拨款而分散政府对国企发展高速车的投资，反而争取了发展电动汽车的时间，充实了零部件基础，占领了市场，有了可观的产量和利润。

交通管理部门认为低速车与高速车并行不安全，管理不方便。因此，这种电动汽车不允许投放市场、不给上目录、不许上牌照。其实，北京过去环路上有过 80、60、40 公里 3 条道，说明可以分道管理，让低速车走低速车道。而小城镇和农村本来就难以行驶时速大于50公里的车，何必要将车速定到每小时80公里呢？

CEI：你一再呼吁发展增程式电动车，为什么？

杨裕生：纯电驱动的增程式电动车优势很明显，它不必配太大容量动力电池，且可远距离行驶；电池组不会缺电和过放电，寿命延长；可以晚间在停车场充电而不需另建充电站；既有助于电网“推销谷电”，用户又可享受峰谷电价差而节省了开支；不需要换电的周转电池和建设价格昂贵的换电站；现有技术就可节油50%以上，完全符合节能减排的要求。

对于中、高档轿车和公交车而言，这是在“理想电池”出现之前，较长时期内一个很不错的选择，胜过所有其他过渡性的车种。

CEI：对于我国电动汽车的发展，你还有哪些建议？

杨裕生：年初我们两院的7位院士曾向中央提出建议：

其一，公安部要制定能够推动电动汽车发展的交通管理法规，例如，可规定不允许低速汽车上高速公路，并先在中小城市与乡镇起步试点，取得经验逐步推广，即可迅速推动电动汽车产业化的进程。

其二，创造宽松环境，给低速短程纯电动汽车上目录、上牌照，让售价约3万～4万元的四轮车(如配用锂离子电池，估计也只需要5～6万元)满足广大群众对遮风挡雨代步工具的需要。

其三，制定低速电动车各类标准；鼓励社会资源进入电动汽车领域；调整政策扶持重心，扶持力度向零部件和电池材料企业倾斜。

其四，电力等部门要联合参与推动低速短程纯电动汽车的发展，并制定政策鼓励利用新能源资源丰富地区(特别是风电)的不稳定电力和夜间的“谷电”。

CEI：在充电和换电两种路线选择上，业内一直存在争议，你怎么看？

杨裕生：纯电动车充电，可以夜间充满，白天使用，优点是运行方式比较简单，可以利用电网“峰谷”，缺点是一次充电的行驶里程有限，容易凸显电池不一致性的问题，电池性能衰退较快，存在安全问题。换电也可以部分使用电网“峰谷”，缺点是换电站占地面积大、建设费用高，还要有轮换的电池，运行与维护费用不菲，很难回收投资，因而不是真正的商业模式。另外，车上电池箱设计复杂，线端反复接拆隐患多。

纯电动车的合理设计里程约为150公里，纯电动公交车一天里程如超过此数，可以在停车场建充电器，夜间充电，白天每出一次车回场后补一部分电。这样一来，夜间充的电加上白天多次补的电就可以足够一天的行驶用电。此模式中，电池始终处于部分荷电态，安全性较高，寿命较长，不必另建换电站或充电站，不需要换电的设施、人员和周转电池。重庆等地的公交车采用这种方式，运行良好。

如果既要行程长，又要操作简单，那就采用增程式电动车。

谈电池：铅酸蓄电池需要正名

CEI：电池作为电动车的核心部件，是电动汽车设计制造的重要依据。你多次呼吁发展铅酸电池，除了成本，还基于哪些因素？

杨裕生：并不是我对铅酸电池情有独钟，我认为所有的电池都各有用武之地。我呼吁重视发展铅酸蓄电池，是因为其技术得不到支持而落后于外国。认为铅酸电池技术落后和污染环境，都是不实之词。实际上铅酸电池优点很突出，首先是安全性好；其次是价格便宜；再次，铅酸电池的铅回收利用率很高，现在垃圾堆里见不到铅酸电池，都已经回收再生了，节约了资源。

铅酸电池已有上百年历史了，与后生的镍氢电池、锂离子电池相比，比能量是低些。但现在依然到处在用铅酸电池，多种新电池都没有把它替代掉，如今在二次电池的储能量中，铅酸电池仍占有89%的份额，这难道还不能说明它的价值吗？

国外的铅酸电池发展了许多新技术，性能不断提高。而在中国，铅酸电池比能量徘徊在35Wh/kg左右，循环寿命停留在300次上下。如果拿出十几年来支持燃料电池研究一半的经费来支持铅酸电池研究，也许铅酸电池的比能量和循环寿命能提高到接近现在动力锂离子电池的水平。

至于铅酸电池污染环境问题，实际上是个“冤案”，是将环保管理不到位、企业治理不认真导致的铅污染，算在了铅酸电池的头上，这是不公平的。在美国，铅酸电池的产量与中国相当，但是只有33家电池厂，铅酸电池生产、回收后，排入环境的铅只占排入环境内总铅量的1.5%，铅酸电池已经不列为影响环境的行业。而中国曾有3000家(这两年整治以后还有300多家)相关企业，怎能不“脏、乱、差”？

铅作为具有一定毒性的东西，我建议国家统一管理，实行“统购统销”，而不作为一般商品随意买卖，避免中小作坊落后工艺引起污染。

CEI：在电动汽车电池研发方面，你有哪些建议？

杨裕生：应该加强电池的研发，为5～10年后的纯电动汽车动力电池提供具有自主知识产权的核心技术，主要是开发高安全性、高比能量、长循环寿命的锂电池和钠电池。要支持铅酸电池技术进步，在持续治理铅污染的同时，研制高比能量、长寿命、高新技术铅酸电池。要提高铅酸电池和镍氢动力电池的性价比，促进电池在微小型电动汽车和混合动力车(包括微混)中的应用。

把新能源汽车产业搞上去产品适销对路是关键*

最近，国务院副总理马凯在广东、安徽调研新能源汽车产业发展时，强调发展新能源汽车要认真贯彻党的十八届三中全会精神，全面落实节能与新能源汽车产业发展规划。按照市场主导、创新驱动、重点突破、协调发展的要求，加快转变政府职能，充分发挥企业主体作用，有效调动国有企业和民营企业等各方面积极性。完善支持产业发展的政策措施，营造良好发展环境，积极开发面向广大消费者的新能源汽车产品，不断健全新能源汽车产业体系和市场体系，下决心把新能源汽车产业搞上去。

这让人们看到了中央政府大力发展新能源汽车产业的决心，新能源汽车产业或将成为我国汽车工业战略转型、实现石油资源供需平衡、实现节能减排的重要抓手。中央政府正在调研解决新能源汽车眼下面临的政策、技术、市场等问题，并将逐步引导行业规范、快速发展。

如何将新能源汽车搞上去？我对马凯副总理的指示理解为如下三个层面：其一，“发展新能源汽车要认真贯彻党的十八届三中全会精神，加快转变政府职能”是指导思想和工作根基；其二，“充分发挥企业主体作用，有效调动国有企业和民营企业等各方面积极性，完善支持产业发展的政策措施”是手段和方法；其三，“积极开发面向广大消费者的新能源汽车产品，不断健全新能源汽车产业体系和市场体系，把新能源汽车产业搞上去”是要达到的目标。产品不符合消费者需求以及产业体系和市场体系不健全，是我国新能源汽车发展当前面临的要害问题。马凯副总理的指示针对性非常强，我十分赞成。

产品适销对路是商业行为的常识。目前在新能源汽车领域表现突出的跨国车企，他们开发的产品无不面向其瞄准的广大消费者。日本丰田针对日、美等广大消费者开发深度混合动力车，自 1997 年 12 月累计销量已经突破 500 万辆，其中普锐斯总销量已超过 300 万辆。日本本田从 1999 年开始销售第一代 Insight 混合动力汽车，截至 2012 年 9 月底，混合动力汽车全球总销量超过 100 万辆。日产汽车公司的纯电动“聆风”和美国通用的增程式“沃蓝达”2010 年 12 月开始上市，到 2013 年底，两款车的总销量分别为 42000 辆和 54500 辆，每年都在增长。异军突起的美国特斯拉，针对美国的特殊消费者开发出高档跑车，2013 年全年的销量就达到了 22300 辆。这些公司开发的电动汽车品种很单一，但定位十分明确，目

---

* 本文原载于《中国汽车报》，2014 年 1 月 27 日 A3 版。

标人群的消费水平与其车价相适应，从而获得了市场认可。

反观我国许多具有汽车生产资质的大型企业，都以全面开发纯电动、轻混、强混、插电式为“荣”，以政府补贴额的高低作为上市品种的选择依据，而不考虑开发面向中国广大消费者的新能源汽车产品，不根据当前中国广大消费者的消费能力去开发价格较低的电动汽车，只将目光盯住政府买单而不是消费者的需求上，当然也就无法实现产业化。

与此相反，我国有不少没有汽车生产资质的民营企业，生产政府不给补贴而广大消费者需求的微型低速电动汽车，供不应求。这种车，价格与我国广大群众的消费水平相吻合；适合我国大量二、三线城市和迅速城镇化人口的出行需求；既可用铅酸电池也可用锂离子电池，而且电池用量少、车身轻，既可节能省钱，又可提高安全性；可以接上 220 伏的家用电源或在居民小区停车处设充电桩，利用变压器夜间的低负荷充电，既方便又可替电网“填谷”，正是我国面向广大消费者的新能源汽车产品。

国外新能源汽车的成功以及国内微型低速电动汽车的火爆，充分说明积极开发面向广大消费者的新能源汽车产品何其重要。只有广大消费者认可产品，才能建立、健全新能源汽车产业体系和市场体系，新能源汽车才能逐渐从“补贴生存”向无补贴过渡。如果企业一直存在指着补贴过日子的依赖思想，我想我国新能源汽车产业永远都搞不上去。

人们翘首等待政府各部委能够认真、全面贯彻落实马凯副总理的对性能源汽车产业发展的指示，国家发改委、工信部应放开政策，放宽市场准入，健全法规标准。比如针对目前市场需求庞大的低速电动汽车，尽快公布尽快公布微型低速车标准，规范市场。公安部要完善交通法规、给符合标准法规的微型低速车上牌照。如果大家心往一处想，劲往一处使，相信我国的新能源汽车一定能够走上一条健康而快速发展道路，到时新能源汽车产业肯定能搞上去。

给郭金龙书记的信

郭金龙书记：您好！

2013年9月23日我在《中国科学报》发表一文：“向北京市进一言：电动出租车该用增程式”，至今未见北京市有任何回应，可能是现在报刊太多，你们顾不上看《中国科学报》。

前天电视上播出：冬天到来后，京郊的电动出租车司机只敢行驶50、60公里就要回去充电四小时，生怕半途用完电在路上挨冻。看到北京市花那么多的钱，选了如此低效率的技术路线，到郊区搞了个在市区推广不了的“示范”，我不得不将我的那篇文章打印一份直接寄给您，希望这次能起点作用。

给您拜年！

82岁老翁 杨裕生

2014年1月27日

要全面理解汽车电池的污染问题*

5月5日，由80多位来自政府部门、研究机构、产业界的官员、学者、企业家共同发起成立的中国电动汽车百人会在北京成立。到场的嘉宾和企业代表围绕“百人会如何推动中国电动汽车发展”以及“2014年百人会重点工作和思路”进行座谈。凤凰汽车在现场全程报道，以下为中国工程院院士杨裕生的发言实录。

今天中国电动汽车百人会成立，我谨奉上《纵论电动汽车和化学蓄电》(续集)表示热烈的祝贺。

2012年10月我80岁生日时，科学出版社发行了我的文集《纵论电动汽车和化学蓄电》。该文集收集了64篇文章、报告、访谈录。文集除在书店出售外，还分送了亲朋好友。出版社根据需要加印了两次。近一年半来，针对形势的发展又陆续在报刊杂志上发表文章，也给领导同志写过信，共有25篇。在此“中国电动汽车百人会”成立大会胜利召开之际，特编印《纵论电动汽车和化学蓄电(续集)》，共襄盛举，并请与会同志指教。

这里我提出三点建议。

第一个建议，百人会得十分重视增程式发展。这个车不是混合动力，送到车轱辘上的只是电动力。这个车子电池用量少，大概只有纯电动车的一半还不到。所以成本低；电池始终控制在半充半放状态，所以电池安全性高、寿命长；油耗很低，我们这一次到广汽去考察，广汽乘用车每公里2.4L油，也可以不充电，不用充电桩，这时油多一些，每公里3L；不受外国专利束缚，没有难加工件和大油机，所以重量也轻；各种动力电池都可用，易于向无补贴过度。优点分析详见今天的分赠给大家的《纵论电动汽车和化学蓄电(续集)》第32页，这一篇文章发表在中国科学报上面。

第二个建议，建议将百人会近期重大科研课题第四个课题“增程插电式乘用车技术路径及节能减排分析”分为两个课题。第一个为《插电式乘用车技术路径及节能减排分析》，第二个为《增程式乘用车和大客车的节能减排分析》。另外，现在电动大客车在我国有优势，而国外发展很少，应该成为我们国家很好的产品。而大客车用增程式更是锦上添花。863计划的增程式乘用车去年结题3个课题，今年即将验收；863计划增程式大客车今年2个课题结题，有大量资料可用。建议请陈家昌牵头，从参加5个课题验收开始来研究《增程式乘用车和大客车的节

---

* 本文为2014年5月5日在“中国电动车百人会”成立大会上的演讲，后由“凤凰汽车”报道。

能减排分析》这个课题。

第三个建议，全面理解电池的污染环境问题。所有电池都是化学品，在原料提取和加工，电池生产，废电池处理当中，如果是制度不严、管理不善、技术落后，都可能污染环境。美国铅酸电池产量与中国相当，已经列入非污染行业，就是说制度比较严，管理比较好，它的再生处理技术比较好，所以已经不是污染行业。

燃油车是铅酸电池大用户，我们国家现在每年生产 5 千多万块电池用于燃油车启动。每年有 2000 多万辆新汽车，每年汽车成本有一块；另有上亿辆汽车的电池大概是用 3～4 年就要换一次，每年要换 3000 多万块电池，燃油车就需生产 6000 万个电池。所以，铅酸电池淘汰是不可能的。

锂离子电池生产和处理中的污染很值得重视。石墨选矿和提纯，有机溶剂、六氟磷酸锂的生产和废电池的处置，都存在污染环境问题。太阳能电池生产和处理当中污染问题也值得重视。硅提炼高耗能，砷化镓、碲化镉的毒性大。应该把它们管好，不让它们进入环境。但是，现在的确是不能够说电池已经没有污染，也不是说只有哪一个电池有，整个我们国家的电池后处理问题都是应该重视，关键我们要有一个观念改变。我希望百人会对电池污染问题要有一全面的理解。

谢谢大家。

混合动力车是过渡阶段的理想选择吗?*

我不反对中国汽车企业开发混合动力汽车，这是他们的自主经营权，应该得到尊重；我十分赞赏自主创新，在听说一家民营汽车企业开发绕开外国专利的混合动力汽车很有成效时，感到十分高兴。但我不欣赏亦步亦趋地跟在外国人后面的“尾巴主义”；也不赞成用提高补贴的办法来鼓动汽车企业开发混合动力汽车；更不赞成为了拓展镍氢电池的市场而要求政府制定优惠政策去开发混合动力汽车。

《中国科学报》2014 年 4 月 4 日第 14 版“调查”发表了文章《混合动力车路在何方》(以下简称文章)，加入了近来人大代表、院士、专家、企业家们关于混合动力汽车观点的“大合唱”。该文章表达的许多观点：“一直以来，混合动力汽车都充当着汽车界节能环保的‘代言人’”“人们纷纷为混合动力汽车鸣不平”“混合动力汽车仿佛成了‘弃儿’”，并在核心的一节标题中指出：“混合动力车是过渡阶段理想选择。”

然而，果真混合动力汽车都充当着汽车界节能环保的“代言人”吗？混合动力车是过渡阶段理想选择吗？未必。

一、电动汽车发展的过渡阶段

为什么要发展电动车有三条初衷：国家能源安全，降低石油进口比例；减轻城市空气污染；减少温室气体二氧化碳的排放。这应该是衡量电动汽车是否起到应有作用的基本准绳。不言而喻，纯电动车最好。但是囿于目前电池的比能量水平，如果按燃油车性能指标要求纯电动车，则还需要有一个发展的过渡阶段。这个过渡阶段的最基本的任务是在努力研究提高电池性价比的同时，充分发挥现成可用电池的作用，发展尽量节能而又让广大群众买得起、用得好的汽车，从而积累技术、资金，不断提高、壮大中国的电动汽车行业，持续降低成本，逐渐减小对政府补贴的倚赖。

这个过渡期还有一项重要的任务——让广大驾车群众建立起强烈的节能、环保意识，从传统的、美国式的驾车习惯过渡到适应电动汽车的特点。

混合动力车是否是过渡阶段理想选择，要从它在过渡阶段中能起的作用与其他车种的比较来判断。

---

* 本文原载于《中国科学报》，2014 年 5 月 23 日第 14 版。

二、按燃油车指标设计纯电动车不是过渡阶段的良方

根据汽车专家的观点，现有电池的纯电动车合理设计里程约为 150 公里。国外不少汽车公司开发的纯电动汽车也在这个水平。但是，这个水平在大部分传统汽车人那里是不认可的。

以节能、环保眼光衡量纯电动的特斯拉，它装载几百公斤锂离子电池高速飞驰，5 个月内 5 次起火，是典型的浪费能源而安全性又差的车。比亚迪-E6 的电池重达 700kg，也不节能。纯电动车如果电池用量少，行程就短，就要中途快充电，或者快换电池，服务保障条件要求就高。所以在过渡阶段里这类按燃油车理念设计的纯电动乘用车不合理，不宜提倡。

纯电动公交车每天要行驶 200 公里或更多，装载二、三吨电池充电一次也不够跑一天。电池组经常满充满放，性能衰退快，不能与车齐寿，二次补贴无着落，现在许多城市“趴窝”的纯电动公交车已不少。另外，纯电动公交车电池量大，散热困难，安全问题解决难度加重。所以，应该实事求是地调查核实运行数据，以“向无补贴过渡”的商业运行机制为标准来认真评价纯电动公交车的前途。

过渡阶段中发展纯电动乘用车的出路就是小型、微型化。如果不追求不必要的 100km/h 以上的高速度，微小型纯电动乘用车既能满足大部分用户所需的行驶里程，又有很好的节能减排效果。

三、混合电动车并非过渡阶段的最理想选择

文章提出，“业界普遍认为，过渡期间最理想的选择就是混合动力汽车。”所谓混合动力，是指内燃机动力与电动机动力的混合。随着混合的程度和技术的先进性不同，可以有微混、轻混、中混、重(深或全)混等节油效果不同的多种构成。不可笼统地说“过渡期间最理想的选择就是混合动力汽车”。

微混(启停)及轻混式技术较为简单、成熟，在燃油乘用车的成本上增加 1500～3000 元，可以节油 5%～10%，特别是减轻空气污染效果显著，应该迅速普及。而且，所增费用不必全由政府补贴，受惠于节油的用户负担一部分是完全合理的。

中度混合动力公交车，节油不多。2010 中国(杭州)公交车精英赛混合动力公交车的平均节油率为 14.63%，2011 中国(昆明)公交车精英赛为 15.61%，提高了约 1 个百分点。当然不同车的节油率参差不齐，最高的达到 20%左右，差的低于 10%。文章中记者引用董扬的话说“混合动力汽车可以在成本提高 10%左右的前提下节油 30%左右。”两个百分数都太乐观，很值得推敲。

深度混合动力车的节油率可达 30%～40%，又不要充电桩，确有优点。但是日本的专利壁垒很难冲破。有人说“混合动力车‘引进-消化-吸收-再创新’是缩短

我国和发达国家技术差距的一个重要途径。”这是燃油车30年前“以市场换技术”的翻版，惨痛的教训是丢了市场而关键技术没有到手。丰田公司已经宣布，要在中国搞“普锐斯国产化”，何需“引进”？如果政府以提高补贴额来推动中国企业发展混合动力汽车，还未等“消化-吸收-再创新”见效，就先给日系车企送上一大笔厚礼，而且帮助他们创造条件降低价格、占领中国市场，中国车企的混合动力车就可能胎死腹中，这不仅是中国政府不愿看到的，所有有爱国心的中国人也都不会赞成。

我不反对中国汽车企业开发混合动力汽车，这是他们的自主经营权，应该得到尊重；我十分赞赏自主创新，在听说一家民营汽车企业开发绕开外国专利的混合动力汽车很有成效时，感到十分高兴。但我不欣赏亦步亦趋地跟在外国人后面的“尾巴主义”；也不赞成用提高补贴的办法来鼓动汽车企业开发混合动力汽车；更不赞成为了拓展镍氢电池的市场，而要求政府制定优惠政策去开发混合动力汽车，这是企业得小便宜而让国家吃大亏的事情。何况，我对现行的新能源汽车高额补贴政策，早就一再提出应该改革的意见和建议了。

文章还引用一种观点，认为从市场份额上看，2013年底全球油电混合动力汽车的保有量为856万台，混合动力汽车已经为市场所认可，并说“数据是一面镜子，混合动力汽车是大势所趋”。数据的确能说明问题，全球混合动力汽车销量大，风头正盛！那么，我国为何一定要顶风而上呢？为何不能另辟蹊径呢？

四、增程式电动汽车是过渡阶段的最佳选择

增程式是纯电驱动，完全符合国家电动汽车发展方针。

这种车电池用量少，不足纯电动车的一半，因而成本较低，并可用纯电动模式行驶50公里。电池始终控制于半充半放状态，既不过充，也不过放，所以安全性高，使用寿命长。车上的发电机功率小，大客车发电机所配发动机的排量可在2.0L以下，乘用车的排量可在0.8L左右，而且在最节油的恒功率下发电，故而油耗很低。广汽日野(沈阳)与东营科岭合作的12m增程式大客车，每公里燃料费不足1元；广汽传祺增程式乘用车在事先充电的情况下，一百公里油耗为2.4L；也可以不用充电桩充电，而全用车上的小功率发电机充电，此时一百分里油耗不超过3L，因而也像深(全)混电动车不需要另建充电基础设施。此外，它不像深(全)混电动车受外国专利束缚，因而可以自主开发。

它的能源是发电机与电池的电并联，而没有燃油动力与电动力的机械混合，所以无须如行星式齿轮箱等难加工的精密机械部件，并且节省成本。它没有插电式电动车那样的大发动机，不仅减轻了重量，而且在50公里纯电动行驶之后有很高的节油率；相比之下，插电式电动车此时就没有节油的功能了。现有经验还表明，已有的各种动力电池均可用于增程式电动车，包括铅酸电池与超级电容器。

文章作者引用曹湘洪院士的话："湖南科力远公司从丰田收购了其镍氢动力电池的技术。通过技术收购，掌握了这项技术，就能够为国产车提供混合动力电池。目前科力远已经在为丰田汽车提供混合动力车所用的镍氢电池，为什么不能让其'为我所用'呢？"镍氢动力电池的确应该充分加以利用，而且我也看到科力远的镍氢电池质量很好。因此我也相信，只要性价比有优势，镍氢电池一定能在增程式车上大显身手，何必为了"能让其'为我所用'"而追求外人强势的混合电动车呢？

由于增程式节能效果显著，加之随着产量增大成本将进一步降低，很有可能在不远的未来就能以省下的油钱补偿电池价，从而易于向无补贴过渡。特别是电动客车，在我国已有的基础上改用增程式将是锦上添花，可以成为我国的拳头产品在公交线上广泛使用，进而推向世界。全国有 120 万辆出租车，每辆每天在城市中行驶 400 公里，造成的污染十分可观，如改用增程式，节能减排将很显著。

至于车上发电，既可用汽、柴油机，也可用天然气为能源，可以因地、因时制宜。实际上，燃料电池电动车上必然装有蓄电池，因而它也是增程式车的一种。从这一个角度讲，增程式电动车不仅是电动汽车发展过渡阶段的最佳选择，它甚至是与燃料电池"同生死"的"终极"电动车。

以改革促进电动汽车的发展
——写在“十三五”计划制定时*

百人会的同志们：

“十三五”计划已开始酝酿制定，电动汽车该如何发展应是我们百人会的同志们关心的国家大事。

作为引玉之砖，我写了一文“以改革促进电动汽车的发展——写在“十三五”计划制定时”，现请百人会秘书处转发给大家，希望大家来讨论、各抒己见。我相信，大家的意见中总会有不少可给政府参考的。

敬礼！

电汽车百人会会员、中国工程院院士　杨裕生

2014 年 8 月 18 日

经过“十二五”三年多时间的上下努力，我国电动汽车在举世无双的高补贴下艰难地取得了难称满意的进展，在剩下的一年多的时间里要完成 50 万辆任务甚为吃力。

以合资企业为主生产的燃油汽车继续滚滚而来，在大量利润外流的同时，城市空气污染不断加重，加速发展电动汽车日益紧迫。

“十三五”计划的电动汽车，必须认真总结“十二五”计划的经验教训，切实改革，才能有望取得较大的发展。为此写成此文，抛砖引玉，引起大家讨论，共同来给政府提供参考意见。

一、改革的原则和目的

(1)鼓励发展的电动汽车应具备两条：节能和节电，真正能够减排二氧化碳；在城市中行驶 50 公里以上不排放污染尾气。

(2)变单纯政府着急为全民积极参与，大力进行节能减排的公民教育，提高节能减排光荣的思想觉悟，打造中国的电动汽车文化，改变以高档车论地位、显财富的观念，并给在“十三五”期间新政策下购买节能电动汽车者以精神奖励——授以“节能减排先锋”称号。

---

* 本文为 2014 年 8 月 18 日写信给电动汽车百人会秘书处并请转发的文章。

(3) 强化企业责任，充分发挥企业发展电动汽车的主力作用；取消补贴，改行奖励与惩罚并施，促使企业努力发展性价比高而销得去的电动汽车，避免企业为追求高额补贴而生产高耗能、高价的电动汽车。

(4) 以电费奖励用户，既使用户得以补偿其购买电动汽车时多付超过燃油车的差价，又避免发生插电式车拿了补贴、仍旧用油的现象。

(5) 交通管理部门要制定能够推动电动汽车发展的交通管理法规，成为推动电动汽车迅速产业化进程的促进者，不能因怕麻烦而墨守成规。

二、改革鼓励发展的车种

(1) 在延续发展的纯电动汽车、增程式、插电式 3 种电动汽车中，要特别鼓励发展节能(节电和节油)的电动汽车，真正减排二氧化碳。不鼓励发展类似特斯拉的大型、豪华车，这类车虽然不用油，但是耗电量大(百公里耗电 16°～18°)，既浪费能源，又增加发电中的二氧化碳排放，不是中国应该鼓励发展的类型。

(2) 鼓励发展增程式纯电驱动汽车，它是节能、里程、安全、速度、寿命等综合性能最为全面的车种。我国的磷酸铁锂电池技术已渐成熟，完全可以满足增程式纯电驱动汽车今后至少 10 年的发展需要。增程式纯电驱动小车可以首先替代全国城市现行的百万余辆出租车，每年可节油约 600 万吨；城镇居民使用，节能减排效果也很显著。增程式纯电驱动大型客车用于城市公交，节能减排可观。

(3) 对于增程式纯电驱动汽车，鼓励因地制宜地发展多种增程的车上发电技术，包括汽油发电、柴油发电、燃气发电和燃料电池发电等。

(4) 参考美、欧、日的微小型电动汽车标准，制定和执行中国的微小型电动汽车标准。规定微小型电动汽车中的低速汽车不允许上高速公路，可在城市指定的道路上行驶。在坚持标准、保证质量的前提下，允许和鼓励民营企业参与发展微小型电动汽车。

(5) 微混(启停)式虽不列为我国的“新能源汽车”，但对减轻城市空气污染有显著效果，应参考国外的做法，在我国“十三五”结束时要求新生产销售的燃油汽车必须一律加装启停功能。对于因加装启停功能而增加的费用(有能量回收功能的约 3000 元，无能量回收功能的约 1500 元)，应由用户在节油 5%～8%的获益中自行补偿。

三、改革补贴政策

1. 对燃油汽车生产企业实行电动汽车责任指标与奖励-惩罚相结合的政策

燃油汽车生产企业在给人民提供汽车的同时，也带来油料消耗、污染空气的负面影响。因此，各汽车企业有责任、有义务逐年提高电动汽车在本企业生产销售产品中的比例额度。政府提出“十三五”的进程表，例如 2016 年为 1%，以后每年递增 2%。同时执行奖惩办法，实行“超额有奖，以奖代补，以惩促产”，促使企业主动谋划生产价格合理、有销路的电动汽车，而避免他们“瞄准政府高额补贴搞生产”。

如果 2016 至 2020 年各年电动汽车的销售比例确能按照上述进程表分别达到 1%、3%、5%、7%、9%，以每年全国汽车总销售量 2200 万辆计，则 5 年电动汽车的总销售量为 550 万辆，方能使得此前政府规划的“2020 年电动汽车保有量 500 万辆”的目标不致落空。

2. 对燃油汽车生产企业的奖惩办法

以各燃油汽车生产企业每年的实际的销售量为结算单元，以其纯电动汽车、增程式、插电式销售量的总和作为考核对象。纯电动汽车、增程式、插电式三者同等对待，主要是出于在城市行驶 50 公里均为纯电驱动，同样都不排放污染尾气。小车每超额一辆奖励 2000 元，每欠额一辆罚金 3000 元。大客车每超额一辆奖励 20000 元，每欠额一辆罚金 30000 元。罚金额高于奖励额，体现加强企业的责任的意图。罚金用于奖励超额销售电动汽车的企业，不足部分由政府财政支出。

与此密切相关的，国资委对 T-10 联盟成员领导层的业绩考核，要将该企业是否完成电动汽车产销比例额度作为一项重要考核指标，改变目前与他们个人利益不挂钩的状况，而这可能是多数大型汽车企业对发展电动企业的力度不及中小、民营企业的主要原因。

3. 对单纯生产电动汽车的企业实行奖励政策

对单纯生产电动汽车的企业，小型电动汽车每销售一辆奖励 2000 元，电动大客车每销售一辆奖励 20000 元。

4. 对电动汽车用户实行奖励“基本用电量”的政策

在明确电动汽车在各企业销售产品中的比例额度后，企业不但不会再肆意抬高车价，而且还会千方百计降低成本和售价，以扩大销量，电动汽车的价格将回归到合理的水平。于是，电动汽车超过燃油车的合理差价，主要应由用户在油费-电费差额中得到补偿。同时，对电动汽车用户实行“基本用电量”奖励。

对电动汽车用户发给充电卡，一车一卡，刷卡充电。基本用电量的奖励标准可定为：小型(及微型)纯电动汽车每辆每年 1500°，增程式、插电式车汽车每辆每年 1000°；大客车纯电动每辆每年 15000°，增程式、插电式车每辆每年 10000°；基本用电量的电费由国家财政向电力公司拨给，超用部分由用户自付。

汽车充电电价由国家发改委制定，实行峰谷分时计价，“谷”期充电量由“谷峰价比”折算成峰价电量(谷峰价比如为 1∶3，则“谷”期充电 3°折算成峰期电 1°)。以小型纯电动汽车为例，1500°基本用电量的额度用于夜间充电，可充 4500°，足够小型汽车行驶 36000 公里，足够微型汽车行驶 54000 公里，均节省用户燃油费 21600 元(分别以每 100 公里用油 60 元和 40 元计)。每车用电补贴不分小型与微型，是为了提倡使用节能的微型车。纯电动大客车每辆每年 15000°的基本用电量额度，用于夜间充电可充45000°，可供大客车行驶45000公里，节省用户燃油费144000元(以每100公里用油320元计)。应允在“十三五”期间购买的电动汽车每辆车从购车日起，奖励基本用电量五年；当年节余的基本用电量可在下一年继续使用，以鼓励节能。

至于城市电动公交车超过基本用电量的用电费用，则由各城市在原燃油补贴政策中给予补足。

四、改革充电政策

(1) 电动汽车用电与其他用电户应享有同等用电的权利和义务，电网公司(电力局)依法有责任拉线送电到位。

(2) 在峰谷分时计价下，电动汽车用电可对电网起“填谷”的有利作用，减少了建设“填谷”设施的开支，因此，充电站(桩)由电网公司建设是合理的。为了维系电网公司(电力局)与电动汽车用户的固定关系，充电站(桩)可以由双方共同出资建设，平等地享有产权。

(3) 政府部门要责成街道办事处和居民小区优先为电动汽车用户划给固定停车位，电网公司(电力局)及时为电动汽车用户在指定停车位安装充电桩。

(4) 总结换电站的运行经验，全面审计换电站的建设和运行经费。

五、结束语

电动汽车发展的关键已不是单纯的电动技术问题或补贴问题，而是原有社会建设的硬件、软件没有包容此新事物出现后提出的新需求。因此，电动汽车的发展应该成为全社会的事，电动汽车政策的改革也必然会涉及社会的各个方面，必须动员全社会参与，作为一个系统工程统筹办理。

还有几点感想和愿望。

首先，政府部门要有决心，要有坚忍不拔的意志去做艰苦的工作。官员们要有勇气坚持原则，敢于对大汽车企业严格要求，不做“老好人”，不当“铁哥们”。

其次，汽车大型企业的领导们已经习惯于电动汽车的高补贴政策，对改革会感到“首当其冲”。其实，他们今后迟早总有一天靠不上补贴而要靠真本事打拼的，这也是对这个阶层的人士一点考验，人们对他们寄予厚望，希望他们做发展电动汽车的动力，而不要成为改革的“阻力”。

最后，希望政府部门对民营企业加倍关怀，至少也要一视同仁。民营企业的老总们都是精英，他们对振兴民族经济满怀热情，在许多不利的条件下为发展电动汽车使尽了浑身解数，任劳任怨，精神十分可贵。

杨裕生

2014年8月18日于北京

电动公交车应采用增程式*

国务院办公厅 2014 年 7 月 20 日发布的《关于加快新能源汽车推广应用的意见》(以下简称《意见》)指出“加快新能源汽车的推广应用，有效缓解能源和环境压力，促进汽车产业转型升级”，并要在公交车、出租车等城市客运等领域加大新能源汽车推广应用力度。同时再度明确，“以纯电驱动为新能源汽车发展的主要战略取向，重点发展纯电动汽车、插电式(含增程式)混合动力汽车和燃料电池汽车”。

我曾就出租车应该采用增程式的问题发表过文章(《向北京市进一言：电动出租车该用增程式》，见中国科学报 2013 年 09 月 23 日第 8 版《智库》)。本文再就《意见》中要加大推广应用力度的公交车，在重点发展的纯电动汽车、插电式(含增程式)混合动力汽车和燃料电池汽车中，应该特别重点发展增程式的问题进行分析。

一、应该特别重点发展的车种，必须以《意见》为选择依据

《意见》指出“加快新能源汽车的推广应用，有效缓解能源和环境压力”，可见其目的是节油减排。既然如此，就要将节油减排作为主要的考核指标，具体分析哪个车种有最好的节油减排效果。

二、纯电动车的实际情况

从理论上讲，纯电动车最为节油减排。但是，目前我国城市公交车以纯电动车为重点的试点中呈现了三多的现象：政府补贴花销多，车辆趴窝浪费多，公交部门意见多。

问题主要出在将北京奥运会和上海世博会不惜工本、只需运行几个月的纯电动大客车“经验”，错误地引伸到要常年地、商业运行的城市公交车，在许多试点城市以“双 50 万”的高补贴推行纯电动公交车。还有像北京市前领导同志所持的片面观点，认为城市要搞电动汽车就应该搞纯电动，才能没有排放。其结果适得其反，纯电动公交车的电池性能衰退快，每天能行驶的里程越来越少，以致大街上实际运行的还是那些照旧排放多的燃油车，既浪费了电动汽车的造车费用和政府补贴，造车中的耗能和排放又白费了。

---

* 本文是 2014 年 8 月 28 日写的一篇文章。

目前我国普遍使用安全性高的动力型磷酸铁锂锂离子电池，比能量只约100Wh/kg，一辆12m的纯电动公交车装载3t电池，新车充电一次勉强可以行驶一天200公里运输里程，接下来却引出一系列问题：一是为了行驶一天200公里运输量，电池经常进行“全充全放”，容量很快衰退，这是电池寿命缩短的主要原因：二是购车时有政府大量补贴车，而更换新电池的费用却无着落，车辆不得不趴窝，浪费了经费、能源和排放指标；三是电池装载多，增加电动汽车行驶的能耗，违背了发展电动汽车“节油减排”的初衷。

所以，在当前电池水平下，纯电动公交车可以个别试点，但不宜普遍推广。

三、插电式混合动力公交汽车节油不多

插电式混合动力汽车在50公里内是纯电驱动，对于大部分城市家用轿车，有很好的节油减排效果。但是，对于日行200公里的公交车而言，在50公里的纯电驱动后余下的150公里全需燃油，仍然是“大马拉小车”的运行模式，耗油仍旧很高。因此，它全天的平均节油率只有25%。这也是在电池“全充全放”的运行条件下才能达到的最高节油率，正如上述纯电动车一样，这种运行条件下的电池性能衰退很快。

所以，电动公交车与家用轿车不同，是不宜采用插电式混合动力的。

四、燃料电池汽车是“未来的增程式”

燃料电池汽车是用氢气在车上发电作为动力。燃料电池发电装置价贵，氢气储运难题有待解决，尤其是催化剂铂资源有限，目前应是加强研究非铂催化剂的基础研究阶段，要在公交车上推广应用当是未来的事。

即使上述问题都解决了，由于燃料电池适应不了行车行驶工况的功率起伏，必需有蓄电池与之并联供电，所以燃料电池汽车实际上是一种“未来的增程式”，差别只在发电系统不是现在的燃油发电机或燃气发电机而已。

五、电动公交车应采用增程式

“增程式”电动汽车是全程纯电驱动。电池的容量只需纯电动车的约40%，车价就低不少，有利于推广应用。行驶中首先单纯使用电池的电能，电池电能不足后，由车上的小型内燃机(排量 2L 左右)在最佳工况下带动发电机以近乎恒功率发电。发电的功率足够车辆在一定速度范围下稳定行驶，能量转换效率大幅提高，油耗大为降低，排放只有燃油车的20%。电池组提供足够的电功率帮助电动机驱使车辆起动、加速和爬坡，从而避免了常规汽车发动机“大马拉小车”的费油运行模式；电池组的容量能够有效地回收车辆刹车和下坡的能量。所以，“增程式”电动汽车节油率很高。采用杭州赛恩斯动力系统的增程式电动客车，节油

率可达 50%以上；而研制出我国第一、第二辆增程式电动大客车的科岭最近在侨兴资本支持下生产的大客车，节油率已近 60%，这在世界上是闻所未闻的水平。

增程式电动客车的电池可由市电充电，也可以不用市电充电，而全由车上的发电机供电。此情况下要少许多用点油，但可省去充电设施和建设用地，长途行驶中更显其优势。电池组始终在“半充半放”的区段运行，所以电池的寿命很长；既不会过充，也不会过放，所以安全性高。

再粗略地算一算经济账。公交车每天行驶 200 公里，增程式电动汽车与燃油车相比，可节油 50L，价 400 元，每车每年节省燃油费 14 万元。以 5 年寿命计，共可节省燃油费 70 万元。即使将来国家取消补贴，这 70 万元也可抵消增程式电动汽车与燃油车的价差了。

增程式电动公交车每辆每年可节省燃油 $18m^3$，相当于 16t 成品油；全国 60 万辆公交车如全用增程式，每年可节省燃油 1000 万 t，城市空气污染也将大为减轻。

由此可见，“增程式”电动汽车与其他车种相比，在能源利用效率、减轻城市空气污染、使用的方便性等方面均具有明显优势。因此，应该充分利用其强大的优势，力促其作为公交车大力、迅速发展。

六、要从政策上推动增程式电动汽车的发展

增程式电动汽车在我国推行缓慢，原因是多方面的，例如，主事者们“不识货”，推动不力；纯电动车高额补贴使公交部门对采购增程式电动汽车的积极性不高等。还有一个重要的原因是，有汽车生产资质的整车厂没有足够的技术力量研究高水平的增程式动力系统，却又不甘心配用别人的产品，甚至还惦记着要“吃掉”别人。而专业研究增程式动力系统的(如科岭、赛恩斯)却申请不到汽车生产资质，补贴办法又让他们处于弱势地位，不得已委曲求全于整车厂，不仅利润低微，在知识产权保护不力的现况下还要随时提防着自己的那点看家本领被人“偷去”。这种不对等的、貌合神离的合作关系显然不利于增程式电动汽车的发展。

要创造政策条件让有增程式动力系统的公司改善处境，充分发挥他们创业的积极性和潜力，“一万年太久，只争朝夕”。

七、结束语

由于增程式节油效果显著，加之随着产量增大成本将进一步降低，很有可能在不远的未来就能以省下的油钱补偿了电池价而且有余，从而易于向无补贴过渡。可以指望，增程式电动大客车将成为我国的拳头产品，在公交线上和长途客运路上广泛使用，进而推向世界。

车上发电，既可用汽油机，也可用柴油、天然气为能源，可以因地、因时制

宜。实际上，燃料电池电动车上必然装有蓄电池，因而它也是增程式车的一种。从这一个角度讲，增程式电动车不仅是电动汽车发展现阶段的最佳选择，它甚至是与燃料电池“共命运”的“终极”电动汽车品种，技术和产业前途不可限量。

杨裕生

2014 年 8 月 28 日于北京

发展军用“增程式”电动车的建议*

杨裕生　余仲宝　曹高萍

习近平总书记2014年4月在上海汽车集团考察时指出，“发展新能源汽车是我国从汽车大国迈向汽车强国的必由之路”。新能源汽车将催生汽车动力技术的一场革命，并必将带动汽车产业升级，建立新型的国民经济战略产业，也将促进我军车船装备的动力技术迈上新台阶。

一、发展新能源汽车的重要意义

汽车工业是国民经济的支柱产业，已成为现代社会必不可少的组成部分。就国家而言，随着资源与环境双重压力的持续增大，发展新能源汽车(主要是指纯电动汽车、插电式混合动力汽车和燃料电池汽车)已成为未来汽车工业发展的方向，是未来世界汽车产业的制高点。就军队而言，随着机械化、信息化发展，以内燃机为动力的各种军用车辆层出不穷，油品的保障供应日益繁重并已成为战争生命线之一。提高能源利用效率，减少油料消耗，对保障战争胜利意义重大。

1. 发展新能源汽车是缓解石油短缺的重要措施

目前，我国石油年产量基本维持在1.5亿t左右，但石油进口量则以每年上千万吨的速度增加。中国海关预计2014年石油进口量将超过3亿t。目前我国汽车保有量1.4亿辆，即便每年2400万辆的销量保持不变，假设单车油耗不变，到2018年，中国汽车保有量和车用原油量再翻一倍，中国原油对外依存度将超过70%！如果不控制石油消耗快速增长，2020年我国石油消耗将超过6亿t，其中汽车行业约占石油总消耗量的55%以上，能源安全面临严峻挑战。

传统汽车的能源转化效率只有17%。而电动车的效率是90%，即使考虑燃煤发电的效率损失，电动车的总效率也大于30%，节能效果十分明显。设想到2020年，我国新能源汽车占届时汽车保有量的20%，约6000万辆，年可以节约石油1亿t，相当于两个大庆油田一年的石油产量。因此，发展新能源汽车是缓解石油短缺、降低石油对外依存度，保证国家能源安全的重大战略决策。

2. 发展新能源汽车是降低环境污染的有效途径

有关研究结果表明，北京、上海等大城市机动车排放的污染物已占大气污染

---

* 本文为2014年9月投给军内的学术论文。

负荷的 30%～50%以上。如此发展下去，大气质量将达到难以承受的程度。新能源汽车不燃烧油或耗油量减少，所使用的锂离子电池具有很好的环保性能。我国如能在新能源汽车领域率先实现突破，将会改变我国在气候变化上的被动地位，并为全球解决日益严重的能源环境问题做出贡献。

3. 发展军用电动车辆，可以更好地适应战争需要，减轻油料保障

现代战场上的车辆均以内燃机为动力，耗油多、噪声大、红外特征强。我国军用车辆很多，若改成增程式电动车，可以节油数万吨，除降低我国对外石油依存度从而对提高能源安全性作出贡献外，可以大幅度减轻战时油料保障供应量，减少国防开支，意义重大。

降低噪声和红外特征，是许多战术行动对军用车辆的严酷要求，也是现今军用车辆伪装的大难题。发展纯电驱动的车辆将有力地解决这些问题。增程式车驻停时，车上的发电系统可在战场上用作流动电站，用处很大。

有的特种车辆(如导弹发射车)平时藏在峒库中，要在峒库中检查维修，要从峒库中开出开进，此时内燃机排出的废气将严重污染峒库中的空气，达到使工作人员无法忍受的程度。这些车辆如改为纯电驱动，就可解决问题。

二、各种电动汽车的技术特点对比

传统汽车的动力全部来自于内燃机。纯电动汽车则是全部由蓄电池或燃料电池、超级电容器等提供电能，通过电动机和传动系统驱动汽车行驶。在传统内燃机汽车向纯电动汽车发展之间，有多种过渡性的、同时装有内燃机和电动机两种动力的汽车，人们统称为混合动力电动车，是当前动力电池尚不能驱动车辆长距离行驶的条件下较为现实的一个车种。但是，混合动力电动车花样翻新，各有千秋，要具体分析哪个车种有最好的节油减排效果，最适合军事应用。

1. 纯电动车的实际情况

从理论上讲，纯电动车不用油，最为节油减排，而且噪声和红外特征最低，最适合军用。但是目前电池的比能量不高，不足以支持车辆远行；虽然可以多装电池，但电池装载多了，不仅会增加车辆行驶的能耗，而且减小车辆的灵活性。此外，战场上充电也是件麻烦事。因此纯电动车目前尚不适合于军用。

2. 燃料电池汽车不宜军用

燃料电池汽车是用氢气在车上发电作为动力的纯电动车，噪声和红外特征最低。但是，氢气储运难以解决，燃料电池发电装置价贵，不宜在军车上应用。

3. 插电式混合动力汽车节油不多

插电式混合动力汽车在 50 公里内是由电池供电的纯电驱动，但是 50 公里后全需燃油，内燃机必需满足加速、上坡所需的功率，仍然是“大马拉小车”的运

行模式，耗油仍旧很高。车上装的内燃机和电动机有相近的高功率，体积和重量均大，增加了能耗。插电式动力系统相当于做了一台燃油车、又做了一台电动车，然后两台动力拼合在一起，所以汽车的成本高。而且插电式离不开充电设施，战场上使用不方便。

4. 全混合或深度混合电动车

这种车不需充电，车上电池用量也较少，是其两大优点，丰田公司的普锐斯是最为成功的代表，节油率为 35%～40%，已在全球销售数百万辆。但是它的机械加工精度要求高，电控系统复杂，成本高。特别是专利全部在日本企业手中，中国发展这种车受到严重限制。

综合分析对比，这些车均远不如增程式有吸引力。

三、“增程式”纯电驱动电动车最适合军用

1. “增程式”电动车的原理

“增程式”电动车(EREV)，顾名思义是纯电动车增加行驶里程的改进，其动力结构示意见图 1(图中的虚线框内发电系统若除去，就是纯电动车)。有人将其归作混合动力电动汽车的一种，也有人将其叫做插电式串联混合动力电动车。其实，这种车传到车轴的只有电动力一种动力，内燃机的动力只用于发电机发电而不直接传到车轴上，也不与电机的电动力混合，所以这两种命名都不确切，不应该称为混合动力，而是纯电驱动。

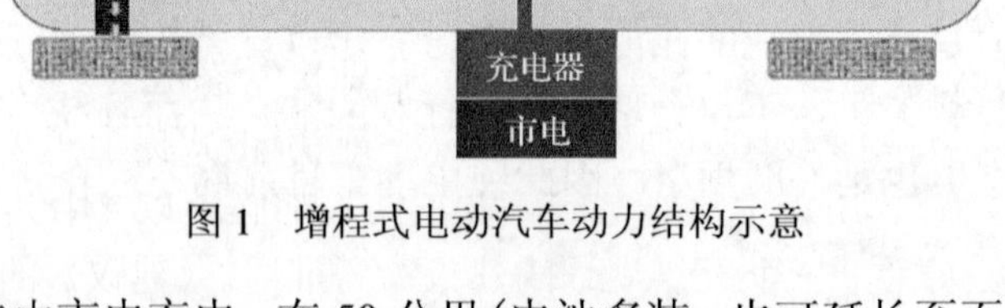

图 1　增程式电动汽车动力结构示意

电池可以先由市电充电，在 50 公里(电池多装，也可延长至百公里)内是由电池供电的纯电驱动。与插电式不同的是，50 公里后车上装的小型内燃机发电机(大客车的内燃机排量约 2L，乘用车的内燃机排量在 1L 以下)在最佳工况下发电，所以十分节能。发电机发的电既可不断给电池充电，又可驱动电动机，传到车轴上的动力完全由电动机提供。在车辆启动加速和上坡时，电池提供电能与发电机并

联以满足高功率需求；在车辆制动减速和下坡时，电池吸收电机产生的电能，所以，它不仅具有混合电动车的节能功能，而且与插电式相比，内燃机排量小、能效高、重量轻，不存在“大马拉小车”的费油状况。综合这些效果，增程式的节油率可达50%以上。

车上的发电机可以随时给电池充电，所以不必依赖市电来充电，不必建设充电站，这为作战行动提供了极大方便。当然，此时要少许多用些油。此外，由于油耗很低，油箱可以小型化设计，受弹面积小了，危险性将降低。

2. 美军研制的“增程式”电动车

美国多年前就在进行“增程式”电动技术在军用车辆上的应用与试验。在美国国防部和海军研究办公室的资助下，开发了“Shadow RST-V”高机动多用途轮式车辆，如图2所示。此车可在纯电动模式下，静音、无热痕迹行驶60公里，具有很强的隐蔽性，用于战场侦察和监视时不易被发现，具有很强的军事应用价值，并被认为将会取代现有的军用高机动多用途轮式车辆。该车的动力驱动系统有三种工作模式：

图2 美军“Shadow RST-V”高机动用途轮式车辆

(1)纯电动“秘密”行动模式(全部动力由电池提供)；

(2)发电机发电与电池并联给电机供电的并联模式；

(3)发动机发电单独供给电机驱动车辆的模式。

在纯电动模式下，静音、无热痕迹，主要用于战场侦察和监视；在加速和爬坡时，用并联模式工作，此时柴油发电机与电池一起供电；在减速和下坡时动能转为电能由电池储存。当恒功率行驶时不必使用电池组供电，由发动机单独驱动，最为节能。可见这种纯电驱动的“增程式”系统特别灵活，适合于军事应用。

3. 我国的“增程式”电动车技术基础

我们从电池的合理使用出发，多年来在国内大声疾呼倡导“增程式”技术路线，得到了国家科技部等部委重视和采纳。

国家科技部 2011 年 863 计划列入了增程式轿车研制项目，由广汽与山东东营科岭电动车有限公司合作承担，圆满完成了任务，“传祺”牌增程式轿车已批量生产，并正式列入工信部公告。2012 年 863 计划又分别支持增程式轿车和大客车研制项目各两个，现均已进入结题阶段。

北京科凌电动车有限公司及杭州赛恩斯科技有限公司是我国最早研制增程式动力系统的厂家。用他们的增程式动力系统装配生产的多辆大客车，均已通过几万公里的运行测试，节油率可达 50%以上。

2014 年 8 月，广东侨兴科岭新能源汽车有限公司的 2 辆增程式大客车，完成了东起江苏连云港的丝绸之路交通文化之旅的运客任务，顺利到达终点乌鲁木齐行程 6000 余公里，不依赖充电桩(站)，平均百公里油耗只需 16.2L(相同长度的燃油客车百公里油耗约需 40L)，这在世界上是闻所未闻的水平。

电池是电动车的核心部件。我们为激光武器和临近空间飞行器研制成功并已使用的锂离子电池，具有很高的安全性、比功率、比能量和循环寿命，完全可以用于增程式电动车。国内还有多家公司可以提供动力型锂离子电池。

可见，我国已有良好的增程式纯电驱动技术基础，可以用来发展各种军用增程式纯电驱动车辆。

四、发展增程式电动军车的具体建议

在衡量纯电驱动的“增程式”电动车技术发展水平及其特别适合于军事应用的基础上，我们认为，现在我军应该不失时机地、有计划地发展和采用“增程式”电动车技术，开展相应的车船装备研制工作。

第一步，可以从“一大、一小”着手。“一大”(功率在千千瓦级)即二炮所需的增程式导弹牵引车，进出峒库时采用纯电驱动模式行驶，没有废气排放，保持峒库空气清洁。这是增程式技术十分重要的用途。“一小”(功率在百千瓦级)即增程式军用轮式越野电动车(吉普车)，此车用途最广，研制成功后可以逐步装备全军部队。建议在防化研究院设立一个预研课题“增程式军用轮式越野电动车的预先研究”，以防化研究院的电池作为核心部件，采用现有越野车的底盘，从国家科技部支持的 5 家增程式车研制单位中择优选取电机和电控研制的合作单位，联合攻关，用两年时间研制成一辆演示样车。防化研究院还可参与全军电动车论证和电源评价任务。

第二步，以上述车辆动力系统为基础，衍生出各种专用车辆。大型车方面，如纯电装甲车，我军已经酝酿多年，如果改为研制“增程式”纯电驱动装甲车，不仅可行性提高，而且车辆的战术技术水平不低。小型车方面，有雷达车、通信指挥车、移动式激光武器车、医疗救护车、炊事车等需要供电的车辆。

同时，“增程式”原理还可扩展用于舰艇上，在舰艇上增加蓄电池，将柴油机功率减小用于发电，两者并联组成“增程式”纯电动力系统驱动螺旋桨，将可节省油耗，延长续航里程，减轻海上供油保障负担。

“增程式”电动车可以不需充电站*

“增程式”电动车(EREV)，顾名思义是纯电动车增加行驶里程的改进(图1)。若将图1中虚线框的发电系统除去，就是纯电动车。因此，通常都认为，增程式电动车像纯电动车和插电式混合动力车一样都必须用普通电网充电。

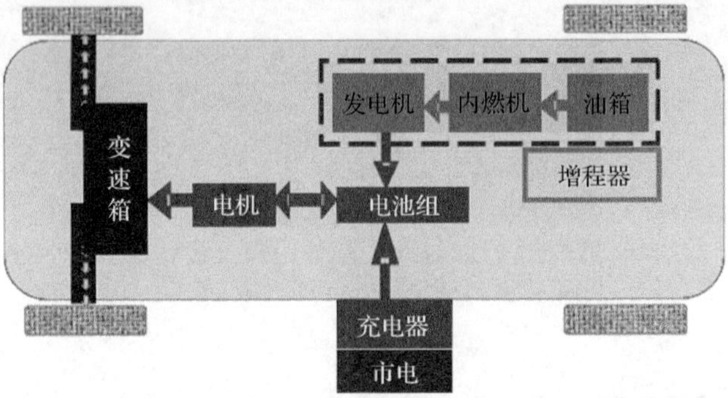

图1　增程式电动汽车动力结构示意

近些年来，我从电池技术角度出发，在认真对比各种电动汽车模式优缺点的基础上，一再呼吁我国电动汽车发展技术路线应将增程式作为大、中型车的主要发展方向。经过多人的共同努力，科技部于2010年支持了增程式轿车3个课题，2012年又支持了增程式大客车研究课题两个。2012年6月28日国务院印发的《节能与新能源汽车产业发展规划(2012—2020年)》虽未将增程式列入，但2013年9月17日科技部等四部委联合下发的《关于继续开展新能源汽车推广应用工作的通知》，首次将增程式汽车列入推广应用补贴政策范围，具体的补贴额度与插电式混合动力乘用车或客车相同，对于增程式乘用车，纯电续驶里程达50公里及以上每车补贴3.5万元；对于增程式客车，10m及以上车型每车补贴25万元。

一、摆脱对充电站(桩)的依赖

由于纯电动车和插电式混合动力车必须要有充电桩，甚至还要建占地大、费钱多的专用充换电站，于是充电设施成为发展纯电动车和插电式混合动力车的瓶颈，有的部门还曾想垄断这个行业。现在虽然允许大家进入，但是工程量很大，需政府和私人投入大量资金，还有一系列问题有待解决。

---

* 本文原载于《中国交通报》，2014年10月8日第5版。

我曾在2013年9月23日的《中国科学报》发表过题为《向北京市进一言：电动出租车该用增程式》的文章，讨论了增程式车节能、成本低、安全性高、排放少的深层次原因，并探讨了行驶里程可有多长的话题。文中特别指出，对增程式车而言，充电桩可有可无，并对出租车在有、无充电桩的情况下的耗油量作了对比估算。电池如先由普通电网充电，油耗是可以更小些，但如果没有充电桩，电池也可在遇红灯停车或堵车慢行时由车上发电机组充电，节油率仍很高，可以不必事先“插上市电”充电，从而免去新辟充电站或换电站的占地。

二、重走丝路全程验证

在2014年交通运输部和新疆维吾尔自治区人民政府共同主办的“丝绸之路经济带交通文化之旅”活动中，数十家媒体记者组成采访团重走丝绸之路，开展“新丝路 · 大交通”主题采访活动。活动于2014年8月14日在江苏连云港启动，中途经过河南洛阳、陕西西安等15座历史文化名城，于同年8月29日到达终点新疆乌鲁木齐。执行这次采访交通保障任务的就有广东侨兴科岭新能源汽车有限公司提供的2辆增程式大公交车。据该公司CEO杜炬介绍，增程式公交车不依赖充电站(桩)，行程5000余公里，平均百公里油耗只有16.3L，远远低于传统燃油客车的大约 40L。车辆行驶高速公路、城市道路、农村道路，也穿过盆地、越过戈壁沙漠，爬过六盘山和黄土高坡，路况复杂多变，气候变化多端，电池组温度却始终保持在35℃左右，电动机、控制器等所有动力系统也都工作在最佳工作温度范围内。汽车各系统安全可靠，高速公路上平均时速达85公里，电动客车顺利通过了严峻考验，而且不依赖充电站(桩)，实现油耗低、续驶里程长。侨兴科岭公司两辆增程式大客车以事实证明了增程式电动车不需充电站(桩)，为我国电动汽车发展避开充电“拦路虎”探出了新路。

三、增程式≠插电式

四部委下发的《关于继续开展新能源汽车推广应用工作的通知》，在行文上使用了“插电式混合动力(含增程式)”的处理，给人们的印象好像“增程式”就是“插电式混合动力”的一个分支，增程式汽车也如插电式混合动力车一样，必须先“插上市电”充电后才具有“纯电动行驶里程达50公里以上”的能力。这样归类值得商榷。

以前也曾有人将增程式归作混合动力电动汽车的一种，也有人将其叫作插电式串联混合动力电动车。其实，增程式车传到车轴的只有电动力一种动力，内燃机的动力只用于驱动发电机发电，不直接传到车轴上，也不与电机的电动力有混合的过程，所以增程式车是纯电驱动。

增程式车的电池可以先由市电充电，在50公里内是由电池供电的纯电驱动。

与插电式车不同的是，50 公里后车上装的小型内燃机发电机在最佳工况下发电，所以十分节能。发电机发的电既可不断给电池充电，又可驱动电动机，传到车轴上的动力完全由电动机提供。在车辆启动加速和上坡时，电池提供电能与发电机并联(而不是串联)以满足高功率需求；在车辆制动减速和下坡时，电池回收电机产生的电能。

所以，与插电式车相比，增程式车的内燃机排量小、能效高、重量轻，不存在“大马拉小车”的费油状况，其综合节油率可达 50%以上。

将插电式与增程式划清界限，目的是为了更好地发展增程式，而不受插电式的混淆。

四、不盲从美国、日本大搞插电式

丰田公司研发的普锐斯混合动力汽车畅销美国，不少美国用户用锂离子电池代替原有约 2 千瓦时的镍氢电池，改成纯电行驶里程达 20 公里的可充电混合动力汽车，符合减少燃油消耗的理念。“国家 863 节能与新能源汽车”重大项目监理咨询专家组组长王秉刚认为，“美国汽车用户自发改装普锐斯汽车的实践，对后来美国政府主推插电式混合动力汽车的技术路线可能有影响”。除了这个原因，还可能有一个因素是，美国想避开日本的混合动力汽车专利保护来发展有自己特色的电动车。但是，插电式车节油有瓶颈，我国又何必跟随美国去大力发展节油率难提高、又需充电设施的插电式混合动力汽车呢？

丰田前几代的普锐斯混合动力汽车并不需“插电”充电，节油率在 30%～40%。后来他们研发插电式普锐斯混合动力汽车，一方面是为了以电代油进一步提高节油率，另一方面是为了能够尽量符合我国政府给予插电式汽车较高补贴的标准，以打入中国市场。其措施是在其原有 2 千瓦时左右的电池基础上，加装电池，这两种配置的纯电续驶里程可分别达到 20 公里或 30 公里，但是后者不仅电池组和整车的重量增加，而且价格还要提高。虽然普锐斯插电式混合动力车在经济发达的美国市场销量很好，但在中国销售的竞争力尚未可知，何况它的纯电续驶里程与我国规定插电式车要达到 50 公里才能获得补贴还相差一段距离，所以我国企业不宜效仿发展。

我曾归纳增程式电动汽车有十大优点，现在还应加上第十一条：可以不依赖充电站(桩)而做到油耗低，续驶里程、行驶路线不受限制，其市场前景十分看好。

给交通运输部办公厅“关于加快新能源汽车推广应用的实施意见”的意见*

交通运输部运输司：

读了《交通运输部办公厅关于征求加快新能源汽车推广应用的实施意见（征求意见稿）》（以下简称《实施意见（征求意见稿）》），有如下意见和建议，供参考。

一、《实施意见（征求意见稿）》与《国务院办公厅关于加快新能源汽车推广应用的指导意见》精神相符合，但“实施”的“意见”还不够具体，感觉仍是一个《指导意见》。

二、《实施意见（征求意见稿）》中说，“行业选择上，重点在城市公交、出租汽车和城市物流配送领域”，这句话欠妥。交通运输部在行业上没有选择的余地。必须高调直指如何狠抓城市公交、出租汽车和城市物流配三项电动车。

三、国务院要求，至2020年，新能源汽车保有量达到500万辆，城市公交、出租汽车和城市物流配送是重点。《实施意见（征求意见稿）》中说：“新能源汽车在交通运输行业的应用初具规模，在城市公交、出租汽车和城市物流配送等领域的总量达到30万辆”。只占500万辆的6%，这个数太低了！其中，新能源城市公交车达到20万辆，还算可以。而新能源出租汽车只有5万辆，只占在役出租车的4%，实在太低。新能源城市物流配送车辆达到5万辆，也不算高。

四、《实施意见（征求意见稿）》中说，“指导各地结合城市公交线网、出租汽车运营和城市物流配送的实际情况，做好新能源汽车技术选型论证”。自己心中有数，才能正确指导。正确的指导思想从哪里来？在《实施意见（征求意见稿）》中看不出来！建议交通运输部下决心在《实施意见（征求意见稿）》中明确成立城市公交、出租汽车和城市物流配送三个指导小组，分别用一年时间连续地跟踪调查，定量地统计纯电动、插电式、增程式电动车在三个领域中运行的技术经济数据，全面比较、总结出优缺点，解决各自的矛盾和问题，作为指导三个领域中新能源汽车技术选型工作的依据，着实推动工作的进展。

五、《实施意见（征求意见稿）》中说，“新能源汽车对城市交通运输节能减排的贡献率达到20%”“纯电动汽车较同等燃油车辆节约能源50%以上”，这两个指标有标准的计算方法吗？如没有，怎样考核呢？这两个指标又怎样产生、提出来

---

* 本文为2014年10月8日为交通运输部写的意见稿。

的呢？建议交通运输部设立专题，研究城市交通运输节能减排的贡献率问题和电动汽车的能源节约率问题。

六、《实施意见(征求意见稿)》中说，“严格新能源汽车技术选型。要结合本地城市交通通行状况，公交线网、出租汽车车型结构和城市物流配送通行管理状况，科学选择新能源汽车车型。”接着，《实施意见(征求意见稿)》对纯电动公交车应满足的条件提出了较具体的要求。但是，对于插电式及增程式公交车，以及电动出租车、电动城市物流配送车应满足的条件却只字未提，应予以补上。

七、在“推动完善和落实扶持政策”一节中“要配合做好城市公交车成品油价格补贴政策改革，积极落实相关政策要求，将补贴额度与新能源公交车推广目标完成情况相挂钩，形成鼓励新能源公交车应用、限制燃油公交车增长的机制”，也是只提城市公交车，而未提电动出租车、电动城市物流配送车，显得实在“偏心”和单薄。

八、《实施意见(征求意见稿)》中说，“鼓励交通运输企业和科研单位积极组织和参与新能源汽车车辆、电池和充换电设施等关键技术的研究”。但是，未见如何“鼓励”的实施意见！

九、《实施意见(征求意见稿)》中说：“组织专家解读新能源汽车全寿命周期成本优势，提高公众对交通运输行业推广应用新能源汽车的认知度和接受度，形成有利于新能源汽车大规模推广应用的良好氛围”。我以为，由专家解读新能源汽车全寿命周期成本优势只能是一个辅助的动作，更重要的是交通运输部(三个指导小组)能够拿出纯电动、插电式、增程式电动车在城市公交车、出租车、城市物流配送车三个领域运行中实实在在的绩效和可靠的经济数据，才有真正的说服力。

最后，我建议：在城市公交车、出租车、城市物流配送车三个领域中大力推行增程式电动车，附上我的三篇文章(一篇已发表，另两篇在编辑中，即将见报)，供参阅。

对于轮毂电机的认识*

轮毂电机[①]有很多优点：①将动力、传动和制动装置整合到了轮毂里，省掉了传统汽车的大量传动部件，机械结构简化；②车辆的空间利用率大；③传动效率提高；④可实现前驱、后驱或四驱等不同的驱动方式；⑤可以控制左右车轮的不同转速甚至反转，减小车辆的转弯半径。

一般认为，轮毂电机有两个缺点：一是轮毂电机较大幅度地增大了簧下质量，同时也增加了轮毂的转动惯量，不利于车辆的操控性能；二是轮毂电机电制动性能有限，需加真空制动系统，要消耗不少电能。

我认为作为军用车辆，轮毂电机还将遇到普通电机装在车体内部所没有(或不严重)的其他问题：

1. 轮毂电机的密封性问题

军用车辆的工作环境，比在城市道路或高速公路上行驶的民用车要恶劣得多，要涉水，在野外会有大量灰尘和泥沙，因此轮毂电机的密封性要求特别高。新轮毂电机的密封可以依靠精密加工来保障，但轮毂电机的转子与定子间有承载的关系(这与通常的电机不同)，密封处磨损不可避免，时间一长就易渗水、漏电，甚至造成电机烧毁。

2. 轮毂电机的热红外问题

轮毂电机的电-功转换效率不超过95%，一个45kW的电机发热量大于2kW，在流水冷却下，合理的工作温度为80℃左右。完全敞露的轮毂电机在此温度下的热红外线特征将很明显，不利于车辆的隐形，特别是对于前线使用的侦察车、指挥车。

3. 轮毂电机的薄弱环节问题

轮毂电机与车辆主体之间有进出水管、电源线及各种传感器导线的连通，所有这些管线暴露在车体外的部分都是十分薄弱的环节，很易遭受战斗性损伤。

---

* 本文是2015年3月向有关部门写的情况介绍。

① 1900年，保时捷首先制造出了前轮装备轮毂电机的电动汽车。20世纪70年代，这一技术在矿山运输车等领域得到应用。日系厂较早研发乘用车所用的轮毂电机，目前处于领先地位。美国通用公司也对该技术有所涉足。中国奇瑞公司的瑞麒X1增程电动车也采用了轮毂电机，2011年上海车展展出，据说将在2015年上市。

4. 水、电、传感及控制系统的复杂化问题

使用轮毂电机，一车两个或四个。于是车内的水、电、传感及控制管线及其接头数量，是一个普通电机系统的两倍或四倍，控制器也相应复杂，故障率增加，可靠性和维修性下降。

增程式电动汽车的进展与未来*

大家好！

我今天讲四个问题：一是增程式是纯电驱动电动车；二是国外增程式电动汽车的动向；三是我国增程式电动汽车的进展；四是增程式电动汽车的未来；最后为结束语——给政府建议。

一、增程式是纯电驱动电动车

电动汽车可按动力划分为两大类：纯电驱动类和混合(双)动力类，又可细分为 6 种：①纯电动车(EV)；②燃料电池电动车(FCEV)，燃料电池发电，与电池并联；③增程式纯电动车(EREV)，内燃机发电，与电池并联；④油-电混合电动车(HEV)，有轻、中、全等不同混合程度；⑤电-油混合电动车(PHEV)，即插电式混合动力车；⑥起-停式(微混)汽车，红灯熄火——绿灯电起动——燃油行驶。前三种车都只有电动机一种驱动力，后三种车都有内燃机和电动机两种动力。

纯电动车(EV)是奋斗目标。用目前比能量的锂离子电池，纯电动车合理设计里程在 150 公里左右。高补贴下纯电动公交车畸形发展，“扒窝”的比比皆是，国家损失严重。高档纯电动汽车电池多，车很重，浪费能源：比亚迪—E6 电池 700kg，19.5kWh/100km；特斯拉电池 85kWh，17.7kWh/100km，电池多、安全性差，两年内烧了 7 辆车。

“增程式”电动车优势突出。它只有电动机驱动车轮，故属纯电驱动。发电机与电池并联驱动电动机，没有“动力的混合”，有人叫它“串联式混合动力”是不确切的。途中小功率内燃机在最佳工况下发电很节能。也按需要给电池组充电，好处很多。车辆行驶中，发电机给电池充电，电池始终运行于“半充”状态与“半放”状态之间(以电池半容量为基准)。电池运行于“半充-半放”状态之间的好处有：①内阻最小，发热量小；②不过充，安全有保障；③不过放，循环寿命长；④淡化了不一致性问题；⑤可简化电源管理系统；⑥可用廉价的铅酸电池。

“增程式”电动车有十大优点：①不必配太大容量动力电池——里程决定于油箱；②电池组不会缺电和过放电——寿命长；③电池组不必充满电，不致过充——安全；④夜间在停车场充电不另建充电站——省地；⑤夜间充电使用电网的“谷电”——电网“填谷；⑥不需要充电/换电的周转电池——投入低；⑦不需要大量的换电设施和人员——运行成本低；⑧传统汽车设施和成就全继承——易加

* 本文是 2015 年 4 月 15 日在“第九届中国新能源国际高峰论坛——新能源汽车专业论坛”上的演讲。

工；⑨现有技术就可节油 50%以上——节能减排多；⑩车上发电机充电——没有充电站也可运行。因此，我国应大力发展增程式电动车。

二、国外增程式电动车的动向

(1)美国沃蓝达 2012 年曾经创下月销售 2289 台的最高纪录，纯电驱动行驶 64 公里，电池 16kWh，增程器为 1.4L 四缸发动机，配置与价格都偏高。

(2)凯迪拉克 ELR 增程式双门电动跑车，在底特律 Hamtrack 工厂投产，共享沃蓝达增程式动力系统，在美国市场售价为 5.5 万美元(约合人民币 34.2 万元)。

(3)欧洲大汽车公司也纷纷研制增程式电动车。奥迪 A1 增程式电动车，纯电行驶 50km，电池容量 12kWh，增程器为 15kW 的旋转发动机。

欧美增程式电动车的通病是，功率太大，价格太贵，节能不多，优势未显。

(4)美军研制“增程式”电动车——“影子”Shadow RSTV，是一种高机动多用途轮式车辆。

“影子”战车动力驱动系统包括：114kW 直喷式柴油发电机；110kW 永磁发电机；4 个 50kW 永磁轮毂电机；两组 SAFT 公司的锂离子电池，额定输出 20kWh，最高功率 80kW。

“影子”战车的行驶特性：在公路上最大时速达 112km/h；50km/h 速度的续航里程为 758 公里；单纯使用电池时的续航里程为 32 公里。

三、我国增程式电动汽车的进展

北京科凌电动车有限公司及杭州赛恩斯科技有限公司是我国最早研制增程式动力系统的厂家。他们生产的增程式大客车，均已经几万公里的运行测试，节油率可达 50%以上。

我国增程式电动汽车的首创——北京科凌，40kW 发电机组，制造成本仅约 80 万元，5 万铅电池+10 万超级电容器；使用寿命可达 5 年以上；两天从北京开到扬州 1100 公里，中途充电一次，百公里油耗不足 19L。

增程式电动公交车研制成功多辆：①以铅酸电池+电容器为能源(北京科凌)；②以锂离子电池为能源(杭州赛恩斯)；③以锂离子电池+超级电容器(合肥江淮)；④以锂离子电池为能源(宁波神马)；⑤以超级电容器为能源(浙江青年-巨容)；⑥以锂离子电池为能源(科岭-广汽客车)。

我们多年来探讨动力电池的合理使用，密切关注增程式技术，呼吁国家 863 计划项目支持。政府也逐渐支持了增程式车的发展：2011 年 863 计划项目列入增程式轿车，山东东营科岭电动车有限公司与广汽合作，共同承担国家研制项目，目前已圆满完成任务并正式列入工信部公告，开始批量生产“传祺”牌增程式轿车；2012 年，国家 863 计划项目又分别支持增程式轿车和大客车研制项目各两个，均已进入结题阶段；

2014 年 10 月 28 日，863 计划项目“传祺”牌增程式轿车验收，按欧州路试标准测试，100km 油耗只有 1.83L。国家开始补贴增程式车销售，标准同插电式。

2014 年 8 月 14 日，由国家交通部主办的“丝绸之路经济带交通文化之旅”活动举行启动仪式。两辆广东侨兴科岭的增程式城市客车带领 60 位同行记者，从新丝绸之路的东端江苏连云港出发，穿越六省，历经 16 个核心城市，奔波 5000 多公里达到新疆乌鲁木齐。不依赖充电桩(站)，平均百公里油耗只有 16.2L(同行的、相同长度的燃油客车百公里油耗约需 40L)，这在世界上是闻所未闻的水平。有人说“增程式车只有在城市工况行驶时节油率高”，可见此说法落后了，上面的例子说明长途也很节油。

四、增程式电动汽车的的未来

(1) 增程式电动公交车最容易向无补贴过渡。12m 客车价可逐渐降到 80 万，比燃油车高 25 万元。这相当于 4 万 L 油钱(行驶 16 万公里省的油)用 2～3 年回收。

观念要更新：用节能的油钱，抵偿车的差价；推动电动汽车发展是国民的义务和责任；不要想通过电动汽车高补贴从国家“捞一把”；如能享受公交车燃油补贴也合理，获益就大了。

(2) 增程式电动车用在长途客运中前景广阔：我国有 80 万辆长途客车，耗油量大。

(3) 出租车、乘用车：出租车 120 万辆，每辆车 400 公里/天；乘用车量大。

(4) 卡车和船：增程原理用于内燃机为动力的大型运输工具，节油贡献大。

(5) 燃料电池电动车实际上是增程式。

通常认为，电池组给燃料电池平衡功率，也可看成燃料电池给电池组增程；由图 1 可见，燃料电池车与燃油增程式车的电路何等相似！还可用其他动力的发电机及光伏发电给电池组增程。增程式电动车生命力强大！

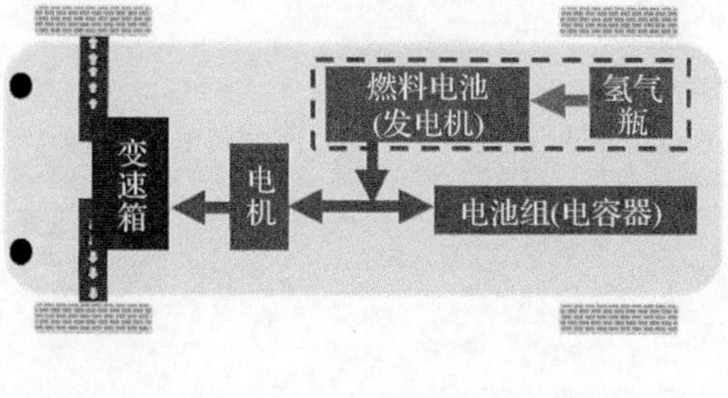

(a) 燃料电池

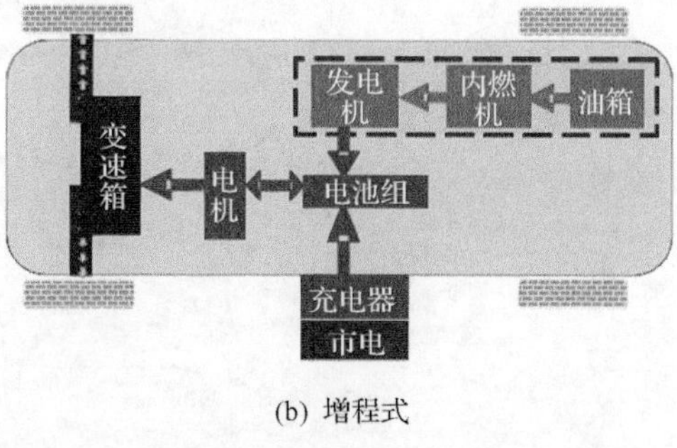

(b) 增程式

图 1 燃料电池与增程式电动汽车动力结构示意

五、结束语——给政府建议

建议 1，我国应大力发展增程式电动车，形成中国特色的电动车技术和产业。

建议 2，我国不跟美、欧、日的电动车发展路线，政策上不大力鼓励插电式和纯电动。

建议 3，科技部组织一个统一的专家组，验收 863 计划项目中增程式电动车全部 5 个项目，系统地分析增程式电动车的优缺点，统一认识。

“量电池之力而行”发展电动汽车*

导读：中国工程院院士杨裕生就“电池技术与电动车发展”等议题深入浅出地剖析了当前我国发展电动汽车应注意的几个问题。

随着2015年渐近尾声，“十三五”规划即将出炉。进入“十三五”，电动汽车怎么发展？在2015年10月21日“2015节能与新能源汽车产业发展规划成果展览会”上，长期关注、参与、推动新能源汽车技术发展的中国工程院院士杨裕生就“电池技术与电动车发展”等议题深入浅出地剖析了当前我国发展电动汽车应注意的几个问题。

“电动汽车怎么发展，我想讲四个问题。第一，电池是首要的决定性因素；第二，‘十三五’电池技术要在‘安全第一’的框架下发展；第三，用好现有的电池发展电动汽车；第四，控制电动车补贴总额，明确企业开发责任。”杨裕生开门见山，侃侃而谈。

一、“越过电池水平发展电动汽车是冒进”

“电池是电动车发展的首要决定性因素。”杨裕生说，一直以来，电池的安全性和比能量(单位重量或单位体积的能量)关系到电动汽车的安全性和续航里程：“十三五”期间电动汽车的安全性和续航里程，取决于“十二五”的电池以及“十三五”开局两三年内的电池的水平。越过电池水平发展电动汽车产业是一种冒进行为，难免会发生汽车“趴窝”(行驶一段时间之后不能开了)现象，或者发生燃料事故，这会造成国家、企业和个人很大的浪费。

他指出，这些问题都不是空穴来风，而是很残酷的现实问题。“我国电动汽车发展很快，‘快’字当头存在一系列问题，需要引起注意。”

他举例说，目前很多城市的纯电动公交车已经走不动了，纯电动公交车“趴窝”“未老先衰”的旧账还没有还。“从‘十一五’到‘十二五’遗留了很多问题，现在要集思广益防备‘十三五’产生类似问题。”

“十三五”期间，要在安全第一的前提下，提高锂离子电池的比能量——锂离子电池将长期是动力电池的主力，这一点不容置疑。”杨裕生指出，电池技术要围绕长寿命、宽温度范围、高电压发展，要发展高电位的正极和高安全性的负极，

---

* 本文是2015年10月21日在“2015节能与新能源汽车产业发展规划成果展览会”上的演讲，由《中国科学报》2015年10月23日报道。

“比如三元正极电池的安全性问题很严重，需要提高”。

杨裕生认为，在电动汽车发展的进程中，人们并没有把安全提到第一位来重视。“安全第一，就是不要片面地追求高比能量——现在这个倾向很严重。蓄电池是含能器件，都有不同程度的危险性。要优先使用高安全性的电池，宁愿牺牲一些比能量。”

他预计，“十三五”期间电池的单体比能量不会超过 200Wh/kg。并进一步指出在规模蓄电的设计当中，要控制不发生连锁反应：一个电池出问题，周围的电池不要继续发生燃烧或爆炸的现象，在使用当中要建设安全操作规程，绝不可以滥用电池。

关于下一代动力电池，日本 NEDO(日本新能源产业的技术综合开发机构)提出比能量可达上千 Wh/kg 的锂硫、锂氧电池是“后锂离子电池”。杨裕生认为这是单纯从理论比能量的角度得出的推论，当前还不能寄予厚望。

“锂硫电池可以在功率要求不高的地方发挥作用，但是用作动力电池，我觉得这一提法要打个问号，很难指望。而锂氧电池被一些人认为是‘下下代动力电池’，这个更渺茫。”杨裕生指出，目前双功能的氧正极是一个世界性难题，多年来并没有得到很好解决。国家可以支持个别团队进行长期研究，但不能寄予过高期望。

不过，杨裕生对铅炭电池青睐有加。“铅炭电池保持了铅酸电池的优点，原料容易得到并且便宜安全可靠，是我国‘十二五’期间的重要成果，在电动汽车中有很多贡献。比如可以用在微混和启停技术上，还可以作为微型短程汽车和增程式电动汽车的动力电源。所以我认为要加紧完善铅炭电池的产业链。”

二、“对小型低速纯电动汽车开绿灯”

杨裕生提出，如何发展电动汽车，实际上是如何用好现有的电池。因此，他主张在“十三五”期间，电动汽车发展第一要为小型低速纯电动汽车开绿灯。因为“电动车小了，许多矛盾都可以解决，比如可以大量节能减排”。

要不要把发展长里程纯电动汽车作为重点？对于这个颇有争议的问题，杨裕生直言：“我认为就目前来讲，这还不是一个很好的发展重点。”

“纯电动车行驶里程以 150 公里为合理，再长电池就要加，电池多了车子变重，就不合理了。”他说，有的城市(包括北京在内)强调只用纯电动汽车就想发展长里程，有违循序渐进的发展规律。

杨裕生以比亚迪和特斯拉电动车为例，谈到：“比亚迪最早的纯电动车‘E6’，电池重 700 多公斤，现在也回过头做插电式的‘秦’了。‘秦’效果很好，因为它的电池重量是正常的。大家认为特斯拉很好，但它的电池装了 85kWh，结果呢它现在已经烧了 13 辆车，主要是从电池里面烧起来的。据美国朋友介绍，特斯拉现在也打算做普及型电动汽车了。”

因此他建议，中国发展电动车也应该“量电池之力而行”，先制定标准，发展低速微型车，不要强行发展电池负担不了的车型。

三、“巧用电池”发展增程式电动车

另外，杨裕生提出，“巧用电池”也很重要。

“在车上装一个功率很小的燃油发电机，发展增程式电动车，好处很多——增程式电动车在行驶当中，发电机给电池充电，电池始终处于半充半放状态。这种状态内阻小、发热量小；电池不过充，安全有保障；不过放，循环使用寿命长。而且现有的锂离子电池完全满足要求。虽然要烧油，但是能节约 50%。”杨裕生一股脑数出四五条增程式电动车的优点来。

“此外，增程式电动车可以远距离行驶，亦可以不用充电桩，电池少、成本低，节油率达 50%以上，能够为用户节省开支。”杨裕生补充说，目前各国发展新能源汽车的程度不一样，日本的深混汽车已经成熟，所以他们把燃料电池车作为重中之重。“我们要解决的是推广普遍使用电动车，不能跟着日本后面走。”

汽车第一大国美国发展新能源车也绕开了日本的专利，提出发展插电式混合动力车。中国该怎么走自己的路？杨裕生比较认可纯电驱动的增程式。

“这个车子只有电驱动，虽然有内燃机但它只管发电，它的动力不直接加到车轱辘上去。”他还主张，大中型汽车要以纯电驱动的增程式为主。现有的锂离子电池的性能完全可以满足增程式车的要求，铅炭电池也有用武之地。

“增程式电动公交车最容易向无补贴过渡，因为它用量少，成本低，与汽车同寿命，12m 的客车可以逐渐降到 80 万元一辆，比燃油车高出 25 万元，用两三年省的油钱就可以补偿回来。”

“油钱补偿”，杨裕生称，这里面涉及一个观念改变的问题。

“用节能的油钱，来抵偿车的差价，这一点大家首先要承认，或者必须要这么做才行。推动电动汽车发展，是国民的义务和责任，大家都努力做到绿色出行。当然，增程式电动车如果也能够享受公交车燃油补贴。我觉得合理，这样它的呼声就更大，甚至不用 3 年的时间就可以把成本收回来。”

“再就是企业不要总想着通过电动汽车的高补贴，从国家捞一把，这个问题现在非常严重。”杨裕生指出，几乎所有大型车企，“哪一种汽车补贴高，就生产哪一种车”，而不看这些车到底能不能长时间、安全运行，“先把补贴抓到手再说”。

四、19 院士联名上书设定电动汽车补贴上限

2015 年 5 月，财政部、科技部等四部委在其公布的《关于 2016—2020 年新能源汽车推广应用财政支持政策的通知》（以下简称《通知》）中明确了“十三五”

期间电动汽车补贴政策。《通知》中规定的补贴力度尽管较此前有所下降，但按照这个标准计算，补贴数额仍是一个天文数字。

杨裕生关注到这个问题："补贴数额大到什么程度？如果要实现 2020 年 500 万辆的目标，'十三五'期间要补贴 3900 亿元，这还只是中央政府的补贴，地方政府补贴没有算在里面。"

他认为这个数额过巨。"3900 亿是不得了的一个数，这些钱可以做很多事情，现在拿来做补贴，值不值得，有待商榷。"

在杨裕生看来，长期的高额补贴并不利于有效推动电动汽车的发展。一方面容易造成车企盲目追逐补贴最高的纯电动客车，而电池寿命有限，"趴窝车"比比皆是，国家损失严重；另一方面，普通纳税人的税款补给了有钱买车的富人，造成了社会不公。此外，大部分补贴成了汽车企业的超额利润，车企一味享受利益，反而不思降低成本。

而从"十二五"期间补贴对于拉动电动汽车发展的成效来看，并不乐观："十二五"原定 50 万辆电动汽车的指标，现在只剩下 70 天，眼看目标很难完成了。

杨裕生透露，2015 年 7 月 8 日，包括他在内的 19 位院士联名给相关国家机关"上书"建议"控制电动汽车补贴总额，明确企业开发责任"。

五、建议的内容主要为三条

第一，希望国务院为"十三五"电动汽车补贴总额设定上限，需要用多少补贴要"先算再用"，而不是"用了再算"。

第二，要明确各个汽车生产企业的责任，完善"适当补贴，责任指标，超额有奖，以罚促产"的政策措施。这里的"适当补贴"指的是"十三五"继续补贴电动汽车，但是金额要降低，加速逐年退步。

第三，继续加强对电动汽车技术创新发展的支持。杨裕生介绍说，这是从美国加州取经的政策。它的核心内容是，要求汽车生产商在加州销售的乘用车、小型车辆当中，必须含有一定比例的零排放和部分零排放的车辆，比例不断变化，要求到 2020 年，在加州销售的汽车里，应该有 6%的零排放或 3.5%的部分零排放的车。

"我们 19 个'老头'平均年龄是 78 岁，不是老了没有事做，而是感觉这个问题太严重，所以我们花了很多时间提了这个建议，我们认为他山之石，可以攻玉。"杨裕生说。

“十三五”期间增程式电动公交才适合国情*

还有60天多天就进入“十三五”了，“十三五”计划期间中国电动汽车该怎么发展？

中国工程院院士杨裕生在近日举行的“2015 中国互联网+新能源汽车产业发展高峰论坛”上，就中国电动车在“十二五”期间存在的问题和“十三五”期间的发展方向，谈了他个人的一些看法。

他认为，中国电动车的发展，一是关于电池的性能和安全性的问题，二是关于电动车的国家补贴问题。

2005年7月，在杨裕生为代表的19个工程院科学院的院士联名给国家写了个建议，要求适当降低电动车补贴，同时加速补贴逐年退坡制，继续对电动汽车技术的创新发展加强支持，在他看来，增程式电动客车符合国内目前的发展现状，应当大力提倡。

他的讲话主要阐述了如下内容。

一、电池是首要的决定性因素

按我国“十二五”规划，要在五年之内将新能源汽车增至50万辆，现在只剩下70天了，眼看50万辆的目标很难完成了，而且“十二五”期间研发投产的电池，以及“十三五”最初两三年的电池的水平，会直接影响“十三五”电动汽车的安全性和行驶里程。因为电池的安全性和比能量关系到电动汽车的安全性和行驶里程。

超越电池水平搞电动汽车产业，是一种冒进的行为，难免会发生汽车趴窝，也就是说行驶一段时间之后就行驶不动了，或者行驶里程很短，还有可能发生燃料的事故，这就会造成国家很大的浪费，造成企业和个人很大的浪费。

现在“十一五”“十二五”遗留很多问题，电动汽车“趴窝”“未老先衰”旧账未还，所以要提前预防“十三五”继续产生类似的问题。

二、用好现有电池发展电动汽车

现有的电池，应该说是比较成熟的电池，不要冒进。如何发展电动车，实际

---

* 本文原载于“新能源汽车网”，2015年10月26日。

上就是如何用好电池。杨院士对“十三五”电动汽车发展的主张为：第一，为微、小型低速纯电动汽车开绿灯，这是国家一些部委已经开始重视，但是到现在还没有落实。因为电动车做小了，所有的矛盾都容易解决。它可以大量的节能减排，满足最广大人民群众的需求。第二，大、中型汽车要以纯电驱动的增程式为主。

他详细介绍了增程式汽车的作用，提出现有的 $LiFePO_4$ 锂离子电池的性能完全满足要求，铅炭电池也有用武之地。

1. 当前长里程纯电动汽车不宜作重点

这个问题现在争论很大，最近有一些部委发表言论还是要坚持纯电动汽车，我觉得这目前来讲不是很好的发展重点。用目前比能量的锂离子电池，纯电动车合理设计里程在 150 公里左右，如果里程更长了电池就要多，电池多了车子重，车子重了耗能大，就需要更多的电池，这样设计就很不合理了。现在有的城市强调只用纯电动汽车，就想一步登天，这是违背循序渐进的发展规律，包括北京市在内也是如此。

高档纯电动汽车电池多，车很重，浪费能源，价格高，比亚迪最早的电池有 700kg，百公里耗电 19.5°，现在回过头来搞插电式的“秦”，现在销量很好。特斯拉大家认为很火，它的电池 85kWh，耗能非常高，电池多，安全性差，前 2 年内烧了 7 辆，最近烧了 6 辆，它现在已经烧了 13 辆车，这个车主要是从电池里面烧的，它现在已经打算搞普及型了，不单纯搞这种高档的。所以我们国家应“量电池之力而行”，制定标准，发展低速微型车，不要去搞高速的电池性能负担不了的车型。

2. 巧用电池，发展“增程式”电动车

增程式电动车是在车上装了一个发电机，这个发电机当然要烧油，但是它这个发电机用的内燃机功率很小，只有现在通常同样汽车功率一半左右，所以它可以在最节能的条件之下运转，它节油可以节 50%。它的好处很多，现有的锂离子电池完全满足要求，安全性很高。

车辆行驶中发电机给电池充电有什么好处？电池处于半充和半放的状态，既不充满也不放满，运行电池是中间的一个充电状态，这样的好处有：①内阻最小，发热量小。②不过充，安全有保障。③不过放，循环寿命长。④淡化了不一致性问题。⑤可简化电源管理系统。⑥可用廉价的铅酸电池。所以车上发电虽然要烧油，但是它要节 50%的油，好处很多。

把增程式优点总结一下：电池组不会缺电和过放电，寿命延长，安全性高；可以不用充电桩，且能远距离行驶；也可以晚间在停车场充电，既有助于电网“推销谷电”，用户又可享受峰谷电价差而节省开支；电池少，成本较低。

各个国家发展电池的进度和重点不同，日本搞深混车，现在已经成熟，成熟之后现在来搞燃料电池车，而这一点在我们国家现在没有到时候，所以燃料电池车把它现在作为重中之重现在没有到时候，不是现在的重中之重，而是要解决我们当前国家能够普遍推广使用的电动车，不能跟着日本后面走。美国是绕开行星齿轮专利，提出发展插电式混合动力。中国要走自己的路，就是要走纯电驱动的增程式，这个车子只有电驱动，虽然有内燃机，但是它只管电，它的动力不直接到车轱辘。

增程式是优于其他车种的，增程式电动公交车最容易向无补贴过渡，因为它的电池用量少，成本低；与汽车同寿命，12m 客车价可逐渐降到 80 万元，比燃油车高 25 万元，用 2～3 年省的油钱就可以补偿回来。但是油钱要补偿，这里面有个观念改变的问题：①用节能的油钱，抵偿车的差价，这点要首先大家承认或者要这么做才行；②推动电动汽车发展是国民的义务和责任，这个不是说谁愿意做就做，不愿意做就不做，而是大家要一起来努力；③不要想通过电动汽车高补贴从国家“捞一把”，这个问题现在非常严重，包括所有大的汽车企业，哪个汽车补贴高就生产哪一种车，而不看这种车到底能不能长时间运行、能不能安全运行，先把补贴抓到手再说。增程式电动车如果能享受公交车染有补贴也比较合理，这样它不用三年的时间就可以把成本收回来。

增程式电动技术的推广应用可以很多，包括长途客车、出租车、乘用车、卡车。加拿大 PlanB“混合”动力卡车，是电池驱动，降低 70%污染物排放，涡轮发电机充电，3 倍行驶里程。再一个是燃料电池电动车实际上是增程式，通常认为电池组给燃料电池平衡功率，也可看成燃料电池给电池组充电、增程。

杨院士认为“十三五”期间不要跟日美风气，而应该稳住心态发展技术，把技术先做好。再一个是用其他动力(如燃气)的发电机增程，未来可以用光伏发电增程。

三、控制电动汽车补贴总额，明确企业开发责任

2015 年 5 月份，四部委公布了“十三五”电动汽车补贴标准，按照这个标准杨院士做了计算，补贴的数额“十三五”非常大，大到什么程度？如果实现 2020 年的 500 万辆的目标，按四部委的“通知”，“十三五”要补贴 3900 亿，这是中央政府补贴的，地方政府补贴还没有算在里面。

怎么算的？就是说 2016 年按照电动汽车在汽车生产 1%，2017 年按 2%，2018 年按 3%，2019 年按 4%，2020 年按 5%，按照每年加一个百分点的这样一个电动汽车的比例，才能够满足“十三五”2020 年完成 500 万辆汽车的目标，完成这个目标之后补贴的数就是 3900 亿。3900 亿要多少人才能够创造这么多的财富，不得了的一个数，如果用这个 3900 亿可以做很多很多其他的事情，现在拿来做补贴，这里面值得不值得？应该不应该？

长期高额补贴不利于有效推动电动汽车的发展，杨院士总结了四条原因：①汽车生产企业追逐补贴最高的纯电动客车，但电池寿命有限，“扒窝”的比比皆是，国家损失严重；②大部分补贴成了汽车企业的超额利润；普通纳税人的钱补给了有钱买车的富人，更容易导致社会不公；③汽车生产企业只享利益，没有义务，于是不思降低成本去努力生产广大群众需求的车；④政府财政负担太重，而拉动电动汽车发展的效果不佳。

包括杨院士在内，工程院科学院的 19 个院士联名给国家写了个建议，2015 年 7 月 8 号提交，题目是《关于控制电动汽车补贴总额，明确企业开发责任的建议》(以下简称《建议》)，《建议》的内容有三条：

(1)为“十三五”电动汽车补贴总额设定一个“上限”，希望国务院来设定上限，而不是让四部委用多少钱算多少钱，用了再算，而是先算再用，希望国务院能够定一个上限，譬如是 800 亿也行，是 1000 亿也行，要定个上限出来。

(2)明确各汽车生产企业的责任，完善政策措施。老院士们提出来的政策措施是：适当补贴，责任指标，超额有奖，以罚促产。适当补贴的含义是：“十三五”继续补贴电动汽车；但金额降低，加速逐年退坡。责任指标是：燃油汽车生产企业有责任、有义务逐年提高电动汽车在本企业生产销售产品中的比例额度。

(3)继续对电动汽车技术的创新发展加强支持。类似的措施在美国加州已经实行，效果显著，已有 9 个州效仿加州。它的核心内容是要求汽车生产商在加州销售的乘用车、小型车车辆中，必须含有一定比例的零排放或者部分零排放车辆。这具体比例根据年份不同而变化，政府要求到 2020 年在加州销售的车子里应该有 6%的零排放和 3.5%的部分零排放的车，如果达到这个最低分数线就达到指标，如果达不到就要罚款。“他山之石，可以攻玉”，老院士们认为，利用现在掌握的相关资料，可以为国内制定更优化的措施，中国新能源汽车才能真正稳定心态，走好自己的路！

电动汽车“忧”从何来*

《中国科学报》编者按：能源的短缺和人们对生活质量的更高要求是新能源汽车发展的主要原因。但是，经过多年发展，电动汽车的质量和效益并没有达到预期，原因何在，中国工程院院士杨裕生为本版撰文，发表了他对新能源车经验教训的分析。

21 世纪的 15 年来，我国电动汽车发展状况可以用“喜忧参半”来概括。喜的一半，发展电动汽车的必要性已取得人民群众广泛认同，至 2015 年底累计销售量可能达到约 40 万辆，关键技术有了长足进展，初步建立了关键零部件和整车的工业基础，探索了多种商业模式。

成绩需要肯定，同时也应该看到存在的问题——电动汽车的发展质量和效益亟待提高。我国的电动汽车是在世界最高补贴下销售的，高昂的政府补贴对推动电动汽车市场的形成效果不佳；纯电动公交车中，“趴窝”“未老先衰”的并不少见；插电式车用户获得各种优惠政策后，不少人将车当着纯燃油车行驶，耗油和污染照常；奥运会和世博会过后，北京、上海几百辆先天不足的燃料电池电动车被弃之不用等。

应该认真总结原因，吸取 15 年来电动车发展过程中的经验教训，为“十三五”的到来做准备。

一、要以电池水平作为制定发展路线依据

21 世纪前三个五年计划中，“十五”期间，我国将燃料电池车的研制排在支持经费的首位；“十一五”期间，混合电动车成为我国最重点支持的车种；但在中度混合电动车节油率不高、深度混合动力车受到专利和加工技术所限的条件下，“十二五”纯电动和插电式车成为发展重点，而且纯电动公交车成为重中之重。粗略划分，三个五年计划的研发支持和示范重点各不相同，表明我国的电动汽车发展路线在摇摆、不准。

究其原因，十五年来电动车发展路线一直没有将电池水平作为制定政策的依据。燃料电池用氢做能源，理论上美妙至极。但从十多年前直到现在，燃料电池一直存在技术复杂、寿命短、铂催化剂资源少、氢的来源和储运困难、价格高昂

---

* 本文原载于《中国科学报》，2015 年 12 月 8 日第 8 版。

等问题。这些问题要在很长的研究过程中才能解决，如果将燃料电池车作为发展重点，则过于超前。动力电池比能量不高、寿命不长，强推纯电动公交车和乘用车，发生“趴窝”“未老先衰”等问题就在所难免。

反观日本丰田，在只有镍氢电池比较合用的情况下，充分发挥其比功率高、寿命长的优势，以深混动力的方式弥补其比能量不高的弱点，使普锐斯不断扩大市场，目前累计销量已达数百万辆。

二、补贴政策亟需完善

我国对于电动汽车的补贴过高，而且对生产企业没有约束和要求。

后果之一是汽车生产企业追逐补贴最高的纯电动客车，也不必顾忌销不出去，因为政府的公交公司全部买下。后果之二是汽车生产企业不会努力降低成本生产群众需求的车，反而故意抬高车价；更不会根据市场规律自主选择电动车发展方向，向无补贴过渡。后果之三是大部分补贴成了汽车企业的超额利润，人为造成社会不公。后果之四是政府财政负担太重，而拉动电动汽车发展的效果不佳，甚至耽搁了发展速度。

补贴只应起杠杆作用，而不能成为动力。两者的分水岭在于政府要赋予企业以义务和责任，调动起企业的主动性；还在于政府要用政策驱动企业思考电动车的市场需求，才能使其在未来无补贴的情况下持续担负起应尽的义务和责任。

三、电动汽车的技术研究与产业化不可混淆

技术研究与产业化确实是紧密关联，技术研究的成果是产业化的技术基础。但同时，它们又是性质、目的、任务迥然不同的两个阶段。

“三纵三横”中表达车种的“三纵”如果作为技术研究进行多渠道的探索，也无不可。但是如将它作为产业化的发展路线，而且翻来覆去地变换重点，这就必然引起产业化重点的混乱。与此类似的，不顾电动汽车技术(特别是电池)水平的发展进程，按技术成熟的燃油车的思维和标准来要求电动汽车，将研制水平不高的纯电动车未经长期、充分考验就大规模示范推广，臆想很快搞成纯电动车产业，其结果只能是事倍功半。

动力电池的发展中，也要警惕技术研究与产业化应用的混淆问题。动力电池要不断研究提高比能量，但是必须把安全放到第一位。蓄电池是含能器件，存在不同程度的危险性；比能量越高的电池，发生安全问题的机率越高，特斯拉不断烧车，可以为鉴。

建立工程和产业，必须使用成熟的技术。过于看重政绩，混淆了技术研究与产业化两个阶段，电动汽车的发展就容易冒进；急于追求长里程，新研制的高比能量电池在安全性问题没有研究透、解决好的情况下，就成批量用到电动汽车上，

将会留下安全隐患。

四、政府主管部门要敏感新事物，认真作为

科技在迅速发展，不断孕育着新事物的诞生，电动汽车就是其一。政府主管部门要对新事物敏锐地作出反应，相关的政府部门应该及时地制定必要的规章制度、法律法规，正确加以引导、规范、鼓励，这就是管理水平和认真作为的表现，但是在电动汽车问题上似乎很难看到。

最典型的事情便是微型低速电动车的遭遇。微型低速电动车确实适合中国国情，符合节能减排的本质，故而广受欢迎，在没有补贴的情况下近年来销售量以每年 30%～50%的速度增长，还有部分出口，质量也在不断提高。但是，国家发展改革委原副主任刘铁南等人一再公开发表贬低、诋毁的言论，不久前还有人恐吓地说，这种车是“非法产品”“地方官员要负法律责任”。他们只看到微型低速电动车在新生阶段难免的不足之处，企图将其“扼杀于摇篮中”，与广大群众欢迎的热情形成了鲜明的对照。在美、日和欧洲等国家和地区相继出台了微型低速电动车的标准之后，各方要求我国推出微型低速电动车标准、“给出生证”“上户口”的呼声，仍然迟迟不得回应。

交通管理部门在微型低速电动车这一新事物出现之后，应该及时制定管理办法，要求上牌照，要求驾驶人考驾照，尽力避免“无序状况”下发生的一些交通事故，而不应笼而统之地认为微型低速电动车不安全。中央电视台 2014 年的“315”节目中称此类电动车“发生惨烈事故”，更是不加分析的故意渲染。

习近平主席 2014 年 5 月在上海考察时指出，“发展新能源汽车是我国从汽车大国迈向汽车强国的必由之路，要加大研发力度，认真研究市场，用好用活政策，开发适应各种需求的产品，使之成为一个强劲的增长点”。目前各方要求制定微型、低速电动车标准的呼声高涨，期盼贯彻“开发适应各种需求的产品”的举措早日出现，满足非城市地区对电动汽车的需求。

墨守成规最安稳，无所作为最安逸。政府部门切忌如此，不能为了“安”而“按兵不动”。

“十三五”电动汽车展望*

《中国科学报》编者按：本报12月8日刊载了中国工程院院士杨裕生的文章《电动汽车“忧”从何来》，总结了15年来电动汽车发展的经验。作为续篇，今天刊载的是他对“十三五”期间电动汽车的展望和建议。

2020年我国电动车的保有量目标是500万辆。这只是数量的目标，更重要的是要切实贯彻《中共中央关于制定国民经济和社会发展第十三个五年规划的建议》的指导思想，“以提高发展质量和效益为中心”，落实习近平总书记指示，“发展新能源汽车是我国从汽车大国迈向汽车强国的必由之路，要加大研发力度，认真研究市场，用好用活政策，开发适应各种需求的产品，使之成为一个强劲的增长点。”

“十三五”发展电动汽车，本人认为，应该认真做好以下事情。

一、开发适应各种需求的产品

广大消费者需要买得起、用得好、为节能减排作贡献的新能源汽车产品。要适应我国快速城镇化和全面建成小康社会的新形势，大力发展微小型、低速电动车；应该尽快制定标准，发牌照；交管部门尽快制定相应的规章制度，允许上(高速路以外的)路。要发挥各种动力电池在电动汽车中的作用，公平竞争，让市场当裁判员。要适应物流迅速发展的新形势，大力发展微型三轮、四轮电动物流车，并尽快制定相应的标准和交通管理办法。将这两类电动车发展好、管理好，“十三五”期间产销几千万辆都有可能，不仅不需国家补贴，而且立即节省大量燃油，又能满足广大群众日益增长的交通和运输需求。

二、以电池水平为依据，大力发展增程式电动车

增程式电动车可以比相同功能的燃油车节油一半以上，当前成熟的、高安全性的电池完全可以用作其电源；电池始终处于半充半放的运行状态，不会过充保障了安全性，不致过放延长了使用寿命；增程式电动车可以不用充电(免建充电桩)而可长途行驶并保持接近50%的节油率。

与燃油车相比，节油率50%是实测的结果，不容置疑。其因素包括：增程式车上内燃机的功率减小一半，只需满足平均行驶速度，故耗油大减；内燃机调节在最节能的恒定功率工况，效率高；燃油车内燃机在红灯停车时“零”效率、堵

---

* 本文原载于《中国科学报》，2015年12月16日第6版。

车时的低效率状态，在此都不会发生；能回收减速、刹车的能量；用了事先充的电能。

有人认为，增程式车上内燃机发出的动力要经过机-电-机两次能量转换，效率大打折扣。其实，两次能量转换效率打的折扣与节油率相比只是个小数；何况，任何电动车使用电能都要经过机-电-机两次能量转换，只是第一个机-电能量转换不一定发生在车上而已。

我国许多汽车企业已经掌握增程式电动车的生产技术；所用电池成本只有纯电动车的40%左右，故车价降低不少。用户可以从三年左右的节油费中找补回电池的费用，因而增程式电动车最有可能向无补贴过渡。

增程式电动车是我国电动汽车从“大量节油”向“少用油”乃至“不用油”前进的“渡船”，是我国从汽车大国迈向汽车强国的最佳途径，应在“十三五”期间大力发展。作为推动措施之一，建议科技部与电动汽车百人会联合指导举办一次“增程式电动车技术研讨会”，由“十二五”863 计划项目中承担增程式电动车研制的 5 家单位公开汇报研究成果，将全民经费支持得到的科技成果合理地成为全民的财富——保留各自的专利所有权。

三、规定“十三五”期末生产的燃油车必须“微混化”

即全部具有“启停”功能。2020 年“微混化”是世界潮流，我国应该坚定不移地推行。问题在于如何推行“微混化”。“补贴”已成为一种最省力、省事的做法，加装“启停”功能需要 1500 元或 3000 元(具有刹车能量回收能力)，政府也可补贴了事。然而以年产 2000 万辆燃油车计算，每年的这项补贴需要 300 亿元或 600 亿元。应该换一种思考方法，降低空气污染是汽车生产企业和汽车用户的义务，汽车生产企业应该想方设法降低加装“启停”功能的成本，汽车用户也可以从三五年内节油 5%或 10%省下来的开支中找回这笔费用，不能养成“不给补贴不办事”“不给补贴办不成事”的坏习惯。

政府部门对企业不应过分迁就，对公众有责任进行解释和宣教工作。

四、完善支持产业发展的政策措施，加速补贴退坡

2015 年 5 月，财政部、科技部等四部委在其公布的《关于 2016—2020 年新能源汽车推广应用财政支持政策的通知》(以下简称《通知》)中明确了“十三五”期间电动汽车补贴政策。按照《通知》中规定的补贴标准计算，实现 2020 年 500 万辆的目标，“十三五”期间中央政府要补贴约 3900 亿元，地方政府补贴还没有算在内。不仅财政负担过重，而且从“十二五”期间的经验教训来看，高补贴政策拉动电动汽车发展的成效并不乐观。更令人惊讶的是，可以办成几千所学校、医院的若大一笔财政开支，不经人大委员会审批，就可由几个部委领导以“通知”

的形式合理合法的开销了。

2015 年 7 月 8 日，包括我在内的 19 位院士联名给国家建议“控制电动汽车补贴总额，明确企业开发责任”。建议内容主要为三条：

第一，国务院为“十三五”电动汽车补贴总额设定上限，需多少补贴要先算再用。

第二，要明确各个汽车生产企业的责任，实行“适当补贴，责任指标，超额有奖，以罚促产”的政策措施。

第三，继续加强对电动汽车技术创新发展的支持。

“适当补贴”，就是“十三五”补贴电动汽车金额要降低，且要加速逐年退坡。“责任指标，超额有奖，以罚促产”，是参考美国加州的政策措施。它的核心内容是，要求汽车生产商在加州销售的乘用车、小型车辆当中，必须含有一定比例的零排放和部分零排放的车辆，要求到 2020 年，在加州销售的汽车里，应该有 6%的零排放和 3.5%的部分零排放的车，按积分多少进行赏罚。

“他山之石，可以攻玉”。我们殷切希望国务院采纳这些建议，完善支持产业发展的政策措施，推动我国“十三五”电动车健康、快速发展。

总之，要认真吸取前 15 年电动车发展的经验教训，要“以提高发展质量和效益为中心”。当前的电池水平决定了“十三五”电动车产业发展重点，应大力发展微型低速纯电动汽车和增程式纯电驱动汽车。

政府要明确汽车企业生产电动汽车的责任，完善奖罚政策措施，加速“补贴退坡”，使我国“十三五”电动车产业走上更健康的发展道路。

“十三五”锂离子电池等动力电池，要在安全第一前提下继续提高比能量和寿命，为提高“十四五”电动汽车产业水平打基础。

“十三五”燃料电池电动车要切实研究技术，在室内将燃料电池研究好、检测透，不急于跟外国搞“批量上路”——要稳定心态、脚踏实地走好自己的路！

“十三五”的电动客车应大力发展增程式*

以行业观察者的角度瞭望中国客车的发展前景；以产业践行者的姿态把握中国客车行业的发展脉搏。2015 年 12 月，“第十届中国客车与运营发展高峰论坛”在京举行，来自全国各地的客车行业专家、客运公司、旅游公司、公交公司等客车用户代表，国内知名客车企业及配套企业代表，以及中国客车行业的主流媒体代表等 200 余人出席了本次盛会。

中国客车业以及中国客运业的发展离不开意见领袖的呼吁，主办方中国客车网希望通过论坛的方式让大家畅所欲言、百家争鸣，从而引导客车行业和客运行业向健康和谐的方向发展。本届论坛上，18 位行业专家以行业发展观察者的角度，站在技术与市场的前沿，瞭望中国客车业未来的发展机会，与大家一起交流思想，分享经验。年过耄耋的中国工程院院士杨裕生应邀出席并作为嘉宾首位登台发言，就十三五期间电动客车增程式发展模式给出了自己的见解与思考。

一、以质量和效益为中心回顾“十二五”

在全球节能与新能源汽车热潮的推动下，我国新能源汽车作为战略性新兴产业，在国民经济和社会发展中的重要战略地位已经确定。“十二五”期间，交通运输行业明确规定，公交企业综合耗能比 2005 年要下降 14%。“十二五”已近尾声，“十三五”启动在即，对于国内广大客车制造企业而言，如何更好地响应国家节能减排新政，如何契合绿色、高效、节能的行业新常态成为当务之急。

“自 2000 年开始，我国电动客车的研发与使用正式提上了议事日程。还有数日将迎来“十三五”，所以电动客车回顾和展望，都必须以《中共中央关于制定国民经济和社会发展第十三个五年规划的建议》为准绳。《建议》的‘指导思想’中指出，以提高发展质量和效益为中心。”杨裕生院士指出：“我们要以发展质量和效益来回顾过去十五年来电动客车的历程，也要以发展质量和效益来展望电动汽车的‘十三五’做法。”

杨院士认为，21 世纪 15 年以来，我国电动客车发展状况可以用喜忧参半来概括。喜的一半是我国电动客车关键技术有了长足进展，初步建立了零部件和整车的技术。到 2015 年年底，我国在国内销售的电动汽车能够达到 40 万辆，距离原定的 50 万的目标已不太远。电动客车将近 5 万辆，各地方也尝试性地开展运营，这是全国相关的部门、企业、用户以及人士共同努力的结果。

---

* 本文原载于“电车之家”，2015 年 12 月 31 日。

我国发展新能源汽车是应对节能减排重大挑战的需要，同时也是汽车产业跨越式发展和提升国际竞争力的需要。欧美日等国都把新能源汽车作为战略制高点来考虑。当然，相较发达国家，我国新能源汽车发展过程中依旧存在不足之处。杨裕生院士对我国新能源客车发展"忧的一半"归纳为以下几点。

第一，我国电动汽车发展"性价比"不宜高估——发展质量和效益不高。我国为新能源汽车的推广应用投入了近 500 亿中央政府补贴，加上相同数额的地方政府补贴，而对推动电动汽车市场形成的效果不佳。

第二，在补贴最高的纯电动公交车中，"趴窝""未老先衰"的很不罕见，而且第二套电池无着落，此现象还将继续蔓延。

二、应量电池之力发展纯电驱动车

"2020 年，我国电动车保有量目标是 500 万辆，这个只是数量上的目标，更要落实习近平总书记 2014 年在上海考察时的指示，要开发适应各种需求的产品，使之成为一个强劲的增长点。"杨裕生院士说，"十三五我国电动汽车发展，必须切实的贯彻中共中央建议，以提高发展质量和效益为中心。"

杨裕生院士谈到"十三五"时期电动汽车的发展时明确表示："第一，电池仍然是决定性因素；其次，要利用好现有的电池技术。如何发展电动车，实际上就是如何用好电池。"

杨院士认为，当前的电池技术水平决定了"十三五"电动汽车产业的发展水平，增程式电动车是"十三五"期间应着力发展的方向。同时，应该发展电池用量小、比能量要求不高的低速微型车，尽快制定相关标准。

是否将纯电动汽车作为今后重点发展对象，是目前一直存在的争论问题。杨裕生认为，以目前的电池技术水平而言，纯电动乘用车和客车的合理设计里程是 150 公里。如果追求更长的续驶里程，就要求更多的电池，车身相应的载重与耗电量也会加大，从而导致需要更多电池。因此，增程式才是最符合"十三五"战略规划的新能源车发展路线。他归纳了增程式的优势："电池用量少，车的成本低，节油率高；电池不会过充因而安全性高、不会过放因而寿命长，可与汽车"白头偕老"；长途行驶也很省油，不充电节油率也很高。12m 客车价如逐渐降到 80 万，比燃油车高出 25 万元，用户可以从三年左右的节油费中找回"。

对于"十三五"期间我国客车动力电池技术的发展路线，杨裕生也给出了自己的见解。他认为，锂离子电池将长期是动力电池的主力，"十三五"期间电池技术的发展应在安全作为首要前提下，提高锂离子电池的比能量。

杨裕生院士特别强调"十三五"期间电池的安全性。他说，蓄电池是一个含能器件，都有不同程度的危险性。选用电池要将高安全性放在首位，宁愿牺牲一些比能量。另外，在电池使用过程中要规范安全操作规程，绝不可以滥用。

三、政策调整将引产业健康发展

在推动新能源车产业化发展进程中，政府或地方补贴一直起着至关重要的作用。2015 年 5 月，财政部、科技部等四部委在公布 2016～2020 年新能源汽车推广应用支持政策的通知中，明确了“十三五”期间电动汽车政策，即每两年“退坡”20%。按此补贴标准，杨院士做了计算，到 2020 年中央政府要补贴 3900 亿元，地方政府的补贴还没有算在里面。

那么这笔账是怎么算的呢？首先，为了到 2020 年能够完成 500 万辆新能源汽车的目标，5 年间电动汽车在汽车总销量必须逐年增加，即 2016 年占比 1%，2017 年 2%，2018 年 3%，2019 年 4%，2020 年 5%，按照每年一个百分点增长，而完成这个目标中央政府的补贴金额就是 3900 亿(表 1)。这 3900 亿可以做很多其他的事情，全部拿来做补贴，是否符合“提高发展质量和效益为中心“的指导思想呢？

表 1 《十三五》电动汽车补贴数额估算

年份	全国汽车预计总销售量(按 6%增长计)	新能源车占汽车总销量比例/%	新能源汽车预计销售量/万辆	按照《通知》补贴标准的估计补贴数(平均每辆补贴数)/亿
2016	2700	1	27	324(12 万/辆)
2017	2862	2	57	547(9.6 万/辆)
2018	3034	3	91	874(9.6 万/辆)
2019	3215	4	129	929(7.2 万/辆)
2020	3409	5	170	1224(7.2 万/辆)
总计			474	3898

补贴只能够作为一个杠杆，而不能作为动力；长期高额补贴不利于推动电动汽车的发展与应用。为此，杨裕生院士在 2015 年 7 月联名 19 位中国工程院和中国科学院院士向国家提交了《关于控制电动汽车补贴总额，明确企业开发责任的建议》(以下简称《建议》)。建议主要有三条：第一，国家应为“十三五”期间电动汽车补贴总额设定上限，而非四部委用了算；第二，明确汽车制造企业责任，实行责任指标，规定各个汽车厂必须产销一定比例的电动汽车，超额有奖，而不是单靠补贴去推动；第三，继续支持电动汽车技术进步。

“‘十三五’期间电动车从大力补贴过渡到少补甚至无补贴，符合党中央《建议》的指导思想——高发展质量和效益为中心。必须完善政策，将‘补贴从动力退坡为杠杆’；加强企业责任，使之‘从趋利者进化成推动者’。”

演讲尾声，杨裕生院士建议举办一次增程式电动客车研讨会，由“十二五”期间承担 863 计划项目增程式乘用车和大客车项目的单位(3 家和 2 家)汇报其研究成果，使之成为全民的财富，以此推动我国增程式电动车的发展。

我国的电动汽车积分制要能够推动节油又减排*

可能大家还记得在上一次会上我曾经介绍过，去年19位工程院和科学院的院士向国家提过一个建议，这个建议的内容就是希望补贴要有一个上限，同时要给企业加责任，也就是超额要奖，欠额要罚。但是这样的建议还没有能够得到采纳。特别是关于给企业加责任，在有补贴的情况之下怎么做？今天要研究的问题是补贴停止之后怎么办。实际上我觉得这两个问题可以结合起来考虑。也就是说在有补贴的情况之下，也可以给企业加责任，或者说参考美国加州的积分制办法，来促进企业承担起发展新能源的责任。

我今天讲的题目是“我国的电动汽车积分制要能够推动节油又减排”。这里面特别讲到既节油又减排，这两个因素要同时考虑。我们知道发展电动车的目的是节油+减排，节油是国家能源安全的需要，减排是保护环境的绿色要求。汽车企业生产电动汽车是义不容辞的责任，美国加州的积分制规定企业在加州销售的汽车中必须有一定比例的零排放和部分零排放车，而且比例与年俱增，积分不足的要罚。这个效果很好，现在美国很多州都效仿，欧洲现在也在开始效仿这个办法。我们在2015年提出这个建议之后，电动汽车百人会在这方面也做了相应的研究，有了一个专题的小册子。但是参考美国加州的积分制不能照搬照抄。首先是加州发电排放的二氧化碳很少，就是说它发电所消耗的能源是比较清洁的，所以它的电动车节油和减排是一致的。我们国家发电78%用的是煤，纯电动车只能够是节油，而用电也会产生二氧化碳的排放，排放的二氧化碳并不少。尤其是那些耗电量大的车更是加重了二氧化碳的排放。所以要参考新加坡考核汽车的二氧化碳排放量。大家都知道，新加坡对特斯拉的车进行了罚款，就是因为它二氧化碳排放太多。减少二氧化碳排放是地球人的共同责任，必须重视起来，而这一点现在我们在发展电动车的时候，往往观念上面还不够重视，只注意到节省油的问题。

要看到加州积分制存在的局限性，我把它归纳了下面几点：

第一，只以在加州销售的车为基数，不反映企业在全国销售燃油车总量所应该承担的责任。这一点在中国是不行的，中国不能以哪一个省为单位来进行。

第二，积分与纯电动里程挂钩，纯电动里程越高给的积分越高，像特斯拉-S那样的车4分，如果以煤电为主的国家，它的结果是鼓励双重增加排放——它自身不节能减排，买它积分的车子更加不节能减排，因为它积分太高了。

---

* 本文为2016年8月21日在“中国电动汽车百人会2016夏季论坛”上的演讲。

第三，没有体现鼓励汽车企业通过技术进步生产更加节能减排、能效更高的车子。

第四，“零排放车积分”与“部分零排放车积分”不等值，不便结算，因此每个企业都必须要生产这两类车，生产一类车拿到一种积分还不行。

第五，企业必须完成的责任分与企业销售电动车得到的积分两者都称为“积分”，这两个概念容易混淆。

所以，在制订中国的积分制的时候，我们必须要提出一些新的建议。积分制应该推动企业发展节油又减排的车，节油又减排也就是所谓低碳汽车，必须通过轻量化来实现，包括减轻车身重量和电池重量。车身重量当然还包括其他的部件，减轻车身重量要从材料和设计入手。减轻电池的重量一是要提高电池的比能量，但是这与安全性有矛盾。电池比能量越高安全性可能就越要下降。要合理选用电池，不可以片面地追求高比能量。二是要减少电池的用量，这和延长里程有矛盾，要通过优化设计来解决这个问题。所以，我国的积分制要将减少用电、减轻二氧化碳排放和积分挂钩，鼓励企业生产能效高又排放少的车。

有以下十条具体意见：

第一，规定企业销售电动车的责任。企业各年应该销售的电动车在其总销售量中要占一定的比例，逐年增加的比例，大概每年加 1.5%。今年达到 2%大概是没有问题，到 2020 年达到 8%，2500 万辆总的销售量当中就有 200 万辆汽车是电动车，这样就达到现在“十三五”计划的要求。

第二，规定企业必须完成的责任分。企业 2020 年如果销售 10 万辆车，它的责任分就是 10 万×8%，应该是 8000 分，它应该完成 8000 分的责任分。

第三，以企业在全国销售汽车的总量为责任分的基数，反映这个企业对国家所应该尽的责任。

第四，将企业的责任分与企业销售电动车所得的积分两者名称区别开。责任分是它应该完成的，积分是它能够得到的。

第五，积分由节油积分(D)和减排积分(E)两部分组成。也就是每辆车获得的积分 C=D+E，D 和 E 怎么计算下面再看，这样既体现对两者的重视，既重视节油，又重视减排，反映我国以煤电为主的实际情况，并且鼓励发电省电的电动车。

第六，在实现补贴政策期间，目前可以采取的措施，企业的积分低于责任分的，当年不得享受政府补贴，而且要受罚。也就是 2015 年我们建议中提到的“超额有奖，欠额要罚”。积分超过当年责任分的部分可以转入下年使用。补贴停止后，要订立奖罚兼施的细则，现在还不能奖，因为已经有补贴。

第七，节油的积分可以规定纯电动车定为 0.5 分，增程式和插电式电动车定为 0.3 分，这两者是等值的，也就是可以互换的。节油积分不分车种。

第八，减排积分。减排积分要做计算，按照电动车用电(或用油)的二氧化碳排放量，与燃油车相比的减少比例来衡量。

对纯电动车的减排积分可以用下式计算：

$$E=\frac{\text{燃油车百公里二氧化碳排放量}-\text{该纯电动车百公里耗电的二氧化碳排放量}}{\text{燃油车百公里二氧化碳排放量}}$$

燃油乘用车的油耗目前定为百公里 8 升，12 米高用车定为百公里 36 升，其他商用车定出相应的油耗标准。今后随着技术进步，这 8 升和 36 升的两个指标就应该适时下调。每升燃油的 CO_2 排放量=2829g(CO_2)；全国每公斤煤平均以发电 3 度计算，每度电的 CO_2 排放量=810 克(CO_2)。今后煤电比例下降，也要适时调整每度电二氧化碳的排放量，不一定是 810 克。为了计算简便，上面所做的计算都还不是全寿期的二氧化碳排放，只是在车子行驶过程当中所消耗的能量所牵涉到的二氧化碳排放。

例一：如果某一个纯电动车百公里耗电是 14 度，燃油车的百公里耗油是 8 升，就可以用这样的公式算出它的 E=0.5，即这个车子的减排积分。其总的积分就是节油积分 0.5 加上现在的积分 0.5，就是 1.0。如果百公里耗电不是 14 度，而是 20 度，算出来的减排积分只有 0.28，总积分只有 0.78。反映出耗电耗得越多，减排积分就越小。

例二：12 米纯电动商用车百公里耗电是 80 度，得 E=0.36，这个车子的总积分 C=0.5+0.36=0.86。

对于增程式(及插电式)电动车，减排积分计算有新的问题：首先要改变耗油量的计算方法。现有的方法是把最初 100 公里耗油与耗电统一算起来，电池装得多，纯电动里程长，用油的里程就短，这样统一计算下来耗油量就很小，所以有的车子只有 1～2 升，显然不反映这个车子的实际耗油量，而是指 100 公里用了很多电之后的耗油量，它不反映增程阶段的百公里耗油量的真实性能。所以要重新定义百公里的耗油量，可定为保持行驶前后电池充电态相同的前提下，测量增程行驶 100 公里的耗油量。

至于纯电动里程，以及它的百公里耗油量，可以按照纯电动车的方法测试。总的积分是 C=D1+E1，注意这个概念有不同。D1 规定为 0.3 分，这里要说一句，行驶里程必须大于 50 公里才能给这个 0.3。减排积分的计算和刚才的概念是一样的，但是分子、分母有一些不一样，实际上推算下来的结果，E1 就和节油率相等，也就是节油率越高，减排的积分越高。

例三：如果一个增程式电动车在 B 状态下的百公里油耗是 5 升的话，它的 E1 就可以用这个公式出来，应该等于 0.375，这个车总的增程式的积分 C=0.3+0.38=0.68。

例四：12 米的增程式商用车的百公里油耗是 20 升，用这个公式算出来 E1=0.44，每辆车子的总的积分 C=0.74。

第九条建议，电池不直接算进积分里面，由企业自主选择。

如果选用铅碳电池，其比能量低，因此车子重量就会加重，这样就要增加能耗；耗电多了，减排积分就要减少，所以他选的时候就要考虑是不是用铅酸电池，还是用锂离子电池。但是也要考虑铅酸电池有它的优点，比如它的安全性高，比功率高，价格便宜，寿命在延长，技术在进步。湿法处理废铅酸电池解决了烟尘污染的问题，提高了回收率。我国的铅酸电池行业过去出现了污染问题，近几年整顿很有成效，这是中央部委管理改善、监管加力的结果，已经今非昔比。“十三五”还要进一步整顿提高。

锂离子电池比能量高，有利于提高减排积分。但现在锂离子电池还不是绿色的电池，它在石墨的提取当中产生很多废水；六氟磷酸生产中要用含氟化学品；电池生产中有有机溶剂挥发到大气中；废电池处理的时候，一遇到水汽就产生氟化氢；也会有有机溶剂挥发出来。废锂离子电池的残值不高，谁来处理？谁出钱？现在每年有上亿只手机废电池在污染环境。动力电池接踵而来，量更大，所以要抓紧锂离子电池的污染治理。实际上，锂离子电池的污染问题也应该引起我们国家充分的重视。

第十条建议，制定中国电动车的积分制，一是要将国家的利益放在第一位，兼顾企业利益；二要切实减轻国家财政负担，避免“穷补富”，就是用大家交的税去补购车的富人；三要防止类似骗补问题的再发生；四要集思广益，反复征求意见，防止少数人说了算。积分制是比较复杂的问题，需要反复地讨论研究。

最后我讲三句话：①发展中国电动车，必须从中国国情出发学习外国，切忌照搬外国；②国民的减排意识要提高，相对于节油来讲，减排意识更要提高；③电池都要用化学品，管理不好都会污染环境。用什么电池应该由企业根据市场来决定，政府不必作硬性规定。

谢谢大家。

对新能源汽车积分制的意见及往来信件*

瞿国春副司长：

工业与信息化部公告征求新能源汽车积分制的意见。我将意见整理成文，请您考虑。并请您转发工业与信息化部的有关领导和部门。谢谢！

如有需要，我可以来部里和你们面对面交流！

杨裕生

2016 年 10 月 6 日

一、意见书全文

本意见书题目为《我国的电动汽车积分制要能推动节油又减排——对工信部征求电动汽车积分制意见稿的意见(初稿)》，以下为意见书全文。

我赞成实行电动汽车积分制，也赞成将企业平均燃料消耗量与新能源汽车积分并行管理！

但是，工信部起草的《企业平均燃料消耗量与新能源汽车积分并行管理暂行办法(征求意见稿)》(以下简称《征求意见稿》)中有一些重要问题，尚待认真推敲。

(一)正确定位新能源汽车产品的“技术参数水平”

《征求意见稿》认为纯电续驶里程越长则“技术参数水平越高，对应的车型分值越高”，于是，将新能源乘用车单车型分值根据纯电续驶里程确定。这是不可取的。理由如下：

(1)表达新能源汽车产品的“技术参数水平”，应该是单位里程的能耗量，如同工信部实行传统汽车“燃料消耗量”限值的“升油/百公里”那样，考核纯电动汽车应该是“电耗量”，即度电/百公里(但不是度电/吨·百公里)，并与积分挂钩。对插电式(含增程式)除要求纯电动里程大于 50 公里外，还应将混动工况(B 状态)下的节油率与积分挂钩。

对燃油汽车和新能源汽车要用同一个原则和标准来衡量，即百公里能耗，不

---

* 此信为杨裕生院士起草并上呈。

应该有“双重标准”。美国在人权等问题上“双重标准”的做法不可效仿！

(2)新能源汽车产品如要有长的纯电续驶里程，只要多装电池，这不是什么有难度的技术。反而，电池多装，则车身加重而能耗增加，与发展新能源车的节能+减排目的是背道而驰的。

(3)政府对新能源车补贴，是补电池与油箱的差价，按纯电续驶里程分段补贴似乎还有点道理，其实道理也并不充分。这种补贴办法鼓励了生产装配电池 700 公斤、百公里耗电高达 19.7 度、价格卖到 36 万的比亚迪-e6 纯电动车。这样的车浪费能源，不宜再用积分来鼓励了。

(4)多装电池，则安全性下降。特斯拉-S 装 85kWh 电池，公开承认已烧了的车是 13 台，与 18650 电池的千万分之一危险几率基本相符。所以，积分与纯电动里程挂钩，实际上是与车辆的不安全性挂钩！

(5)附件二的新能源乘用车分值表，会给有些人“谋分”留下后门，应该事先预防。

总之，应取消积分与纯电动里程挂钩，修改第二十一条(新能源乘用车车型分值根据新能源汽车产品的纯电动续驶里程等技术指标确定)和附件二的新能源乘用车分值，使积分反映各企业电动车不同的节能减排技术水平，从而鼓励汽车企业通过技术进步生产节能又减排的新能源汽车。

(二)制定电动汽车积分制，要不忘节油又减排的初衷

1. 要提高节油+减排意义的认识

节油是国家能源安全的需要，减排是保护环境的绿色要求。

我国已成为世界能源消费第一大国、世界二氧化碳排放总量第一大国，人均排放也超过了欧盟。造成地球平均气温升高，中国“贡献”不小！2015 年 12 月 12 日气候变化《巴黎协定》决议：“把全球平均气温升高幅度控制在 2 摄氏度以内。2016 年 9 月 3 日，习近平总书记与奥巴马在杭州隆重地向联合国秘书长递交了气候变化《巴黎协定》批准书，中、美两国正式承担减少二氧化碳排放的责任。我国汽车企业销售的电动汽车必须是越来越节油又减排，我国的积分制必须为此政治任务服务。

《征求意见稿》对燃油车的节油性能很重视，而对新能源车的节能减排性能很忽视。要提高对新能源车节油+减排意义的认识！

2. 纯电动汽车不用油，但不一定就减排

不要以为纯电动汽车不用油，就一定减排；更不能认为纯电动里程越长就越减排。特斯拉在加州可以拿到最高积分 4 分，是因为加州积分与纯电动里程挂钩：积分=0.5+0.01×纯电动英里。特斯拉装载的电池多，车身重，耗电量大，到了新加坡，由于耗电量大(即排放高)而受罚。新加坡管理办法的指导思想是正确的，

我国应该学习。我国发电量的75%左右来自燃煤，纯电动车用电中排放的CO_2并不少，耗电量大的车更是加重CO_2排放！

所以，积分与纯电动里程挂钩，用高积分鼓励长纯电动行驶里程，是违背了发展电动车减排的宗旨。

(三)明确企业的“责任分”

1. 确定全国新能源乘用车在全国燃油乘用车总销售量的预期比例

确定这五年全国新能源乘用车在全国燃油乘用车总销售量的预期比例，可以让企业提前布局研发和生产计划，有利于推动新能源乘用车的发展。

根据盖世汽车研究院的数据，2015年国内燃油乘用车产量实现了2011.1万辆。今后5年如以年增长5%计，2020年燃油乘用车产量可达2567万辆，如表1所示。

表1　2015—2020年新能源车与燃油乘用车销售量对比(盖世汽车研究院)

年份	2015	2016	2017	2018	2019	2010	总计
燃油乘用车预计销量/万	2011	2112	2217	2328	2444	2567	
新能源车与燃油乘用车预计销量比/%		2.0	3.0	4.0	6.0	8.0	
新能源车预期销量/万辆		42	66	93	147	205	553

2018、2019、2020三年各年新能源乘用车预期销量与燃油乘用车预计销量的比例只需4%、6%、8%，就可超过“十三五”的预期目标500万辆。

2. 规定企业必须完成的责任分

《征求意见稿》“第二十三条　2016年和2017年度，对新能源汽车积分比例不做考核，2018至2020年，新能源汽车积分比例要求分别为8%、10%、12%。”其中，“积分比例要求”的概念不明确。

建议使用“责任分”一词即国家规定的当年全国新能源乘用车与全国燃油乘用车总销售量的比例乘以该企业该年乘用车的总销售量。如某企业2020年燃油乘用车的总销售量为10万辆，其该年的责任分=10万×8%=8000分。此企业必须在该年通过销售新能源车获得积分8000分以上，以便冲消(或“完成”)其责任分。

积分冲消本企业的责任分后的余数，可称为余积分或正积分。

政府“主管部门监控行业新能源汽车正积分与燃料消耗量负积分实际情况，根据情况及时调整新能源汽车正积分与燃料消耗量积分的抵偿系数”(“《企业平均燃料消耗量与新能源汽车积分并行管理暂行办法》编制说明”的用语)，以调控新能源汽车正积分可以抵偿燃料消耗量负积分而少许有余，既可维持积分转让的供需平衡和价格稳定，又能激励燃油车企业增产新能源车。

(四)积分要反映企业节能减排技术的水平

中国的积分制，要将减少用电、减轻 CO_2 排放与积分挂钩，鼓励企业生产能效高、排放少的车！具体意见如下：

1. 积分由节油积分和减排积分两部分组成

$$每辆电动车积分\ C=D(节油积分)+E(减排积分) \tag{1}$$

这种算法既体现对两者都重视，又反映我国以煤电为主的实际情况，并鼓励发展省电的电动车。式(1)等号后包含两项(形式上与加州公式：积分=0.5(或 0.3)+0.01×纯电动英里相似)，节油积分 D 与加州公式的第一项基础分相当，而差别在第二项含义有天壤之别。

2. 节油积分

参照加州的基本分，纯电动车定为 0.50，不区分车的尺寸、重量、配置；插电式混合动力车(含增程式)纯电里程大于 50 公里者，定为 0.30。

3. 减排积分

按电动车用电(或插电式的用燃料油、气)的 CO_2 排放量，与燃油车的燃料消耗量所产生的 CO_2 排放量相比所减少的比例来衡量。

1)纯电动车的减排积分计算

$$E=\frac{燃油车百公里CO_2排放量-该纯电动车百公里耗电的CO_2排放量}{燃油车百公里CO_2排放量} \tag{2}$$

燃油乘用车的油耗定为百公里 7 升(2015 年全国平均值 6.98 升)。今后随着技术进步应适时下调。

每升燃油的 CO_2 排放量=1 升×油的比重×油中含碳比×CO_2 与 C 分子量比

=1000×0.73×12/14×44/12=2677g(CO_2)

该纯电动车百公里耗电的 CO_2 排放量=百公里耗电×每度电排放 CO_2 量。目前，全国平均 318 克标煤发电 1 度，标煤的含碳元素按 82.4%计算，煤电在我国目前总发电量中的占比取 75%，可得：

每度电排放 CO_2=每度电煤耗×煤中含 C×CO_2 与 C 分子量比×煤电占比

=318×0.824×44/12×0.75=721g(CO_2)

随着每度电的煤耗及总发电量中的煤电占比的下降，适时调整此数！

以上计算均按车辆使用中的 CO_2 排放量，而非车辆“全寿期”的 CO_2 排放量。

例一：若某一纯电动乘用车的百公里电耗为 14 度，则

E=(7×2677 - 14×721)/7×2677

=(18739–10094)/18739=0.46

每辆该纯电动乘用车积分　C=0.50+0.46=0.96；

如百公里电耗为 20 度，则 C=0.50+0.23=0.73。

可见，电耗越小，积分越高！这样就会鼓励企业努力降低纯电动乘用车的百公里电耗。

2)插电式(及增程式)电动车的减排积分计算

首先要改革耗油量的计算方法。因为现在的计算方法是以最初行驶 100 公里统一计算，如电池多装，纯电动里程长，用油里程短，统一计算的 100 公里耗油量就很小，不反映 B 状态混动阶段百公里耗油量的真实性能。所以应该重新定义百公里耗油量。具体可定为：保持行驶前后电池充电态相同的前提下，测量 B 状态混动阶段行驶 100 公里的耗油量。

插电式(及增程式)电动车的积分 $C=D_1$(节油积分)$+E_1$(减排积分，即节油率)

D_1(节油积分)=0.30(纯电行驶里程必须大于 50 公里才给积分)

$$
\begin{aligned}
E_1 &= \frac{\text{燃油车百公里}CO_2\text{排放量}-\text{该增程式车百公里耗油的}CO_2\text{排放}}{\text{燃油车百公里}CO_2\text{排放}} \\
&= \frac{\text{燃油车的百公里油耗}-\text{B状态下百公里油耗}}{\text{燃油车的百公里油耗}}
\end{aligned}
\tag{3}
$$

可见，节油率越高，则减排积分越高！

例二：若某插电式混合动力乘用车 B 状态下的百公里油耗为 5.0 升，则：E_1=(7.0–5.0)/7.0=0.286，每辆该插电式电动乘用车积分 C =0.30 + 0.29=0.59；

如百公里 B 状态下的百公里油耗为 3.5 升，则 C=0.30+0.50 =0.80。

可见，B 状态下的百公里油耗越小，积分越高！

3)燃料电池电动车的减排积分计算

燃料电池电动车中，必需有蓄电装置与燃料电池并联，以弥补后者功率响应能力不足，并延长其寿命。最近的发展中，已将燃料电池作为蓄电装置的“增程器”，减小燃料电池的功率而增加蓄电装置的容量，不仅可以大幅度降低燃料电池电动车的生产成本，而且可以优化能源利用率、减少氢气消耗、降低燃料电池电动车的使用成本。所以，燃料电池电动车实际上已发展为以燃料电池为增程器的增程式电动车，于是，燃料电池电动车的节油积分应该按增程式电动车计算，故其节油积分应 D 为 0.30。

现今所用氢气基本上是工业副产品，或来自弃风发电-电解水，作为目前阶段鼓励燃料电池电动车发展的举措，可以暂定燃料电池电动车百公里耗电的 CO_2 排放量为零，于是减排积分 E=1.0，总积分 C=1.30。

若干年后，燃料电池电动车发展到一定程度，就全国而言燃料电池电动车所用氢气有相当份额要靠多种一次能源转化而来，那时就应该考虑氢气制备过程的

CO_2排放量，其减排积分 E 可能从 1.0 下降。

4. 对补贴政策的建议

在实行补贴政策期间，企业的积分低于责任分的当年，不得享受政府补贴；积分超过当年责任分的部分，可转入下年，也可用于冲抵企业燃油车平均燃料消耗量的负积分。补贴停止后，要订立奖罚兼施的细则！

5. 蓄电池的污染物排放与积分的关系

锂离子电池比能量高于其他电池，而且比能量还在不断提高，有利于减轻车重，从而省电，是企业乐于采用该种电池的原因。但它现在也还不是“绿色的电池”！石墨、六氟磷酸锂、有机溶剂的制备中、电池生产过程及废电池处理中，污染排放很严重，政府部门要重视其治理。不过，此问题不属于车辆使用中产生的排放，故可暂且不作为减排积分计算的考虑因素。

(五)结束语

国家发改委于 2016 年 8 月就《新能源汽车碳配额管理办法》征求意见，其基本思路也与加州积分制相同。有说法，碳配额归国家发改委主管，新能源汽车归国家工信部主管。那么，“新能源汽车碳配额”是否两部委都主管呢？

希望两部委统一步调，莫给群众造成思想混乱。

二、与院士及专家有关意见书的往来邮件

1. 2016 年 10 月 7 日发给院士们的信

诸位院士：你们好！

工业与信息化部公告征求新能源汽车积分制的意见。我整理了意见，请您指正！

杨裕生

2. 2016 年 10 月 7 日中南大学原校长、能源与矿业学部原主任何继善院士的回信

裕生院士你好，你的意见都很对，我个人非常支持，而且，你在这个问题上所做的努力很有成效，深感钦佩。

我还有个想法，“新能源汽车”名不副实，有弄虚作假之嫌。用电池驱动车，已经不新了。而且，现在的电池根本就不是理想的动力电池，只不过是不得已而用之。应该叫“电动汽车”或者干脆叫“电池式汽车”更名副其实。将来真正有了“新能源”的时候再叫“新能源汽车”吧。

祝健康！

何继善

3. 2016 年 10 月 7 日能源与矿业学部主任彭苏萍院士的回信

支持杨院士！

彭苏萍

4. 2016 年 10 月 7 日厦门大学原校长、中国科学院田昭武院士的回信

要延长纯电续驶里程，多享受政府补贴，就要多装电池，则车身加重而单位里程能耗增加，违背节能+减排目的。政府以补贴额度鼓励长续驶里程，补贴退坡后，又要用高积分这个新的、不会退坡的指挥棒。可叹！不要再拿长的纯电续驶里程做卖点了。多鼓励插电式(增程式)电动汽车吧。

田昭武

5. 2016 年 10 月 7 日清华大学电机系教授韩英铎院士的回信

同意杨老师意见！向杨老师学习！杨老师考虑得很深入、全面！

节能减排是一项系统工程，不能孤立看问题，不能孤立地想措施下决断。正如杨老师所说："纯电动车用电中排放的 CO_2 并不少，耗电量大的车更是加重 CO_2 排放！"

纯电动车看起来是减少了燃油排放，实际上增加了燃煤发电排放！如果电动车都在白天用电高峰期充电的话，实际是给电力系统添乱的！因为充电桩都是装在最低电压侧，为了供这点电，系统从发-输-配电各个环节都需要增加设备容量，还有加上数量可观的热备用和调峰设备，增加全社会成本，最后都转加到全体老百姓头上；我们国家调峰设备本已十分不足，这已经成为弃风和弃光的一大原因，如果大批电动车上来如何应对？

设想，如果多数电动车，非不得已时，都是在低谷时充电，则相当于参与了用户侧的削峰填谷，则天下太平，功莫大焉！是否我们的奖励办法可以通盘考虑？

韩

6. 2016 年 10 月 7 日中国科学技术大学教授何多慧院士的回信

杨、韩、何等诸位院士的意见都非常好，完全赞成。

何多慧

7. 2016 年 10 月 7 日香港大学教授、世界电动车协会主席陈清泉院士的回信

我赞同和支持杨裕生院士的意见，并且钦佩他的为国为民精神。一直以来，我就用电动汽车或电动车这个名词，因为更为确切。

陈清泉

8. 2016 年 10 月 7 日哈尔滨动力设备公司梁维燕院士的回信

裕生：你好！完全赞成你的意见。祝阖家安好，身体健康！

维燕

9. 2016 年 10 月 7 日能源与矿业学部原主任、国家电网公司黄其励院士的回信

非常同意杨院士的意见，我们做一切事情的出发点应是节能减排。同时也同意韩、何院士的观点，即：①减排应从全生产链的角度考虑；②电动车是个很好的移动式充放电设备，不论从为电力系统调峰，还是未来的电力市场看，应在智能电网的协同下，多用低谷和弃风弃光电。如果在本意见中，一并考虑此因数，那就更好了。

向杨院士学习、致敬！

黄其励

10. 2016 年 10 月 8 日中国科学院大连化学物理研究所衣宝廉院士的回信

杨院士：

我看了你起草的对工信部征求电动汽车积分制意见稿的意见一文，写得很好，对我们国家，一定要考虑减排问题，你提出的计算公式很实用。对燃料电池车，特别是小轿车，可能很快就有电电混合的车型出现，按现在的计算公式，就零排放了。是否加一段叙述，对电电混合车，要考虑氢制备过程的排放，到时依据供

氢的来源确定系数。

衣宝廉

11. 2016 年 10 月 8 日天津大学苏万华院士的回信

杨裕生院士及各位院士；

首先，向杨裕生院士坚持原则，服务国家利益的精神致敬。完全支持杨院士在信中提出的意见。杨裕生院士建议的核心是强调以节能、环保作为选择汽车技术的唯一原则。

我也同意何院士的意见，“新能源汽车”这个名字不科学。经过这十多年的经验，我认为它有欺世盗名的作用。这个瞒天过海的噱头再加上贴补的诱惑，诱导企业上船。另一方面，又用不合理的，不科学的油耗法规挤压内燃机汽车。使许多企业明知电动车不好卖、不节能、不环保，也不得不搞。不得不在产品开发计划中加上足够的电动车配额，因为它有优惠。这种情况在过去的十几年间已经极大地抑制了我国内燃机汽车创新发展的动力。但纵观国际汽车的发展现状，各种新技术层出不穷，2011 年左右新一轮以开发“超高热效率内燃机”为主题的技术竞赛，蓬勃发展，硕果累累。我国内燃机企业的已经取得的技术进步，有在这一轮的技术竞赛中又被国际先进水平拉大差距的可能。十三五期间我国科技部门对内燃机汽车的研发没有任何研究计划，大量的科研经费只用于电动车。

据 SAE AUTOMOTIVE ENGINENEERING 杂志报道：Boston Consulting Group(BCG)研究发现，全世界最具创新的 TOP20 公司是汽车公司。

这些数据都是在 SAE AUTOMOTIVE ENGINENEERING 杂志公开报道的，它证明国际社会是如何重视传统汽车的发展。

我认为我们不能人为地预报，指挥某种技术的发展，由市场选择是唯一可取的正确的科技发展道路。而市场选择应当提供一个公平、科学竞争环境。我认为杨裕生院士所做的正是为了提供一个公平竞争的环境，意义巨大，坚决支持。

苏万华

12. 2016 年 10 月 8 日瞿国春副司长的回信

杨院士：

您的意见已收悉，感谢您深入细致的分析和研究。

我们会认真研究您的建议。

谢谢支持！

13. 2016年10月10日中国工程院原副院长杜祥琬院士的回信

各位院士：

我国是否应该鼓励太阳能汽车的研发：车体为太阳能电池，车内有电池储能，不需充电桩，将能源的消耗体与生产者合一。

当然需要一个研发过程。

杜祥琬

14. 2016年10月10日中国汽车工业协会董扬常务副会长的回信

杨院士：

意见收到。您讲的很有道理。

董扬

15. 2016年10月13日中国石油集团苏义脑院士的回信

杨院士好！

邮件收悉。非常同意您对新能源汽车积分制的修改意见，这样指标相比原来要科学和合理。考虑到我国在新能源汽车方面的管理现状，我征求了有关从业人员和有关经济研究单位一些研究人员的意见，根据他们的建议，归纳了三点补充意见，不一定正确，供您考虑并批评指正：

一是增加对电池寿命的考核指标，因为电池有效寿命长短也直接导致电池原材料的消耗水平，而原材料的生产过程也有耗能与排放问题，再加之原材料的低水平利用而导致的资源浪费，同时固体废弃物的排放增加对环境污染造成更大的影响；

二是建立跟踪监督考核机制，应把出厂检测与在用定期和不定期检测考核相结合，把政府抽检、专家考核及用户信息反馈相结合，把官方信息渠道和社会公开信息渠道相结合，高度重视用户反馈信息的考核。

三是建立低水平产品退出机制。

祝好

苏义脑

16. 2016年10月13日田昭武院士的再次回信

赞同韩院士利用谷电对电动汽车充电的意见。关于夜间停车位，建议利用零散空地和城市支路夜间路边停车，尽量解决电动汽车优先固定停车位，做到“车、位、桩”三相随。

田昭武

17. 上述回信均及时转发给了瞿国春副司长，2016 年 10 月 31 日给他发此信，未复

瞿国春副司长：

院士、专家们对我意见均表示赞同和支持，只有一位专家改了一个错字。现将改过错字的定稿发给您。

我很想知道，你们采纳了我的哪些意见？

谢谢！

杨裕生

中国电动汽车片面追求续航里程是错误*

新能源汽车的发展已经成为当今汽车行业关注的重点。近年来，在政策补贴下，我国新能源汽车市场可谓是“形势一片大好”。不过，今年初爆发的新能源汽车行业骗补事件，却让快速发展的新能源汽车行业备受质疑。

面对中国新能源汽车市场现状，84 岁高龄的中国工程院院士杨裕生对此发出自己的担忧。新能源汽车发展中的问题应该引起重视。

一、补贴高于生产成本

从上海世博会开始，我一直在关注我国的电动汽车价格。上海世博会前一年我到上海去，公交车 160 万，当年底涨到 190 万，世博会年初涨到 210 万，世博会开幕前三个月我再到上海去已经涨到了 260 万。一年左右的时间，12 米的纯电动大巴涨了 100 万元。而在有补贴的情况下，补贴不断明确的情况下，还在跟着涨价。

那么，为什么一辆 12 米的纯电动公交车要卖 260 万？高额补贴使汽车企业追逐补贴最高的纯电动客车，国营公交公司包销，质量不好也不必顾忌卖不出去。生产企业不想如何降低成本去迎合市场，反而故意抬高车价。

企业都在跟随着补贴指挥棒转。大部分补贴成了汽车企业的高额利润，而政府财政负担太重，耽搁了行业发展速度；诱发了骗补、谋补的大丑闻。6～8 米商用车，补贴远远高于车的成本，贱卖一辆车(有的只卖一元钱)，拿了发票就可以拿补贴，这很不合理。

二、补贴不退坡，企业难以自立

因为补贴高了，因为有政府包销，所以把车价提高。如果靠市场，企业就要想办法降低成本，降低价格。这样就使汽车企业成为电动汽车市场化的主角。这是美国加州的做法。

我们国家现在的情况是，没有补贴企业难以为继。不退坡，企业难以自立。企业的依赖性很强，不能自立。

近年来的高补贴培养了我国部分汽车企业一些不好的习惯。依赖高补贴的习

---

* 本文为 2016 年 10 月 14 在“中国互联网+电动汽车市场化论坛”上的演讲，由“汽车工程师”2016 年 10 月 16 日报道。

惯以及短视眼前利益，不考虑长远的发展，做高配制、高价车的习惯。因为补贴高，尤其是现在补贴是跟电池量挂钩。燃油车的企业利润是在 2%～8%，而电动车的利润率是 10%～20%, 甚至还有更高的。车企的这些习惯不利于本企业的发展，也不利于电动汽车的市场化，必须在市场化的过渡进程中改变。

三、片面追求续航里程是错误的

美国加州的积分制也存在着局限性：

第一，它是以只在加州销售的车为基数，不反映企业在全国销售燃油车总量所应该尽的责任。第二，它的积分是(0.5+0.01X)纯电动英里。纯电动行使历程越长分数就很高，最高的可得 4 分。特斯拉拿到这个分数就可以卖，一年买上亿的美元。但是特斯拉的车子在新加坡由于高耗电、高耗能、高排放而受到了罚款。所以与纯电动里程挂钩是违背减排的宗旨。这是美国加州的一个错误做法。第三，与纯电动里程挂钩，如果用在煤电为主的中国，其结果是鼓励双重增加排放。拿到几分之后可以卖给燃油车，又一次鼓励增加排放，所以是双重的不减排。第四，零排放积分和部分零排放积分不互换，不偏于结算。也就是说，每个企业都必须生产这两种车。第五，企业必须完成的责任分与企业销售电动车得到的积分两者都称为“积分”，容易混淆。参考加州的积分制，但不能照抄照搬。美国加州发电排放量二氧化碳很少，电动车节油与减排基本一致；而我国发电 70%用煤，纯电动车只节油而耗电排放的二氧化碳并不少。因而，耗电量大的车子是加重了二氧化碳的排放。

我最近就讲到比亚迪-E6，这个车子耗电量百公里是 19.7 度电，这是一个非常大的耗电量。所以我们应该推动企业销售节油又减排的车，要将减少用电，减轻二氧化碳排放与积分挂钩，不可片面追求长里程纯电动。

四、背离轻量化发展方向

直白地降低补贴标准，似乎有损政府形象，于是就想出“提高补贴门槛”的怪招来。现在传说要“吨百公里电耗”不超过 13kWh 方给补贴，还要提高纯电动客车等车型的续驶里程。可能还有其他“门槛”要提高。

对于这个问题要说几句话。

(1) 整车的重量放到分母里面，这样，车子越重就越容易达标。这是鼓励做大车，做重车。

(2) 提高纯电动客车的续驶里程，必然要多装电池，这是鼓励做耗电高、排放多的车。就像比亚迪装 700 公斤的电池。

(3) 有错就改，威信更高。如果这样“提高补贴门槛”，反而会弄巧成拙，误导电动汽车背离轻量化的发展方向，与发展电动汽车降低二氧化碳排放的初衷背道而驰。

五、发展新能源汽车存在面子问题

小型乘用车用材少、电耗低、电池少、成本低。如果合理配制，受补贴退坡的影响就小，比较容易市场化。所以要更新观念，把节能减排放在第一位，面子放在第二位。

面子问题我解释一下，有一部分人认为汽车是表示身份和财富的象征。还有一种人认为大街上都走小车，整个城市不好看。长安汽车有一个技术方面的老总，在一次会上就和我谈这个问题，说路上都是小车，像在欧洲见到的那样，那多难看。这也是一种面子问题。

六、对铅酸电池不公正

已经市场化的低速车，使用的是铅酸电池，并没有花费国家补贴。每一辆燃油车都用一块铅酸电池。无线通信基站更离不开它。而且，现在铅酸电池不断出现新技术，例如，加了特种活性炭解决了负极的酸盐化问题；铅-稀土合金、铅-石墨烯合金解决了正极板栅腐蚀问题；电池寿命延长，比功率提高。同时，政府部门对涉铅全行业进行整顿，效果也很显著。所以，我们要公正的对待铅酸电池，不要认为它是古老落后的，人为地打压它。对铅酸电池的偏见，应该改正。

正确的政策是我国电动汽车市场化的关键*

热烈祝贺北京矿冶研究总院六十华诞。北京矿冶研究总院60年来为国家做了很大贡献，在锂离子电池，特别是正极材料开发了多种高水平的产品。推动了高能电池技术和产业的发展，是我国战略性新兴产业中新材料、新能源、新能源汽车和电信产业发展的交汇点，意义重大！祝矿冶研究总院取得更辉煌的成就！

我国电动汽车发展规划归结为三纵三横。三纵，即纯电动车、混合动力车、燃料电池车；三横，即电池、电机、电控。电动汽车与燃油车之间有相对应的部件，价格也相当。

唯有电池的价格比相对应的油箱高的多！在电动汽车发展初期，必需按此差价政府给予补贴。电池是电动汽车发展的最关键、最大难题也是制订政策最根本的依据。作为电池领域的研究者，很自然地关心电池的使用方法、车的发展路线和电动车政策。我今天讲的内容有：第一，适当的补贴是推动电动汽车发展的必要措施；第二，补贴退坡+积分制是电动汽车市场化的关键；第三，提高对减排意义的认识，制订中国的积分制；第四，企业加强主动性，承担主导市场化的历史责任；第五，从善用电池看电动汽车市场化的技术路线。

一、适当的补贴是推动电动汽车发展的必要措施

补贴是电动汽车市场化过程中的必要举措。电动汽车市场化，是指通过价值规律、由电动汽车供求关系决定的运行机制形成过程。对电动汽车给补贴，是政府培育市场的手段，是在市场建立过程中的临时性、必要性措施，是国际上通用的办法。但事实证明，过度的补贴必然妨碍市场化，而且副作用很大，过度补贴害多而无一利：害之一，生产企业追逐补贴最高的纯电动客车，国营公交公司包销，寿命不长也不必顾忌销不出去；害之二，生产企业不思降低成本去营造市场，反而是故意抬高车价，12米大巴近200万元；更不去选择电动车发展方向——跟随补贴指挥棒转；害之三，大部分补贴成了汽车企业的超额利润，普通纳税人的钱补给少数人，人为造成社会不公；害之四，政府财政负担太重，而拉动电动汽车发展的效果不佳，耽搁了发展速度；害之五，诱发了骗补，“谋补”大丑闻。6～8米的商用车，补贴远高于车的成本，卖1元钱的怪事。涉及面广，公务员也牵扯进去。有些人可能要法办！

---

* 本文为2016年10月28日在“北京矿冶研究总院建院六十周年矿冶科技创新论坛”的演讲。

财政部通报公开曝光5个典型案例：①苏州吉姆西客车制造有限公司虚假申报，涉及中央财政补助资金26156万元；②金龙联合汽车工业(苏州)有限公司，多申报中央财政补助资金51921万元；③深圳市五洲龙汽车有限公司多申报中央财政补助资金5574万元；④奇瑞万达贵州客车股份有限公司，多申报中央财政补助资金9810万元；⑤河南少林客车股份有限公司，多申报中央财政补助资金7560万元。总计超过10亿元，全部是客车企业！

同时，网上传出“来源不明”的一张表。其中，5家有牌无车，与上述通报曝光典型案例金额不差分毫。93家企业中，没有问题的有21家(表1)，可予以宣扬。

表1 良性获补的电动汽车企业

序号	企业名称	序号	企业名称
7	天津一汽丰田汽车有限公司	59	山东唐骏欧铃汽车制造有限公司
10	山西皇城相府宇航汽车制造有限公司	68	东风扬子江汽车(武汉)有限责任公司
12	辽宁华晨宝马汽车有限公司	67	湖北东风汽车有限公司
15	吉林中国第一汽车集团公司	69	湖南中联重科股份有限公司
19	上海通用汽车有限公司	71	长沙市比亚迪客车有限公司
21	上海汽车商用车有限公司	76	广州汽车集团客车有限公司
23	南京金龙客车制造有限公司	82	四川汽车工业股份有限公司
27	比亚迪汽车工业有限公司南京分公司	83	一汽(四川)专用汽车有限公司
38	湖南江南汽车制造有限公司永康众泰分公司	90	重庆五洲龙新能源汽车有限公司
47	合肥长安汽车有限公司	91	重庆长安汽车股份有限公司
51	厦门金龙联合汽车工业有限公司		

有“问题”的企业还有67家，总计金额超过80亿元。

骗补事件是电动汽车界的大丑闻。骗补发生的因素有多种：政府补贴过度、监管不力等是外因；汽车企业中一部分人的法律观念、道德观念薄弱，见利忘义，是内因。有这样的人不足为奇，但是令人惊讶的是面如此之广，数额如此之大。

政府和企业都要认真反思，总结经验教训，以利再战。

二、补贴退坡+积分制是电动汽车市场化的关键

2015年5月，四部委公布的《关于2016—2020年新能源汽车推广应用财政支持政策的通知》(以下简称《通知》)中，明确了“十三五”期间电动汽车补贴政策退坡。四部委公布的《通知》有两大问题：一是补贴过高，有的车种的补贴高过车的成本，补贴总额高达约3900亿；二是没有对企业提出责任要求，企业拿补贴的积极性很高，而缺乏建立市场的积极性和责任心。

2015年7月两院院士杨裕生、田昭武、陈清泉、顾国彪、苏万华、何继善、

多吉、梁维燕、杜祥琬、何多慧、衣宝廉、雷清泉、郭孔辉、韩英铎、洪伯潜、马永生、彭苏萍、黄其励、杨奇逊 18 人联名向中央提出《关于控制电动汽车补贴总额，明确企业开发责任的建议》。主要内容三条：第一，国务院为“十三五”电动汽车补贴总额设定上限，而不可让四部委“用了算”；第二，明确各个汽车生产企业的责任，实行“适当补贴，责任指标，超额有奖，以罚促产”的政策；第三，继续对电动汽车技术创新发展的支持。

适当补贴，主要是加速坡退；责任指标，主要是搞积分制。

参考美国加州的积分制政策措施，它的核心内容是，要求汽车生产商在加州销售的乘用车、小型车辆当中，必须含有一定比例的零排放和部分零排放的车辆，要求到 2020 年，在加州销售的汽车里，应该有 6%的零排放和 3.5%的部分零排放的车，按积分多少进行赏罚。迫使企业降低成本，主动谋划生产市场接受的车，使汽车企业成为电动汽车市场化的主角。

没有补贴，企业难以为继；不坡退，企业难以自立；不搞积分制，责任落实不到企业，缺少持续发展动力。补贴退坡+积分制是电动汽车市场化的关键措施。

1. 目前“补贴退坡”的进程和问题

补贴退坡新办法迟迟不定，生产企业观望、等待。透露的初案是，只降 6～8 米、8～10 米商用车的补贴，其他不降，而采取“提高门槛”措施。我有三点评论：评论一，补贴是补电池与油箱的差价，5 年来动力电池价格已降了近一半，其他车种补贴为何不降低？一要珍惜纳税人的钱，二要吸取过高补贴的教训。评论二，6～8 米、8～10 米商用车是骗补“重灾区”，补贴应该大降，还要随 12 米车的退坡而再降。评论三，“提高门槛”措施，不解决补贴不合理问题，而且有两个错“门槛”：①“吨百公里电耗”不超过 13kWh，方给补贴；②逐步提高纯电动客车等车型的续驶里程。将整车重量放进分母，车越重则越容易达标。提高纯电动客车的续驶里程，必然要多装电池。这是鼓励做大车，做重车，做耗电高、排放多的车！背离轻量化发展方向，与减排的初衷背道而驰！

中国汽车工业协会“十三五”规划确定新能源汽车的能效目标为 10kWh/百 km，考核方向正确。我建议到 2016 年，电耗＜14kWh/百 km 的车给补贴，此后，每年应减少 1kWh/百 km，2020 年达到中汽协的目标。

2. 目前“积分制”的进程和问题

2015 年 7 月 19 位院士向国家提出建议，2016 年中国电动汽车百人会专题研究美国加州零排放汽车积分制，2016 年 1 月 23 日，工业部和信息化部副部长辛国斌在“百人会论坛”上说：“国家补贴政策方面要逐步退出，企业的内生动力要作为产业发展的主要推动力，我们也准备采取新能源汽车积分和传统能源汽车燃料消耗量限值挂钩的方式来鼓励新能源汽车产业的发展。”

国家发改委2016年8月就《新能源汽车碳配额管理办法》征求意见，主要内容为：①“碳配额”即二氧化碳减排配额，是汽车企业生产(不含出口)和进口的新能源汽车在使用过程中，与燃油汽车相比减少的二氧化碳排放量；②对汽车企业设定新能源汽车与燃油汽车年度产销量的比例要求，算出企业应缴的二氧化碳减排总量；③未达到碳配额要求的企业，须通过碳排放市场交易购买配额，否则将面临巨额罚款。超额完成碳配额要求的企业可在碳排放市场交易卖出配额而得利；④2017年试点，2018年实行。

将积分制的“积分”改称“碳配额”，实质相同！2016年9月22日工信部《企业平均燃料消耗量与新能源汽车积分并行管理暂行办法(征求意见稿)》，通过量化积分、积分交易等方式，强化企业发展节能汽车、新能源汽车的内生动力。对乘用车企业、进口经销商的平均燃料消耗量进行管理。平均燃料消耗量达标企业将产生油耗正积分，不达标将产生负积分。自2018年起，一定规模以上的乘用车企业需满足规定的新能源汽车年度积分比例要求。2016和2017年度，对新能源车积分比例不做考核；2018、2019、2020年比例要求分别为8%、10%、12%。

国家发改委和工信部都想干事，但要步调一致。

三、提高对减排意义的认识，制订中国的积分制

我国已成为世界能源消费第一大国、世界二氧化碳排放总量第一大国，人均排放也超过了欧盟。造成地球平均气温升高，中国“贡献”不小！2015年12月12日气候变化《巴黎协定》决议：“把全球平均气温升高幅度控制在2摄氏度以内。2016年9月3日，习近平总书记与奥巴马在杭州向联合国秘书长递交了气候变化《巴黎协定》批准书，中、美两国正式承担减少二氧化碳排放的责任。减少CO_2排放是全中国人的国际承诺、共同责任！首先汽车企业要努力发展减排的电动车，政府部门要带头宣传、贯彻此国际承诺，制订政策时不忘减排的国际承诺。

美国加州积分制存在的最大问题是积分与纯电动里程挂钩。

零排放：积分=0.5+0.01×纯电动英里。

部分零排放：积分=0.3+0.01×纯电动英里。

特斯拉-S电池多，得4分，而在新加坡由于高耗电(即高排放)而受罚。新加坡的政策正确！而积分与纯电动里程挂钩，违背了减排宗旨。与纯电动里程挂钩，如用于以煤电为主的中国，其结果是鼓励双重增加排放——它自身不节能减排，买它积分的车更不节能减排！

四、企业加强主动性，承担主导市场化的历史责任

2015年5月，四部委公布的《关于2016—2020年新能源汽车推广应用财政支持政策的通知》中，明确了“十三五”期间电动汽车补贴政策退坡。

2020年后不再补贴，意味着政府主导培育市场模式的结束，开始企业主导培育市场的阶段。2016—2020年间是两种模式转变的过渡期。此期间，车企必须转变观念、改变习惯、苦练内功，建立主导培育市场的意识和能力。

1. 2016—2020年间，车企必须转变观念

时刻牢记发展电动车的目的是节油+减排，节油涉及国家能源安全，减排关呼保护地球人类。减少CO_2排放是全国人、包括汽车人的责任！汽车企业销售燃油车，造就了耗油和排放“大户”，生产电动汽车，更是车企义不容辞的责任。既然是责任，就不是可做可不做,而是必须做！而且，要下定决心永久做下去！尤其是大企业！这是车企必须转变的观念。车企应该真心实意接受积分制。

2. 2016—2020年间，车企必须转变习惯

高补贴培养了我国某些汽车企业一些习惯：①追逐高补贴车种的习惯；②依赖高补贴的习惯；③短视眼前利益的习惯；④做高配置、高价车的习惯；⑤利润率远高于燃油车的习惯。这些习惯，不利于本企业发展和电动汽车市场化，必须在市场化的进程中改变，要生产卖得出的车。涉及骗补、谋补的企业要洗心革面，主动重树诚信。

3. 2016—2020年间，车企必须苦练内功，建立主导培育市场的意识和能力

补贴是发展初期政府培育市场的手段，是在市场建立过程中临时性、过渡性的必要措施。既然是临时性、过渡性的，就必然要改变。建立电动汽车市场，终究要由汽车企业主导。汽车企业要在电动汽车必然持续发展的大趋势下，不存侥幸心理，不搞短期行为，不持观望态度，决心长远打算，掌握核心技术，将企业建成为强大的电动汽车专业性公司，凭真本事在市场中占稳一席之地，为节油和减排作大贡献。

五、从善用电池看电动汽车市场化的技术路线

1. 用好现有电池，发展增程式电动汽车

简单地说，增程式电动汽车就是纯电动车上装一个发电机组。发电机组内燃机只给发电机提供动力，只有电动机驱动车故属纯电驱动。行驶前电池组充电，可按纯电动模式行驶50公里。

内燃机功率小，并在最佳工况下发电，可以节油50%；以2～3年的节油钱抵偿电池的价钱，完成市场化阶段！现有磷酸铁锂电池完全满足要求，且安全性高，不必追求比能量高而安全性低的电池做纯电动车。 这种车还可以不充电，此时油耗稍高一点。

2. 发展节能又减排的小型乘用车

小型乘用车用材少，电耗低，电池少，成本低，合理配置，以够用为准，不

搞豪华型，受补贴退坡的影响小，较易市场化。

要更新观念，将节能减排放在第一位，面子放在第二位。现在有两种面子观念：①车子成为经济地位的象征；②街上行小车，影响城市面子。

六、结束语

第一，政策指挥电动汽车的发展！目前的关键是补贴退坡+积分制(或碳配额制)，要有决心。

第二，电池价格已降低很多，补贴应该降的更多。“提高补贴门槛”，不是对症下药之举。

第三，中国的积分制，应该节油和减排并重。不照搬外国与纯电动里程挂钩，不鼓励特斯拉式的高排放！

第四，政策制定，一要加强科学性，进行全面论证；二要体现政治性，将国家利益放在首位。

谢谢！

电动汽车积分制应既推动节油又减排*

日前，工信部会同相关部门研究起草的《企业平均燃料消耗量与新能源汽车积分并行管理暂行办法(征求意见稿)》(以下简称《征求意见稿》)向社会各界公开征求意见。笔者赞成实行电动汽车积分制，也赞成将企业平均燃料消耗量与新能源汽车积分并行管理。但是，笔者还认为《征求意见稿》中有一些重要问题，尚待认真推敲。

一、正确定位新能源汽车产品的“技术参数水平”

《征求意见稿》认为，纯电续驶里程越长则“技术参数水平越高，对应的车型分值越高”，于是将新能源乘用车单车型分值根据纯电续驶里程确定。笔者认为，这并不可取，主要有以下五个原因。

第一，表达新能源汽车产品的“技术参数水平”，应该是单位里程的能耗量。如同工信部实行传统汽车燃料消耗量限值的“升油/百公里”那样，考核纯电动汽车应该用“电耗量”，即度电/百公里(不是度电/吨·百公里)，并与积分挂钩。对插电式(含增程式)混合动力车除要求纯电动里程大于50公里外，还应将混动工况(B状态)下的节油率与积分挂钩。对燃油汽车和新能源汽车要用同一个原则和标准来衡量，即百公里能耗，不应有双重标准。

第二，新能源汽车产品如果想要有更长的纯电续驶里程，只要多装电池即可，这并不是什么有难度的技术。但是，多装电池后车身会加重、能耗会增加，这与发展新能源汽车节能减排的目的背道而驰。

第三，政府对新能源汽车的补贴，是补电池与油箱的差价，虽然按纯电续驶里程分段补贴似乎有点道理，但并不充分。在一定程度上，这种补贴办法鼓励了生产装配电池700公斤、百公里耗电19.7度、售价高达36万元的某品牌纯电动车。这样的车浪费能源，不宜用积分来鼓励。

第四，多装电池则安全性下降。特斯拉-S配装的是85kWh电池，目前已有13辆车起火，与18650电池的千万分之一危险几率基本相符。所以，积分与纯电动里程挂钩，在一定意义上是与车辆的不安全性挂钩。

第五，《征求意见稿》中附件2的《2016—2020年新能源乘用车单车积分标准》，会给部分企业“谋分”留下后门，应该事先预防。

---

* 本文是杨裕生院士基于自己对工信部起草的《企业平均燃料消耗量与新能源汽车积分并行管理暂行办法(征求意见稿)》的意见书成文。原载于《中国汽车报》2016年11月14日第2版。

总之，笔者认为，应取消积分与纯电动里程挂钩，修改第二十一条“新能源乘用车车型分值根据新能源汽车产品的纯电动续驶里程等技术指标确定”和附件2的新能源乘用车分值，使积分能够真实反映各企业电动车的节能减排技术水平，从而鼓励汽车企业通过技术进步生产既节能又减排的新能源汽车。

二、制定电动汽车积分制要不忘既节油又减排的初衷

1. 提高对“节油+减排”意义的认识

我国已成为世界能源消费第一大国，世界CO_2排放总量第一大国。节油是我国能源安全的需要，减排是保护环境的绿色要求。《巴黎协定》已生效，中国成为23个完成批准协定的缔约方，承担减少CO_2排放的责任。为此，我国汽车企业生产、销售的电动汽车必须既节油又减排，积分制也应为这一目标服务。《征求意见稿》虽然非常重视传统燃油车的节油性能，却忽视了新能源汽车的节能减排性能，因此需提高对新能源汽车“节油+减排”意义的认识。

2. 纯电动汽车不用油，但不一定减排

需要指出的是，不要以为纯电动汽车不用油就一定减排，更不能认为纯电动里程越长就越减排。特斯拉在美国加州之所以能拿到最高的积分4分，是因为加州积分与纯电动里程挂钩(积分=0.5+0.01×纯电动英里)。但由于特斯拉装载的电池多，所以车身重、耗电量大(即排放高)，因而在新加坡受到处罚。笔者认为，我国应该学习和借鉴新加坡的管理办法及指导思想。当前，我国75%左右的发电量来自燃煤,纯电动汽车用电中排放的CO_2并不少,耗电量大的车更是加重了CO_2排放。所以，与纯电动里程挂钩，一味地用高积分鼓励纯电动行驶里程，违背了电动汽车减排的宗旨。

三、明确企业的“责任分”

1. 确定新能源乘用车与燃油乘用车总销售量的预期比例

笔者认为，确定五年内全国新能源乘用车与燃油乘用车总销售量的预期比例，可以让企业提前布局研发和生产计划，从而推动新能源乘用车的发展。

根据盖世汽车研究院的数据，2015年国内燃油乘用车产量为2011万辆。今后5年如以年增长5%计，2020年燃油乘用车产量可达2567万辆。因此，2018年、2019年、2020年新能源乘用车预期销量与燃油乘用车预计销量的比例只需分别达到4%、6%、8%，就可达到“十三五”新能源汽车累计产销量500万辆的目标。

2. 规定企业必须完成的“责任分”

《征求意见稿》第二十三条提到“2016年和2017年度，对新能源汽车积分

比例不做考核，2018 年至 2020 年，新能源汽车积分比例要求分别为 8%、10%、12%”。其中，“积分比例要求”的概念不明确。

笔者建议使用“责任分”一词，其计算公式为：国家规定的当年全国新能源乘用车与全国燃油乘用车总销售量的比例×企业当年乘用车的总销售量。如某企业 2020 年燃油乘用车的总销售量为 10 万辆，其当年的责任分=10 万×8%=8000 分。这就意味着企业必须在当年通过销售新能源汽车获得 8000 积分以上，以便冲抵(或完成)其责任分。积分冲抵企业责任分后的余数，可称为余积分或正积分。

《征求意见稿》编制说明中提到，“主管部门将监控行业新能源汽车正积分与燃料消耗量负积分实际情况，根据情况及时调整新能源汽车正积分与燃料消耗量积分的抵偿系数”。笔者认为，通过调控新能源汽车正积分，可以抵偿燃料消耗量负积分而少许有余，这样既可维持积分转让的供需平衡和价格稳定，又能激励燃油车企业增产新能源汽车。

四、积分要反映企业节能减排技术的水平

笔者认为，积分制要将减少用电、减轻 CO_2 排放与积分挂钩，鼓励企业生产能效高、排放少的车，具体建议如下：

1. 积分由节油积分和减排积分两部分组成

每辆电动车积分 C＝ 节油积分 D＋ 减排积分 E，这样既可体现对两者的重视，又能反映出我国以煤电为主的实际情况，鼓励发展省电的电动车。上面的公式等号后包含两项，其形式与加州公式(积分= 0.5(或 0.3)＋0.01×纯电动英里)相似，节油积分 D 与加州公式的第一项基础分相当，而差别在第二项，含义有天壤之别。

2. 节油积分

参照加州的基本分，纯电动车定为 0.50，不区分车的尺寸、重量、配置；插电式混合动力车(含增程式)纯电里程大于 50 公里者，定为 0.30。

3. 减排积分

按电动车用电(或插电式的用燃料油、气)的 CO_2 排放量，与燃油车的燃料消耗量所产生的 CO_2 排放量相比所减少的比例来衡量。

1)纯电动车的减排积分计算

$$E=\frac{(\text{燃油车百公里}CO_2\text{排放量}-\text{该纯电动车百公里耗电的}CO_2\text{排放量})}{\text{燃油车百公里}CO_2\text{排放量}} \tag{1}$$

燃油乘用车的油耗可定为 7 升/百公里(2015 年全国 90 家国产乘用车生产企业平均燃料消耗量实际值为 6.98 升/百公里)，今后随着技术进步应适时下调。

$$
\begin{aligned}
\text{每升燃油的}CO_2\text{排放量} &= 1\text{升} \times \text{油的比重} \times \text{油中含碳比} \times CO_2\text{与碳分子量比} \\
&= 1000 \times 0.73 \times (12 \div 14) \times (44 \div 12) \\
&= 2677\text{g}\ (CO_2)
\end{aligned} \tag{2}
$$

$$
\text{纯电动车百公里耗电的}CO_2\text{排放量} = \text{百公里耗电（度）} \times \text{每度电排放}CO_2\text{量} \tag{3}
$$

目前，我国平均 318 克标煤发电 1 度，标煤的含碳元素按 82.4%计算，煤电在我国目前总发电量中的占比取 75%，可得：

$$
\begin{aligned}
\text{每度电排放}CO_2 &= \text{每度电煤耗} \times \text{煤中含碳} \times CO_2\text{与碳分子量比} \times \text{煤电占比} \\
&= 318 \times 0.824 \times (44 \div 12) \times 0.75 \\
&= 721\text{g}\ (CO_2)
\end{aligned} \tag{4}
$$

随着每度电的煤耗及总发电量中煤电占比的下降，可适时调整此数。

以上计算均为车辆使用中的 CO_2 排放量，而非车辆全生命周期的 CO_2 排放量。

例一：若某纯电动乘用车的百公里电耗为 14 度，则

$$
E = (7 \times 2677 - 14 \times 721) \div 7 \times 2677 = (18739 - 10094) \div 18739 = 0.46
$$

每辆该纯电动乘用车积分 C=0.50+0.46=0.96；如百公里电耗为 20 度，则 C=0.50+0.23=0.73。

由此可见，电耗越小，积分越高。这样就会鼓励企业努力降低纯电动乘用车的百公里电耗。

2）插电式（及增程式）混合动力车的减排积分计算

首先要改革耗油量的计算方法。现在的计算方法是以最初行驶 100 公里统一计算，如电池多装、纯电动里程长、用油里程短，统一计算的 100 公里耗油量就很小，不反映 B 状态混动阶段百公里耗油量的真实性能。所以笔者认为，应该重新定义百公里耗油量，在保持行驶前后电池充电态相同的前提下，测量 B 状态混动阶段行驶 100 公里的耗油量。

插电式（及增程式）混合动力车的积分 C=D1（节油积分）+E1（减排积分，即节油率）。

$$
D1 = 0.30\text{（纯电行驶里程必须大于50公里才给积分）}
$$

$$
\begin{aligned}
E1 &= \frac{\text{（燃油车百公里}CO_2\text{排放量}-\text{该增程式车百公里耗油的}CO_2\text{排放）}}{\text{燃油车百公里}CO_2\text{排放}} \\
&= \frac{\text{（燃油车的百公里油耗}-\text{B状态下百公里油耗）}}{\text{燃油车的百公里油耗}}
\end{aligned}
$$

可见，节油率越高，减排积分越高。

例二：若某插电式混合动力乘用车 B 状态下的百公里油耗为 5.0 升，则 E1=(7.0-5.0)÷7.0=0.286。每辆该插电式混合动力车积分 C=0.30+0.29=0.59；如百公里 B 状态下的百公里油耗为 3.5 升，则 C=0.30+0.50 =0.80。

可见，B 状态下的百公里油耗越小，积分越高。

3) 燃料电池电动车的减排积分计算

燃料电池电动车中，必须有蓄电装置与燃料电池并联，以弥补后者功率响应能力不足的缺点，并延长其寿命。最近的发展中，已将燃料电池作为蓄电装置的“增程器”，减小燃料电池的功率而增加蓄电装置的容量，不仅可以大幅降低燃料电池电动车的生产成本，还可以优化能源利用率、减少氢气消耗、降低燃料电池电动车的使用成本。所以，燃料电池电动车实际上已发展为以燃料电池为增程器的增程式电动车，因此其节油积分应按增程式电动车计算，即 D 为 0.30。

当前所用氢气基本上是工业副产品或来自弃风发电的电解水，作为现阶段鼓励燃料电池电动车发展的举措，可以暂定燃料电池电动车百公里耗电的 CO_2 排放量为零，于是减排积分 E=1.0，总积分 C=1.30。

若干年后，当燃料电池电动车发展到一定程度，燃料电池电动车所用氢气有相当份额要靠多种一次能源转化而来，那时就应该考虑氢气制备过程的 CO_2 排放量，其减排积分可往下降。

4. 对补贴政策的建议

在实行补贴政策期间，笔者建议，如果企业的积分低于责任分的当年，则不得享受政府补贴；积分超过当年责任分的部分，可转入下年，也可用于冲抵企业燃油车平均燃料消耗量的负积分。当补贴停止后，则要制定奖罚兼施的细则。

5. 蓄电池的污染物排放与积分的关系

锂离子电池比能量较高，而且还在不断提高，有利于减轻车重，从而省电，因此企业乐于采用此类电池。但需要指出的是，它现在还不是“绿色电池”，在石墨、六氟磷酸锂、有机溶剂的制备中，电池生产过程及废电池处理中，其污染排放很严重，政府部门需重视相关治理工作。不过，这一问题由于不属于车辆使用中产生的排放，所以可暂且不作为减排积分计算的考虑因素。

五、结束语

国家发改委于 2016 年 8 月就《新能源汽车碳配额管理办法》征求意见，其基本思路也与加州积分制相同。目前外界有一种说法，即碳配额由国家发改委主管，新能源汽车由工信部主管。那么，未来新能源汽车碳配额是否两部委都是主管部门？对此，笔者希望两部委能够统一步调，不要造成思想混乱。

补贴退坡和取消已成定局　加大发展增程式电动汽车*

2016 年 12 月 23 日，“第十一届影响中国客车业系列活动”在北京山西大厦举行，此次活动由中国客车网和中国土木工程学会城市公共交通分会联合主办。活动云集行业专家、公交运营、客车制造以及配套企业在内的客车业内人士，共探行业发展，中国工程院院士杨裕生出席了此次论坛，发表了《电动汽车的未来不能依靠补贴，而在于培育市场》的演讲。

杨裕生院士主要从四方面分析了当前新能源汽车市场和补贴方面的发展问题，第一是发展电动汽车的潮流不会逆转，第二是汽车补贴是临时性的措施，第三是汽车的未来还是要由企业培育市场，第四是有关新能源汽车技术路线。

杨院士提到，我们国家已经成为世界上能源消费的第一大国，是世界二氧化碳排放总量第一大国，减少二氧化碳排放已经是全中国人民的国际承诺、共同的责任！发展电动汽车的世界潮流是不可逆转的。汽车企业有义务履行此国际承诺，所以要努力发展减排的电动车，电动汽车的发展是我国汽车发展的必然趋势。

杨院士讲到，对于新能源汽车补贴，是政府培育市场的手段，补贴在市场建立过程当中是必要的，但是是临时性的措施，这也是国际上通用的办法，随着产业链的增加，用户对电动汽车认可度的提高，政府补贴应该及时的退坡和取消，补贴退坡和取消已经成为定局。

杨院士表示，如果企业培育不出市场，那么整个电动汽车是没有未来的，但依照目前发展状况，这种情况已经不可能出现。但是就个体而言，一个汽车公司如果进入不了市场，这个汽车是没有未来的。进不了市场的少数企业可能会有！所以企业要努力顺利度过 2016—2020 年间的“过渡期”，在这个期间，汽车企业必须转变观念，改变习惯，苦练内功，建立主导培育市场的意识和能力。

有关技术路线方面，杨院士提到，微型乘用车和增程式电动车是最容易市场化的电动车，纯电动车主要做微型车，大中型车要做增程式。微小型乘用车用材少、电耗低、电池少、成本低、合理配置以够用为准，要少搞豪华型，高举“真减排”大旗来占领市场。同时，在混动工况下，增程式车的节油远远高于插电式混合动力车，因为内燃机功率小，并在最佳工况下发电，这样能够节油 50%，它

* 本文为 2016 年 12 月 23 日在“第十一届影响中国客车业系列活动”上的演讲，由“中国客车”网整理报道。

可以不充电，可以不依赖充电桩，只不过是要稍微多用一点油；在两到三年内节油的钱就能够抵偿电池的价格，所以这种车是最容易市场化。

杨院士最后提到，低速短程电动车现在已经市场化，要允许其使用铅酸电池。针对低速电动车，工信部最近正在制定其行业标准。这几年政府整顿铅酸电池行业，铅酸电池行业通过整顿面貌已经大为改观，现在还在继续在整顿当中。美国的铅酸电池产量和我国相当，在美国已经不属于污染行业。我们全国有几亿辆燃油车，每一辆车都有一块铅酸电池；还有三亿辆电动自行车，几千万辆电动三轮车、物流车，它们都在用铅酸电池，那么低速电动车为什么不可以用铅酸电池呢？所以杨院士认为没有理由不让低速电动车使用铅酸电池，铅酸电池的安全性高，价格便宜，要让市场来做裁判。

以下为演讲实录：

杨裕生：大家早上好！

我今天想讲一讲关于电动汽车的未来，我觉得电动汽车的未来是前途光明，但是道路也是坎坷的，要解决前进道路上的问题，主要还是要靠我们企业。刚才秘书长的讲话里面讲到，过分依赖补贴是不行的，我非常同意这个观点，下面我想讲几个问题。第一是关于发展电动汽车世界潮流不会逆转，第二是电动汽车补贴本是临时性措施，第三是汽车的未来要由企业培育市场，最后我想讲通向电动汽车市场化的技术路线问题。

我们国家已经成为世界上能源消费的第一大国，世界二氧化碳排放总量第一大国，人均排放也超过了欧盟，造成地球平均气温升高，中国"贡献"不小！这个"贡献"是打引号的。去年《巴黎协定》协议把全球平均气温升高幅度控制在2摄氏度以内，2016年9月，习近平总书记和美国总统奥巴马在杭州向联合国秘书长递交了《巴黎协定》批准书，中、美两国正式承担减少二氧化碳排放的责任，减少二氧化碳排放已经是全中国人民的国际承诺、共同的责任！发展电动汽车的世界潮流是不可逆转的。我们汽车企业有义务履行此国际承诺，所以要努力发展减排的电动车，而不仅仅是节油的。这里讲的一个观点就是，节油的车不一定是减排的，这是有差别的。耗电高的纯电动车，虽然不用油,但我国电网上的电大部分是烧煤发的，耗电越高，实际上排放越高。

我想讲第二个问题就是电动汽车补贴是临时性的措施，政府补贴在电动汽车市场化的过程当中是必要的。所谓市场化，学术上面的说法就是，要通过价值规律，由电动汽车供求关系决定的运行机制形成过程，通俗一点讲，就是要把这个车子能够卖得出去。至于电动汽车补贴，是政府培育市场的手段，是在市场建立过程当中必要的，但是是临时性的措施，也是国际上通用的办法。电动汽车与燃油车之间有相对应的部件，价格也基本相当，只有电池价格比相对应的油箱高。

所以在电动汽车发展初期，政府要按此差价来给予适当的补贴，使电动汽车的技术和工程能够发展。

但是事实证明，过度的补贴不行。所谓过度补贴就是力度过大，时间过长，必然妨碍市场化，而且副作用很大。我们客车方面深有体会的就是去年年底的这个骗补事件，一直到现在影响还没有完全消除。除了这个之外，最主要的副作用就是生产企业不去考虑降低成本，去营造市场，反而是故意抬高车价，背离市场化的方向，延缓产业的发展。这句话我们在座的汽车企业可能不同意，但是我觉得这个问题还是值得大家来深入思考的。随着产业链的增加，用户对汽车认可度的提高，政府补贴应该及时的退坡，取消。现在，补贴退坡和取消已经成为定局，去年 5 月份四部委就已经公布了一个政策通知，这里面就明确“十三五”期间电动汽车补贴要退坡，到 2020 年就要停止。这就意味着政府主导培育市场的模式结束了，开始了企业主导培育市场的阶段。那么在 2016 至 2020 年五年期间，是这两种模式的一个转变的过渡期，或者是企业主导培育市场的一个“实习期”。汽车企业面临的问题是如何适应新的形势。

我想讲第三个问题，电动汽车的未来在企业培育市场。如果企业培育不出市场，那么整个电动汽车是没有未来的，但是这种情况已经不可能出现。当然，就个体而言，一个汽车公司如果进入不了市场，这个汽车是没有未来的。进不了市场的少数企业可能会有！所以要顺利度过 2016 到 2020 年间的“过渡期”，在这个期间，汽车企业必须转变观念，改变习惯，苦练内功，建立主导培育市场的意识和能力。

第一点是在五年期间，企业必须转变观念，要时刻牢记发展电动车的目的是节油+减排，是两个目的，节油涉及国家能源安全，减排关乎保护地球人类。减少二氧化碳排放是全国人民、包括我们汽车人的责任。我们汽车过去销售燃油车，造就了耗油和排放的“大户”，所以生产电动汽车是汽车企业义不容辞的责任。既然是责任，就不是可做可不做，而是必须做，而且要下定决心永远做下去，尤其是一些大企业。我这里特别讲到我们一些国营的大企业，对于发展电动车的热情不是很高，远远落后于我们民营企业和中小企业。企业还要帮助用户算账，用油电差价补充电池的价格，所以在这里我们电动汽车企业就要把价格做得合理，要不断地降低成本。

第二点是在五年期间，企业必须转变习惯，过去的高补贴培养了我国汽车企业一些习惯，一些不好的习惯：第一是追逐高补贴车种，那种车补贴高就造那种车；第二是依赖高补贴这样的习惯；第三是短视眼前的利益，而很少考虑长远的利益；第四是做高配置、高价车；第五是利润率远高于燃油车，这个我们在座的电动汽车的企业可能很有体会，燃油车的企业据我过去几年的统计，利润大概在 2%～8%，而现在这两年电动汽车的利润远远高于这个数。这些习惯不利于本企业发展和电动汽车的市场化，必须在市场化的进程中改变，要生产卖得出去的车。企业要摆脱对补贴的依赖，越早越主动。这个期间政府给补贴，企业当然要接收，但是不要搞“公关”去影响政府来维系高补贴，更不要动“邪念”，所谓邪念实际上就是去年年底到今年年初骗补的事情，千万干不得。要从一心紧跟补贴转向无补贴下的经营之道。

第三点是这五年期间，车企必须苦练内功，建立主导培育市场的意识和能力。企业是市场的主角，与市场休戚相关，对市场最敏感，培育电动汽车市场本来就应该由企业主导。所以，第一要建立主导培育电动车市场的意识，认清电动汽车必然持续发展的大趋势，不存侥幸心理，不搞短期行为，不持观望态度，决心长远打算；第二就是要建立主导培育电动车市场的能力，掌握核心技术，将企业建成为强大的电动汽车专业性公司，不断拿出深受市场欢迎的产品，凭真本事在市场中占有一席之地。

最后我想说一说通向电动汽车市场化的技术路线。技术路线的问题从电动汽车开始到现在一直是在争论，也是在实践当中。通过实践我们可以看到，我们应该慢慢认清这个技术路线应该怎么发展。我相信在今后几年还是要八仙过海，各企业会有自己的高招。大概在十年前我曾经提过观点，我认为现在仍然可以参考，这个观点可以用两句话来说，纯电动车主要做微型车，大中型车要做增程式。所以我说第一要发展真节能，真减排的微小型乘用车。微小型乘用车用材少，电耗低，电池少，成本低，合理配置以够用为准，少搞豪华型，高举“真减排”大旗占领市场。

发展公众需要的低速电动车，低速电动车的标准要允许用铅酸电池。昨天公安部发布了一个意见，对于低速电动车有一个说法，认为是违法的，那么这个观点和工信部最近在组织低速电动车的标准制定是有差距，我觉得恐怕各个部还要互相协调，不能各唱各的调。这几年政府整顿行业，铅酸电池行业经过整顿，面貌已经大为改观，现在还在继续整顿当中。美国的铅酸电池产量和我国相当，在美国已经不属于污染行业。我们全国有几亿辆燃油车，每一辆车都有一块铅酸电池，还有三亿辆电动自行车，有几千万辆电动三轮车、物流车，都在用铅酸电池，那么低速电动车为什么不可以用铅酸电池呢？所以没有理由不让低速电动车使用铅酸电池，搞双重标准不得人心。铅酸电池的安全性高，价格便宜，要让市场来做裁判。

第二个技术路线问题，我想是要用现有的电池发展增程式电动车。所谓增程式电动车就是车上有一个发电机，这个发电机也由内燃机来提供动力，但是内燃机只给发电机提供动力，它的动力不直接到车轮子上去；行驶前电池组要充电，所以它可以当纯电动车行驶。在五十公里以后，发电机启动的工况下，它的节油远远高于插电式，这是由于内燃机功率小，并在最佳工况下发电，能够节油50%；

它可以不充电，但是此时要稍微多用一点油，但是可以不依赖充电桩。在两到三年内节油的钱就能够抵偿电池的价格，所以这种车是最容易市场化。而且现有的电池完全能够满足增程式电动车的需要，它的安全性高，所以不必去追求比能量高、而安全性低的电池做纯电动车，尤其是不必通过多装电池去追求远行程的纯电动车。电池的比能量越高，电池的用量越大,则安全性越低。这个问题我觉得很值得我们重视，尤其我们工信部等一些机关，否则将来这可能会埋下隐患。

最后的结束语，我想归纳为几句：第一就是我国电动汽车发展开始了由政府主导培育市场模式转向企业主导培育市场的新阶段；第二是车企必须转变观念，改变习惯，苦练内功，建立主导培育市场的意识和能力；第三微型乘用车和增程式是最容易市场化的电动车；第四低速短程电动车现在已经市场化，要允许它用铅酸电池。

谢谢大家！

探讨汽车强国之路*

今天很高兴和汽车界的很多朋友一起讨论汽车强国的战略问题。

我从65岁开始搞电池，75岁开始关注电池怎么在电动汽车里使用好，10年来对于电动汽车怎么发展的问题发表过很多观点和意见，已经出过一本文集，但我仍然认为我是汽车的外行。旁观者清，从外行的角度来看电动汽车的发展，从电动汽车有关的问题来看整个汽车行业的发展，有些看法值得参考。

1. 第一个问题，什么样才算汽车强国

我认为，汽车强国一是依靠自主知识产权生产汽车，生产过程和行驶过程能耗最低，排放最少；二是汽车强国要能自主设计并且生产指标最先进的零部件；三是汽车强国能不断地提出引领世界汽车发展的新思路、新观念、新技术。最集中表现的是第一条，后两条是基础。我没有提互联网这些问题，这是派生的问题，是汽车使用过程当中第二层次的问题。在燃油车的发展阶段，我们国家已经算是汽车大国，丢了市场没有换来技术，安于靠合资的二流技术分一杯羹，缺乏自力更生精神迈向汽车强国。在坐的汽车从业的同志不要多心，我这里主要讲的是政府部门。当然，你们起什么作用，我讲不清。

现在有些人开始觉悟了，认为核心技术是买不来的，迈向汽车强国必须自力更生、发展并全面掌握先进的核心技术。还有人有没有觉悟，要看行动。燃油车是汽车的主力，也是汽车强国的支柱，必须首先由大而强。大，不能安于产量大，产量大里面很多是合资品牌，而自主品牌占的比例小，这个大是假的，空的，说汽车大国有人就心里发虚。

习近平总书记在2014年上海考察的时候指出，发展新能源汽车是我国从汽车大国迈向汽车强国的必由之路。新能源汽车很重要，在汽车大国里占有很重要的位置，在强国里面占有更加重要的位置，所以汽车强国应是电动汽车技术先进的国家。发展电动汽车的目的是节能减排，汽车强国必须能依靠自主知识产权生产能耗最低、排放最少的电动汽车，并能兼顾其他性能。传统汽车要强，电动汽车也要强。

2. 第二个问题，实现我国汽车强国的路径

都说动力电池是电动汽车的心脏，电动汽车发展不好都归咎于电池比能量太低。这个问题要分析。在发展高性能动力电池的同时，必须巧妙的用好现有的动

---

* 本文为2017年8月13日在中国工程院《汽车强国战略研究》咨询项目召开专题研讨会上的演讲。

力电池。今天发展高性能电池是为了明天用，今天怎么把现有的电池用好，这是最现实，也是最重要的，也是我们走强国之路必须要重视和采纳的思路。日本丰田利用镍氢电池安全性高，比功率高，寿命长的优势，发展深混合动力车普锐斯及其系列产品，节油率逐步提升到50%，市场不断扩大，到去年8月底累计销量已经超过1000万辆。镍氢电池比能量只有50瓦时/公斤，所以，不要埋怨电池比能量不高，而是我们没有把电池用好。

去年底日产汽车推出了NOTE e-POWER紧凑型车，用一台排量1.3升小型燃油发动机给发电机提供动力，发电机给1.5千瓦高比功率电池充电，由电池供电驱动电动机，这是一个串混，其电池也不是很特殊的高功率，而且免去了从外部充电。他们通过轻量化设计、开发反应灵敏的电机控制、优化能源管理等手段，百公里油耗只有2.7升。丰田和日产发挥了燃油车发动机等高水平的技术积累，善用比能量不高的现成电池，创新开发出高节油率、长里程、高安全性、不需充电的电动车，这是汽车强国的表现。在这些事例面前，说电池不行的一切借口都是苍白无力的。

汽车强国首先要有几个汽车强的企业，日本、德国、美国都有三个，他们作为汽车强国首先是因为他们有这些强的企业。中国不是三个强企业的问题，我们的人口比他们多好多倍，要有若干个强企业。我想对企业说几句，建设汽车强国要有强的企业，在座的一汽、二汽、上汽、长安、北汽等几个大企业，你们什么时候建成强企，你们有没有强企的规划，或者说你们自己对自己提一个什么强企的发展战略，这是最最根本的汽车强国路径。落实国家汽车强国的发展战略，一定要落实到强的汽车企业，比如说十年达到什么样的汽车强企业的水平，定个什么目标；比如自主品牌的产品质量超过合资的或者达到它，产能和销量上超过它。总之，得有强的表现，没有强的企业说不上强的国家，建议企业回去定一个规划，希望你们能有企业强的发展战略。

从用好电池出发，我在“十一五”期间提出了我国电动车的发展路线是，纯电动汽车以微小型为突破口，大中型汽车发展增程式。这里所说的增程式是节油的增程式。增程式最早包括宝马i3和美国通用的沃兰达，都是在纯电动车上另外装一个增程器，其他的东西没有变，这是属于不节油的增程式，只为了延长行驶里程，可称为第一代。十年前我接触的是节油的增程式，从发动机到电动机都做了相应的改进，并通过控制系统与电池有机的组合在一起，可以达到高度节油的目的，这样的增程式可叫它第二代或者节油的增程式。

我认为，我提的发展路线现在仍然是正确的。近些年欧洲和日本发展微小型车，证实了前半句，微小型车包括低速和高速的；我国一汽的电动乘用车发展战略里也有，小于1吨的车发展纯电动，大于1吨的发展插电式或混合动力。可见，纯电动车发展微小型车已经有共识了。高节油率增程式车日渐增多，证实了后半句，新的事例有，我国沈阳华龙公司的 12 米增程式客车，市区公交模式百公里油耗 12 升；公路模式是 16.3 升，今年已批量生产；加拿大的增程式卡车百公里油耗 17 升，高经济性，污染排放减少 70%。科技部万钢部长 2016 年也认为，增程式是插电式的发展方向。

有人会说增程式还是要烧油，不是最终的目标。我要提醒这些人两句话，第一句，如果我们国家汽车的油耗都降到一半以下，我们国家还能不算汽车强国吗？第二句，目标要宏伟，但步伐要牢靠，大做燃料电池车或者纯电动车是将来的目标，现在要脚踏实地的搞节能减排，切实地对比技术路线。

发展燃料电池电动车用氢做能源，美妙之极可以比拟为人类社会发展的共产主义阶段，要长期坚持，要解决五大难题：一要解决氢的高能效、低排放的制备，如果制氢要引起大量排放，本身就违反了发展电动车的宗旨；二是氢的安全运输、分布、存储技术；三是燃料电池寿命不够长，价格高；四是离子交换膜等关键材料技术差；五是铂资源太少，要研究无铂催化剂。这些问题需要在很长的研究过程中努力解决。达到较高的成熟度之前，让燃料电池大量上路，好比要在社会主义初级阶段实现共产主义分配原则，是冒进的行为，不是当前的汽车强国之路。

发展纯电动车要解除四大焦虑。一是里程焦虑。里程长电池要多装，车子就要加重，电耗就会加高，这种车节油不节电，排放加重，包括特斯拉，是浪费能量、增加排放的典型，在新加坡它被罚款了 1 万加元，就是因为排放超标。还有，纯电动车冬天和夏天的空调加重了里程焦虑。二是安全焦虑。电池多装了，比能量又要高，里程越长的车危险性越大，烧车事件接踵而来，特斯拉已经烧了 14 辆车了。三是充电的焦虑。遍布充电桩仍然满足不了要求。快充法使用的局限性很大，对电网的冲击又大，缩短电池寿命。不管是慢充还是快充都有问题未解决好。四是价格的焦虑。现在电池价格下降有限度，电池用量大的纯电动车价格高，竞争力低；电池难与车身同寿，第二套电池无着。上述四大焦虑纠结在一起，难解的四大矛盾，决定了除微小型外，纯电动车不是进入汽车强国的主路。

插电式混合动力车是“大马拉小车”。这个车上有两套动力系统，都很重；远距离行驶用内燃机，仍然是“大马拉小车”，不节油，不减排；两套动力系统加起来就比较贵，如果补贴取消，这个车子很难销售。

全混合动力车，以普锐斯为代表，少数人可以跟跑，但跟跑全混合动力车很难成为强国。两个动力组合很复杂，行星齿轮加工费用高，我们何苦要跟丰田竞争搞全混合动力车？

第二代节能的增程式不是德国宝马和美国通用的那种，这种增程式电动车优点突出，电池组不会过充和过放，安全性高，寿命延长；不需要外充电，免建充电桩，而且可以远距离行驶；电池少，成本降低，容易推广；节油率 50%以上；燃油车的生产和运行体系全部继承，尤其是发动机技术很重要。高补贴退坡之后，很多企业都认识到增程式电动车是应对无补贴的好车种，尤其是搞积分制和节油联合的考核机制下，增程式电动车可以帮助企业节油达标。增程式电动车不仅是发展电动车的正确路线，而且是迈向电动汽车强国的优选方案。

当然，第二代增程式技术还可改造以进一步提高节油率，此工作已经开始。

3. 第三个问题，汽车强国最需要突破的核心技术

一是必须要有大而强的电池工业和技术力量，坚持安全第一。锂离子、铅酸、镍氢等电池各有千秋，都可以为电动车做贡献，都应该继续研究提高；还要大力发展安全性高、比能量也高的新型电池。我们正在这方面努力，做了一种新的体系，水溶液电解质，电池比能量可能达到 100 瓦时/公斤，它不会燃烧爆炸，安全性要高得多。这样的电池还要大发展。要扩大电池相关专业招生，转行过来的同志要加强电化学理论基础，技术人员电化学理论基础不够强，对电池的创新发展是很大的障碍。

二是汽车强国要妥善解决各种电池行业的污染。所有的电池都用化学材料，处理不当都会污染环境。铅酸电池行业出现过的问题，是由于管理不善，监管不力。我国曾将发铅酸电池企业“准生证”的事交给了沈阳的一个电池研究所，他们发证的时候只管收钱，基本不管资质，不管生产安全卫生，铅酸电池企业曾经发展到 3000 家，这是管理问题最典型的例子。近几年，几部委联手整治已大见成效；还要推广湿法处置技术。现在锂离子电池行业的污染问题很多，要认真对待，认为锂离子电池是绿色的，是绝对错误的观点。有的电池厂说挥发的吡咯烷酮回收了，实际上只回收了百分之六七十，还有百分之三四十排向大气。废锂离子电池将要大量产生，处置中的氟污染问题非常值得重视。

三是汽车强国必须发展高水平的零部件产业。这个问题已有好几位的发言中讲了，我谈一下关于联盟的问题。联盟要强调纵向联盟，在这次发展战略研究里和实际行动上都要注意这个问题。我国有一个 T10 联盟，成立的时候记者曾经来采访我，说你对这个问题是什么看法。我说，他们可以联合起来影响政府的政策，在这一点上他们的利益是共同的；但他们是竞争对手，他们在技术上是要互相保密的，这个事情不可能联合，不可能公开。所以，要强调纵向联盟。生产自动变速箱的企业，如果有几个整车厂和你形成联盟，你就不愁销路了。

四是按照最高时速 120 公里设计中国的汽车。为了节能减排，中国的各种汽车，含电动车，应该按照中国高速公路允许最高时速 120 公里的标准，自主设计动力和车身强度，而现在的车子都是按照外国老师教法设计的。要摆脱传统，减少过高的冗余功率，既节能又减排。现在运输车为什么能轻易改装，就是因为功率、强度都有很大的冗余量，买了之后可以随便改，改了之后就超载。希望汽车行业能很好地重视这个问题。

4. 第四个问题，关于建议

第一，建议改革对国营汽车企业领导的考核制度，将企业发展质量、车子的节能减排水平列为第一位，而不是只考核增加产值多少；还要将逐年增加的电动车销售比例列为考核指标。

第二，建议建立汽车全寿期能耗、排放的计算标准，将汽车减排列为与节油同等重要的考核位置，要消除单纯追求纯电续驶里程的片面观念，避免引导纯电动车向节油而不减排的错误方向发展。要在统一衡量节油与减排的思想指导下设计汽车。

第三，建议总结、吸取六十年汽车发展的经验教训，特别是三十年来合资为主发展汽车的经验教训，搞清楚为什么我们大而不强。

谢谢大家。

汽车强国的电动车必须低碳发展*

一、什么样才算“汽车强国”？

第一，依靠自主知识产权生产的汽车，其生产过程和行驶过程能耗最低、排放最少。

第二，能够自主设计并生产指标最先进的零部件。

第三，能够不断提出引领世界汽车发展的新思路、新观念、新技术。

最集中的表现是第一条，后两条是其基础。

迈向汽车强国必须自力更生发展并全面掌握先进的核心技术。汽车强国应该是电动汽车技术先进的国家。发展电动汽车的目的是节能、减排。汽车强国必须能够依靠自主知识产权生产能耗最低、排放最少的电动汽车。

电动汽车都能减排、低碳吗？减排的电动车，肯定是节油、节能的车。而电耗高的纯电动汽车可能是排放严重的车。所以，要以减排量衡量电动汽车的水平。以追求低碳作为电动汽车发展的目标和推动力。

补贴停止后，主要用什么激励电动汽车发展？积分！积分必须能够引领电动汽车低碳发展，建成汽车强国。

二、积分与里程挂钩背离了低碳发展方向

1. 不应鼓励高耗电汽车发展

工信部 2017 年 6 月 13 日发布关于《乘用车企业平均燃料消耗量与新能源汽车积分并行管理办法(征求意见稿)》公开征求意见的通知，其中的要点是纯电动续驶里程越长的车，获得积分越多，见表 1。

表 1　工信部 2017 年 6 月发布的电动汽车积分计算方法

车辆类型	标准车型积分		备注
纯电动乘用车	0.012×R+0.8		(1)R 为纯电动模式下综合工况续驶里程，单位为公里。 (2)标准车型积分上限为 5 分。 (3)车型积分计算结果按四舍五入原则保留两位小数。
插电式混合动力乘用车	2		
燃料电池乘用车	250≤R＜350	R≥350	
	4	5	

---

* 本文为 2017 年 10 月 25 日在“汽车强国与低碳发展（高层）论坛”上的演讲。

2017 年 9 月 29 日工信部、财政部、商务部、海关总署、质检局(以下简称五部署)公布积分并行管理办法，燃料电池乘用车的积分不再与里程挂钩，而改为与燃料电池功率成正比。但纯电动乘用车的积分仍坚持与里程挂钩，见表 2。

表 2　五部署 2017 年 9 月发布的电动汽车积分计算方法

车辆类型	标准车型积分	备注
纯电动乘用车	0.012×R+0.8	(1) R 为电动汽车续驶里程(工况法)，单位为 km。 (2) P 为燃料电池系统额定功率，单位为 kW。 (3) 标准车型积分上限为 5 分。 (4) 车型积分计算结果按四舍五入原则保留两位小数。
插电式混合动力乘用车	2	
燃料电池乘用车	0.16×P	

长里程纯电动汽车必然多装电池，必然重量大。这样的纯电动汽车必然耗电量大。而我国的电主要来自燃煤！于是，耗电量大的车，排放就大！排放量越大的车给的积分越多，是方向性错误！同时，在积分并行管理办法中，对于整备重量大的车，允许电耗可随之放宽要求，使高耗电的重车最高也可能拿到 6 分。这就进一步鼓励做重车，背离了轻量化发展方向。

2. 五部署的积分并行管理办法的两大副作用

(1) 自身不减排的电动车拿高积分，使更加不减排的燃油车能轻易买到积分！双重违背低碳发展宗旨。可见，五部署的积分并行管理办法纵容做高耗油的燃油车！

(2) 鼓励长里程，势必追求电池高比能量。虽然也说要注意电池的安全性，但实际上安全问题必然降到次要位置，普遍追求高电位正极，三元材料镍钴锰三者比例 333、424、523、622、811 中镍含量越来越多增多，安全隐患也随之增大。再加上要多装电池，电动车的安全性更堪忧虑。可见，五部署的积分并行管理办法鼓励做安全性差的车！

3. 对比中、美积分-里程关系式。

五部署公式：积分=0.8 + 0.012×纯电动公里。美国加州的公式：积分= 0.5 + 0.01×纯电动英里。同等纯电动里程用两公式获得的积分见表 3。

表 3　中、美两国积分-里程对比

纯电动里程/公里	100	150	200	250	300	350
按中国公式的积分	2	2.6	3.2	3.8	4.4	5.0
按美国公式的积分	1.125	1.438	1.750	2.063	2.375	2.688

可见，我国的积分比美国加州放宽了将近一倍。如此放宽的后果是鼓励企业更积极追求长里程；也使企业更容易取得高积分，从而通过双积分关联滋养高耗油传统燃油车的产销。

特斯拉-S 电池用量多，纯电行驶里程长，在美国加州可得最高积分；该公司靠卖积分每年得美元数以亿计弥补公司的亏本，而特斯拉-S 在新加坡由于高耗电(即高排放)而受罚。新加坡的政策正确！我国不应跟随加州的错误方向！

4. 五部署并行管理办法环节复杂

积分既要考核车重，还要考核里程，空子多！

将企业平均燃料消耗量的积分与电动汽车积分挂钩，即双积分，所以，“积分”实际上就是货币，诱惑力太大。空子多+诱惑力大=什么

提醒官员们密切关注发展动向，严防类似金太阳工程和电动车骗补问题的再三发生。

三、积分应该与减排贡献挂钩

积分是无补贴情况下最有力的指挥棒，所以我感到应该十分重视。

工信部去年征求意见，我建议考虑在积分组成中增加“减排积分”，未予采纳。今年我在征求意见的限期内建议积分与里程脱钩，纯电动车一律都给 3 分，又未采纳。

在 9 月 29 日五部署公布积分管理办法的同一天，正巧我在网上发文：《电动车积分与里程挂钩背离了低碳发展方向》，同时向工信部再提建议。我的新建议是：电动车的积分以燃油车平均油耗指标为对照，以减排量为尺度。具体内容如下。

1. 燃油的 CO_2 排放量

每升燃油排放 CO_2 =1 升×油的比重×油中含碳×CO_2 分子量与 C 的比例
=1000×0.85×96/114×44/12=2625g

2. 耗电的 CO_2 排放量

目前我国的电 70%是用煤为主的化石能源发的，平均 310g 标煤发 1 度电。

每度电排放 CO_2=度电煤耗 g×煤中含碳×煤电占比×CO_2 分子量与 C 的比例
=310×0.85×0.70×44/12=676g

今后随着每度电煤耗、总发电量中煤电占比的下降，此数自然下调！

工信部现阶段将“乘用车的平均油耗指标”定为 6.9 升/百公里，以此数作为电动车排放的对照。若某一纯电动乘用车的百公里电耗为 14 度，则该车比 6.9 升/百公里燃油车 CO_2 的减排量=(6.9×2625–14×676)=18113–9464 = 8649g。

如 CO_2 百公里每减排 2kg 或 3kg 给积分 1 分，则积分见表 4。

表 4　不同耗电量电动车积分换算表

电耗/度·百公里$^{-1}$		8	10	12	14	16	18	20
CO_2减排/g		12705	11353	10001	8649	7297	5945	4593
积分	2kgCO_2给 1 分	6.35	5.67	5.00	4.32	3.65	2.97	2.30
	3kgCO_2给 1 分	3.81	3.78	3.33	2.88	2.43	1.98	1.53

于是，电耗越低的纯电动汽车，得积分就越高，积分鼓励低碳化、轻量化。

对于插电式和增程式电动车，可按用电、用油减排量分段计算积分，然后相加。

今后随着每度电煤耗、总发电量中煤电占比、“乘用车的平均油耗指标”的下降，积分将逐渐收紧，势将不断推动电动车的水平提高、数量增加！提请五部署关注、备用！

四、增程式电动汽车技术是强国之路

增程式电动汽车有一个发展过程，我按电动力的结构和节油将其划“代”。

1. 第一代增程式电动汽车简介

第一代增程式电动汽车是在纯电动车上加装增程器，比纯电动车加价 15%。增程器单纯为了增加行驶里程，当电池的电用完，增程器启动发电。增程器要满足行车最高速度要求，故功率要大，油耗高！加装增程器后车身加重，耗电(油)更多(图 1)。美国通用沃蓝达增程模式的油耗为 7.14L/100km(1.4L 排量发动机)；德国宝马 i3 为 5.35L/100km(0.7L 排量发动机)。可见，第一代增程式电动汽车的油耗不低。

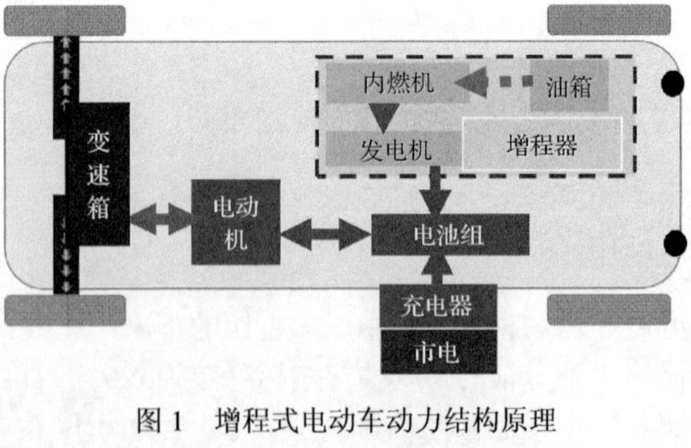

图 1　增程式电动车动力结构原理

2. 典型第二代增程式电动车

第二代增程式电动汽车技术——节能的增程式，优化了电力系统，改变单纯延长续驶里程的局限性，大幅度减小了发动机的功率和电池的用量，提高节能水平。现在国内外均有新产品。

(1)沈阳华龙新能源汽车有限公司的 12 米增程式客车(图 2)，市区公交模式百公里油耗 12 升，公路模式百公里油耗 16.3 升。

图 2 增程式客车

(2)加拿大 PlanB 不同的增程式卡车(图 3)。电池驱动；涡轮发电机充电；3 倍行驶里程；高燃油经济性，百公里油耗 17 升。降低 70%污染物排放；卡车是耗油、排放大户，使用增程技术大有作为。如有充电条件，更好；不充电也节能减排，并可远行。

图 3 加拿大 PlanB 公司的增程式卡车

(3)日产汽车 NOTE 紧凑型车，2016 年底上市。

e-POWER 动力系统属于串联式混合动力(图 4)，一台 1.3 升排量三缸燃油发动机，为 1.5kWh 高功率电池充电，免去从外部充电。通过轻量化设计、开发反应灵敏的电机控制方式及优化能源管理等手段，百公里油耗仅 2.7 升。

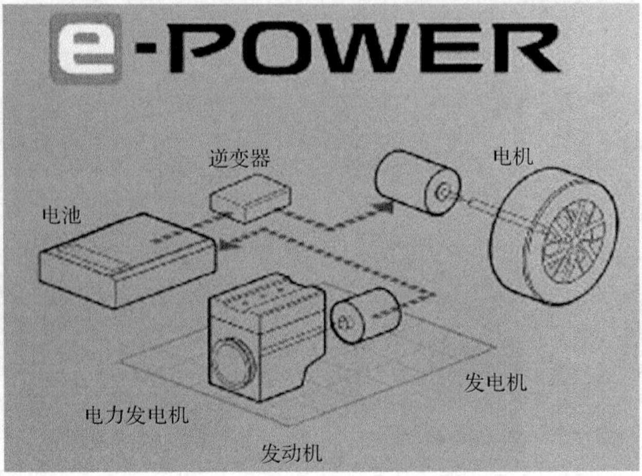

图 4　e-Power 电动车动力原理

3. 第二代(节能的)增程式电动车优点突出

电池组不会过充和过放，寿命延长，安全性高；电池少，受补贴退坡、取消的影响小，易推广；燃油车的生产、加油设施全继承，便于发展；增程行驶时比燃油车节油 50%以上；可以不外充电，免建充电桩，且能远距离行驶；如有充电条件，城市百公里内节油率 80%以上。

第二代增程式电动车解除了纯电动车的里程焦虑、安全焦虑、充电焦虑、价格焦虑。

4. 第二代增程式电动车的美中不足

在纯电动车上装增程器，增程器发电充给电池，电池给电动机供电，电流全部流过电池组，有不足之处：电池充电-放电过程中能量有损耗；电池用量虽比纯电动车少，但因功率要满足最高车速要求，电池的用量仍有纯电动车的约 40%，使车价仍高于燃油车；电池较多，重量较大，有减重节能潜力；电池始终高负荷工作，寿命受影响。

5. 发动机发电直接驱动电动车

江苏公爵新能源汽车有限公司提出了“发动机发电直接驱动电动车”新概念，简称“发电直驱电动车”。与第二代增程式不同，车上发电机发的电不必经过电池而直接驱动电动机；电池用量可再减少，可称为第三代增程式电动车技术(图 5)。它继承了第二代增程式的全部优点，克服了它的缺点。

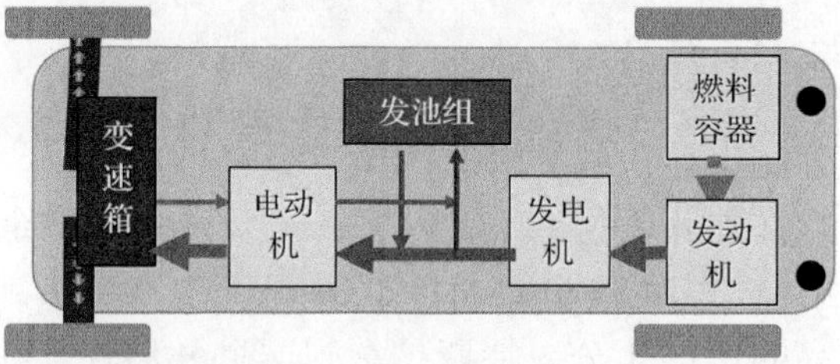

图5　发电直驱电动车动力原理

发电直驱电动汽车技术的优点：①直驱可减免电池充电-放电约 10%能量损耗；②电池减少，再加上使用铝合金，车重大减轻，再降电耗；③电池的大电流工作机会少，寿命延长；④电池用量少，车的成本进一步降低；再算上高节油率，车辆全寿期的总费用可远低于同级别燃油车的水平。

此技术适用于各种车辆，均可大为节能减排。并已申请专利《一种节能型发电直驱电动车》，具有完全自主知识产权。

总之，第三代增程式电动车的油耗比第二代更低，排放进一步下降！发电直驱电动汽车技术，符合低碳发展要求！

五、结束语

电池用量不宜大，减排安全都靠它；汽车强国需创新，发电直驱低碳化。

第三部分

发展微型电动车

新大洋集团城市微型纯电动车知豆上市发布会上致辞*

各位领导、专家、新大洋集团的员工同志们，女士们、先生们：

今天，2012年10月23日是个难忘的日子，微型风尚新大洋·知豆城市微型纯电动车正式上市向国内外销售。我专程来临沂参加这个隆重的上市庆典，向新大洋集团和所有参与知豆微型电动车研发的中外朋友们致以热烈的祝贺和敬意！

浙江民营企业新大洋集团，以长远的战略眼光，集合了国内外一流专家研发与设计团队，坚持与国际先进标准同步，经过多年的艰苦努力，打造出的一部具有国际品质水准的微型纯电动车精品，为纯电动车的发展开拓了新的空间。

新大洋集团坚持以市场为先导，以我为主，自主开发车身、底盘与控制系统，积累了大量的经验与数据，逐步形成了自主开发能力体系，有力支撑了后续产品设计延展与更新换代。

新大洋·知豆从开始就坚持与国际化标准同步，将海外市场作为先期主要拓展方向，选择了一条极有前景的市场战略。

新大洋·知豆的产品理念，是对我国社会上以豪华车为荣的观念，提出的有力挑战。它将节能减排的历史责任和满足最广大消费者需求的社会责任担当起来，这需要极大的胆识和勇气。这样的胆识和勇气特别值得我们敬佩和宣扬。

“时尚、新颖”是知豆的重要特征。由意大利设计师打造，外观新颖、色彩绚丽的知豆，不仅受到了电动车界和媒体的高度关注，也吸引来了全球经销商的积极跟进。“良好的技术品质以及综合使用成本”是知豆的主要优势，知豆的整车操控、制动、安全性能等各项指标均通过欧洲EEC法规要求，同时获得了欧洲和国内二十多项专利。新大洋对消费者购买、保有与售后服务进行了全方位考量，采用轻量化车身技术，有效地控制整车成本，优秀的电控系统，使知豆的百公里耗电低于 8kWh，再配合独特销售模式与售后服务，真正将知豆打造成为一款老百姓买得起、用得起、有品味的精品微型纯电动车。

我相信，今后新大洋将继续坚持知豆的产品特色，坚持为最广大群众服务的经营理念。我希望新大洋将知豆在欧洲市场上所取得的经验、技术及理念，运用到新产品的研发、制造中，让更多的国内消费者能购买到最优的爱车，享受驾驶

---

* 本文为2012年10月23日在“临沂新大洋·知豆城市微型纯电动车上市庆典”上的演讲。

生活带来经济、实惠和真切的幸福感。

近些年来，我坚持认定，纯电动车只有做成微型才有出路，才能在行驶里程、速度、价格之间进行良性循环的优化设计。新大洋集团的成就更加坚定了我的信念。汇集了我近几年论文、报告的文集，表达了我的信念，现在我将它赠送给鲍文光老总，让我们为我国电动汽车的发展、为节能减排和人类社会的可持续发展共同努力，做出更大的贡献。

祝新大洋集团兴旺发达！

谢谢大家！

我国发展电动汽车的突破口
——低速短程车*

一、开场白

1. 发展电动汽车的必要性

减轻城市空气污染，大城市空气污染的30%来自汽车，是雾霾的成因之一；石油短缺，我国原油对外依存度已经大于 56%；减少二氧化碳排放，1 亿吨油产生 CO_2 约 3 亿吨，必需缓解温室效应。

汽车日益增多，石油更紧，发展电动车刻不容缓，以“谷电”代油，发展电动车，合理有利。

动力电池是电动汽车的心脏，电动汽车性能要素主要决定于电池。

2. 电动汽车的性能要素

真能节油、减排。节油率越高越好，零排放最好，从这个角度看，纯电动车最好。大多数人买得起，节油减排效果也才显著，不能将目光盯高消费者的高档车、跑车。用得好，才有生命力，才安全、充电方便、耐用、省钱。

动力电池是电动汽车的心脏，电动汽车性能要素主要决定于电池。电动汽车发展路线的核心问题是用好各个发展阶段的各种电池。

二、动力电池技术的现状

目前动力电池的比较，见表 1。

表 1　不同电池性能比较

技术参数	铅酸电池	镍氢电池	锂离子电池
工作电压/V	2.0	1.2	3.2～3.7
质量比能量/($Wh\cdot kg^{-1}$)	30～40	60～80	90～220
体积比能量/($Wh\cdot L^{-1}$)	70	200	270～400
寿命/次	300～500	500～800	500～3000
自放电率/%	10～15	20	6～8
充放电速率/C	0.2～1	1～5	1～20

锂离子电池是电动车的主力电池。其优点为：比能量最高，比功率高，能量

* 本文为 2013 年 11 月 1 日在如皋“电动汽车及零部件产业论坛”上的演讲。

转换效率高，循环寿命长。不足为：有的体系安全性较差，价格还不够低，再生时氟、有机溶剂可能污染环境，

锂离子电池的比能量仍不满足习惯驾驶燃油车的人们对电动汽车续驶里程的要求。各国都计划 2020 年动力电池模块的能量密度达到 300Wh/kg。但是不能指望锂离子电池比能量提高达到汽油的水平。

中、美、日锂离子电池组频发着火事件，安全性存在问题。

要如实地认识铅酸电池。铅酸电池是化学电池中市场份额最大、使用范围最广的电池，就以燃油车来说，每车用一块。铅酸电池优点突出：安全性高，价廉，功率特性、高低温性能优越，回收技术较成熟等。弱点是比能量较低，循环寿命偏短，正在克服中。

铅酸电池本身不污染环境。如果生产和再生铅加工过程如管理不善，可能会对环境造成危害。铅酸电池有新技术，最重要的是以不同方式在负极中加入活性炭。将活性炭做成极片贴在负极上，称为超级电池；将活性炭混在负极内，称为铅炭电池，见图 1。

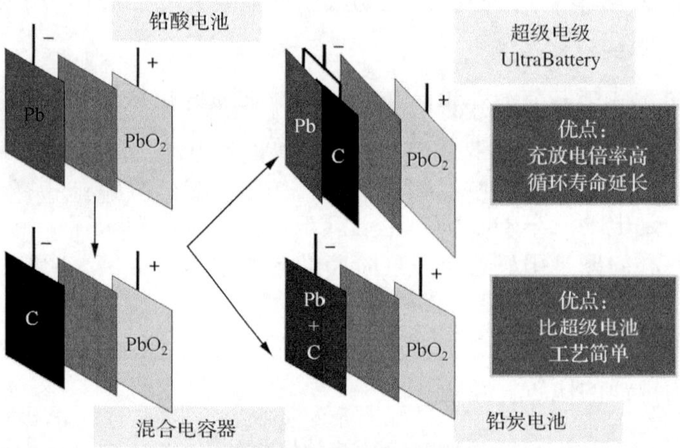

图 1　超级电池与铅炭电池结构示意

解放军防化研究院与杭州南都公司合作研制成功铅炭电池。表 2 中铅炭电池与同尺寸铅酸电池的比较，可见性能全面、大幅度提高。

表 2　铅炭电池与铅酸电池性能对比

电池 /75Ah	比功率 /(W·kg^{-1})	比能量 /(W·kg^{-1})	10 倍率放电时间/s	HRPSoC 放电循环寿命/次	–20℃下放电时间/s	快充能力
铅酸电池	150	41	无法放电	0.08	4200	
铅炭电池	240	41	96s	＞10	5050	1h 充满 95%

铅炭电池部分荷电态高倍率(HRPSoC)循环性能优越，特别适用于微混、轻混电动汽车的启动。在规模储能、电动自行车、电动摩托、电动汽车，位能回收(港机、电梯)等方面使用也很有优势。

三、电动汽车的品种和评价

电动汽车按动力划分为纯电驱动类和混合(双)动力类两大类，又可细分为 6 种：①纯电动车(EV)；②燃料电池电动车(FCEV)；③增程式纯电动车(EREV)；④油-电混合电动车(HEV)；⑤电-油混合电动车(PHEV)；⑥起-停式(微混)汽车，前 3 种只有电动机一种驱动力，后 3 种有内燃机和电动机两种动力。

纯电动车(EV)是长期奋斗目标，其优点是：最节油，如用谷电、风电则最减排；简单，无油路/气路/水路；车身便宜，一般性加工；有资源优势和一定的基础。

纯电动轿车行驶里程 80 公里就可满足我国城市大多数用户要求，在现有电池比能量下，合理的设计里程仅约 150 公里。所以，目前大多数轿车的续驶里程在 150 公里左右。目前电池不适合做长程、高速纯电动车。

但是，公交大客车一日需行 200～300 公里，纯电动公交车短期内难满足要求。目前，大量圈地搞充电站、换电站，费钱多而效率低；电池单体、成组、使用欠成熟，性能衰退过快；电池和纯电动公交车价格高，长期离不了补贴；电池与车辆不能齐寿，后续电池谁补贴？电池量大，散热困难，安全问题解决难度加重。在这些问题解决过程中,只宜少量演示，目的是发现问题，积累经验，而不宜追求数量发展速度。

用目前的锂离子电池做纯电动车，性能不能与燃油汽车全面相比，估计，15～20 年也难全面做到！为什么？因为电池与油的能量密度相差 50 倍之悬殊。

高档纯电动汽车电池多，车很重，浪费能源。比亚迪-E6 装电池 700kg，电耗 19.5kWh/100km。特斯拉是豪华跑车，电池多且比能量高，行驶里程虽不短，但 10 月份就烧了 2 辆，其性能与价格如表 3 所示。

表 3　特斯拉电动车性能与价格

特斯拉电池容量/kWh	40	60	85
里程/km	256	370	480
100km 耗电/kWh	15.63	16.22	17.71
车价/$	4.99	5.99	6.99

要根据可持续发展的宗旨，追求最节能的车。增程式电动车(EREV)只有电动机一种动力，故属纯电驱动。行驶前电池组充电，短途全用电；长途途中小功率发电机在最佳工况下发电给电池充电；车上发电虽仍用油，但省油一半多。

可以预料，增程式电动车是很长时期内的最佳过渡车种。

四、电动汽车的发展途径

电动汽车的发展应以可持续发展为宗旨，力求节能、减排。要用好各个发展阶段的各种电池，生产相应的车，逐渐加深“绿色”。2020 年前应以大力发展小型低速纯电动汽车为突破口，大、中型车以纯电驱动的增程式为主要过渡车种。同时尽快实现启停式作为燃油车的标准配置。要研究新电池，向新一代纯电动汽车方向继续发展。

1. 大力发展小型低速短程轿车

小型低速短程车的优越性很突出：①电池少，价廉，易推销，是电动自行车、摩托车用户的升级换代产品，满足广大城镇需求；②技术积累较好，无需国家投资就可以很快建(改)成几个年产 20 万辆的厂；③用 220 伏民用电，可作为晚间用电的“家用电器”，甚至无需专门设置充电桩；④每夜的 11 亿多度低谷电，可供亿辆小型电动汽车充电，还省掉建设调峰电站的大笔投资；⑤节能(6～7kWh/100km)，立即可大量节省汽油，减轻城镇空气污染；⑥节材，使用、维修方便、可以持续发展；⑦可充分发挥铅酸(炭)电池安全、廉价优势。

2. 微型轿车也可使用锂离子电池

锂离子电池比能量(近 100Wh/kg)是铅酸电池的 3 倍。车小、轻(含电池＜800kg)；耗电少，5～6kWh/100km；120kg 电池充电一次可以行驶约 200km；电池少，安全性高；充电方便，220V 市电用 5A；价格低廉(5～6 万元)，容易推销，适应中产阶层用户需求，东风生产的双座电动小轿车，售价仅 4 万元。

莫以燃油车的指标要求纯电动车。有人追求电动汽车长续驶里程，短加速时间，高速度，“不达燃油车水平不能叫“汽车”。此观念主要存在于当权的传统汽车人士中，脱离了动力电池的当前实际水平。他们将标准提得高高的，好像是维护电动车的先进性，实质是“形左实右”，起了“卡、压”作用，结果是“好事做坏”：价格高，卖不出去；电池多，危险性大。

3. 如皋可发展增程式中巴

发展增程式中巴，政府有补贴。增程式中巴适用于中小城市街道较窄的公共交通。此车只有电动机一种动力，故属纯电驱动。电源用高功率电池或储能电池+超级电容器。电池用量只有纯电动车的一半，也能回收电能。

纯电驱动增程式车的优点：①不必配太大容量动力电池，且可远行；②电池组不会缺电和过放电，寿命延长；③不一定用锂离子电池而用它种，价格低；④夜间在停车场充电不另建充电站，省地；⑤夜间充电是使用电网的“谷电”，“填谷”；⑥不需要充电/换电的周转电池，低投入；⑦不需要大量的换电设施和人员，运行省；⑧传统汽车设施和成就全继承且易加工；⑨现有技术就可节油 50%以上，节能减排多；⑩政府补贴负担轻，且容易过渡到无补贴。

车辆在行驶中发电机给电池充电，电池始终运行于“半充”状态与“半放”状态之间(以电池半容量为基准)。电池运行于“半充”与“半放”状态之间的好处有：①内阻最小，发热量小；②不过充，安全有保障；③不过放，循环寿命长；④淡化了不一致性问题；⑤可简化电源管理系统；⑥可用廉价的铅酸电池。

我国增程式电动公交车研制成功多辆，例如：①以铅酸电池+电容器为能源(北京科凌)；②以锂离子电池为能源(杭州赛恩斯)；③以锂离子电池+超级电容器(合肥江淮)；④以锂离子电池为能源(宁波神马)；⑤以超级电容器为能源(浙江青年-巨容)。

增程式轿车最近有新进展，包括：①长安汽车 C203 正式点火成功，2012 年试运行；②中国汽车工程研究院与德国 FEV 公司合作，是科技部“国家科技合作计划重点项目“增程式电动车”；③广汽-科岭合作承担国家 863 计划项目“增程式轿车”，2011 年 4 月正式立项，11 月 11 日样车在东营研制成功。

燃料电池电动车节能减排，是未来可能普及的电动汽车，其本质是燃料电池发电增程。

增程式车还可以用各种能源发电，如天然气内燃机发电，燃气轮机发电，酒精内燃机发电，柴油机发电，太阳能电池发电等。

五、结束语

南通(如皋)应该发展低速短程小型电动汽车。南通(如皋)市委、市政府要向邢台市委、市政府学习，他们组织了市工信局、发改委、交警支队和保险业等各方，联合出台《邢台市低速电动汽车管理办法(试行)》。

山东聊城就更火了！去年生产了短程、低速小型电动汽车 6 万多辆，全卖了出去，供不应求。

机不可失！再莫等待国家发改委“开闸”了，也不必等待全国性的允许上牌照了！

谢谢！

量电池之力发展电动汽车*

早年间，杨裕生院士曾在茫茫戈壁为我国核试验奉献长达27年之久，取得了一系列令人瞩目的成就。回到北京后，1998年杨裕生院士谋划建立了“军用化学电源研究发展中心”并任中心主任。他指导年轻人承担了国家高技术研究发展计划(863计划)项目、科技部电动汽车专项、国家重点基础研究发展计划(973计划)项目、国家自然科学基金、国防科技预研基金、军用973以及总装“十五”预研等几十项研究课题，有力地推动了我国储能事业的发展。近日，本刊专访了这位在核技术和储能技术领域均做出过突出贡献的学界泰斗，请他就铅酸电池目前的发展状况、电动汽车的发展以及其他储能技术的应用和发展前景阐述其观点。

《储能科学与技术》：杨院士您好，早年您对我国核试验技术的发展做出了突出贡献，回到北京后，是在什么样的机遇下或者您基于怎样的想法，开始投入到高能密度二次电池以及超级电容器等的研究开发？

杨院士：1963年初，我被调到原国防科工委，加入了组建中的核试验基地研究所，负责筹备蘑菇云取样和放化分析，在新疆27年。1990年，我58岁的时候，组织上把我调回北京，在解放军防化研究院第一研究所任研究员。1995年，我当选中国工程院院士，深感自己的责任更加重大。由于国防事业发展的需要，1996年我和二室陈焕祺主任共同发起中国士兵综合防护系统，我们走访、联合军内多个单位，促成了研制立项。士兵综合防护系统是以提高士兵作战能力和生存能力为目的、并与高新技术装备集成为一体的装备，包括防弹、防毒等服装，这样就影响士兵身体的透气和散热，需要再装一个微空气调节器。微空气调节器耗能高，更加重了对电源系统的要求。1997年论证结果，电池的能量密度不能低于300Wh/kg，这是当时美、日等国计划2010年要达到的指标，遍访我国的电池研制单位，没有一家愿意承担这个项目。我想，我们防化研究院是全军唯一与化学电源的“化”字沾边的单位，在这不得已的情况下，这个任务我们防化研究院义不容辞。后来，上级批准了我的请缨。我当时是“门外汉”兼“光杆司令”。经过一段时间的调研和论证后，我认为锂-硫电池是唯一有希望达到要求的电池，所以选定了这条路线。

1998年初，我们所的高乃金政委亲自出马去天津大学动员了曹高萍博士，又在中国科学院兰州化学物理研究所以“院士助手”的名义招来苑克国硕士，这样我们三人研究小组就在夏天组成了，开始研究锂-硫电池。归根结底，我们是“逼

* 本文原载于《储能科学与技术》，2014年第3卷第4期423页。

上梁山”。

《储能科学与技术》：我国锂硫电池研究现状如何，与国外相比还要在哪些方面进一步加强？

杨院士：现在我们的锂-硫电池技术应该说做到了国内的较高水平，最近单体3安时的电池比能量已经达到370Wh/kg。国内外不少人认为锂硫电池比能量可达500Wh/kg，是电动汽车的下一代动力电池，所以已形成了研究热潮。国内现在研究锂硫电池的单位也很多了，研究所有中国科学院的化学所、物理所、大连化物所、沈阳金属所、上海硅酸盐所，天津18所、上海811所等，学校有国防科大，上海交通大学、清华大学、武汉大学、北京理工大学、南开大学、厦门大学等，有的大学有3、4个锂硫电池课题组，还有些企业也在积极地参与，研究队伍日益壮大。但是锂-硫电池要实际应用到电动汽车中还有相当的距离，电池的指标不单单看比能量，使用寿命和安全性也是十分重要的因素。

《储能科学与技术》：铅酸电池作为发展较早、技术较为成熟的化学电源，与其他化学储能器件相比有什么优点和缺点？

杨院士：在我国，铅酸电池现在属于“限制发展”产品，原因是有的官员说它污染严重，认为铅酸电池过于古老、技术落后，其实这些说法都不对。燃料电池发明比铅酸电池早20年，不是更古老吗？为什么大力支持？国外铅酸电池的新技术发展很快，美、欧政府的支持力度都很大，而在我国由于近年来政府对铅酸电池研究一直没有投入，技术自然而然的也就落后了。这样一个价廉、安全、电性能好的产品，应该发挥它应有的作用。

中国的铅酸电池要振兴，一定要解决两方面的问题。一方面是铅酸电池生产全过程的环保问题，尤其是废电池回收过程中的污染问题一定要解决，现在国家已经核准了10家有回收资质的公司，后续还会有3家。还要大力推广回收率高、更加环保的湿法回收技术。另一方面就是要突破电池新技术，提高性能，让它古老但不落后。我所以倡导举行铅酸电池新技术研讨会，两年一届，主要就是要交流新技术，推动铅酸电池发展。

《储能科学与技术》：近期有何技术上的进步？要想得到更广泛的实际应用，哪些技术亟待解决？

杨院士：要说铅酸电池的新技术，铅炭电池是一大进步。铅炭电池就是在铅酸电池的负极中加入高比表面积的活性炭，使用寿命可以延长几倍，放电功率也显著提高，我觉得这个技术应该在中国大力推广。我们课题组从1999年开始研究超级电容器，超级电容器中用到高比表面积的活性炭，又叫超级活性炭，我们在制备这种材料方面有一定的基础。铅炭电池和超级电容器所需两种炭的指标不同，但高比表面积这一点是相同的。把超级活性炭加入到铅酸电池中，我们和杭州南都电源公司合作，我们负责研制活性炭，他们负责把活性炭加到铅酸电池中，合作十分成功。一年多来，我们靠实验室的设备、用手工的制备方式已经提供了 1 吨活性炭，南都生产了约 200 吨铅炭电池。由铅炭电池构成的“风-光-储”装置，在浙江、新疆建成十几个储能电站。虽然铅炭电池的比能量没有提高，但是它的寿命延长，功率提高，安全性高，在储能电站示范运行中表现良好。铅炭电池在天津港集装箱起吊机中应用，将集装箱下降时的制动能量回收存储起来；在集装箱起吊时，再将储存的能量提供出去，达到提供尖峰功率和节能目的，节电率高达 40%～50%，并且减轻了对电网供电质量的冲击。在所有的升降电梯中也可使用这种节能技术。

最近它还有一个新的大用途：国家正在提倡燃油汽车加装启停功能，铅炭电池比功率高，短时间的浅充浅放寿命长达 18 万次，是最理想的电源。加装了启停功能的汽车又称微混电动车，对城市的减排和治理雾霾有很大的作用。我国每年汽车产量达 2000 万辆，如果大规模推广使用此技术，将会是一个很大的市场，仅这一项就需用特种超级活性炭 5000 吨，产值至少 20 亿元。

据说，政府打算为每台安装启停功能的汽车补助 3000 元，这笔钱似乎多了一些。

要想将铅炭电池技术更广泛应用，亟待解决的问题是特种超级活性炭的工程化研究与开发，这是一个典型的 863 计划项目。但是申请这种课题经费，项目必须先列入指南，而与铅酸电池挂钩的项目，从来没有进入过 863 计划指南。再有，即使可以申请，例如 1000 万，要你自筹配套经费至少 1000 万，这对军队研究所而言，根本无从谈起！

《储能科学与技术》：近年来，关于电动汽车的研究如火如荼，但并没有得到大规模的产业化，您认为原因何在？

杨院士：政府曾制定到 2015 年新能源汽车要达到 50 万辆的计划，现在各种新能源汽车加起来还不到 10 万辆，时间只剩下一年多了！我觉得新能源汽车推广迟缓有以下几个方面的原因：一是没有把新能源汽车发展的责任加到汽车企业身上，着急的是政府部门，汽车企业不着急，它们不但不着急，而且在看哪种车补贴高就做哪种车，而不是主动考虑发展适合市场需求的车；二是中国汽车的企业没有集中精力做出自己的一种拳头产品，没有核心技术，而是几乎每家企业都在做微混、轻混、中混、全混、插电式、纯电动、增程式，做出来的一、两台样品只能放在展台上做展示，不能产业化。而日本丰田只开发了一种深度混合电动汽车，只做两种车型，总销量做到 600 万辆的规模，主要依靠它的核心专利技术——“行星齿轮”技术，就能把节油率提高到 40%；三是现在国家对汽车企业的补贴过高，补贴标准成了汽车发展的风向标，导致车企缺乏社会责任感，不考虑车的市场化、产业化，只关心补贴的多少，而且高定价，由政府买单。

因此，政府要把发展电动汽车的指标落实到车企，每年要求汽车总产量中必须有一定比例的电动汽车，而且逐年提高此比例；超额完成任务目标的企业给予奖励，未完成的企业要受到相应的惩罚，用惩罚的钱奖励超额完成的企业，这样把责任交给企业，让市场来实现调节。我相信，这种“补改奖”的机制还能使电动汽车价格高、续航里程短、充电设备不完善等问题，迎刃而解。

《储能科学与技术》：您在很多场合都提出发展微小型电动汽车的建议，请您谈谈微小型电动汽车与普通纯电动汽车以及混合动力汽车相比，有什么优点和缺点？

杨院士：现在以中国的电池技术还不足以发展续航里程较长、速度快的电动汽车，美国的特斯拉是不该复制的模式，它每公里耗电17度，不但不节能，而且浪费能源，一辆车的耗电量相当于3辆微型车；它的电池用量很大，所以价格降不下来，只有富人买。比亚迪-E6 纯电动车也如此。轻度、中度混合电动车的节油率只有10%～20%，重度混合电动车的专利被丰田垄断。

与上述纯电动汽车以及混合动力汽车相比，微小型电动汽车的优点很多：①电池少，价廉，易推销，是电动自行车、摩托车用户的升级换代产品，满足广大城镇需求；②技术积累较好，2013 年全国已产 20 万辆，无需国家投资可以很快建成几个年产 20 万辆的厂；③用 220 伏民用电，可作为晚间用电的“家用电器”，甚至无需专门设置充电桩；④每夜的 11 亿多度低谷电，可供亿辆小型电动汽车充电，国家还省掉建设调峰电站的大笔投资；⑤节能(6～7kWh/100km)，减轻城镇空气污染；⑥节材，使用、维修方便、可以持续发展；⑦可充分发挥铅酸(炭)电池安全、廉价优势；⑧有利于缓解城市堵车、停车难题。

吉林大学的郭孔辉院士曾做过计算，用现在锂离子电池的比能量做汽车，合理的里程设计在150km 左右，这对于大部分上班族使用完全可以了。若要更长距离的行驶，增程式更合适，电池用量相当于纯电动的一半左右，每百公里耗油量不到2.5 L，现在已经有厂家在试产，但还没上线，有待国家政策的引导。

《储能科学与技术》：中央电视台 3·15 晚会曝光了某些企业在没有整车生产资质的情况下，非法生产销售低速电动汽车(以铅酸蓄电池为动力的电动车)而导致多起事故的情况，对此业内外人士各执己见。作为我国电池领域的权威专家，您有怎样的看法？

杨院士：我觉得微型电动车不仅不是个过渡品种，还有可能是个长生不老的产品。将来，人们的思想境界高了，节能环保的意识强了，都会舍去豪华的大车而坐微小型车。刚才已列举了它的优点，山东、江苏、河北有些企业做得相当不错的，不但有规模，而且质量很好，所以很有市场。

中央电视台 3·15 晚会曝光生产质量问题，十分必要。但是，有的媒体对问题的实质不做具体分析，甚至加以引申、夸大，这就偏离了 3·15 晚会的本意而产生了副作用了。

现在有一些错误观念。一是认为这种微型电动汽车技术含量低，与我们这泱泱大国的形象不相称。其实电动车大小跟技术水平毫不相干，俗话说“麻雀虽小五脏俱全”，欧、美、日等发达国家都制定了微型低速电动车的法规，符合其法规的中国产微型低速电动车在欧、美销得很好，而且利润不低。二是认为此车所用的铅酸电池是有污染的。实际上铅酸电池本身是没有污染的，现在每一辆燃油汽车都有一快铅酸电池，乘车人不但没有受到污染，而且离开了铅酸电池他的燃油汽车就开不动，为什么铅酸电池到了微型低速电动车就变成污染的了？中国铅酸电池产量和美国相当，但是在美国铅酸电池已不属于污染行业了，而为什么中国做不到那么好？关键在政府部门的政策完善，并加大对涉铅企业的监管力度。三是笼统地说这种微型电动汽车产品不合格。产品是否合格首先要有一个法规标准，现在政府相关部门并没有制定微型低速电动车的相关法规标准，那这种车何来的不合格之说呢？粗制滥造的车肯定有，应该照法规标准加以衡量和处理；更不能因为一些小企业的不负责任而把这个行业整个地一棒子打翻。四是说这种车不安全。其实不是车不安全，而是交管部门的监管亟待加强；小城镇有了微型低速电动车，就要及时健全红绿灯、规定行驶道路，认真贯彻交通规则。如果不与时俱进做好这些工作，又让没有合格驾驶技能的人随便驾车上路，导致“马路杀手”的出现，倒过来全怪到微型低速电动车的身上，实在是不讲理！

对于微型低速电动车的发展，首先政府部门要管起来。工信部、国家发改委要制定微型低速电动车的标准；用标准来规范企业的准入。公安部、交通部的规章制度和监管力度跟上了，企业生产规范了，这种节能减排、价格实惠、出行方便的交通工具就能更好地发挥它利国利民的作用。

交通管理部门要针对微型低速电动车制定法规，把驾驶培训、交通规则、上牌照等问题明确起来；可以规定微型低速电动车不允许上高速、驾驶速度不能超过 50km/h 等。

《储能科学与技术》：近期，北方多地区遭遇连续雾霾天气，解决如何高效、清洁的利用能源问题已迫在眉睫。在节能环保、可持续发展的理念下，除了大力倡导电动汽车的发展外，各种储能技术还应该在哪些实际应用领域、如何发挥其作用？

杨院士：雾霾是一个比较复杂的问题，汽车对雾霾的“贡献”到底有多大，一直存在争论，我也没有直接的数据，但通常认为在 20%～30%。所以要推广节能的微型电动汽车，这样耗电量就小了，汽车对雾霾的“贡献”也就少了。

发展可再生能源发电，有利于克服雾霾问题。现在几个比较大的风力发电场装机容量都在千万千瓦级，有“风电三峡”之称，内蒙、河西走廊、新疆的风力发电都在此规模。这么大的发电规模要调节，完全靠储能绝非易事。现在抽水蓄能规模最大，技术成熟，但是在风能资源丰富的地区，一般都干旱缺水，发展抽水蓄能比较困难；另外，风力发电是瞬时变化的，抽水蓄能在时间响应上不易适应。

化学储能技术没有地域的限制，时间响应快，在局域的或者分布式的电网上是可以发挥作用的；还可以将电网夜间的“谷电”储起来供白天电力紧张时使用，对发电厂、电网肯定有利，对蓄电站和用电户也可能有利。我之前写过一篇文章《规模储能装置经济效益的判据》，推导了储能经济性的公式，涉及7个指标，包括电的进出价格、能量效率、电池的使用寿命、建设费用、维护费用等，某种储能技术是否能保本，一代入这个公式便一目了然。现在全钒液流电池的能量效率大概能做到70%左右，跟抽水蓄能效率相当，锂离子电池能做到90%，原先的铅酸电池在70%～80%，而现在的铅炭电池也能做到90%，比大多数物理储能技术的50%左右能量效率高的多。使用寿命也不可轻视，循环1万次的电池使用成本，要比循环5000次的电池低一半。另外政府应该拉大峰谷电价差，夜里的电价要尽量便宜，这样峰谷电价差大了，鼓励人们尽量用掉夜间剩余的电，储能企业也可不亏本运行。所以储能行业要发展，不仅牵涉到技术问题，也牵涉到国家政策问题，需要政府、企业、科研人员一起努力。

历久弥新：杨裕生院士关于低速电动车的谈话*

政府曾制定到2015年新能源汽车要达到50万辆的计划，现在各种新能源汽车加起来还不到10万辆，时间只剩下一年了！我觉得新能源汽车推广迟缓有以下几个方面的原因：一是没有把新能源汽车发展的责任加到汽车企业身上，着急的是政府部门，汽车企业不着急，它们不但不着急，而且在看哪种车补贴高就做哪种车，而不是主动考虑发展适合市场需求的车；二是中国汽车的企业没有集中精力做出自己的一种拳头产品，没有核心技术，而是几乎每家企业都在做微混、轻混、中混、全混、插电式、纯电动、增程式，做出来的一、两台样品只能放在展台上做展示，不能产业化。而日本丰田只开发了一种深度混合电动汽车，只做两种车型，总销量就能做到600万辆的规模，主要依靠它的核心专利技术——"行星齿轮"技术，就能把节油率提高40%；三是现在国家对汽车企业的补贴过高，补贴标准成了汽车发展的风向标，导致车企缺乏社会责任感，不考虑车的市场化、产业化，只关心补贴的多少，而且高定价，由政府买单。

因此，政府要把发展电动汽车的指标落实到车企，每年要求汽车总产量中必须有一定比例的电动汽车，而且逐年提高此比例；超额完成任务目标的企业给予奖励，未完成的企业要受到相应的惩罚，用惩罚的钱奖励超额完成的企业，这样把责任交给企业，让市场来实现调节。我相信，这种"补改奖"的机制还能使电动汽车价格高、续航里程短、充电设备不完善等问题迎刃而解。

现在以中国的电池技术还不足以发展续航里程较长、速度较快的电动汽车，美国的特斯拉是不该复制的模式，它每公里耗电17度，不但不节能，而且浪费能源，一辆车的耗电量相当于3辆微型电动汽车；它的电池用量很大，所以价格降不下来，只有富人买。比亚迪-E6 纯电动车也如此。轻度、中度混合电动车的节油率只有10%～20%，而重度混合电动车的专利被丰田垄断。

与上述纯电动汽车以及混合动力汽车相比，低速电动汽车的优点很多：①电池少、价格便宜，是电动自行车、摩托车用户的升级换代产品，能够满足广大城镇，尤其是三、四线城市和村镇的市场需求；②技术积累较好，2013年全国已产20万辆，无需国家投资可以很快建成几个年产20万辆的厂；③用220v民用电，可作为晚间用电的"家用电器"，甚至无需专门设置充电桩；④每夜的11亿多度低谷电，可供亿辆小型电动汽车充电，国家还省掉建设调峰电站的大笔投资；⑤节

---

* 本文原载于"百度低速电动汽车吧"，2014年6月。

能(6～7kWh/100km)，减轻城镇空气污染；⑥节材，使用、维修方便，可以持续发展；⑦可充分发挥铅酸(炭)电池安全、廉价优势；⑧有利于缓解城市堵车、停车难题。

我觉得低速电动车不仅不是个过渡品种，还有可能是个长生不老的产品。将来，人们的思想境界高了，节能环保的意识强了，会逐渐舍去豪华的大车而购买微小型电动汽车。上面已列举了它的优点，山东、江苏、河北有些企业做得相当不错，不但有规模，而且质量很好，所以很有市场。

前段时间中央电视台3·15晚会曝光低速电动车的生产质量问题，十分必要。但是，有的媒体对问题的实质不做具体分析，甚至加以引申、夸大，这就偏离了3·15晚会的本意而产生副作用了。

现在有一些错误观念，总结起来包括以下几方面。

(1) 认为这种低速电动汽车技术含量低，与我们泱泱大国的形象不相称。其实车的大小、贵贱跟技术水平的高低毫不相干，俗话说“麻雀虽小，五脏俱全”。欧、美、日等发达国家与地区都制定了微型低速电动车的法规，符合其法规的中国产微型低速电动车在欧、美销得很好，而且利润不低。

(2) 认为此车所用的铅酸电池是有污染的，实际上铅酸电池本身是没有污染的，现在每一辆燃油汽车都有一块铅酸电池，乘车人不但没有受到污染，而且离开了铅酸电池燃油汽车就开不动，为什么铅酸电池到了微型低速电动车这儿就变成污染的了？中国铅酸电池产量和美国相当，但是在美国铅酸电池已不属于污染行业了，而为什么中国做不到那么好？关键在政府部门的政策完善，并加大对涉铅企业的监管力度。

(3) 笼统地说这种微型电动汽车产品不合格，产品是否合格首先要有一个法规标准，现在政府相关部门并没有制定低速电动车的相关法规标准，那这种车何来的不合格之说呢？粗制滥造的车肯定有，应该照法规标准加以测评和处理，更不能因为一些小企业的不负责任而把这个行业整个地一棒子打翻。

(4) 说这种车不安全，其实不是车不安全，而是交管部门的监管亟待加强；小城镇有了微型低速电动车，就要及时健全交通法规、规定行驶道路，认真贯彻交通规则。如果不与时俱进做好这些工作，又让没有合格驾驶技能的人随便驾车上路，导致“马路杀手”的出现，倒过来全怪到微型低速电动车的身上，实在是不讲道理！

对于微型低速电动车的发展，首先政府部门要管起来。工信部、国家发改委要制定微型低速电动车的标准；用标准来规范企业的准入。公安部、交通部的规章制度和监管力度跟上了，企业生产规范了，这种节能减排、价格实惠、出行方便的交通工具就能更好地发挥它利国利民的作用。交通管理部门要针对微型低速电动车制定法规，把驾驶培训、交通规则、上牌照等问题明确起来，如可以规定微型低速电动车不允许上高速、驾驶速度不能超过50km/h等。

在我国，铅酸电池现在属于“限制发展”产品，原因是有人说它污染严重，认为铅酸电池过于古老、技术落后，其实这些说法都不对。燃料电池发明比铅酸电池早 20 年，不是更古老吗？为什么大力支持？国外铅酸电池的新技术发展很快，美、欧政府的支持力度都很大，而在我国由于近年来政府对铅酸电池研究投入不够，技术自然而然的也就落后了。这样一个价廉、安全、电性能好的产品，应该发挥它应有的作用。

中国的铅酸电池要振兴，一定要解决两方面的问题。一方面是铅酸电池生产全过程的环保问题，尤其是废电池回收过程中的污染问题一定要解决，现在国家已经核准了10家有回收资质的公司，后续还会有3家。同时要大力推广回收率高、更加环保的湿法回收技术。另一方面就是要突破电池新技术，提高性能，让它古老但不落后。我所以倡导举行铅酸电池新技术研讨会，两年一届，主要为了交流新技术，推动铅酸电池发展。

要说铅酸电池的新技术，铅炭电池是一大进步。铅炭电池就是在铅酸电池的负极中加入高比表面积的活性炭，电池使用寿命可以延长几倍，放电功率也显著提高，我觉得这个技术应该在中国大力推广。一年多来，我们靠实验室的设备，用手工的制备方式已经提供了1吨活性炭，南都生产了约200吨铅炭电池。由铅炭电池构成的“风-光-储”装置，已在浙江、新疆建成十几个储能电站。虽然铅炭电池的比能量没有提高，但是它的循环寿命延长、功率提高、安全性高，在储能电站示范运行中表现良好。铅炭电池在天津港集装箱起吊机中应用，将集装箱下降时的制动能量回收存储起来；在集装箱起吊时，再将储存的能量提供出去，达到提供尖峰功率和节能的目的，节电率高达 40%～50%，并且减轻了对电网供电质量的冲击。在所有的升降电梯中也可使用这种节能技术。

最近它还有一个新的大用途：国家正在提倡燃油汽车加装启停功能，铅炭电池比功率高，短时间的浅充浅放寿命长达18万次，是最理想的电源。加装了启停功能的汽车又称微混电动车，对城市的减排和治理雾霾有很大的作用。我国每年汽车产量达2000多万辆，如果大规模推广使用此技术，将会是一个很大的市场，仅这一项就需用特种超级活性炭5000吨，产值至少20亿元。据说，政府打算为每台安装启停功能的汽车补助3000元，这笔钱似乎多了一些。

铅炭电池技术要想得到更广泛的应用，亟待解决的问题是特种超级活性炭的工程化研究与开发，这是一个典型的863计划项目。但是申请这种项目经费，项目必须先列入指南，而与铅酸电池挂钩的项目，从来没有进入过863计划指南。再有，即使可以申请，例如1000万，要你自筹配套经费至少1000万，这对军队研究所而言，根本无从谈起！

齐心努力发展我国的小型电动汽车*

发展电动汽车的必要性已有广泛共识，减轻城市空气污染、石油与“国家能源安全”、减少二氧化碳排放，缓解温室效应。习近平总书记指出，“发展新能源汽车是我国从汽车大国迈向汽车强国的必由之路” 。我国应该重点发展那些种电动汽车？2014 年 1 月马凯副总理在南方考察讲话要“积极开发面向广大消费者的新能源汽车产品”。面向广大消费者，这是群众路线的体现！

一、我国应大力发展小型电动汽车

小型电动汽车虽然政府不给补贴而广大消费者需求，2013 年全国产 20 万辆，供不应求。这种车的价格与我国广大群众的消费水平相吻合，适合大量二、三线城市和城镇化人口的出行需求，既可用铅酸电池也可用锂离子电池，电池用量少、车身轻，节能省钱，又提高安全性，可接 220 伏的家用电源或在居民小区停车处设充电桩，利用变压器夜间的低负荷充电，既方便又可替电网“填谷”，正是我国面向广大消费者的新能源汽车产品。

目前我国动力电池比能量欠高，寿命不够长；现电池比能量下，合理的设计里程仅约 150 公里。不宜大做长程、高速纯电动车，否则靠多装电池，既浪费能源，价格又贵。而且电池越多，比能量越高，安全性问题越突出，特斯拉豪华跑车电池量大、价高。2013 年 10 月 1 日至今共烧了 7 辆车，全球“冠军”！国内的比亚迪-E6，装电池 700kg，电耗 19.5kWh/100km，车价 36 万元。此纯电动车价格高，长期离不了补贴，而电池与车辆不能齐寿，后续电池谁补贴？大型、豪华汽车基本没有节能减排的效果，SO_x、NO_x 排放更多；大气污染只是搬了个地方。我国基本由政府买单，或高额补贴、送牌照，看不出这类车如何市场化！

若要发展大中型、续驶里程长的电动汽车，出路在增程式。它只有电动机驱动，故属纯电驱动。行驶前电池组充电，途中小功率发电机，在最佳工况下发电。发电机与电池并联驱动电动机也可给电池充电。高功率电池或储能电池+超电容，提供、回收电能，50 公里内不用油；长途仍需用油但可省油一半以上，公交车、出租车、物流车该用增程式！侨兴科岭的大客车重走丝绸之路，连云港至乌鲁木齐 5000 多公里一路不充电，百公里油耗 16.3 升。

---

* 本文为 2014 年 10 月 17 日在“2014 年中国新能源电动车产业聚智峰会”上的演讲。

二、发展小型电动汽车是国际潮流

欧、美、日近年均发布了小型电动车法规。中国产的小型电动车外销符合外国法规。

1. 欧洲小型电动车法规

L6e 轻型四轮机动车，空载质量不超过 350kg（不含电池质量），有效载荷不超过 200kg，最高设计车速不高于 45km/h。电机最高持续额定输出功率不超过 4kW，长×宽×高不大于 4m×2m×2.5m。L7e 重型四轮机动车，载客车辆的空载质量不超过 400kg，载货车辆的空载质量不超过 550kg（不含电池质量）。载客车辆有效载荷不超过 200kg，载货车辆有效载荷不超过 1000kg，电机最高持续额定输出功率不超过 15kW，长×宽×高不大于 4m×2m×2.5m。

2. 美国轻型电动车法规

美国交通部（DOT）制定了低速电动车法规 FMVSS 500，设计速度 20～25mph（32～40km/h）、总质量小于 3000lbs（1361kg）。美国各州小型电动汽车的车速要求不同，一般为 25～45mph（40～72km/h）。

3. 日本超小型交通工具法规

日本启动《超小型交通工具认证制度》以推动低碳交通系统建设，属轻型汽车，使用机动车道。第一类：额定输出功率 8 千瓦以下（含），额定乘员 2 人以下（含）（安装了 2 个儿童乘车安全，辅助庄子的车辆为 3 人以下（含），不可上高速公路行驶。第二类：额定输出功率 8 千瓦以上，车长 3.4m，宽 1.48m，高 2m；需进行车检，乘车定员为 4 人，可上高速路行驶。

很有讽刺性的是，这些没有发展改革委的国家，电动汽车发展既快，改革又及时！

三、小型电动汽车在我国道路崎岖

国家发改委原副主任刘铁男说：“你们清华大学居然也研制用铅酸电池的低速短程汽车，真丢清华的脸。”国家发改委的李纲说：低速电动汽车是“老古董”“垃圾技术”“被历史事实证明没有生命力的产品”。李纲还说：搞低速电动汽车是浪费资金，会耽误发展新能源汽车宝贵的战略机遇期。这样搞下去是要成为历史的罪人。国家发改委产业协调司机械装备处调研员吴卫 2013 年 9 月 7 日接受专访说：“地方政府让低速电动车在路上跑，应该承担法律责任”“它连起码的汽车标准都达不到，满足不了对公共利益的基本维护，达不到国家标准。你愿意支持假冒伪劣产品吗？低速电动车也是一样的道理，一个汽车连安全性能都做不到，那么它连合格品都谈不上，为什么要支持做不合格品的企业与产品的发展？”

“低速电动车不安全”，是谬论，根本问题在管理！

此类观念也存在于传统汽车的人士中。一位官方专家说：“发展电动汽车要作为一个战略型产业考虑，而不是简单的考虑把石油车替代下来，中国的趋势就是做高水平的电动汽车，山东搞的低速电动车不是我们战略性高技术的电动车标准。”此专家片面追“高”，殊不知“高”是由“低”发展来的！他也不懂，单凭“战略”而离开“战术”一定会打败仗！

表面上是重点发展什么车之争，实际的根源是说不清、道不明的利害关系。

还可能有其他因素，有的官员缺乏执政为民的觉悟。

中央电视台 2014 年 3·15 晚会特别节目，报道了“山东非法生产和销售观光车、老年代步车，扰乱了交通秩序，其中还引发了惨烈事故。”

公安系统紧急行动，在节目播出后，公安部交管局对山东公安厅交警大队发出督办令，要求整治非法老年代步车、观光车。5 月 20 日，山东省公安厅交警总队称，从 5 月起，集中一年时间，在全省开展排查整治工作，从源头上、根本上遏制和解决代步车非法生产、改装、销售、营运、上路等环节突出问题。对无资质非法生产等的企业、作坊、窝点及倒卖合格证等手续的，没收违法所得和非法产品，吊销营业执照或查封，构成犯罪的，依法追究刑事责任。

公安系统从‘不管’到‘管起来’，也算进了一小步！但是，他们采取的是“对新生事物一棍子打死”的错误做法。

中央电视台 2014 年 3·15 节目没有说到“山东非法生产和销售观光车、老年代步车”产生问题的根本原因！

“非法生产”？不制定标准，谁的责任？本来无“法”，何谈非法？

“扰乱了交通秩序”！交警不制定小型车的行驶规章，秩序乱了，你能责怪“车”？

“其中还引发了惨烈事故”！交警为何不要求考驾驶证？在全国一年伤亡 30 万中，小型车事故占多大比例？要实事求是，不要小题大做、故意渲染！

中央电视台 2014 年 3·15 节目的片面性太强，而且不公正，难以让人信服。

四、共同努力争取小型车美好前景

1. 山东果断行动，行业加强自律

6 月 12 日，山东省汽车行业协会牵头，制定了三个行业自律性“文件”：《山东省小型电动车行业标准》《山东省小型电动车生产企业准入条件》（试行）《关于山东省小型电动车实施车辆保险有关问题的通知》。6 月 12 日，山东省小型电动车企业时风、唐骏欧铃、宝雅、梅拉德、德州富路、顺达翰、泰汽签订了加强行业自律倡议书，加强行业自律，规范企业行为。

山东省汽车行业协会对申报企业实地考察，9 月 21 日在济南召开了山东省小

型电动车生产企业准入评审会。通过准入 9 家企业：时风、唐骏欧铃、宝雅、泰汽、力驰、梅拉德、昊宇、梅亿邦赛、顺达翰。山东的经验和治理低速电动车行业的结果，对其他省市很有参考价值。山东不愧为我国低速电动车的开路先锋。

2. 中国电动汽车百人会积极向政府建议

中国电动汽车百人会设立微型电动车课题组，中国汽车工程学会秘书长付于武课题组提出了发展路线与标准管理的建议，引导微型电动车有序发展、疏堵结合，可以先通过试点的方式小范围发展，主推以“四轮摩托车”品类来管理微型电动车。付于武认为，“政策已明确实行新能源汽车差异化发展，工信部、公安部等政府部门都在积极调研，面对市场需求如此巨大的产业，相信国家不会全面打压。”

3. 进一步治理电池生产、再生中的污染

认真贯彻执行政府铅酸电池的各项规章制度，也为了不给某些人拿“污染”说事留下口实。锂离子电池生产、再生中的污染也不容忽视。一是石墨：从含量百分之几的矿中选取精矿，尾矿堆积如山，废水横流；从精矿中分离出石墨，要用大量酸(含氢氟酸)溶去无机物，产生大量含氟废水。二是六氟磷酸锂：制备中用含氟化学品；废电池处理中，六氟磷酸锂一遇到水汽，立即就生成氟化氢。三是有机溶剂：电池生产过程中挥发出吡咯烷酮；废电池处理中排出大量有机溶剂。再有，废动力锂离子电池中可回收物资太少，残值不高，处理它的经费还未有着落。

4. 大力发展铅炭电池及其关键材料

天能公司、双登集团、四川能宝均已制成铅炭电池。解放军防化研究院与南都合作研制铅炭电池，与同尺寸铅酸电池的比较，比功率提高 60%；半充电态下的脉冲放电循环寿命提高 20 倍以上；1h 充电 95%，2h 充满。铅炭电池用于小型汽车将大幅提高汽车的性能，铅炭电池还可用于启停式，减少燃油汽车对城市污染。目前有些公司的铅炭电池析气严重，应改要用高级超级炭材料。

5. 政府部门要有所作为

建议政府部委要认真贯彻马凯副总理指示，“积极开发面向广大消费者的新能源汽车产品”。已有九个月了！马副总理讲话没有很好落实。

政府部委要赶快制定群众需求产品的法规——“微小型、低速电动车的标准”。

政府部委要鼓励民营汽车企业与国有企业并驾齐驱依法生产面向广大消费者的产品。

政府部委要让所属公务人员正确对待新鲜事物，加强群众观念，不当“拦路虎”。

政府部委要完善交通法规，给小型低速车上牌照。

谢谢！

我谈“低速电动车向何处去？”*

中国电动汽车百人会论坛(2015)设立了专题“低速电动车向何处去？”

这个问题的实质是：不要政府补贴的低速电动车，一方面民间在大量生产、销售、使用，另一方面是政府各部委步调不一致，不给“准生证”，不让“报户口”，这个尴尬的局面如何收场？

对于这个终究要收场的尴尬局面，最着急的应该是相关部委的官员们。可是实际上是“皇帝”不急，急死的是在座的“太监们”，所以才有今天会议的主题：低速电动车向何处去？

我为何一再提到相关部委？

2014年1月马凯副总理在南方考察时的讲话“积极开发面向广大消费者的新能源汽车产品”。请注意：“积极开发”“面向广大消费者的新能源汽车产品”!

在新能源汽车中，什么车是面向广大消费者的产品？低速电动汽车是最为面向广大消费者的产品！这是政府不给补贴而广大消费者需求的车，2013年全国产销20万辆，供不应求。2014年在3·15特别节目打“假”之下，山东省汽车工业协会预测，山东省低速电动车销量有望达到20万辆，全国低速电动汽车销量可达30万～40万辆规模。

顺便说一句，“打假”打掉劣质产品是应该的，如要想靠打“假”打掉低速电动车，是做不成的！

2014年5月24日，习近平总书记在上海视察时指出，“发展新能源汽车是我国从汽车大国迈向汽车强国的必由之路，要加大研发力度，认真研究市场，用活用好政策，开发适应各种需求的产品，使之成为一个强劲的增长点”。请注意总书记说“认真研究市场，用活用好政策”和“开发适应各种需求的产品！”

该怎样理解“认真研究市场，用活用好政策”？市场需要而没有禁止的，就可以大干？

该怎样理解“开发适应各种需求的产品”？“各种需求”，既有大城市的需求，又有中小城市、广大城镇和农村的需求；既有高收入和白领的需求，又有中低收入和蓝领的需求；既有高速公路上行驶的需求，又有各等级公路和城镇街道上行驶的需求。而低速电动汽车正是各种需求中最广大人民群众最需求的车，是除了高速公路之外适应各种道路需求的车。

---

* 本文为2015年1月14日在“中国电动汽车百人会论坛（2015）”上的演讲。

所以，“低速电动车向何处去？”马副总理和习总书记已经指明，干！

各部委是政府首脑的办事机构，应该不折不扣地贯彻落实政府首脑的指示。2014 年过去了，马副总理和习近平总书记的讲话贯彻落实情况如何？各部委制定了积极开发面向广大消费者的新能源汽车产品的政策了吗？各部委认真研究了市场吗？认真制定了开发适应各种需求的产品的政策了吗？低速电动汽车的标准为何迟迟不出台？为什么外国的交通管理部门能够管理低速电动汽车上路行驶，而中国的交通管理部门不行？

可见，问题出在相关各部委没有认真贯彻落实上级领导的指示！

建议在这百人会的会上，请相关部委的百人会会员们说说，没有认真贯彻落实政府首脑指示的难处何在？大家来帮助相关各部委的会员们分析如何克服你们的困难！大家来帮助你们寻找破解尴尬局面的招数。

这样，“低速电动车向何处去？”就成为大家都着急、齐心协力解决的问题了！

低速电动车向何处去？*

低速电动车向何处去？

这个问题的实质是：不要政府补贴的低速电动车，一方面民间在大量生产、销售、使用，另一方面是政府各部门步调不一致，不给“准生证”，不让“报户口”，这个尴尬的局面如何收场？

2014 年 1 月马凯副总理在南方考察时表示“积极开发面向广大消费者的新能源汽车产品”。在新能源汽车中，低速电动汽车是最为面向广大消费者的产品。2013 年全国产销 20 万辆，供不应求。2014 年在“3·15”特别节目打“假”之下，山东省汽车工业协会预测，山东省低速电动车销量有望达到 20 万辆，全国低速电动汽车销量可达 30 万～40 万辆规模。

“打假”打掉劣质产品是应该的，如要想靠打“假”打掉低速电动车，则是不可能的。

2014 年 5 月 24 日，习近平总书记在上海视察时指出，“发展新能源汽车是我国从汽车大国迈向汽车强国的必由之路，要加大研发力度，认真研究市场，用活用好政策，开发适应各种需求的产品，使之成为一个强劲的增长点”。

该怎样理解“认真研究市场，用活用好政策”？市场需要而没有被禁止的，就可以大干！同时，该怎样理解“开发适应各种需求的产品”？笔者认为，“各种需求”，既有大城市的需求，又有中小城市、广大城镇和农村的需求；既有高收入和白领的需求，又有中低收入和蓝领的需求；既有高速公路上行驶的需求，又有各等级公路和城镇街道上行驶的需求。而低速电动汽车正是各种需求中最广大人民群众最需求的车，是除了高速公路之外适应各种道路需求的车。

2014 年已过去了，各部委制定了积极开发面向广大消费者的新能源汽车产品的政策了吗？各部委认真研究了市场吗？认真制定了开发适应各种需求的产品的政策了吗？低速电动汽车的标准为何迟迟不出台？为什么外国的交通管理部门能够管理低速电动汽车上路行驶，而中国的交通管理部门不能？

只有回答了这些问题，才能解答低速电动车向何处去。

---

* 本文原载于《中国科学报》，2015 年 1 月 20 日第 6 版。

《四轮低速电动车技术条件》不应限定电池品种*

微小型化的电动乘用车优势突出。耗电少，真节油又真减排；用材少，再可节能一大块；电池少，成本低安全性高；车身短，有利于减轻堵车；体瘦小，少占停车场面积。随着公众减排意识加强、面子观念减弱，微小型电动汽车将风靡全国。

低速小型电动车的优点更突出。更安全，更节能，更减排，广大群众十分欢迎。

《四轮低速电动车技术条件》标准工作组第一次会议 2016 年 11 月 18 日在北京召开！值得庆幸！《四轮低速电动车技术条件》标准工作组第二次会议在 2016 年 12 月 27 日下午召开！网传初步结果如下：①名称为四轮低速电动汽车；②速度最高车速设定在 40～70 公里；③电机峰值功率小于 15kW；④续航大于 90 公里；⑤加速在 0～40 公里加速不高于 10 秒；⑥座位属 4 座及以下；⑦安全将根据传统乘用车的标准下调碰撞速度。

第一次工作组会议上，工信部就授意排除铅酸电池，12 月 30 日的第三次工作组会议上进一步明确了此意图，现已成为会上、会外争论的焦点！

一、电池各有缺点，应允许公平竞争发展

各种电池各有缺点，都有待提高、完善。安全第一，要确保燃烧爆炸事故几率极低。现有电池都用化学材料，处理不当都会污染环境。

1. 污染问题

目前说锂离子电池是“绿色”，是一知半解！

(1) 石墨：从含量百分之几的矿中选取精矿，尾矿堆积如山，废水横流；从精矿中分离出石墨，要用大量碱、酸溶去无机物，产生大量废水。

(2) 六氟磷酸锂：制备中用含氟化学品；废电池处理中，六氟磷酸锂一遇到水汽，立即就生成氟化氢。

(3) 有机溶剂：电池生产过程中挥发出吡咯烷酮；废电池处理中排出大量有机溶剂。

我国铅酸电池产业链中出现过的污染问题，是由于法规不健全、管理不善，监管不力，而非电池之过。美国铅酸电池产量与我国相当，不属污染产业。

近几年，工信、环保等部联手大力整治，已大为改观。我国放手使用，表示

---

* 本文为 2017 年 1 月 15 日在“中国电动汽车百人会论坛（2017）”上的演讲。

政府有彻底整治的决心、信心！

锂离子电池和铅电池行业中的污染，政府都要抓紧治理。

政府管理好废锂离子电池的处置问题，迫在眉睫！一知半解，将导致重蹈疏于管理的覆辙！

2. 安全问题

锂离子电池组着火事件频发。它是含能部件，又含有机溶剂，是易燃物；圆满解决要下功夫，要有个过程。比能量越高，燃、爆事故的几率也将越高。

铅酸电池最突出的优点是安全性高，还有其他优点，例如：功率特性、高低温性能好；价格低廉；回收再生率高；易维护等。

反对使用铅酸电池的理由："存在环境污染隐患"。错！使用锂离子电池存在燃、爆安全隐患，难道就不用了？两类隐患都要通过管理和技术进步消除，而非禁用了事！

3. 铅酸电池，依靠技术进步克服缺点

中国工程院能源与矿业学部与中国电池工业协会，在2010年起共同主办了四届铅酸电池新技术研讨会。

铅炭电池、铅-稀土合金和铅-石墨烯合金两项技术使电池寿命延长，充电加快，功率提高。

生产自动化、精密化、清洁化技术，水平提高；湿法再生，解决了烟尘污染问题，提高回收率。

工信部2014年"强基工程"支持启停式用铅炭电池，两家企业的水平和规模都上了一个大台阶！

不让低速电动车使用如此好的电池，无异于工信部自打强基工程当头一棒！

二、限定电池品种不利于新电池的发展

我国正研发多种新型电池。

(1) 国家科技部"十三五"国家重点研发计划——"高安全、长寿命和低成本钠基储能电池的基础科学问题研究"。

(2) 下一代动力电池——锂硫电池：全国几十家院、所、企业大力研究。

(3) 高比能水体系电池，其研究很有进展。

低速电动车技术标准如果限定电池品种，将来出一种新电池，就得修订一次标准！

科研人员摸不准新研电池能否为标准接纳，将无所适从。

三、部件品种由企业选择市场当裁判员

电池、电机、电控部件的品种都很多，都应由企业根据总体设计和市场进行选择！没有必要由“标准”越俎代庖！

“三电”中单独限定电池品种，更无道理！

欧、美、日法规中都没有指定电池，未排斥铅酸电池！装铅酸电池的中国低速电动车行销国外。

所以，中国的低速电动车标准不应该限制铅酸电池。要让市场当裁判员！

四、排斥铅酸电池是釜底抽薪的“狠招”？

目前的低速电动车，大约95%使用铅酸电池，造就了低速电动车最为廉价、节能、减排，不要国家补贴，并以50%以上的年增速发展。

但也对传统燃油车和补贴电动车都形成了威胁，可能这是我国低速电动车标准迟后于国外几年的主因。

现在开始制定低速电动车标准，当然应该表示欢迎！但是千呼万唤始出来，难免给人勉强、被动的感觉。

我们每个人都应该扪心自问：我是从国家大局、从节能减排来对待低速电动车发展的吗？排斥铅酸电池，是否是变着法儿继续打压低速电动车？

铅酸电池，全球、全国都在使用。每一辆燃油汽车都用一块铅酸电池，无一例外。全国几亿辆燃油汽车用几亿块铅酸电池！启停车、观光车、物流车、自行车都准许使用！火力发电厂、核电站、通讯基站等也广泛使用！

为何不让低速电动车用？要讲得清道理!

不要搞双重标准！官员讲原则，才有威信！搞双重标准，不得人心！

官员们都是共产党员，要代表最广大群众的长远利益，不要自觉不自觉地站到利益集团的立场！

五、给《四轮低速电动车技术条件》标准工作组进言

(1)工作组是在起草法规，是非常严肃的一件工作；要对全体中国人民负责，而不是只对部门负责！

(2)制定《四轮低速电动车技术条件》标准的目的是“推动低速电动车向规范化方向发展”。要通过规范化达到发展，而非借规范化之名“扼杀”。

(3)专家们要充分说理，说话要负责，要记录在案；工作要充分透明，要接受群众监督！

可能有人会说，这样会影响“畅所欲言”。此话不对！

这里是制定法规，可“畅所利国利民之言”！不可“畅随心所‘欲’之言”!

最后，还是要真诚感谢工信部执行国务院的指示，推动了低速电动车标准的制定！

逆耳忠言要讲，功劳也要肯定！

作为有 50 多年党龄的老党员，我真心关爱你们！

谢谢大家！

第四部分

动力电池及材料

第二届全国铅酸电池新技术研讨会开幕词*

同志们、朋友们：

第二届全国铅酸电池新技术研讨会开幕了。这次会议注册的代表共有200余人。我代表本次会议的组委会和学术委员会，热烈欢迎各位领导、专家们和企业家们的光临。

第一次新技术研讨会，涉及了中国铅酸电池技术三方面问题：寿命不长，污染严重，能量不高(比能量、比功率)。针对三方面问题，提出的努力方向是：延寿、摘帽、加力。两年多来，在这三方面都有很大的进展。在这次会上共有报告15个，着重在铅污染治理技术的交流，这是上次会议结束时商定的本次会议重点；同时还有以铅炭电池为中心的系列报告，形成了我们这次会议报告的另一个重点。上次会议上安排比较充分的时间提问和讨论，受到大家的欢迎，这次会议要继承。

我想说三个问题。

第一个问题是铅污染的治理。我们一再说明，铅酸电池本身及其使用过程中不污染环境。但是，铅冶炼、电池生产和再生铅加工过程的管理还不完善，对环境造成危害的问题还没有完全解决。例如，每年从废电池回收200多万吨铅，如果回收率是85%，就至少有30万吨铅以各种废物的形式进入环境。因此，我们还不能理直气壮地说，铅酸电池生产是“绿色环保”的。去年政府部门开始抓紧铅行业的整治和铅污染的治理，并将淘汰落后产能、消除残次产品对市场的干扰，为行业的健康发展创造了良好的外部条件。

这次会议上，将有政府文件精神的宣贯、新政策下的发展思考、铅再生的新工艺以及促进生产自动化的新技术介绍，这些报告将为行业的自身修炼提供丰富的内在能量。

第二个问题是铅酸电池的新技术。两年多来，许多企业牵头、与院校协作研究铅炭电池、超级电池、卷绕电池等新技术，循环寿命和比功率或比能量有了较大的进展，有的电池已在工业使用中进行演示和考验。这次会上交流的报告有一半是这方面的内容，将会进一步推动这些技术的发展和应用。

第三个问题是对政府的三点建议，也请代表们一起议论。

第一点建议，要进一步加强铅污染治理的管理，2011—2012年铅酸电池行业整顿只是亡羊补牢的第一步。要严格铅酸电池的准入条件，彻底杜绝滥发生产许

---

* 本文为2012年11月27日在“第二届全国铅酸电池新技术研讨会”上的演讲。

可证。同时督促企业治理环境污染，优化工业卫生，做到文明生产，彻底摘除铅酸电池生产链的污染“帽子”。还想提请考虑像对烟草那样，从铅矿开采、提炼开始对铅实行全面的“专卖”，这可能是从根本上建立铅的文明生产不可缺少的举措。

第二点建议，要大力支持铅酸电池的技术进步，加大对铅酸电池新技术研究的投入，发展铅酸电池新技术。要看到，发达国家一直没有中断铅酸电池新技术的研究，奥巴马2009年上台后不久，就拨相当于人民币4.5亿巨款支持铅酸电池的新技术发展，欧洲的卷绕式、管式、双极性等先进铅酸电池已进行批量生产。我国的铅酸电池技术研究多年来基本上得不到国家支持，与发达国家差距拉大了！我们应该迎头赶上。

第三点建议，要尽快改变在铅酸电池应用上的被动局面，担当起应有的领导作用。要如实地认识铅酸电池安全性高、价廉物美、应用广泛的优点和特点；部分官员要消除藐视、轻视铅酸电池的偏见。特别是，使用铅酸电池作为电源的小型纯电动汽车，安全性最高，市场前景广阔，并已外销，应该允许在国内销售、上路。可再生能源发电，尤其是风能发电，也要鼓励应用安全性高的铅酸电池进行储能。

同志们，党的十八大报告提出要建设生态文明。铅酸电池行业要积极响应党的号召，紧紧抓住当前有利时机，继续治理污染，改进生产工艺。可以说，铅污染的治理，是铅酸电池行业的生命线；技术不断创新进步，是铅酸电池行业发展的动力。

我们相信，铅酸电池的未来会更加美好。

预祝大会圆满成功！谢谢！

加速铅酸电池技术的发展*

一、铅酸电池概述

铅酸蓄电池是1859年由普兰特(P1ante)发明，价廉，安全、原料易得，可靠，可大电流放电，百年不衰，一直是产量最大、应用最广的电池。

铅酸蓄电池的电化学表达式;主要的材料;和膏和铅膏;特有的化成步骤(略)。

二、铅酸电池的新技术

铅酸电池“古老”，但未过时。全世界十亿辆汽车，每辆一组。有一万安时以上的潜艇用大型产品，有建设大型蓄电站的先例，如美国加州40MWh的铅酸蓄电池蓄能电站；美国正在兴建200MWh的铅酸电池蓄能电站。铅酸蓄电池技术达到新水平，管式电池比能量已大于40Wh/kg，卷绕式电池也达45Wh/kg；循环寿命延长。国外治理了冶炼、制造、回收中的污染，我国加强管理，也定能治理好！

铅酸电池有新结构，新材料。这里对铅炭电池和超级电池不做详细论述。

1. 长循环寿命阀控式铅酸电池

蓄电站等特别要求长循环寿命、高转换效率。技术有：正极板抑制格栅的腐蚀和伴随腐蚀的变形缩小，以提高正极格栅的耐久性。负极板使用添加剂碳、木质素，防止硫酸盐化和粒子粗大化，造成容量的降低。电池结构采用横置设计、配以适合于横置的隔膜。讲究使用条件，控制充放容量，70%放电后充电，循环寿命2005年达4500次(原技术为3000次)，2009年达6000次，充放电效率高达87%。

2. 铅网水平电池

首先制成复合铅线：在玻璃纤维束外裹一层铅用复合铅线织成铅网，作为铅酸电池的板栅(图1)。

然后，在同一板栅两端上分别涂布正极、负极铅膏，构成双极性极板，以水平方式交叉放置极板(夹以隔膜)(图 2)。双极性极板避免了普通单体电池间的外连接，可靠，轻，接触面大，电流均匀，内阻小，寿命长，可快充，比能量达45～50Wh/kg；比功率达380W/kg，不用熔铅，铅用量小，有利环保。

---

* 本文为2012年11月30日在双登集团的演讲。

图 1　铅网电池板栅制作工艺

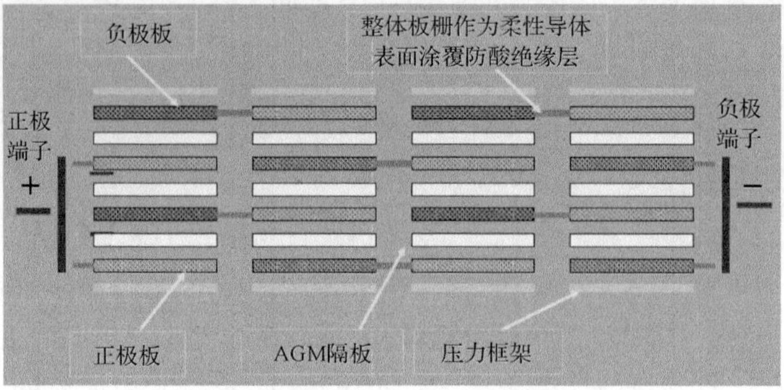

图 2　铅网水平电池内部结构

三、正确认识铅酸电池

1. 铅酸电池不污染环境

铅酸电池本身不污染环境，但生产和再生铅加工过程如管理不善，可能会对环境造成危害。法规不健全、监管不力，造成铅中毒的事件频发，算在铅酸电池的账上是不公平的。我国铅酸电池因“古老”“落后”“污染”等不实之词受到压制，要抽消费税。

2. 我国铅酸电池技术急起直追

发达国家一直没有中断铅酸电池新技术的研究；多种先进铅酸电池已在各类电动汽车中进行批量路试，部分新型电池已进入产业化。我国电池企业积极引进国外先进技术和设备，主要企业技术水平与发达国家差距正在缩小。但是一是受小型企业不正当竞争和干扰，二是政府科研投入极少。

美国政府大力支持铅酸电池技术发展！新一代电池及材料投入经费 15 亿美元，约合 100 亿元人民币，其中用于的铅酸电池及材料的研发项目 3 项共计资助 8780 万美元。

3. 我国铅酸电池进入发展新阶段

四大有利因素：①近年政府部门抓紧铅污染的治理，为行业的健康发展开辟大道；②落后产能将淘汰，消除残次产品对市场的干扰；③电动车和可再生能源的兴起，将推动铅酸电池的生产扩展和水平提高；④企业认识科技是第一生产力，重视新技术研发，组织科技队伍抓紧攻关。

4. 铅酸电池将与锂离子等新型电池长期共存、互相补充、各展所长

铅酸电池优点突出、生命力强；发展新技术，将增强其竞争力！例如：双登、防化院、惠友三家合作的国家863计划项目“60Wh/kg高比能铅酸电池的研发”，将是国际先进水平。此项目难度不小，但成功希望很大。

四、希望与要求

贯彻党的十八大精神，做生态文明建设的先锋。要充分认识，绿色环保是铅酸电池行业的生命线，双登要继续发扬“国家环境友好企业”的优良传统，要发展先进的废电池回收、再生技术，提高铅的回收率至98%以上，降低成本和能耗，减轻环境污染。

加大研发投入，做新技术的领跑者。加速重点新产品开发，保持国内领先地位，开发好适用高温工况的卷绕式阀控电池、密封铅蓄电池、铅炭电池、电动汽车用锂离子电池、超级电容器等器件、储能系统及其管理软件等等新产品。坚持不懈提高铅酸电池比能量和寿命，集成一切电池的新技术，冲刺新高度，将铅酸电池的比能量提高到80Wh/kg。开创铅酸电池新局面。

以市场为导向，进一步加强与客户合作，以用户需求为牵引，抓住市场，开创与用户合作开发的新模式。

关于加速全面开发超级电源及其材料的建议*

一、重要意义

超级电容器以超级活性炭为电极材料，以形成双电层为蓄电机制，具有高比功率和超长循环寿命的突出优点，常用来与二次电池并联使用，以弥补二次电池的不足。这种并联有体积大、比能量降低、电路复杂等缺点。如将超级电容器与二次电池内部并联形成电容型电池，即将超级电容器的双电层蓄电机制引入二次电池中，就可取利避害。①澳大利亚人将电容器极板与铅酸电池的负极并联，做成“超级电池”；②将超级活性炭混入铅酸电池的负极中，我们称为“铅炭电池”(美国人称为“先进铅酸电池”)；③国内已有两家公司将超级活性炭加入锂离子电池的正极中，称为“电容型锂离子电池”；④日本将高电导率“科琴炭”(比表面约 1400m^2/g)加到镍氢电池的负极中，早已形成定型的生产工艺并已引入国内；⑤国内近年也有人将30%的活性炭加到镍氢电池的负极中，更名为“电容型镍氢电池”。

上述电池均显著提高了比功率和循环寿命。但是，目前国内外对超级活性炭与不同电池的匹配规律的研究还很不系统、深入；进口的超级活性炭只用于电容器，而且价格昂贵。我们研究并开发超级电容器、铅炭电池及其超级活性炭有多年积累，是发展这项事业的良好基础。

二、项目名称

可以将超级电容器与这类电容型电池，统称为“超级电源”，因为它们的共同特点是都使用超级活性炭，都具有高比功率和长循环寿命等超越通常电池的性能。设立的项目可称为“超级电源及其材料研究”。

三、工作内容

为推动超级电容器与各种电池内并联技术快速发展，我们应在“超级电源与材料研究”的题目下，加速推进其工程化和产业化。具体内容有：

(1)针对不同二次电池，研究和开发最适用的超级活性炭。

(2)建立超级活性炭环保型的生产设备和严格的操作规程。

(3)不断改进超级活性炭的生产工艺，降低生产成本。

---

* 本文是2012年12月4日写给江苏省某市高新区的一封建议。

(4)针对不同二次电池，研究和开发超级活性炭的引入工艺。

(5)研究气体析出的机制和减轻或消除气体析出的途径。

(6)研究酸性、碱性和有机电解液中电容机制和失效过程。

铅蓄电池行业铅污染防治应被正视*

铅是一种有毒的重金属，世界范围内大约有2000万人会受到铅污染。全球每年消耗的铅大约有600万吨，其中的76%用于铅酸电池的生产。铅酸蓄电池由于具有较高的动力、重量比和低廉的价格而被广泛用作于摩托车和汽车电池。使用过的铅酸蓄电池97%会被用于铅回收。一般来讲，铅酸蓄电池的污染主要来源于生产和回收过程，尤其是后者。

中国工程院院士杨裕生指出，铅酸电池是所有电池中回收率最高的品种，而且大企业生产过程对铅也已有严格控制，要切实解决的是铅矿开采冶炼过程中和废电池再生过程中的铅、酸污染。只要环保部门认真监督，企业严格落实环保措施，问题并不难解决。

2012年12月，杨裕生院士在参加中国汽车低碳自主创新论坛时表示，我国每年的铅酸电池报废量在300万吨左右，目前从使用者到回收单位之间的回收环节已经实现全覆盖，特别是电动自行车和摩托车产业的数万名经销商已经形成了遍布全国的有偿回收网络，使得铅酸电池的回收率达到100%。但在再生环节却仍不尽如人意，存在很多问题。

杨裕生院士认为，由于技术不达标等多种原因，再生率仅在90%左右，低于发达国家要求的98%的水平。“尽管看上去90%的数字已经很高，但稍加计算就会发现，每年仍有30万吨的铅酸电池得不到有效再生。即便是符合发达国家的要求标准，每年仍有6万吨的量，这绝不是个小数字。”

杨院士还表示，当前很多人认为铅酸电池污染性强，没有前途，发展铅酸电池电动汽车是落后的技术路线。事实上，铅酸电池本身并不污染环境，问题出现在环保部门及企业的管理环节上。国外已经有了很好的回收再生铅酸电池的先例，并取得了成功。因此，一定要从我国实际出发发展铅酸电池，而不能一棒打死。杨院士指出，铅电池行业要努力实现从铅的开采、电池生产到旧电池回收利用的全封闭操作，从而可以最大限度地减少铅的污染。核电之所以没有污染环境，是因为核电的原料铀从开采到回收，整个过程的环保都做得很好，铅酸电池产业链可以借鉴核电生产的经验。另外，新的铅酸“超级电池”内的用铅量比现有铅酸电池大为减少，使用寿命延长又能减轻再生的工作量，这些均直接有利于减轻铅的污染。由此可见，只要正视铅酸电池铅污染的问题，并采用正确的方式进行防

---

* 本文原载于“中国储能网”，2013年6月22日。

治，铅酸电池行业终将成为推动社会发展的环保型产业。

2013 年 5 月，第三届北京国际储能大会积极探讨了当前储能产业发展面临的难题。与会专家认为，随着智能电网建设以及电动汽车等产业的大力发展，储能产业必将迎来行业的快速发展阶段，储能正成为新能源领域投资的风向标。“储能已成为支撑新能源大规模并网的关键技术，它可使风电和光伏成为更加稳定的电源，在很大程度上，能提升风能的并网容量和有效利用。”中国可再生能源学会副理事长孟宪淦说。

对于中国的新能源和规模储能领域的发展，中国工程院院士杨裕生指出，铅酸电池在规模储能领域的竞争中具有优势。在新能源储能电池领域，业内人士已经完成了铅酸电池用于长循环寿命电力储存系统的试验。该系统与总的供电系统相连，进行调峰运行。试验的电力储存系统中 3 个机组最大功率分别为 100kW、100kW、400kW，连续运行了两年半，没出现电池电压下降、电压差异增加等问题，系统运行良好，确认了铅酸电池电力储存系统的实用性。

杨裕生院士指出，新能源储能电池除了实用性，还需要考虑成本和寿命，而铅酸电池同时具备了性能稳定和价格便宜的重要元素。中国防化研究院军用化学电源研究与发展中心积累了电池需求论证、总体研究、技术开发的经验，对大规模储能电池技术的发展给予了特别关注，并重点推荐铅酸电池在此领域的应用。

近日，美国总统奥巴马宣布，拨款 24 亿美元支持美国 48 个项目发展“下一代电池和电动车”生产，其中包括了铅酸电池，分别安排 3430 万美元和 3250 万美元支持两家公司发展铅酸“超级电池”项目。杨裕生院士呼吁国内对美国的这项计划给予关注，并着力消除国内对铅酸电池存在的偏见，扎扎实实地支持铅酸电池的发展。杨院士还建议中国 863 计划应该明确支持铅酸“超级电池”，为此，他建议政府提供相应资金支持 2～3 个产、研组合，再加上企业的 1∶1 配套资金，用两年的时间研制铅酸“超级电池”及其电容炭，并形成一定规模的生产能力。这不仅能够进一步体现和发挥铅酸电池在新能源规模储能领域的优势，而且是应对金融危机、拉动内需的最好举措之一。

铅流通需要严格管控*

在《铅蓄电池行业准入条件》正式颁布的一年中，政府按规定对达不到环保标准的企业采取了关停、整改等措施，企业也加大了对环保设施、技术的投入与研发。通过多方的通力合作，采用多样化的治理方法和手段，铅蓄电池行业正朝着更加健康的方向发展。关于如何进一步推动铅蓄电池行业发展，中国工程院院士杨裕生表示，对铅蓄电池行业的整治已经取得了一定的成效，但是单凭《铅蓄电池行业准入条件》的规范还不能有效解决涉铅全行业中的全部问题，还需要采用一系列的配套措施持续不断地对铅污染进行治理，特别要严格控管铅的流通，应该参考烟草专卖、炸药控管或过去对紧缺物资的“统购、统销”等办法，制定法规和一套针对铅的流通管理制度。

杨裕生院士认为，铅的流通控管和铅污染治理是相辅相成、密不可分的两件事。涉铅全行业中，铅作为铅蓄电池生产的主要原料，一部分是从铅锌矿开采、冶炼出来，还有很大一部分是由废铅电池回收铅的再生而得。头尾两个环节中，大企业与小作坊并存，先进与落后的生产设备工艺皆有。小作坊当中不乏片面追求经济利益者，有些采用低成本、高污染的生产方式，不仅铅的提取率低下，浪费资源，而且容易发生血铅事件。特别是废品站回收的废电池被再生铅小作坊以高价买走，处理过程中铅尘和废硫酸严重污染环境，再生的金属铅不受控管，可以任意卖给无生产资质的电池小作坊，既造成正规的再生厂废电池原料不足，成本上升，难以为继，又“滋养”了无生产资质的“地下”电池小作坊，将使这两年整治的成果付之东流，因此，必须从源头上严格控管铅的流通。

对于如何控管铅的流通，杨裕生院士提出，各级政府应该严格执行铅的开采、冶炼，铅酸电池生产，废电池回收、再生等生产准入规定，只允许具备相关资质的企业进行经营。同时需要立法，明确铅料和废铅电池为有危害物质，实行严格控管，只允许有资质的废品收购站收购废电池，收购的废电池只允许卖给有资质的再生企业，不允许流入无资质的小作坊，要明确私自买卖废铅电池的行为一律为非法。要责成工商、公安等相关部门严格执法，对私自非法买卖废电池者要依法从重处理。此外，冶炼企业和再生企业产出的铅产品，只允许卖给有资质的电池生产企业，不允许卖给无生产资质的电池生产小作坊和小企业，对私自非法买卖铅料者也要依法从重处理。

---

* 本文原载于“中国网”，2013年6月25日。

铅流通的控管关系着铅蓄电池行业整治的成果能否得到巩固，当然最根本的还是关系着行业的长远发展，关系着环境的保护，因此，对铅流通的控管需要加以足够的重视。

不该征收铅酸电池消费税*

在《铅蓄电池行业准入条件》颁布一年多后，行业内发生了巨大的变化，人们看到了进步，同时也没有忘记仍存在的问题。在有关行业的众多热点问题中，针对铅酸蓄电池征收消费税的动议一经提出，就遭遇业内人士的广泛热议和不满。关于此问题，中国工程院院士杨裕生认为，现阶段如果要开征铅酸电池消费税，这是不明智的选择。对此，杨院士提出了三点理由。

首先，我国目前铅污染环境的主要因素是作坊式的小企业，这些企业在污染防治方面几乎没有投入资金，并且存在严重偷漏税现象。征收消费税不仅不能解决作坊式小企业污染环境的问题，而且无助于淘汰落后产能，反而加重了已经认真治理污染的大型企业的负担，削弱了大型企业的竞争力，助长了工艺落后、偷漏税作坊式小企业的增长势头。因此，应该是谁污染环境，谁交污染罚款，屡犯不改的要重罚，甚至判刑。“眉毛胡子一把抓”地征收消费税，对于没有污染环境、守法交税的企业来说是十分不公平的，因此如果强行征收铅酸蓄电池消费税，不仅解决不了行业铅污染问题，也是政策水平不高的做法。

第二，在我国的储能电池里，铅酸电池的储能量占到了89%，一旦征收消费税，势必导致铅蓄电池涨价，这将会人为地造成广泛应用铅酸电池的各个行业连带涨价，这与政府千方百计控制物价上涨的愿望显然是背道而驰的。

第三，政府官员对铅酸蓄电池认识有待提升，大量官员想用征收消费税来压制铅酸电池产量的增长，以帮助他们认为不含有害物质的锂离子电池更快发展。但是，锂离子电池里有很多六氟磷酸锂作为电解质，在电池破损或报废处理时，六氟磷酸锂遇到空气中的水分子，就立即转化而生成有毒的氟化氢。现在每年几亿只手机废锂离子电池没有认真回收，电动自行车和电动汽车用的锂离子电池量正在高速增长，氟污染环境的问题已到了政府应该严重关切的地步。这样一来，政府就会处于尴尬的境地：要么对锂离子电池也征收消费税，但此举却打压了本想支持的锂离子电池行业；要么为了办事公正而取消铅酸电池的消费税，但是这种出尔反尔的做法有损政府的公信力。因此，不征收铅酸电池消费税为上策。

杨裕生院士认为，铅酸蓄电池安全性好、价格便宜、铅的回收再生率很高，节约资源。当然，再生铅的提取仍需加强管理，改进工艺，将污染降至最低。应

---

* 本文原载于“中国网”，2013年6月27日。

该充分发挥铅酸电池的作用造福于民。现在美国铅酸电池的产量与我国相当，美国铅酸电池行业已不在污染环境的行业之列。我国各级政府如能继续努力抓好铅污染的治理，又能加强支持铅酸电池技术进步的力度，那么，我国铅酸电池行业将前途无量。

活性炭用于电池——超级电容器与电池的融合*

一、蓄电池的性能需要增强

汽车、可再生电源、工业蓄电等大部门的大发展需要规模蓄电，这对电源提出了要求：安全、高比能量、高比功率、长寿命、低廉、环保。这些要求存在相互制约机制，必须加以调控优选。

电池的比能量较高，每瓦时价格较低，但是比功率较低，高倍率充放电寿命更短。目前三大电池(镍氢电池、铅酸电池、锂离子电池)各有短长、相互补充，公平竞争、市场裁判。

超级电容器具有高比功率和超长的寿命，但是比能量只有几瓦时/公斤，每瓦时价格高。可见，电池与超级电容器各有短长，如何取长补短？

提高电源比功率和寿命的途径包括：①提高电池比功率，即降欧姆内阻、用薄极片等；②电池与超级电容器并联使用，即外并，但是电路复杂、体积庞大、价格昂贵、使用不便；③电池与超级电容器相互融合，即内并，有两种融合的方式，一种是超级电容器中融合电池材料，比能量有所提高，另一种是电池中增加电容器功能，可提高比功率和寿命。

电池中添加活性炭，前景美好。

二、超级电容器中融合电池材料(略)

三、电池中添加超级活性炭(略)

四、超级活性炭的制备与前景

1. 活性炭性能的考核指标

我们归纳为“六高”：①高比表面；②高中孔率，即合理的孔结构；③高电导率；④高的堆积比重；⑤高纯度，其灰分<0.1%；⑥高性价比。此外，在使用中还应改析气少，电解液的浸润性好。

电解液由有机的和无机的，无机电解液有酸性和碱性。

---

* 本文为2013年8月17日在“第十一届全国新型炭材料学术研讨会”上的演讲。

2. 超级活性炭的制备技术

通常将比表面＞2000m^2/g 的称为超级活性炭，它不能用物理活化法(即用水蒸气或二氧化碳在约 800℃下处理)获得，而必须用碱进行活化。文献报道的多用氢氧化钾为活化剂，防化研究院试验成功用价格便宜的氢氧化钠而又能安全生产，流程如图 1 所示。

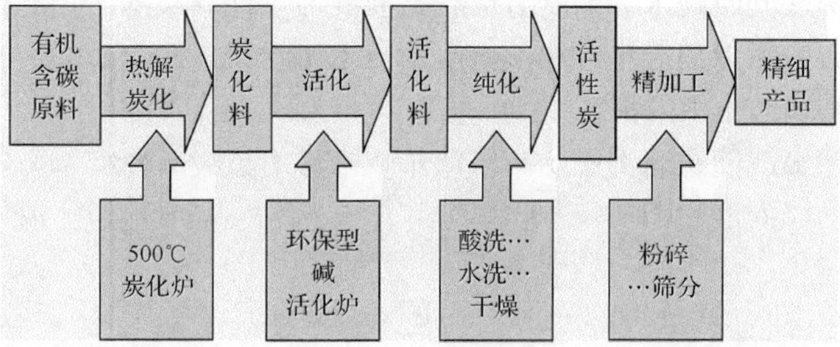

图 1　超级活性炭制备工艺

这是一个多工序的精细化工过程，得到的是高技术、高附加值产品。设计成功并建成的环保型连续生产碱活化装置(10 吨/年)(图 2)，可以再帮助企业建成放大装置。

图 2　超级活性炭连续生产装置

3. 从作用机制改善活性炭性能

电池中加入的超级活性炭，可以使快速充电、放电，担负了大电流的进出，减小了对电池材料的冲击，提高了电池的比功率，延长了电池的寿命。机制也可能因电极、电解液而有异；要深入研究，搞清机制，以利改进活性炭和电池工艺。

高比表面、高中孔孔容、高电导率、高密度相互矛盾，如何针对各体系调节到最合适？高比表面是析气的关键性影响因素吗？析气与表面官能团有何关系？如何提高性价比、降低成本？这些问题都在进行不断深化的研究中。

4. 超级活性炭的市场估计

目前超级电容器产量增长快，但是电容用的炭材料基本是日本货。

铅酸电池生产中，每年负极铅粉约 100 万吨。如有一半电池添加超级活性炭 2%，则每年需用炭约 1 万吨。锂离子电池的产量正在快速上升，市场也将可观。

活性炭的市场参考价格为：科琴炭 60 万/吨；日本电容炭 30 万、80 万、100 万/吨；俄国电容炭 100 万/吨；国产电容炭 30 万、60 万、80 万/吨。

目前国内电容炭的生产情况：河南省为 10 吨/年，30 万/吨；辽宁省为 10 吨/年，50 万/吨；深圳市正在设计 100 吨/年生产线，预计 20 万/吨。

电池用超级活性炭尚无产品。以每年全国需用超级活性炭 1 万吨计，年销售额约为 20 亿～40 亿元。

五、结束语

超级电源是超级电容器与电池的内并组合体的总称，包括电池型电容器和电容型电池。

超级电源值得大力发展、推广应用。其性能优越，适用性广，基本使用电池原有生产工艺和设备，价格增加不多。

要加速超级电源用活性炭的产业化。

谢谢大家！

污染治理是铅酸蓄电池产业的生命线*

一、铅酸电池生机勃勃

铅酸电池具有安全性高、功率特性和高低温性能好、廉价回收、再生率较高等突出的优点，而比能量较低、循环寿命偏短的弱点正在克服。先是移动通信基站的大量建立，推动了铅蓄电池的发展。近 10 年来我国电动自行车的普及和汽车产量不断增长，进一步造就了铅酸电池行业的大发展；因而，在被列为“限制发展”的电池和许多新型二次电池的竞争下，铅酸电池每年仍以 15%左右的比例增长，并在二次电池储能中占据了 89%的份额。现在，燃油车为减轻城市空气污染将普遍加装启停装置，以及短途电动汽车和可再生能源的兴起，又在推动铅酸电池生产新一轮的扩展和水平的提高。市场的需求是不以人们的主观意志为转移的，带给那些想限制“古老、落后”铅酸电池发展的人们只有莫大的无奈！无奈之下，人们只得承认铅酸电池合理又合法的存在，正确的态度唯有帮助和促进这个行业健康发展。

铅炭电池和超级电池是铅酸电池衍生的新品种，具有高比功率、长寿命的优点，可为节能和可再生能源利用做大贡献。例如微混(启停式)汽车、微型汽车、增程式电动汽车等的动力电源；港机、电梯等的电能回收；电动自行车、电动摩托电源延长寿命；可再生能源及家庭规模等储能应用。杭州南都公司与防化研究院合作研制成功的铅炭电池，寿命延长(尤其是高倍率部分荷电态的循环寿命提高了 20 倍以上)，可以快速充电(1 小时充电 95%，2 小时充满电)，充放电能量转换效率也有显著提高。2013 年 5 月 17 日国家能源局组织鉴定，鉴定结论为“达到国际先进水平”。

铅酸电池本身不污染环境。只是，铅酸电池生产和再生铅加工过程如管理不善、监管不力，可能会对环境造成危害。我国正在治理铅的污染，是铅酸电池产业发展的新机遇。

应该充分发挥铅蓄电池的作用，造福于人民。

二、铅的污染必须治理，铅的流通必须控管

铅蓄电池行业的铅污染主要来自三方面：一是铅锌矿开采和冶炼；二是铅酸电池生产；三是回收废蓄电池的铅再生过程。

---

* 本文为 2013 年 10 月 22 日在“中国国际铅酸蓄电池论坛”上的演讲。

铅蓄电池生产企业“准入”过程，就是“减污”的斗争，目的是淘汰不合格的电池生产工艺和设备。但是“准入”的企业仍是参差不齐，达标只是初步的，还要继续提高。未“准入”的企业差距很大，更需努力！有的集团在偏僻地区的分公司，就属于这一类！

现在严重的铅污染存在于矿冶和再生两生产环节中，其中大企业与小作坊并存。小作坊片面追求经济利益，问题尤其突出，它们使用低成本、高污染的生产方式，不仅铅提取率低下，浪费资源，并且污染严重，容易发生血铅事件。而且，再生铅小作坊以高价买去废电池，还造成两个不好的后果：①再生出的金属铅不受控管，可以任意卖给电池小作坊，“滋养”了这些无生产资质的、偷税漏税的“地下”电池小作坊，将使整顿的成果付之东流；②使高提取率、低排放的正规厂原料不足，生产难以为继，成本上升，严重影响发展再生厂的积极性，反过来又为污染严重的再生铅小作坊提供了生存和扩大空间。

所以，铅的流通控管和污染治理密不可分、必须双管齐下。

三、铅污染能够治理

现在，美国铅酸电池的产量与我国相当，美国铅酸电池行业已不在污染环境的行业之列，其含铅“三废”的总铅量已远低于航空燃油的排铅量。美国铅酸电池行业能做到的，中国铅酸电池行业为何做不到？一定能！核电站用的铀能做到不污染环境，铅酸电池的铅为何做不到？一定能！“世界上怕就怕认真二字，共产党最讲认真”。中国的环保官员和铅酸电池企业家，大多数都是共产党员，应该认真做好共产党员该做好的事。

有些官员深受铅污染、中毒事件纠结而烦恼，诬称“铅酸电池污染环境”，这很不在理，就如同说“猪肉污染环境”一样可笑！养猪场生产猪肉，过程中产生粪便废水，控管粪便废水不使进入环境，猪肉就很香；同理，电池公司生产铅酸电池，过程中产生含铅废物，控管含铅废物不使进入环境，电池便很好。

国家发改委原副主任刘铁男更说：“清华大学研制铅酸电池低速短程车，真丢清华的脸”。虽然这样的人不多，但由于他们在位时掌握着权力，他们对铅酸电池存有的偏见，既严重干扰铅酸电池行业的发展，又是消极对待铅污染治理的根源。作为国家发改委原副主任刘铁男，其贬低铅酸电池的偏见肯定传染给了发改委内、外的官员。但愿随着刘铁男的倒台，持类似观点的官员们能改弦更张，不再打压铅酸电池，而能认真对待铅酸电池的发展，切实抓好铅污染的治理和铅流通的控管。政府部门要认真抓，企业也要积极主动。

四、治理铅污染的途径

铅污染的治理应该以法“治”铅、以德“治”铅、以技“治”铅三者并重。

1. 以法“治”铅

除要严格准入制度，排放总量控制外，还要严格控管铅的流通。政府部门应该参考烟草专卖、炸药控管或过去对紧缺物资的“统购、统销”等办法，制定法规和一套针对铅流通的管理制度。必须从铅料源头开始，严格控管铅的流通。

政府部门应该制定废电池回收的准入法规，明确铅料和废铅电池是有危害的物资，私自买卖废铅电池和铅料的行为一律为非法。只允许有资质的废品收购站收购废电池，收购的废电池只允许卖给有资质的再生企业，不允许流入电池再生小作坊。冶炼企业和再生企业产出的铅产品，只允许卖给有资质的电池生产企业，而不允许卖给无生产资质的小作坊和小企业。

要责成工商局、公安局严格执法，对私自非法买卖废电池者和铅料者，要依法从重处理。

2. 以德“治”铅

要在全行业倡导“环保为荣、污染为耻”的职业道德；要将铅行业的爱国思想落实到爱清洁国土、爱人民健康上。

铅企业生产要发展，但必须搞好环境保护，防止污染；铅企业要降低成本，但必须爱护职工、搞好劳动保护；铅企业可向低工资区迁移，但不能以邻为壑污染他乡；铅企业家是要挣钱，但不能唯利是图、忘记社会责任；铅企业造成污染、中毒事件，董事长和总经理应该自觉公开道歉，公布整改措施；“捂盖子”“私下摆平”的企图是错上加错，应该受到鄙视和谴责。

有些基层政府为了引资和税收，默许采用低成本、高污染的生产方式，这是要政绩、缺“政德”，应该受到问责和处罚。

再有，延长电池寿命是重大的节能和环保，因为电池生产-运输-回收-再生的循环过程大量耗能，电池再生的过程不可避免地要产生含铅的“三废”。因此，要反对部分电池生产企业不愿将电池寿命做长的错误经营思想，这种只顾追求产量和利润而不考虑能源和环保问题的做法，是唯利是图的表现。

在我国铅企业中就有“全国环境友好企业”，其领导人的社会责任心强，是榜样，要大力宣扬！大家要学习！

3. 以技“治”铅

要在全行业推广降低铅污染的生产工艺。当前最重要的是废电池的再生铅提取，生产量大，要改进工艺，从而将含铅三废的排放降至最低。有的企业进口了干法再生装置，是个一进步，但还要普及和提高。

铅酸电池每年消耗 300 多万吨铅，生产与回收平衡后每年要再生处理铅 300 多万吨。再生收率如为 98%，每年就有至少 6 万吨铅流入“三废”！如果再生收率提高至 99.5%，流入“三废”的铅就降为 1.5 万吨。所以，要大力发展再生铅的湿法提取工艺，进一步提高再生收率，并降低能耗。

在第一、第二次全国铅酸电池新技术研讨会上我们请北京化工大学介绍了湿法再生技术，已逐渐引起业界的注意。现在要大力进行工程化开发，希望政府部门给予经费支持，以加速推广应用。

五、对政府部门的建议

(1)加强管理，严格执行铅酸电池的准入条件，同时对全行业不断进行整顿，治理环境污染，优化工业卫生，彻底摘除铅酸电池全生产链的污染“帽子”。

(2)严格控管铅的流通，要制定法规和一套针对铅(包括铅料和废电池的回收、再生)流通的管理制度，实行铅的“专卖”。

(3)全面地评价铅酸电池的性能，如实地认识铅酸电池的现实重大作用，摈弃藐视、轻视铅酸电池的偏见，积极支持使用铅酸电池的各种电动车的发展，给铅酸电池微型电动汽车发“准生证”，发牌照。

(4)大力支持废铅电池湿法再生、铅炭电池和专用活性炭等新技术的工程化进程；重视研究铅酸电池提高比能量和延长循环寿命等新技术。

先进而绿色的铅酸电池*

一、铅酸蓄电池发明已 154 年，优点突出

价廉，安全、原料易得，可靠，可大电流放电，百年不衰，一直是产量最大、应用最广的电池。铅酸电池“古老”，但未过时。

二、铅酸电池引入新技术，使比能量提高，深放电时循环寿命延长

国外治理了冶炼、制造、回收中的污染，美国铅酸电池产量与我国相当，其政府加强管理，铅酸电池已不在污染行业之列！

超级电池和铅炭电池是国际先进铅酸电池联合会(ALABC)推崇的铅酸电池主流发展方向，也是美国重点支持的下一代电动车电池技术之一。南都集团与防化研究院合作研制成功铅炭电池，2013 年 5 月 17 日国家能源局组织鉴定，鉴定结论为“达到国际先进水平”。该电池负极引入特种炭材料，能减轻部分荷电态下的硫酸盐化现象，循环寿命延长为铅酸电池的四倍以上；并可快速充电；充电电压降低，放电电压升高，能量转换性能优异；放电倍率性能提高，低温放电性能好。可见，发展铅炭电池，将成倍地缩减废电池的再生量，节省能源、减少排放。

铅炭电池可为节能和可再生能源利用做大贡献，回收集装箱、电梯下降时的能量，作为微型汽车、轻混等的动力电源，风光储的电源。

先进铅酸电池还有长循环寿命阀控式和铅网水平电池。

三、要正确认识铅酸电池

(1)铅酸电池不污染环境，说“铅酸电池污染环境”，如同说“猪肉污染环境”一样可笑！

(2)发达国家一直没有中断铅酸电池新技术的研究，我国铅酸电池主要企业技术急起直追，差距正在缩小。但政府科研投入极少。

(3)整治铅的污染，我国铅酸电池进入发展新阶段。

(4)铅酸电池将与锂离子等长期共存、互相补充、各展所长。

四、建设中国的绿色而先进铅酸电池产业

(1)持续治理铅的污染与铅的流通管控双管齐下。

---

* 本文为 2013 年 12 月 11 日在“西苑沙龙-化学储能”上的演讲提纲。

(2) 大力扶持铅炭电池专用炭材料的产业化。

(3) 要发展先进的废电池回收、再生技术。

(4) 努力提高铅酸电池比能量——60Wh/kg。

五、关键

政府官员转变观念，积极引导和支持铅酸电池的健康发展。

在邯郸市与企业技术合作签约仪式上的讲话*

尊敬的王副市长，尊敬的袁海潮董事长、封志强总经理，尊敬的秦兴才总裁，同志们，朋友们！

新年伊始来参加这个富有意义的盛会，深感荣幸，首先给大家拜年，新年快乐！

我们防化研究院军用化学电源发展与研究中心愿意支持金力公司开发高新技术，出于三点考虑：

一是因为金力公司的电池隔膜和磷酸铁锂是高技术产品，是决定动力电池安全性和使用寿命的关键材料，对我国节能减排、改善大气质量具有直接的重要作用，应该快速发展。

二是大力支持民族工业发展，与日本抗衡。日本的右翼势力正在复活日本军国主义，是对东亚和平的严重威胁，是对我国安全的挑战。在前几年我国锂离子电池快速发展时，日本就曾经对我国限量出口隔膜，并长期保持高价暴利的状态。发展锂离子电池隔膜将为打破日美垄断、振兴中华增添一份力量。

三是赞赏金力公司袁海潮董事长、封志强总经理在家乡建立公司、愿意为家乡经济发展贡献力量。爱家乡就是爱国的表现，应该受到尊敬。

我们此行，见到了邯郸市和永年县对金力公司十分重视和大力支持，提供了低价的土地和多方面的方便。今天市、县领导同志又出席此隆重的签约仪式。你们的远见卓识令人敬佩，你们对防化研究院一行热情接待我们表示衷心感谢。

今天，金力-力神也同场签约合作，“双力合一力”一定能大于两力之和，能够更快更好地做出成绩来。防化研究院军用化学电源发展与研究中心已与力神公司有多方面的合作，我们共同承担了国家 863 计划项目，我还受聘担任力神公司技术顾问。今天开始，我门三方的合作进一步加强了，我相信，我们共同努力，一定能够为我国电池技术的进步、为推动我国新兴产业的发展，不断做出新的贡献。

祝金力和力神两公司兴旺发达！

谢谢！

---

* 本文为 2014 年 1 月 4 日在金力新能源材料科技有限公司与力神公司及防化研究院军用化学电源发展与研究中心技术合作签约仪式上的讲话。

做好用好现有电池　研制安全高能材料*

不久前，在宁波举行的2014中国动力储能技术与材料大会上，中国工程院院士杨裕生作了题为《沉着做好用好现有电池，耐心研制安全高能材料》的报告，吸引了众多目光。报告中，杨裕生针对电动汽车电池的安全性能、电池的合理使用，以及电池企业的发展策略等做了详细解读。

一、电动汽车电池的安全性最重要

在国家大力推进新能源汽车发展的当今，杨裕生从动力电池的角度考虑电动汽车的发展，在一片埋怨电池比能量不高的声中，他大声疾呼要将安全性永远放在首位。

他一一列举了近年来频发的电池组着火事故：深圳某公司在公司本部的小轿车、武汉大客车、曹妃甸大客车着火；2011年5月14日，合肥一辆大客车冒起浓烟；2011年9月3日，深圳223路双层混动公交大巴冒烟；南方电网的储能锂离子电池组冒烟2次；2012年3月27日，山东理工大学大巴镍氢电池失火，2013年上半年，山东电动汽车的铅酸电池爆炸……。可见，绝对安全的电池是没有的。杨裕生总结道："电池比能量越高，安全性问题越大。"他认为，电池安全性是一个事故概率问题。既然是概率，它就可以用数值来表示，现在还是空白，应该花力气解决。

诸如此类的安全性事件，国外也不胜枚举。例如Fisker Karma电动车一年内发生了3次自燃事件；2013年1月7日，波音787客机使用的日本汤浅锂离子电池在波士顿洛根机场着火，全球的50架787梦想客机全部停飞，约4个月后，美国联邦航空局才又批准787梦想客机恢复商业飞行；但同年6月4日，波音飞机的锂离子电池再次燃烧。风光十足的特斯拉，2013年10月1日起的45天里就烧了4辆车，事故频率创了世界最高纪录！为什么？最主要的原因是它用的镍钴铝正极材料，电池比能量虽然较高，但安全性欠佳。

如何将燃烧、爆炸事故发生率降低到最低点，杨裕生院士认为要从三点做起：首先，要承认电池组像汽油箱那样，是一种含高能物质的部件，有危险性的本质；其次，要将使用电池作为使用易燃、易爆物品和高电压器件一样认真对待，防患于未然；最后，要认真研究降低电池事故概率的措施。

---

* 本文原载于《中国有色金属》报，2014年6月21日第8版。

二、要充分用好安全性高的现有电池

他说，今后十年内要充分用好安全性高的磷酸铁锂和锰酸锂电池，要通过陶瓷复合隔膜、耐热隔膜、热阻断隔膜，电解液中热聚合添加剂，离子液体等途径进一步改善安全性；通过提高电极材料比容量和密度、改进电池结构和工艺流程、严格控制质量、提高一致性，优化管理系统(BMS)等途径提高比性能和寿命。

杨裕生说，他赞成研制比能量更高的锂离子电池(表 1)，包括高比容量负极材料硅和金属氧化物，正极材料三元和富锂锰基，但要耐心、细致地解决安全问题。锂硫电池和锂空电池的理论比能量更高，但安全性、寿命、能量转换效率和比功率都不高的缺点要用更长时间、更大的投入才能克服，不是短时间内可以实用的。

表 1　各类电池能量比对照

电池体系	理论比能量/($Wh \cdot kg^{-1}$)	电压/V
Li/O_2	5210	2.91
H_2/O_2	3600	1.23
Li/S	2600	2.29
Zn/O_2	1090	1.65
Si/富锂锰基锂离子电池	980	3.50

三、用锂离子电池做好增程式电动汽车

在杨裕生看来，我国当前电动汽车发展“应该用好当前的电池来做好当前的电动汽车”，以微小型、短程、低速纯电动车为突破口，中大型汽车要以增程式电动汽车为主要过渡车种。

杨裕生列举了增程式电动汽车十大优点：①不必配太大容量动力电池，且可远行；②电池组不会缺电和过放电，其寿命延长；③不一定用锂离子电池而用别种，其价格低；④夜间在停车场充电不另建充电站，省地；⑤夜间充电使用电网的“谷电”，电网“填谷”；⑥不需要充电/换电的周转电池，投入低；⑦不需要大量的换电设施和人员，运行省；⑧传统汽车设施和成就全继承，易加工；⑨现有技术就可节油 50%以上，节能减排多；⑩政府补贴负担轻，较容易过渡到无补贴。

“增程式电动汽车的概念最初是美国人提出来的，最早做出增程式电动公交车的却是中国人。”杨裕生说，“但在乘用车方面，2012 年美国通用公司生产了两万多辆增程式电动轿车，而我国却引导企业生产与燃油车性能全面比拼的高档纯电动汽车，虽然补贴很高，市场反响却冷淡。

四、慎用锂离子电池做高级纯电动车

“慎用锂离子电池做高级纯电动车。”杨裕生举了个比亚迪-E6 例子：每辆车价格 36 万，续航里程可达 300km，百公里耗电量为 19.7 度，使用磷酸铁锂锂离子电池近 700 公斤。这款续航里程不短、补贴也不少的纯电动汽车，为何用户不多呢？主要是不节能，性价比赶不上燃油车，能花大钱买的富人不很多。

同样理由，他认为特斯拉 Model S 在美国卖得火，但在中国不一定会那样风光。

如果做好微型纯电动车，用比能量可达 90～130Wh/kg、比功率可能大于 1000Wh/kg 的磷酸铁锂和锰酸锂锂离子电池，车重小于 1 吨，充电一次可行驶 200 公里，速度可达到 80 公里/小时，电池少，安全性高，价格低，又节能，比做豪华、长程车合理。

微小型纯电动车，也有新技术、新设计、新水平，并且可以“节能、省钱、安全”等优势推动其发展。所以，全社会都应改变观念，以使用节能小型纯电动车为荣。

五、铅酸电池：微型、低速、短程汽车动力电源

现用铅酸电池的微小型、短程、低速纯电动汽车，价廉，安全性高，满足二、三线城市和乡镇行驶需求，又不要国家补贴，家用电表不需要增容就可以充电，节材、节能，使用与维修都方便。“低速电动车技术积累较好，它还是发展更先进汽车的阶梯。”杨裕生认为，低速电动车供不应求，说明它真是适合中国国情。

但是，这种车最高速度约 50km/h，达不到“双 80”的国标(最高车速不低于每小时 80 公里，续航大于 80 公里)。“虽受群众欢迎，却不让生产，也不能上牌照。政府应该改变政策，解决此矛盾现象，让低速短程车大量跑起来，立即可大量节省汽油，减轻城镇空气污染——这是一件利国利民的大好事”，杨裕生说。

他还说，我国已研制成功铅炭电池，与铅酸电池相比，寿命延长，比功率提高 60%，有可能使微型汽车达到“双 80”的国家标准，应该大力促进其发展。

六、不要冤枉铅酸电池

铅酸电池本身不污染环境。每一辆燃油汽车都有一块，乘车人干净、方便，有的人下了车却污蔑它“污染、落后”。

铅生产和再生铅加工过程的环保工作很重要，如管理不善，可能会对环境造成危害。杨裕生举了一个通俗的例子：“即使是养猪，如果管理不当，粪便排放到河水中，也有可能会造成环境污染。所以，铅酸电池也是一样，加工过程完善，并不会污染环境。美国的铅酸电池产量与我国相当，但不列为污染行业，是由于政府和企业都尽了责任。”

杨裕生院士呼吁：“不要冤枉铅酸电池”。他说，由于法规不健全、监管不力，造成铅中毒的事件频发，却要算在铅酸电池的账上是不公平的。

七、明确企业责任，改革补贴政策

杨裕生说，我国对中高档电动乘用车的补贴在全世界范围内也属最高的，政府希望利用高额的补贴来开拓新能源汽车市场，事实上却适得其反。

过高的补贴，泯灭了企业的社会责任感，养成了对补贴的过分依赖思想；也违背了市场规律，影响了企业根据市场规律自主选择电动车的发展方向，甚至有企业单纯冲着补贴搞新能源汽车；还有甚者，企业乘机抬高电动车价，加大了向无补贴过度的难度。

在谈到企业社会责任时，杨裕生还说，汽车企业在大把赚钱的同时，带来油料大量消耗、严重污染空气等负面影响。因此，各汽车企业有义务、有责任生产电动汽车，并逐年提高电动汽车在本企业产品中的比例额度，如1%、2%、3%等“义务和责任是不容讨价还价的，更是不必用金钱换取的。”

杨裕生说：“只有随着动力电池性能提升，电动汽车的性能才会不断提高。目前用高补贴强推高端电动汽车，是在鼓励企业生产高价、高利润的车，但企业并不担心因车价高而难销，因为有政府通过各种渠道全部收购。”

“按这条路走下去，政府花销很大，企业获利可观，却根本看不到市场化的前景。”杨裕生表示，为此有关部门应放弃强推高速远程纯电动车市场化的打算，放手让企业自主研发有销路的电动车。同时，要允许发展低速短程车，并充分利用好现有的电池，以少量的油在车上补充电能，大力发展节油50%的增程式乘用车和公交车。

已经耄耋之年的杨裕生，以他满腔热情诉说了对我国电动汽车发展的求实见解，听众报之以一阵阵热烈的掌声。

建议全面理解电池污染问题*

首先，我们应认识到所有电池都用化学品，在原料提取和加工、电池生产、废电池处理中，如果制度不严、管理不善、技术落后，都可能污染环境。美国铅酸电池产量与中国相当，但列为非污染行业，就是因为法规健全，严格管理，生产技术先进。同样的，我国只要认真抓下去，铅酸电池行业污染的帽子也一定能摘除。目前燃油车是铅酸电池的大用户，我国新车 2 千多万辆，每辆一块铅酸电池，在用汽车 1 亿多辆，每 3～4 年要换新电池，总计每年要用 6 千万块新铅酸电池。有人认为，要限制或淘汰铅酸电池，这是完全不可能的，也是不必要的。

其次，锂离子电池生产和处理中的污染也也要引起重视。中国工程院组织院士考察过黑龙江的石墨生产，看到选矿和提纯中废渣、废水污染很重。废锂离子电池处理中很可能造成污染，电池中的纳米碳材料还有致癌作用。然而，废锂离子电池处理问题还未引起足够重视，所以，目前说锂离子电池是绿色的、清洁的，还为时过早。

另外，太阳能电池生产和处理中的污染不容忽视。目前的硅提炼是高耗能产业，间接地排放了大量二氧化碳；碲化镉、砷化镓等太阳能电池都含有毒性很大的化学物质。因此，太阳能电池行业的生产和废电池的处理必须十分认真地解决污染的防控问题。

---

* 本文原载于《中国交通报》，2014 年 7 月 30 日第 5 版。

超级电容器：电动汽车的强劲新能源*

2014年10月28日，工信部下发《汽车动力蓄电池行业规范条件》征求意见稿。其中，除了让人们熟知的锂电池、镍氢电池外，超级电容器这个较为陌生的“面孔”赫然入围名单。

那么究竟什么是超级电容器？它是否会带来新能源汽车革命性的发展？消费者又能对其怀有怎样的期待？

日前，新能源汽车报的记者就新能源汽车中超级电容器的相关问题专访中国电动汽车百人会会员、中国工程院杨裕生院士。

一、什么是超级电容器？

《新能源汽车报》：我们对电容很熟悉，但什么是超级电容器呢？

杨裕生：超级电容器是一种功率型的储能器件，它是通过电极材料与电解液之间界面形成双电层，或电极表面快速的氧化还原反应来储存电能的一种储能装置。

与人们熟知的普通电容器相比，在相同重量的情况下它的电能储存量和放电时间要大出成百上千倍，而功率只有普通电容器的约十分之一。

与锂离子电池相比，其储能的过程并不发生化学反应，所以能够快充快放，功率高出电池十倍；低温性能良好不怕冻；循环使用寿命长达百万次，是锂离子电池的几百倍。虽然价格通常要比同等蓄电量的锂离子电池高出约10倍，但长循环寿命足以补偿价格高的问题。

超级电容器可以分为三类：一种是双电层电容器，正、负极均使用超高比表面活性炭，俗称电容炭；一种是准电容器，以金属氧化物、导电聚合物为电极材料；还有混合型超级电容器，即正、负极分别使用上述两种材料。

其中，双电层电容器中碳/碳正、负极的有机介质电容器在目前电动汽车中最为常用。

二、消费者可否期待

《新能源汽车报》：超级电容器如何运用在新能源汽车中？

杨裕生：目前，超级电容器已经在混合动力公交车、纯电动汽车作为储能部

---

* 本文原载于“新能源汽车网”，2014年12月24日。

件应用。在增程式电动大客车、燃料电池汽车、城市轨道交通车也有试用的例子。

与传统燃油汽车组成混合电动车时，超级电容器的使用通过回收刹车能量就可有 10%～20%的节油率。

但是，超级电容主要发挥的还是配角作用，其主要与发动机、蓄电池、燃料电池等并联工作，为车辆启动提供高功率电力输出，并在车辆制动时，超级电容承担着回馈能量快速储存的功能。与电池并联组合回收车辆减速时的动能时，超级电容器承担着高功率大电流冲击的任务，从而可以延长电池寿命。

《新能源汽车报》：我们已经看到一些厂家的超级电容产品，正在就新能源汽车独立储能电源的应用进行试验。近期消费者可以期待使用上更加快捷、更加便宜的超级电容汽车吗?

杨裕生：我国超级电容器的主要生产企业，无机体系有哈尔滨巨容、上海奥威等。有机体系有北京集星、锦州凯美等。其中宁波南车以北京集星的技术为基础，发展最快，技术水平已居国际前列。

2004 年，上海市在国内首先建成超级电容器电动公交线路。利用乘客上下车的时间充电，充电一次，行驶一站，避免污染城市的空气，性价比高于纯电动车。

2012 年，南车时代、宇通客车、海格客车等汽车厂家已经将超级电容运用在混合动力客车的实际生产中。

然而，由于超级电容器目前存在能量密度较低的缺点，充电一次只够电动汽车行驶几公里，只能在设有充电站的固定公交线路上作为“单独”电源使用，而难以在电动汽车上普遍单独使用。

超级电容器的成本中，作为精细化工产品的超高比表面活性炭占了很大部分，目前主要使用进口货，每吨 30 万至 80 万不等。你要“更加便宜的超级电容汽车”，就要从电容炭降价入手。

三、并肩发展的未来

《新能源汽车报》：随着技术的进步，超级电容器在不久的未来是否会带来新能源汽车革命性的发展?

杨裕生：在可见的未来，超级电容器的比能量还难以取得大的突破。目前，新的趋势是发展“内并”的新型储能器件，在混合电容器的基础上，出现了新的衍生产品：混合型电池电容器、电容型锂离子电池、电容型铅酸电池(即铅炭电池)等。它们优越性明显：省去并联线路、自动调整电压、简化管理系统、加快电池充电、降低使用成本、比能量远高于电容器，比功率和寿命高于电池，可以预料将在电动汽车中获得越来越多的应用。例如，铅炭电池是微混电动车(启停式燃油车)的理想电源，国家工信部已列入《2014 年强基工程》加以支持。

顺便说一句，储能器件各有千秋，应该在互补借鉴中发展，在发展中竞争共存，不必刻意谁取代谁，让市场去客观评判，切忌“科技王婆”卖瓜。

目前，国家应加大对超级电容器，尤其是核心材料电容炭产业的支持。在电动汽车发展的推动下，超级电容器及其衍生产品的市场快速扩大，对电容炭的需求量日益增加，国产化势在必行，建议政府部门给电容炭研发和生产以大力支持。

中国铅酸电池技术正在快速发展*

朋友们：

非常高兴参加国际先进铅酸电池联合会(ALABC)在中国的会议，结识了许多朋友。祝贺新加入 ALABC 的会员，也祝贺 ALABC 壮大了队伍！

我想讲三点。

一、中国的铅酸电池生产正在清洁化

铅酸电池安全、廉价，经 156 年不衰，对人类作了很大贡献。但是，铅酸电池在中国曾经一度受到误解。像其他国家一样，镍氢电池和锂离子电池的研究者们都以“铅酸电池有污染”来抬高镍氢电池和锂离子电池的价值，以争取研究经费。个别中国官员也说它古老落后、污染环境，铅酸电池的技术发展得不到支持。

我们都知道，古老不等于落后。燃料电池比铅酸电池早 20 年诞生，人们不仅不说它古老，还被当作“新技术”大力研究！铅酸电池在使用中并不污染环境，需要解决的问题是铅酸电池生产链中的污染治理。其实，锂离子电池的生产链中，如石墨的提炼、六氟磷酸锂的合成、电池制作中的有机溶剂挥发，也同样可能发展环境污染问题。和铅酸电池一样，控制好了，就没有问题。

我不赞成为了本国、本地区的环境保护而禁止在本国、本地区生产铅酸电池，而同时又从其他国家和地区购买铅酸电池。与这种现象类似的，是那些一方面贬低铅酸电池、而另一方面又尽情享受铅酸电池带来汽车和移动通信等等现代物质文明。他们伪善的双重人格只能吸引人们的鄙视目光。

最近三年，中国政府认真整顿铅酸电池行业，健全了法规，关闭了大批小企业，严格铅酸电池的准入条件；现有企业不断治理污染，优化工业卫生，企业做到文明生产，铅污染的情况在不断改善中。

中国的 ALABC 会员要带头为洗刷“铅酸电池污染”的错误名声，努力做好我们应该做好的事，做行业健康发展的促进派。

二、中国的铅酸电池技术进步

中国工程院能源与矿业学部与中国电池工业协会联合举办“铅酸电池新技术研讨会”，推动新技术的交流和推广应用。第一次新技术研讨会 2010 年在南京，

---

* 本文为 2014 年 11 月 6 日在“国际先进铅酸电池联合会（ALABC）新成员会”上的演讲。

由 ALABC 的成员双登集团承办，涉及了中国铅酸电池技术三方面问题：寿命不长，污染严重，能量不高(比能量、比功率)，并重点介绍了铅炭电池和超级电池技术。参会 200 余人。经过两年多，在“延寿、摘帽、加力”三方面都有很大的进展。2012 年由 ALABC 的成员天能集团承办的第二次超级电池新技术研讨会在长兴举行，会上共有报告 15 个，着重在铅污染治理技术的交流，同时还有铅炭电池的 8 个报告，其中有 6 个是企业与院校合作的研究成果报告。参会 400 余人。下星期，11 月 14 日由 ALABC 的新成员、这次会议的承办者超威集团承办的第三届超级电池新技术研讨会将在泰山下的泰安举行，参会人数和报告数又有增加。

其他的电池协会也在举办技术交流会和产品展览会。

现在，卷绕式、管式、长循环寿命阀控式等先进铅酸电池已在许多企业中进行产业化。已有多家公司与院校协作研制成功铅炭电池并批量生产，其中 ALABC 成员南都集团的累计产量已达 XXX kWA，主要应用于储能系统等许多领域。今年国家工业与信息化部拨款 4000 多万元支持动力型铅炭电池的生产，以推动启停式汽车的发展，表示铅酸电池的地位在中国有所上升。

在废电池的再生方面，天能集团引进国外的技术和设备，并且经过消化吸收再创新，发展全自动化的新技术和装备。超威集团和北京化工大学合作，创建了全新的湿法处理技术，铅的回收率高达 99%，而且能耗低，前景非常好。

我们应该看到，彻底摘除铅酸电池生产链的污染“帽子”，还有不少事情要做。铅污染的治理，是铅酸电池行业的生命线；技术不断创新进步，是铅酸电池行业发展的动力。

三、对铅酸电池技术未来的看法

铅酸电池要不断提高性能。首先，铅酸电池要提高比能量。铅酸电池活性物质的利用率远低于锂离子电池和镍氢电池，有提高的空间。板栅的轻量化也有潜力。第二，铅酸电池要提高循环寿命。循环寿命提高可以节省再制造的能源，减少废弃物排放。但是有的企业家不积极，甚至希望用户早点将电池用坏。他们认为提高循环寿命等于减少了电池销路。这个问题已经超出技术的范畴，但希望 ALABC 也能在这个问题上对成员发挥指导性作用。

中国出现了一种新体系的铅电池，我称之为“半铅电池”，它的负极与铅酸电池相同，正极用的是锂离子电池的正极，特别是廉价的锰酸锂，电解液是中性的硫酸锂溶液。其比能量高于铅酸电池，循环寿命也较长，是一种有竞争力的电池，值得关注。

我相信，铅酸电池有安全、廉价的绝对优势，是锂离子电池等其他电池望尘莫及的。铅酸电池的未来会更加美好。

谢谢！

铅炭电池用的特种活性炭*

一、铅炭电池是铅酸电池的升级换代产品

我国是铅酸电池生产大国，铅酸电池占二次电池储能份额的 80%。电动车和可再生能源的兴起，正推动铅酸电池的生产扩展，亟待新技术以提高水平。

铅酸电池负极中添加活性炭(AC)是一项新技术，有三种添加方法，分别形成三个品种(图 1)：先进铅酸电池、超级电池、铅炭电池。

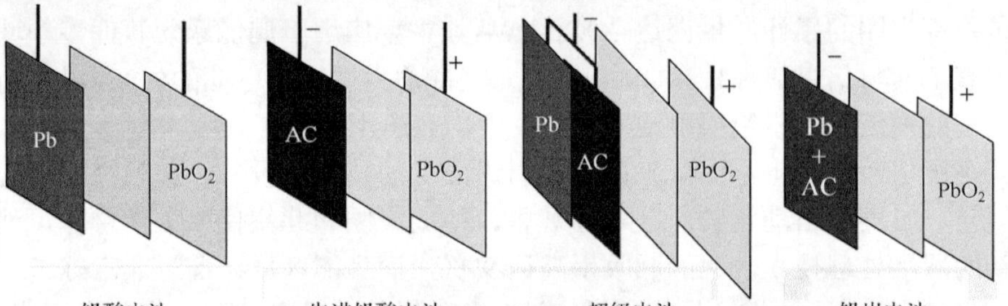

图 1　不同种类铅酸电池结构示意

奥巴马就任美国总统半年，支持新一代电池及材料 15 亿美元(约合人民币 100 亿元)，其中 6680 万美元支持先进铅酸和超级电池的生产(约合人民币 4.7 亿元)，2100 万美元支持超级电容用高能量炭的生产(约合人民币 1.5 亿元)。先进铅酸电池(advanced lead-acid batteries)是以活性炭电极替代铅酸电池铅负极，正式名称应是“炭铅混合电容器”，其比功率较高，但比能量不高。超级电池(ultra battery)中，活性炭电极与铅酸电池铅负极并联。优点是充放电倍率高，循环寿命延长，但要增加工艺设备，电池结构也较复杂。此后，多国研制先进铅酸电池和超级电池及其特种炭。

我从 2009 年在国内推动铅炭电池(lead-carbon batteries)的研制。防化研究院与两家公司合作研制铅炭电池，杭州南都公司研制密封式铅炭电池，泰州双登集团研制卷绕式铅炭电池，我们研制关键的特种活性炭材料，负责提供炭材料。采取“循环-接力”模式合作，各尽所能，取得成功。我们研制的铅炭电池，是将活性炭混入铅酸电池铅负极中，具有与超级电池相同的优点，而生产工艺简单得多，又不改生产设备。

---

* 本文为 2015 年 6 月 17 日在江苏高邮的演讲。

南都公司与防化研究院合作的铅炭电池，与普通铅酸电池相比，比功率提高60%，部分荷电态高倍率放电循环寿命提高 25 倍，1h 充电 95%，2h 充满。2013年 5 月 17 日国家能源局组织鉴定，鉴定结论："达到国际先进水平"。双登集团与防化研究院合作的卷绕铅炭电池，放电比功率提高到 900W/kg，已通过江苏省鉴定。

铅炭电池已引起政府部门重视，工信部将铅炭电池列入 2014 年"强基工程"。经评审，双登集团和南都公司两家均获得工程化开发支持。

二、特种活性炭是铅炭电池的核心

1. 铅炭电池对特种活性炭的要求

①高比表面大于 $1500m^2/g$；②高中孔率、合理的孔结构；③高电导率；④高的堆积比重；⑤高纯度，灰分小于 0.1%；⑥高性价比；⑦析气少；⑧电解液的浸润性好。各指标间相互矛盾，要巧妙调节。

2. 特种活性炭的制备技术

有机含碳原料在炭化炉中热解、炭化；炭化料在环保型碱活化炉中活化得活化料；经酸洗、水洗、干燥等纯化步骤得活性炭；再经导电化、粉碎、筛分等精加工，得精细产品。

可见，生产是多工序的精细化工过程，得到高技术、高附加值产品。现在已经完成实验室研究和放大试验，进入工程化生产阶段。

3. 活性炭的作用机制

超级活性炭有高比表面，充电时形成双电层电容而蓄电；可快速充、放电，担负了大电流的进出；减小了对负极材料的冲击，提高比功率；抑制电池半充态下负极的硫酸盐化，延长电池的寿命。

机制还要深入研究，以利改进活性炭和电池性能。

三、铅炭电池的用途广阔

(1) 与风力发电和光伏发电相配合，铅炭电池在风-光-储系统应用。

(2) 回收"废电"以节能，如集装箱起重机能量回收系统，还可在全国几百万个电梯中使用，节电潜力非常庞大。

(3) 为电动车提供动力，铅炭电池可为各种电动车做大贡献。

①微混(启停)汽车的启动电源。燃油车数量大，微混化只要做少许变动，技术成熟可靠，可减少城市污染。节油 5%～8%；我国开始重视燃油车微混化，铅炭电池列入"强基计划"。

②微型(低速短程)汽车动力电源。2013 年全国销售 16 万辆，山东省低速车供不应求。立即可大量节省汽油，减轻城镇空气污染。

③增程式电动汽车动力电源。与锂离子电池或与锂离子电池+超级电容器相比，更廉价、更安全、更容易走向无补贴。

④强混(深度混合)电动汽车电源。本田在强混电动汽车中试验，以古河公式的超级电池代替镍氢电池，取得成功。

⑤电动自行车和摩托车的新电源。我国电动自行车和摩托车保有几亿辆，平均两年换一套铅酸电池；年产 3000 万辆电动自行车和摩托车。以生产电动自行车和摩托车电池的浙江两家大电池企业年销量就有几百亿，生产中消耗大量资源和能源。电池寿命如延长，就能节能减排。

四、铅炭电池发展设想

1. 特种活性炭需求的估计

(1) 启停式汽车(start-stop)的需求。江苏双登集团和浙江南都公司 2016 年将分别建成 100 万千瓦时电池产能，达产后需求特种活性炭量共约 300 吨/年。至 2020 年，全国燃油汽车产量按 3000 万辆计，需求特种活性炭量约 15000 吨/年。

(2) 电动自行车的电池要升级换代，共约需超级活性炭 5000 吨/年。

(3) 低速短程微型汽车动力电源。2020 年全国微型汽车产量按 100 万辆计，每辆需求超级活性炭量 1 公斤，共约需特种活性炭 1000 吨/年。

(4) 可再生能源储能电池需铅炭电池，需特种活性炭 2000 吨/年。

2020 年全国铅炭电池年需特种活性炭，保守估计 20000 吨。

2. 响应政府“大众创业、万众创新”号召，建一特种活性炭生产企业

年产 1000 吨，国内市场占有率 5%；一次规划，分期建设。以售价 40 万/吨计(美国公司报价 80 万/吨)，年销售额为 4 亿。其发展步骤为

(1) 2016 年建成年产 300 吨的生产线及质量控制体系、盐水回收处理系统。

(2) 以上共需资金 3000 万元(不含 50 亩土地购置费用)。

(3) 2017 年以“利润+融资”的方式建成第二条 300 吨/年的生产线及研究部门。

(4) 第三期，在 2018 年建设 400 吨/年的生产线。

五、强调几个观念

(1) 不要冤枉铅酸电池！铅酸电池本身不污染环境。生产和再生铅加工过程如管理不善，可能会对环境造成危害。法规不健全、监管不力，造成铅中毒的事件频发，算在铅酸电池的账上是不公平的。

(2) 抽铅酸电池消费税，不合理！有些官员受铅污染、中毒事件纠结而烦恼，要抽消费税限制其发展。其实，锂离子电池含化学品也不少，生产全过程很多问题，并未解决。请问，为何不抽锂离子电池的消费税？

(3)铅污染能够治理。现在美国铅酸电池的产量与我国相当，美国铅酸电池行业已不在污染环境的行业之列。美国铅酸电池行业能做到的，中国铅酸电池行业为何做不到？一定能！近两年，政府机关抓紧治理，情况已有明显好转。

观念明确了，铅炭电池事业就会大进，特种活性炭市场也将不断扩大。

六、结束语

锂离子电池中加入特种活性炭，也可以提高动力电池比功率，并延长电池的寿命，从而提高电动汽车性能。可用同一生产设备，发展特种活性炭新产品。

超级电容器市场迅速扩大，所用特种活性炭主要靠进口，亟待国产化。可用同一设备，改变工艺，生产超级电容器的特种活性炭系列产品。

特种活性炭，市场前景很好，是创业的大好时机！

特种活性炭，是高技术产品，有创新的广阔空间！

蓄电池：正确认识　合理使用*

一、正确认识蓄电池

现在认识“误区”多，影响政策制定，合理使用。

1. 蓄电池是化学能与电能的转换装置

蓄电池都要用化学材料，处理不当就会污染环境。国家发改委原副主任刘铁男领头的一些官员诬蔑铅酸电池古老、落后、污染环境，将铅酸电池列为“限制发展”的电池。铅酸电池本身不污染环境。每一辆汽车都有一块，乘车人干净、方便，但下车就污蔑它。

笼统说铅酸电池污染环境，是不对的。生产和再生铅加工过程如管理不善，可能会对环境造成危害。法规不健全、监管不力，造成铅中毒的事件频发，算在铅酸电池的账上是不公平的。2016 年开征铅酸电池消费税，不合理！

发达国家一直没有中断铅酸电池新技术的研究；多种先进铅酸电池已在各类电动汽车中进行批量路试，新型电池不断进入产业化。美国铅酸电池产量与我国相当，不属污染产业。美国政府支持铅酸电池技术发展的力度大！

锂离子电池含化学品多，全过程问题也不少，笼统说锂离子电池是“绿色”的，也不对。①石墨：从含量百分之几的矿中选取精矿，尾矿堆积如山，废水横流；从精矿中分离出石墨，要用大量酸(含氢氟酸)溶去无机物，产生大量含氟废水。②六氟磷酸锂：制备中用含氟化学品；废电池处理中，六氟磷酸锂一遇到水汽，立即就生成氟化氢。③有机溶剂：电池生产过程中挥发出吡咯烷酮；废电池处理中排出大量有机溶剂。请问税务总局，为何不抽锂离子电池的消费税？

2. 蓄电池的比能量是汽油的 1/50

电动汽车的续驶里程难与传统汽车相比，要“量力而行”，即量电池之力而设计汽车。

锂离子电池技术要研究提高，但不要片面强调电池的比能量，而要安全第一。

3. 蓄电池的安全性是相对的

蓄电池是含能器件，都有不同程度的危险性。即使通常认为最安全的铅酸电池，也曾爆炸过(充电时产生氢气)，现在已很好解决。

锂离子电池用有机电解液，比能量又高，发生燃烧、爆炸的机率更高。安全

---

* 本文为 2015 年 5 月 13 日在“第五届中国国际储能大会（上海）”上的演讲。

性高的正极是磷酸铁锂、锰酸锂；要慎用三元、富锂锰基。安全性高的负极是钛酸锂、硬碳，但要牺牲些比能量。

规模蓄电的设计中要控制不发生“连锁反应”；使用中要坚持安全操作规程，决不可“滥用”。

4. 没有“万能”的蓄电池

尺有所短，寸有所长。不要轻言“XX 电池将取代 YY 电池”，但要使各种电池在它合用的范围内发展新技术。还要发展新电池体系和新材料技术。

又要对弄虚作假、故弄玄虚行为作坚决斗争，例如“镍碳超级电容器”“11 个电子”“铝电池”等。

5. 对“下一代”蓄电池的认识

紧抓“十三五”的发展计划是当务之急。各种电池都有“下一代”，都有新技术。

(1) 锂离子电池：高电位正极，硅负极，安全电解质。

(2) 锂-硫电池：攻克寿命、功率和安全三大关。

(3) 硫-锂离子电池：锂离子电池与锂–硫电池的结合，很有特色。

(4) 锂-空(氧)电池：10～15 年内难指望，且难度太大。

(5) 铅炭电池：寿命比铅酸电池长几倍，应在我国大力推行。

二、合理使用电池

一是要注意针对用途选用合适的蓄电技术。电动车、电网-可再生能源、移动通信、工业应用等蓄电池四大应用领域各有要求重点。二是要注意综合电池的性能，选择合适的用法。用法不合适，电池的作用难正常发挥。电池生产方与使用方，要思想交融，平等合作。现是使用方过于强势，电动车最典型。

1. “十三五”电动车的发展重点

发展何种电动车，实际上是如何用好蓄电池。

(1) 为微、小型低速纯电动汽车开绿灯，铅炭电池为主，锂离子电池备选。电动车做小，所有矛盾都易解决，又能满足最广大人民群众需求。

(2) 大、中型车以纯电驱动的增程式为主，$LiFePO_4$ 锂离子电池的性能完全满足要求，铅炭电池也有用武之地。应迅速推广增程式，大量节油减排。

2. 增程式是当前电动车的最佳

增程式只有电动机驱动，故属纯电驱动，但有人叫它“串联式混合”。夜间电池组充电，省钱。途中小功率内燃机在最佳工况下发电，节能。也按需要给电池组充电，好处很多。车辆行驶中发电机给电池充电，电池始终运行于“半充”状态与“半放”状态之间(以电池半容量为基准)，好处多。①内阻最小，发热量小；

②不过充，安全有保障；③不过放，循环寿命长；④淡化了不一致性问题；⑤可简化电源管理系统；⑥可用廉价的铅酸电池。因此增程式优于其他车种。

纯电动车的问题：①现电池下合理里程 150 公里，而快充电缺点多；②电池组寿命短，二次补贴无着落；③电池量多散热难，安全问题重。

插电式混合动力车的问题：①远距离用内燃机，油耗仍高；②内燃机和电动机两动力系统，较增程式重、贵。

中度混合动力车的问题：①节油不多，杭州比赛平均节油率 14.63%，昆明比赛 15.61%；②电池寿命也不乐观；③也有后续电池补贴的问题。

混联式电动车的问题：①油电两动力，两变速机构，复杂、贵；②行星轮式齿轮，加工要求高，我国无优势，专利难绕过。

我们多年来探讨动力电池的合理使用，密切关注增程式技术，呼吁国家 863 计划项目的支持。现在多家公司研制成功多辆增程式电动公交车。2014 年 8 月 14 日，由国家交通部主办的“丝绸之路经济带交通文化之旅”活动举行启动仪式。两辆广东侨兴科岭的增程式城市客车带领 60 位同行记者，从新丝绸之路的东端江苏连云港出发，穿越六省，历经 16 个核心城市，奔波 5000 多公里达到新疆乌鲁木齐。不依赖充电桩(站)，平均百公里油耗只有 16.2 升(同行的、相同长度的燃油客车百公里油耗约需 40 升)，这在世界上是闻所未闻的水平。有人曾说：“增程式车只有在城市工况行驶时节油率高”，此说法落后了！

增程式电动车最容易向无补贴过渡。其一，经济可行。12 米客车价可逐渐降到 80 万，比燃油车高 25 万元，相当于 4 万升油钱，行驶 16 万公里省的油，2～3 年回收。但是观念要更新：①用节能的油钱，抵偿车的差价；②推动电动汽车发展是国民的义务和责任；③不要想通过电动汽车高补贴从国家“捞一把”，如能享受公交车燃油补贴也合理，获益就大了。其二，增程式电动车用在长途客运中前景广阔。我国有 80 万辆长途客车，耗油量大，使用增程式节油多，排放少。其三，对于出租车、乘用车，我国承诺百公里油耗小于 5 升。出租车 120 万辆，每辆每天行驶 400 公里；民用乘用车量更大，如使用增程式，节油、排放更可观。

3. 铅炭电池用于电动车

铅炭电池保持了铅酸电池优点：价廉，安全，原料易得，可靠。而循环寿命、比功率、–20℃下放电量、快充能力等指标有大幅度提高。

铅炭电池可为各种电动汽车做大贡献：①微混(启停)汽车的启动电源，大量减少排放，节油 5%～8%，增费不多，现工信部强基工程支持。②微型(低速短程)汽车动力电源，功率(速度)提高，寿命延长。③增程式电动汽车动力电源，可能不用超级电容器提高功率和电池寿命。有眼光者，不必为补贴而生产电动车。

4. 智能电网用的蓄电池

超级电容器已用于智能电网调频。铅炭电池用于智能电网的功率平滑，也适用于可再生能源-分布式电网及家用。高安全性的锂离子电池可参与竞争。

电网用电池是个新事物，要根据规模大的特点发展电网储能电池。

三、结束语

“十三五”蓄电池的重点任务包括以下几点。

(1)磷酸铁锂锂离子电池、铅炭电池、超级电容器、各种液流电池四大品种要进一步提高性价比，充分用好。

(2)寿命重于比能量，高安全性更要列首位。

(3)研发新型储能电池，要甘坐几年冷板凳，因为电池的规模特别大，要求研究新电池，其要点是：①安全性高于现有的锂离子电池而其他性能相当；②比能量大于铅酸电池而价格相当，不含有害物；③使用方便性优于液流电池而循环寿命相当。

电池界共同努力吧！

展望“十三五”电池技术*

一、储能电池日益重要

电池推动各领域的技术、经济快速发展，包括各种电动车辆、智能电网、风光可再生能源、电信、消费电子、便携式电子、军事、航空航、工业应用、机器人、医疗植入电子等。对电池要求越来越高，指标重点有差别：能量密度、功率密度、循环寿命、服役寿命、安全性、可靠性、能量效率、自放电率、环境适应性、制造与使用成本、环境影响。

提高水平理所当然，合理使用非常重要。电动汽车的发展决定于储能电池，单纯靠提高电池比能量延长汽车里程并非良策。高补贴下纯电动公交车畸形发展，“扒窝”的比比皆是，国家损失严重。高档纯电动汽车比亚迪-E6 和特斯拉，电池多，车很重，浪费能源，安全性差。“增程式”电动车优势突出。

智能电网用超级电容器调频，用铅炭电池进行功率平滑。铅炭电池也适用于可再生能源-分布式电网及家用储能。高安全性的锂离子电池可参与竞争。电网用电池是个新事物，要根据规模大的特点发展电网储能电池。

二、“十二五”电池技术主要进展

“十二五”国家 863 计划验收 8 个项目 28 个课题(表 1)，基本完成了计划，使我国储能技术水平上了一个台阶。目前化学电源技术指标的对比见表 2。

表 1　“十二五”国家 863 计划电池技术相关项目

项目名称	课题名称
兆瓦级物理储能关键技术研发	超临界压缩空气储能系统研发与示范
	飞轮储能关键技术
	面向新能源发电的超导储能-限流系统研制和并网运行
高性能化学储能电池及示范电站关键技术研究	长寿命锰酸锂系储能电池关键技术及示范
	低成本钛酸锂系储能锂离子电池关键技术及示范
	新型锂硫化学储能电池的关键技术研究
	硅基新型化学储能电池的关键技术研究
	高比能、低成本的新型超级电容器关键技术研究

* 本文为 2015 年 8 月 8 日在“第 18 次全国电化学会（哈尔滨）”上的演讲。

续表

项目名称	课题名称
高性能化学储能电池及示范电站关键技术研究	全固态锂离子储能电池研究 采用国产化低成本关键材料的200kW全钒液流电池储能系统研制
储能锂电池和燃料电池系统安全性设计及性能测试技术	锂离子储能电池和燃料电池备用电源安全性设计及性能评价研究 储能用锂离子电池系统安全性设计及评测方法研究
软碳负极材料的锂离子储能电池系统键技术及示范	球形针状焦软碳锂离子储能电池系统技术及示范 中间相碳微球软碳锂离子储能电池系统技术及示范 微纳结构球形软碳锂离子储能电池系统技术及示范
全钒液流储能电池单体、模块及系统集成技术研发	大容量MW级全钒液流储能系统的研究与应用开发 液流储能电池性能检测评价方法、规范及标准的研究开发 全钒液流电池产业化关键技术与工艺研究
新型化学储能电池关键技术研究	亚氧化钛的规模制备及其在化学电源中应用 高效新型化学储能电池技术 百千瓦时级锌镍单液流电池系统演示样机研制
储能用高性能锂离子电池单体及系统集成技术研究	基于通信基站的高比能长寿命锂离子电池及关键材料研发 高比能、高安全锂一次和二次电池 储能电站用高效率长寿命磷酸铁锂电池
高性能物理储能	适用于风电的大规模压缩空气储能电站成套技术开发与工程示范 高压高储能密度电容器制备技术研究 制冷/热(含相变)储能系统关键技术 磁悬浮储能飞轮技术研究

表2　化学电源技术指标对比

技术参数	比能量/($Wh\cdot kg^{-1}$)	比功率/($W\cdot kg^{-1}$)	循环寿命/次数	电压/V	服役寿命/年	能效/%	自放电率/%	库仑效率/%	安全性	成本/(元·Wh^{-1})	工作温度/℃
锂离子	90～260	100～20000	1000～20000	3～4.5	5～15	90～95	<2	约95	中	1.5～10	–20～55
铅酸电池	35～60	75～300	500～5000	2.1	3～10	50～85	4～50	80	好	0.5～1	–40～60
镍氢电池	50～85	150～1000	1000～3000	1.2	5～10	50～75	1～10	70	良	2～4	–20～60
超级电容	5～15	1000～10000	5000～100000	1～3	5～15	95～99	>10	99	好	40～120	–40～70
钒液流	25～35	50～140	5000～10000	1.4	5～10	65～75	3～9	80	好	6～20	10～40
钠硫电池	130～150	90～230	4000～5000	2.1	10～15	75～90	0	约90	差	1～3	300～350

铅炭电池技术大进步，促进用途扩展。铅炭电池保持了铅酸电池优点：价廉、安全、原料易得、可靠；而寿命、比功率、低温性能、快充能力等均有大幅度提高。具体性能见表 3。

表 3　南都公司与防化研究院合作研制的铅炭电池

同尺寸电池比较/75Ah	比功率/($W\cdot kg^{-1}$)	比能量/($W\cdot kg^{-1}$)	10C 倍率放电时间/s	HRPSoC 放电循环寿命/次	–20℃下放电时间/s	快充能力
普通铅酸电池	150	41	无法放电	8000	4200	
铅炭电池	240	41	96s	＞20 万	5050	1h 充 95% 2h 充满

南都公司的铅炭电池进行多项储能系统示范应用，并在天津港集装箱起重机上回收集装箱下降时的能量，节能约 40%～50%，减少噪声及空气污染，减小对电网的冲击。

预计用铅炭电池建设的储能电站将快速兴起，铅炭电池还可为各种电动汽车做大贡献。

三、正确认识和对待电池

认识“误区”多，影响政策制定，需要合理使用，包括：

(1) 电池都用化学材料，处理不当会污染环境。

(2) 安全第一，不要片面追求高比能。

(3) 兼容包蓄，没有“万能”电池。

四、“十三五”电池技术前景

1. 各种电池技术都有“下一代”，但“下一代”要认真论证之(表 4)

表 4　电池技术发展线路

	第 1 代	第 2 代	第 3 代	第 4 代
锂离子电池	液态锂离子电池	高能锂离子电池	锂硫电池	锂空电池
		锂聚合物电池	固态锂硫电池	固态锂空
超级电容器	铅酸电池	超级电池	铅碳电池	
	超级电容器	混合电容器	锂离子电容器	高功率锂电池
液硫电池	全钒液流电池	高功率液流电池	锂液流电池	(电化工厂)
	双功能液流电池	锌镍单液流电池	锌卤液流电池	(析气,枝晶)
钠硫电池	钠硫电池	钠-氯化镍电池	钠离子电池	水体系钠电池
水系电池	水系锌离子电池	水系高性能电池		
燃料电池	电解水-PEMFC	SOEC/SOFC		(能效很低)

2. “十三五”电池技术发展之我见

(1)锂离子电池：应将安全性放在第一位，负极发展硅碳、软碳、钛酸锂；高电位正极发展磷酸锰锂、磷酸镍锂等。电池应研究高比能量、高比功率，长寿命、宽温度范围、高电压等问题。应扩展各类应用技术，大规模储能继续演示。

(2)锂-硫电池：要攻克寿命、功率和安全三大关。有人提出3000次循环，能效大于85%，我估计难于达到。可发展有创新性的硫-锂离子电池，以提高安全性。

(3)全固态电池：发展固态锂电解质，提高锂离子电池(含硫-锂离子电池)安全性。

(4)液流电池：提高自动化程度和能量效率，降低成本继续演示。在经济效益不明的情况下，不宜大规模建设。

(5)超级电容器：突破高性能超级活性炭材料技术，替代进口、降低成本，开拓用途。

(6)重视电池与电容的融合：推行铅碳电池、电容型锂离子电池的生产和应用；论证锂电容技术。

(7)缺陷严重的电池发展要慎重：储能电池方面：①锂液流电池安全性存疑，成本高，使用不便；②钠硫电池日本一年烧了两座电站；③可再生燃料电池能效太低，系统复杂。动力电池方面：“700Wh/kg，汽车里程赶上燃油车”的口号很诱人，但危险性大。如锂空气(氧)电池枝晶，双功能氧电极，能效、寿命、安全，问题多。

五、结束语

响应“万众创新”的号召，对研发新型电池提出如下要求：安全性高于现有的锂离子电池而其他性能相当；比能量大于铅酸电池而价格相当，不含有害物；使用方便性优于液流电池而循环寿命相当。

有可能出现高比能水体系电池，以满足上述要求。不要拭目以待，而要动起手来。

“十三五”电池技术发展之见解*

我今天讲四点：第一，化学电源越来越重要；第二，澄清影响电池发展的认识问题；第三，“十三五”电池技术发展要点；第四，完善政策，用好现有电池，发展电动汽车。

一、化学电源越来越重要

二、澄清影响电池发展的认识问题

1. 安全第一，不要片面追求高比能

蓄电池是含能器件，都有不同程度的危险性。锂离子电池要提高比能量，但是，安全性第一重要。要优先使用高安全性的电池，宁愿牺牲些比能量。规模蓄电的设计中，要控制不发生“连锁反应”。使用中：要坚持安全操作规程，决不可“滥用”。

电动汽车的续驶里程，难与传统汽车相比。纯电动公交车可在夜间基本充满电，白天再逐段补电，现有高安全性电池可以满足要求，电池寿命还能延长。

2. 开征铅酸电池消费税不合理

电池都用化学材料，处理不当会污染环境。铅酸电池本身不污染环境，每一辆汽车都有。美国铅酸电池产量与我国相当，不属污染产业。我国铅酸电池的生产和再生铅加工过程出现对环境和健康造成的问题，是由于管理不善，监管不力，而非电池的问题。近两年整顿有成效。

用消费税限制铅酸电池发展并不明智，一是税费转加售价，推动物价上涨，二是滋养了违法户，伤害了守法户。

3. 要抓紧锂离子电池行业污染治理

现在说锂离子电池是“绿色”的也不对。①石墨：从含量百分之几的矿中选取精矿，尾矿堆积如山，废水横流；从精矿中分离出石墨，要用大量酸溶去无机物，产生大量废水。②六氟磷酸锂：制备中用含氟化学品；废电池处理中，六氟磷酸锂一遇到水汽，立即就生成氟化氢。③有机溶剂：电池生产过程中挥发出吡咯烷酮；废电池处理中排出大量有机溶剂。

---

* 本文为2015年8月26日在“中国电池技术创新论坛2015年(上海)”上的演讲。

废锂离子电池的残值不高，谁处理？谁出钱？税务总局应征收锂离子电池消费税，用于污染治理。

4. 各种电池技术都有“下一代”

如果只有一种电池有“下一代”，其他电池都要“绝后”了！原理有传承，技术有特征，性能有飞跃，用途有进展，一代接一代发展(表 1)。

表 1　电池技术发展线路

	第 1 代	第 2 代	第 3 代	第 4 代
锂离子电池	液态锂离子电池	高能锂离子电池	锂硫电池	锂空电池
		锂聚合物电池	固态锂硫电池	固态锂空
超级电容器	铅酸电池	超级电池	铅碳电池	
	超级电容器	混合电容器	锂离子电容器	高功率锂电池
液硫电流	全钒液流电池	高功率液流电池	锂液流电池	（电化工厂）
	双功能液流电池	锌镍单液流电池	锌卤液流电池	（析气，枝晶）
钠硫电池	钠硫电池	钠-氯化镍电池	钠离子电池	水体系钠电池
水系电池	水系锌离子电池	水系高性能电池		
燃料电池	电解水-PEMFC	SOEC/SOFC		（能效很低）

各种电池技术都可能有发展前途，不要轻言 XX 电池将取代 YY 电池。

5. “下一代”动力电池是锂硫电池吗

由于锂离子电池难以实现电动汽车 500 公里里程，日本 NEDO 提出锂硫、锂氧是“后锂离子电池”。这是单纯从“理论比能量”一项考虑而得的推论。实际上，锂硫电池“进门容易”而“越做越难”。这是由于①锂枝晶带来的安全问题；②多种因素造成的循环寿命问题；③倍率性能提高的问题；④体积比能量偏低的问题。只有解决了上述难题，才有成为动力电池的可能。

6. “下下一代”动力电池是锂氧电池吗

由“比能量 700Wh/kg，汽车里程赶上燃油车”而指望锂氧电池。悬! 锂氧电池的难题更多，很可能是“远水解不了远渴”! 这样说是基于以下的考虑：①安全性；②氧还原-氧生成的“双功能氧正极”；③能量转换效率过低；④寿命短；⑤比功率低。

国家可支持个别团队长期坚持，但不能寄予过急希望。想在有生之年看到自己成果实用者，慎做锂氧电池；当然，靠它出些文章是可行的。

三、“十三五”电池技术发展要点

1. 在安全第一的前提下，提高锂离子电池的比能量

高电位正极有磷酸锰锂、磷酸镍锂、磷酸钴锂，它们的安全性高，要予以重视。高安全性负极有硅碳、钛酸锂、软碳、硬碳。还要研究长寿命、宽温度范围的电池。

规模储能要总结经济账，不急于扩大演示规模。

发展有创新性的硫-锂离子电池，安全性能较好。适当发展固态锂电解质，提高锂离子电池和硫-锂离子电池安全性。

2. 提高超级电容器技术，充分发挥作用

超级活性炭材料要实现高性能材料的国产化，替代进口、降低成本。要重视电容与锂离子电池的融合：推行电容型锂离子电池的生产与应用，发挥其提高功率和延长寿命的作用。适当关注锂电容技术。

3. 要大力推动铅炭电池的提高和应用

铅炭电池是我国“十二五”的重要成果。它保持了铅酸电池的价廉、安全、原料易得、可靠等优点；而寿命、比功率、充电速度等许多指标有大幅度提高。南都公司在国内外建成了多个铅炭电池储能系统应用示范工程，在天津港建成集装箱起重机能量回收系统。

铅炭电池可用于规模储能电站，根据 YCC 指数计算，可有经济效益。还可为各种电动汽车做大贡献。要加紧完善铅炭电池的产业链，大力推广应用。

4. 努力创新，发展水体系高能电池

有电池难满足可再生能源、电动车的要求。我们提出奋斗目标：安全性高于现有的锂离子电池而其他性能相当；比能量大于铅酸电池而价格相当，不含有害物；使用方便性优于液流电池而全寿期蓄电量相当。水体系含锰正极，比能量正向 100Wh/kg 前进！

5. 缺陷严重的储能电池发展要慎重

锂液流电池：不具备液流电池固有的安全性；成本高；使用不便。

钠硫电池：日本一年烧了两座电站，安全性堪忧。

可再生燃料电池：昂贵；能量转换效率低；系统复杂；一体式的前途更加堪忧。

不要盲目跟风，要实事求是思考；不要为出文章而工作，要干实事。

四、要完善政策，用好现有电池，发展电动汽车

1. 当前长里程纯电动汽车不宜作重点

用目前比能量的锂离子电池，纯电动车合理设计里程在 150 公里左右。有的

城市只用纯电动车，企图“一步登天”，违背了循序渐进的发展规律。

高档纯电动汽车电池多，车很重，浪费能源，价格高。比亚迪-E6 装电池 700kg，百公里电耗 19.5kWh。现在回过头来搞插电式“秦”，销量大增。特斯拉装电池 85kWh，百公里电耗 17.7kWh，电池多，安全性差，两年内烧了 7 辆车，现在开始搞普及型车。

因此一定要“量电池之力而行”，制定标准，发展微型短程“国民车”。

2. 巧用电池，发展“增程式”电动车

增程式只有电动机驱动，故属纯电驱动。途中小功率内燃机在最佳工况下发电，节能；也按需要给电池组充电，好处很多。现有磷酸铁锂电池完全满足要求，用量还少。在“向无补贴过渡”后，竞争力最强的车种。

3. 控制电动汽车补贴总额，明确企业开发责任

为了实现 2020 年的 500 万辆的目标，按四部委的“通知”，“十三五”要补贴 3900 亿。长期高额补贴不利于有效推动电动汽车的发展：①汽车生产企业追逐补贴最高的纯电动客车，但电池寿命有限，“趴窝”的比比皆是，国家损失严重；②大部分补贴成了汽车企业的超额利润，普通纳税人的钱补给了有钱买车的富人；③汽车生产企业只享利益，没有义务，于是不思降低成本去努力生产广大群众需求的车；④政府财政负担太重，而拉动电动汽车发展的效果不佳“十二五”50 万辆的目标眼看是达不到了！

19 位院士联名向政府建议：①为“十三五”电动汽车补贴总额设定一个“上限”。②明确各汽车生产企业的责任，完善政策措施；适当补贴，责任指标，超额有奖，以罚促产。所谓适当补贴，即“十三五”继续补贴电动汽车，但金额降低，加速逐年退坡；所谓责任指标，指燃油汽车生产企业有责任、有义务逐年提高电动汽车在本企业生产销售产品中的比例额度。类似的措施在美国加州已经实行，效果显著，已有 9 个其他州效仿。③继续对电动汽车技术的创新发展加强支持。

五、结束语

努力实践“大众创业，万众创新”！创新，要开阔思维，走中国的路！

锂离子电池要继续提高安全性和比能量！

水体系电池安全性高、环境友好、成本低和使用方便，要加速产业化，扩大应用领域。

电动汽车全产业链要提前采取应对措施，迎接“补贴加速退坡”，尤其是热衷于补贴的纯电动车生产企业。

铅炭电池及其应用*

一、铅炭电池简要回顾

2009 年第三届中国储能电池与动力电池及其关键材料学术与技术研讨会(张家港)上我的报告结束语提出几点：

(1)优秀的电池厂要做长寿命电池！我国电网公司将试验风电储存系统；发展分散蓄电(与用电大户、电网公司合作)，夜间蓄廉价电，大户、小区或单户全天使用。

(2)铅酸电池厂应加强力量开发铅酸电池新技术，掌握超级电池等多项新技术，比能量达到 60～80Wh/kg，比功率达到 600～800W/kg。

(3)铅酸电池企业洗刷铅污染的名声，实现环保型冶炼回收。

现在愿望基本实现。这 6 年里举行了三次铅酸电池新技术研讨会。第一届全国铅酸电池新技术研讨会(2010，南京)重点介绍了铅炭电池和湿法处理废电池等新技术，会议讨论了中国铅酸电池技术三方面问题：寿命不长，能量不高，污染严重。针对此三问题，我在会议的总结中提出铅酸电池要“延寿、加力、摘帽”三大任务。第二届全国铅酸电池新技术研讨会(2012，长兴)，铅炭电池和超级电池有 8 个报告(图 1)，有 6 家企业与院所、大学合作研究铅炭电池。第三届全国铅酸电池新技术研讨会(2014，曲阜)，铅炭电池和超级电池仍是主题，到会人数又增加。

现在我国铅酸电池生机勃勃，表现在：①多家单位研制成铅炭电池；②新研制了超级活性炭，解决了严重析气问题；③卷绕铅炭电池脉冲放电比功率 1006 W/kg；④铅炭电池已引起政府部门重视，工信部列入 2014 年“强基工程”。经评审支持双登和南都两家分别牵头进行工程化开发；⑤“十二五”863 计划项目完成了 60Wh/kg 的比能量；⑥湿法处理废铅酸电池极板技术在超威集团进行工程试验，并通过了鉴定，实现了回收率高、三废极少、节省能量、PbO 可直接用于电池的目标。

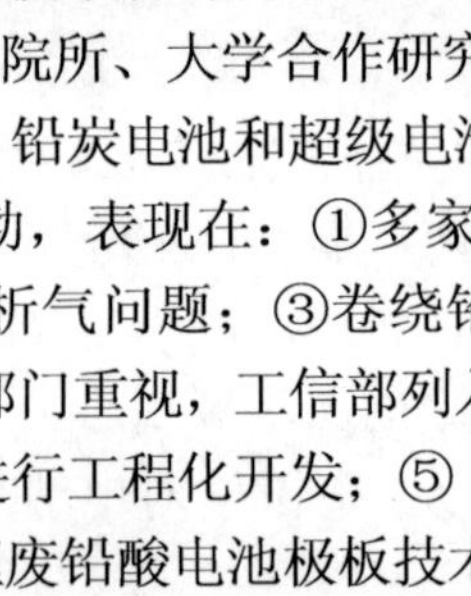

图 1　先进铅酸电池结构

---

* 本文为 2015 年 9 月 11 日在“2015 铅炭电池现状与发展专题研讨会”上的演讲。

二、铅炭电池命名问题

美国人将铅酸电池的铅负极换成活性炭者，叫作先进铅酸电池(advanced lead-acid batteries)，其实这不是铅酸电池，而是炭铅混合电容器。其比功率较高，但比能量远不如铅酸电池高。

将活性炭加到铅酸电池的铅负极中，合成为一个负极，按照加入的方式不同，则分别成为超级电池或者铅炭电池(图 2)。

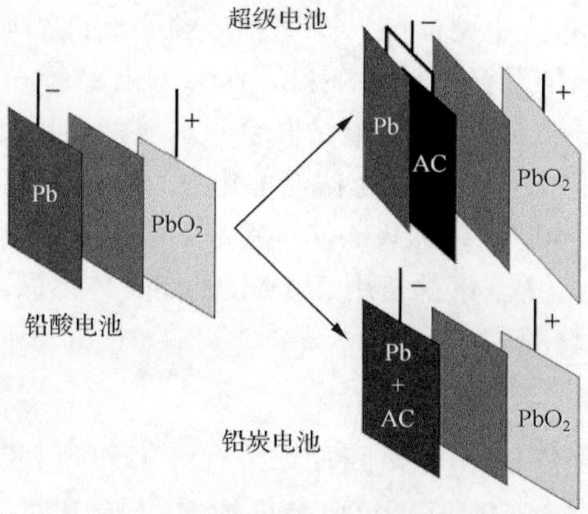

图 2 超级电池和铅碳电池结构

超级电池(ultra battery)是发明人首先命名的商业名称，不宜乱用于其他电池。其特点是负极中铅与炭分别成片然后压合成一体。

铅炭电池(lead-carbon batteries)特点是负极中铅与炭均匀混合后做成一体的电极。有人认为，此电池的负极不是“炭”，不该称“铅炭电池”;“铅炭电池”应改称“铅碳电池”。

我认为这两条都不妥，理由有三。①此电池学名应称“电容型铅酸电池”,“铅炭电池”是其简称或俗名。如上所说，“铅炭电池”是指铅酸电池的负极铅中均匀混入活性炭，而不是负极板全是活性炭。如果负极板全是“活性炭”，应称“炭铅混合电容器”，不该称“铅炭电池”。②“铅炭电池” 的炭是跟随所加材料“活性炭”而来的，故称 “铅炭电池”。如果有一天“活性炭”改称“活性碳”，则该电池也应随着改称“铅碳电池”。③只加导电“炭” (如炭黑、碳纳米管、石墨烯)的铅酸电池，不应叫“铅炭电池” 。在其他电池中也都加这些导电添加剂，从无在电池的名称中加上“炭”字或“碳”字，如同加了味精的汤没有人叫它“味精汤”一样。

希望讨论，得到共识。

三、用好、用足铅炭电池

要充分发挥铅炭电池的优点。铅炭电池的比功率比同结构的铅酸电池提高 60%，–20℃下放电时间增加 20%；可 10C 倍率放电，半充电态下的脉冲放电循环寿命达 20 万次以上；1 小时快充可充 95%，2 小时充满。

南都公司铅炭电池储能系统的典型示范应用有：

1. 可再生能源和分布式电网储能

可再生能源和分布式电网储能，有新疆吐鲁番新能源城市微电网示范工程、浙江鹿西岛 4MWh 新能源微网储能项目、珠海万山海岛 6MWh 新能源微电网示范项目、南方电网光储一体化储能电站联合设计项目、西藏、青海等光明工程光伏储能电站、大连通信数据传输用光伏储能电站、内蒙古风电移动储能示范系统、国电南瑞、中电普瑞 40kW/100kWh 储能系统、国能电力风电路灯示范系统、南非 MOBAX 风光储能电站、南都自用 2MWh 光储一体化微网储能电站。下一步将有可能用于电网的削峰填谷。

2. 位能回收

南都天津港集装箱起重机能量回收系统有 4 只机组(图 3)。回收集装箱下降时的能量，节能约 40%～50%，三年可节电约 30 万千瓦时；起吊初期的瞬时大功率由电池组提供，减小对电网的冲击；完成油改电的场地可完全取消油机，减少噪声及空气污染。全国有几百万个直梯，其位能如回收，可以节省大量电能！

图 3　铅炭电池在港机中的应用

3. 铅炭电池可为各种电动车做大贡献

①微混(启停)汽车的启动电源；②微型(低速短程)汽车动力电源；③增程式电动汽车动力电源；④强混(深度混合)电动汽车电源；⑤电动自行车、摩托车的新型电源。

电池运行于“半充”状态与“半放”状态之间(以电池半容量为基准)(图 4)的好处包括：内阻最小，发热量小；不过充，安全有保障；不过放，循环寿命长；

淡化了不一致性问题；可简化电源管理系统；可用廉价的铅酸电池。

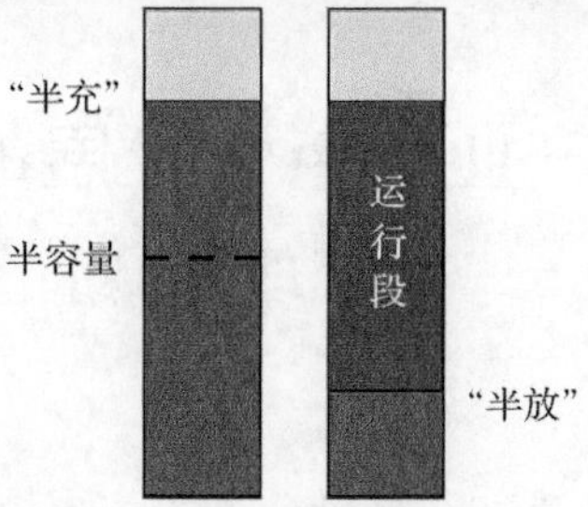

图 4　电池的充放电状态

四、结束语

深入研究活性炭的作用机制，从而有针对性地进一步改善炭材料的质量；减少析气，提高电导率。

全局考虑活性炭引入电池的后果，采取综合措施，将铅炭电池提高到新水平，准备应对新型水体系电池的挑战。

尽快扩大炭材料的产量，降低成本。

大力开拓铅炭电池的应用领域，为节能减排做更大贡献。

电池产业绿色化发展的关键
——管理+创新*

一、电池是化学储能装置

化学电源越来越重要，推动各领域的技术、经济快速发展。各种电动车辆，智能电网，风、光可再生能源，电信，消费电子，便携式电子，军事，航空航天，工业应用，机器人，医疗植入电子。

对电池要求越来越高：安全性、能量密度、功率密度、循环寿命、服役寿命、可靠性、能量效率、自放电率、环境适应性、制造与使用成本、健康环境影响。不同用途的电池重点有差别。

各种储能电池、动力电池技术迅速发展；电池新原理、新技术、新材料层出不穷。

表 1　电池技术发展线路

	第 1 代	第 2 代	第 3 代	第 4 代
锂离子电池	液态锂离子电池	高能锂离子电池	锂硫电池	锂空电池
		锂聚合物电池	固态锂硫电池	固态锂空
超级电容器	铅酸电池	超级电池	铅碳电池	
	超级电容器	混合电容器	锂离子电容器	高功率锂电池
液硫电流	全钒液流电池	高功率液流电池	锂液流电池	（电化工厂）
	双功能液流电池	锌镍单液流电池	锌卤液流电池	（析气，枝晶）
钠硫电池	钠硫电池	钠-氯化镍电池	钠离子电池	水体系钠电池
水系电池	水系锌离子电池	水系高性能电池		
燃料电池	电解水-PEMFC	SOEC/SOFC		（能效很低）

电池都用化学材料，就全生命期而论，处理不当都会污染环境。当然危害的程度有差别，影响的因素很多，最关键的是要控制好不让进入环境，需要管理和创新。

说锂离子电池是“绿色”的，不对！至少在目前是如此！从原料生产、电池制造到废电池处理，都存在问题。①石墨：从含量百分之几的矿中选取精矿，尾矿堆积如山，废水横流；从精矿中分离出石墨，要用大量酸(含氢氟酸)碱溶去无

* 本文为 2015 年 9 月 19 日在“首届中国电池产业绿色化发展研讨会”上的演讲。

机物，产生大量废水。②六氟磷酸锂：制备中用含氟化学品；废电池处理中，六氟磷酸锂一遇到水汽，立即就生成氟化氢。③有机溶剂：电池生产过程中挥发出吡咯烷酮；废电池处理中排出大量有机溶剂。废锂离子电池的残值不高，谁处理？谁出钱？要抓紧锂离子电池全行业污染治理。税务总局应征锂离子电池消费税，用于废电池处理。

有些官员深受铅污染、中毒事件纠结而烦恼，诬称“铅酸电池污染环境”很不在理！如同说“猪肉污染环境”，一样可笑！控管粪便废水，不使进入环境，猪肉很香；控管含铅废物，不使进入环境，电池很好。政府部门要认真抓污染治理，企业要自强。

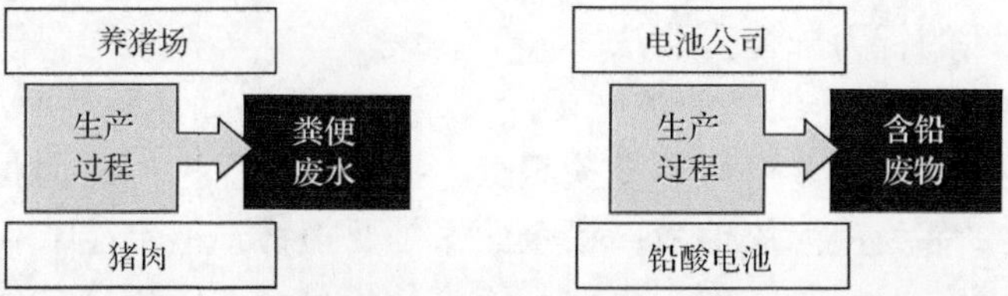

图 1

开征铅酸电池消费税，不合理，不明智。说不合理，是因为铅酸电池本身不污染环境，每一辆汽车都要用一块；优点突出，人民需要，不应限制发展。我国铅酸电池的生产和再生铅加工过程出现对环境和健康造成的问题，是由于管理不善，监管不力，而非电池的问题，算在铅酸电池的账上是不公平的。

近两年政府部门抓整顿有成效，说明管理是根本。

说不明智，是因为税费转加于售价，推动物价上涨，同时滋养了违法户，伤害了守法户。

二、加强管理是电池产业绿色化的根本

铅电池产业能够绿色化。现在美国铅酸电池的产量与我国相当，美国铅酸电池行业已不在污染环境的行业之列。美国铅酸电池行业能做到的，中国铅酸电池行业为何做不到？一定能！核电站用的铀能做到不污染环境，铅酸电池的铅为何做不到？一定能！“世界上怕就怕认真二字，共产党最讲认真”。中国的环保官员和铅酸电池企业家，大多数都是共产党员，应该认真做好共产党员该做好的事。

1. 加强管理，首先是各级政府部门要真抓实干

(1)铅酸电池生产企业“准入”过程，就是“减污”的斗争；已经准入的企业仍须继续努力。

(2)矿冶和再生两环节中，小作坊片面追求利益，使用低成本高污染的生产方式，铅提取率低，浪费资源，污染重，易发生血铅事件。

(3) 废电池无序流动，使正规再生厂原料不足，成本上升，又为小作坊提供了生存空间。

(4) 再生铅流动不受控管，可以卖给无生产资质的电池作坊，将使整顿的成果付之东流。

铅的流通控管和污染治理密不可分，必须双管齐下。

2. 企业的管理很重要，铅污染治理“法、德、技”三管齐下

(1) 以“法”治铅。严格准入制度排放总量控制一定要认真执行，还要严格控管铅的流通。应该参考烟草专卖、炸药控管，制定法规和一套针对铅流通的管理制度。要立法，明确铅料和废铅电池是有危害的物资，实行严格控管。要明确私自买卖废铅电池的行为一律为非法。

(2) 以“德”治铅。铅企业生产要发展，但必须搞好环境保护，防止污染。

铅企业要降低成本，但必须爱护职工、搞好劳动保护；铅企业可向低工资区迁移，但不能以邻为壑污染他乡；铅企业家是要挣钱，但不能唯利是图、忘记社会责任；铅企业造成污染、中毒事件，董事长和总经理应该自觉公开道歉，公布整改措施；“捂盖子”“私下摆平”的企图是错上加错，应该受到鄙视和谴责。

有些基层政府为了引资和税收，默许采用低成本、高污染的生产方式，这是要政绩、缺“政德”，应该受到问责和处罚。

铅企业中有全国环境友好企业，其领导人的社会责任心强，是榜样，大家要学习！

延长电池寿命是重大的节能和环保，因为电池生产-运输-回收-再生的循环过程大量耗能，电池再生的过程产生含铅的“三废”。有的电池生产企业不愿将电池寿命做长，不考虑能源和环保问题，唯利是图的表现。电池生产企业要提高社会责任心，讲诚信。电池的价格要与寿命挂钩，实行电池租赁经营，推动生产企业做长寿命。有的电池使用者不将电池寿命用长，是因为①不懂电池的习性；②保质期末“故意”用坏！储能企业要吸收电池生产企业参股，利害共享。

(3) 以“技”治铅。降低铅污染的技术和工艺很多，要大力研究。再生铅提取量大，要改进工艺，将流失降至最低。铅酸电池每年消耗 300 多万吨铅，生产与回收平衡后每年要再生处理 300 多万吨铅。再生收率如为 98%，每年就有至少 6 万吨铅流入“三废”！！！有的企业进口了再生装置，干法为主是一进步。还要大力发展湿法再生铅回收工艺，进一步提高回收率，降低能耗。北京化工大学和超威集团合作的湿法再生工艺，回收率高、三废极少、节省能量、PbO 可直接用于电池，应大力推广应用。

三、技术创新是电池产业绿色发展的关键

中国工程院能源学部与中国电池工业协会联合主办第一届全国铅酸电池新技术研讨会(2010，南京，双登承办)涉及了中国铅酸电池技术三方面问题：寿命不长，污染严重，能量不高；重点介绍了铅炭电池和湿法处理废电池。

第二届全国铅酸电池新技术研讨会(2012，长兴，天能承办)，铅炭电池和超级电池有 8 个报告，有 6 家企业与所、校合作研究铅炭电池。第三届全国铅酸电池新技术研讨会(2014，泰安，超威承办)，铅炭电池和污染治理是主题，到会人数又增加。

我国铅酸电池生机勃勃，多家单位研制成铅炭电池，新研制了超级活性炭，解决了严重析气问题，卷绕铅炭电池脉冲放电比功率 1006W/kg。铅炭电池已引起政府部门重视，工信部列入 2014 年“强基工程”。经评审支持，双登和南都两家分别牵头进行工程化开发。“十二五”863 计划项目完成了 60Wh/kg 的比能量。湿法处理废铅酸电池极板在超威集团进行工程试验通过鉴定。

创新是电池产业绿色化发展的关键，创新发展了“绿色”“安全”的二次新电池。复旦大学化学学院的尖晶石锰酸锂混合电容器，清华大学深圳研究生院的确氧化锰锌离子电池，智电芳华蓄电研究所“惰性锰酸锂”二次电池，南京精研能源公司的锌-$LiMn_2O_4$锂离子电池，哈尔滨工程大学材料与化工学院的镍锰氧储镁等，全为水体系含锰正极，比能量向 100Wh/kg 前进！武汉大学开发了水体系钠离子电池，原料更丰富，只是比能量较低！

我们提出规模储能电池的新目标：安全性方面高于现有的锂离子电池而其他性能相当；比能量大于铅酸电池而价格相当，不含有害物；使用方便性，优于液流电池而与全寿命期总储能量相当。经几年努力，张家港智电芳华蓄电研究所研制成功锌锂锰水体系二次电池——Zn-$LixMn_2Oy$ 水体系二次电池研成(简称锌锂锰电池)，比能量 60～80Wh/kg，能量效率＞80%，使用温度–20℃～60℃，正极循环寿命＞1000 次，以水溶液为电解质。此电池价廉、安全性高、环境友好和比能量较高，是发展前景极好的新型储能体系，也适宜于动力电池。排除锌枝晶影响的情况下，420mA/g 的电流密度下循环 1200 次，未见明显衰减，并表现出良好的倍率性能。

这种新电池，安全性高于锂离子电池；比能量大于铅酸电池一倍以上；廉价，不含有害物；全寿命期总储能量可能与液流电池相当，使用却方便得多。申请了国家专利，正在申请国际专利。专利实施许可正转让多家，群策群力解决锌枝晶问题，运用商业竞争机制，推动该电池技术快速发展，预计两年后进入产业化阶段。

创新是电池产业绿色化发展的关键。

四、首届中国电池产业绿色化发展研讨会总结

应研讨会主办方的要求，对研讨会进行总结。

这次研讨会，有全国政协的领导同志、各级政府部门的负责同志、专家学者、电池和相关材料协会、企业的负责人、媒体的工作人员参会，几百人济济一堂，围绕电池产业绿色化发展，展开了热烈研讨。中心内容：电池产业绿色化发展的重要性和必要性，绿色化发展的技术创新，绿色化发展的政策。

研讨会上有很多共同的呼声：

(1) 电池产业绿色化发展是必然方向，是电池的光明未来；

(2) 电池产业绿色化最终要达到环境无负担；

(3) 绿色化需要电池的生产、储运、使用、回收及全过程全行业参与；

(4) 绿色化需要跨行业、跨部门的共同努力——组织大联盟很有必要；

(5) 电池企业首先要承担责任，还要创新；

(6) 政府部门要继续加强管理、严格执法；

(7) 进一步明确了方向，加强了责任感，增强了信心；

(8) 研讨会达到了预期目标。

我用打油诗一首概括大家的共识：

电池诚可贵，
绿色价更高；
技术要创新，
管理是首要。

寒区电动汽车尤需善用电池*

一、发展电动车的关键在电池

发展电动车的目的是减轻空气污染(特别是城市)、减少用油、减排二氧化碳。要以可再生能源发电代油，并且要全寿期衡量电动车的节能减排效果。

电池、电控、电机、车体四项技术中，电池基础最差，难度最大。电池是决定电动汽车发展的第一关键。电动汽车发展的核心问题是用好各个发展阶段可用的各种电池。

动力电池技术的主要评价内容有：①安全性，即不燃、不炸；②比能量；③比功率；④成本与寿命，要降价、节能；⑤能量转换效率与自放电；⑥可维护性；⑦生产过程与环境友好。寒区用的电池，性能要有低温下的要求。寒区下的动力电池有特殊性问题。一般化学反应，温度每降低 10℃反应速度减慢一半。温度从 25℃降低至–40℃，反应速度减慢 $2^{6.5}$ 倍，即降为常温的 1/100。电池中有正、负极两个化学反应，叠加起来再要减慢一半。电池中，有离子在正负极固相中、电解液中和固相/液相界面上的扩散过程。离子扩散速度严重受温度的影响，特别是电极活性物质固相中的离子扩散速度慢，锂离子电池在低温下充电时，石墨表面容易生成锂枝晶。此外，水性电解液还会结冰。总的效应是电池各项性能全面下降。

金属氢化物-镍电池的优点是比功率高，循环寿命较长，能量转换效率较高，资源循环利用，环境友好；不足是比能量不及锂离子电池，价格不低。比能量 50Wh/kg，可用于混合电动轿车电源。长春应化所研制成功低温性能超群的金属氢化物负极材料。

锂离子电池是电动车的主力电池，其优点是比能量高，比功率高，能量效率高，循环寿命长；不足是有的体系安全性较差，价格还不够低，可能污染环境。锂离子电池技术在进步，新电极材料及纳米化提高比能量和比功率；国产隔膜，复合陶瓷价格低；电池生产自动化的可靠性、一致性提高；电源管理和控制系统改进，安全性和循环寿命提高；四川、江苏、辽宁研制成功电容型电池—正极加活性炭；辽阳立塬公司的电池装车，在黑河冬季已行驶数千公里。但是，电池性能提高是一个长过程。中、美锂离子电池组频发着火事件，大容量、高电压锂离子电池组的安全是个新问题，影响因素多，环节复杂，深刻认识和圆满解决要有

---

* 本文为 2016 年 4 月 8 日在“中国寒地新能源汽车产业发展高峰论坛”上的演讲。

个过程。要树立观念：锂离子电池是含能部件，又含有机溶剂，是易燃物，比能量提高，危险性更大。必须在保障安全性的前提下，提高比能量。电池和电池组要有防火功能设计。

组织“十城千辆”的政府部门要管安全问题，要建立事件报告制度，查找原因，不允许隐瞒。

要如实地认识铅酸电池，铅酸电池是市场份额最大、使用范围最广的电池，汽车、通信、储能、工业等领域均大量使用。其优点突出：安全性高，廉价，功率特性，高温、低温性能优越，回收技术较成熟等；弱点是比能量较低，循环寿命偏短，现正在改善中。铅酸电池本身不污染环境。生产和再生铅加工过程如管理不善，可能会对环境造成危害。法规不健全、监管不力，造成铅中毒的事件频发，算在铅酸电池的账上是不公平的。我国铅酸电池因“古老”“落后”“污染”等不实之词，新技术的研究已多年得不到国家支持，甚至受到排斥，但从今年开征消费税。而发达国家一直没有中断铅酸电池新技术的研究；各种先进铅酸电池已在各类电动汽车中进行批量路试，新型电池已进入产业化。

我国铅酸电池界很自强，技术有进步。正极有稀土铅合金，石墨烯铅合金，提高耐腐蚀性；负极加超级活性炭，研制成功铅炭电池、卷绕型铅炭电池(浙江、江苏)，功率高，可适用于寒区。

正确使用铅酸电池很重要，可大有作为。功率型铅炭电池特别适用于部分荷电态高功率循环，港机、电梯等短时间电能回收，微混、轻混电动汽车、坦克的启动。能量型铅炭电池适用于大规模储能，如电动自行车、电动摩托、电动汽车等。

二、选好适合寒区的电动汽车品种

传统的燃油车在寒区使用，已不成问题，这是燃油车多年来许多国家(尤其是寒区)的技术积累的结果。而电动汽车则不然，大规模研究的历史短暂，研究的人群有限，特别是寒冷地区的主要国家尚未真正出手，给我国寒区电动车研究的可供节借鉴的东西不多，但也留下广阔的驰骋空间。

电动汽车按动力划分为两大类又可分为 6 种。纯电驱动类只有电动机一种驱动动力，包括纯电动车(EV)、燃料电池电动车(FCEV，燃料电池发电，与电池并联)和增程式纯电动车(EREV，内燃机发电，与电池并联)。混合(双)动力类有内燃机和电动机两种动力，包括油-电混合电动车(HEV，轻、中、深等不同混合程度)、电-油混合电动车(PHEV，插电式混合动力车)和起-停式(微混)汽车。在上述电动汽车品种中，燃料电池电动车为时尚早，轻、中度混合动力车、插电式混合动力车和起-停式(微混)汽车节油不深度混合动力车的技术基础薄弱。在余下的纯电动车和增程式纯电动车两者间要进行一番比较。

纯电动车(EV)最节油，用谷电、风电；简单，无油路/气路/水路；车身便宜，生产加工有一定基础。轿车驶80公里就可满足我国城市大多数用户要求，小型化更节能，有市场；但全面替代燃油车仍是远景。公交大客车另当别论，夏天空调、冬季取暖，要另装发电机；高补贴不可能持久，销量将下滑；现电池比能量下，公交大客车为了长里程，电池装2吨多；耗电多，浪费能源；电池量越大，安全问题解决难度越加重；大量圈地搞充电站、换电站，费钱多而效率低；奥运会、世博会的模式不能用于商业运行；电池组性能衰退过快，第二套电池谁补贴？钛酸锂电池有优势，但价格高，无补贴下的经济效益如何，尚待观察。要细算全寿期的能源、排放、经济大账。

增程式电动车只有电动机一种动力，故属纯电驱动。行驶前电池组充电，途中小功率发电机最佳工况下发电，短途全用电；长途车上发电虽仍用油，但省油一半多，是未来很长时期内的最佳车种。增程式节油50%以上，是实际测量结果，可是就有人不相信。他们的论点是，内燃机发出的动力要经过机-电-机两次能量转换，效率大打折扣。与燃油车相比，节油50%的因素有五：①增程式车上内燃机的功率减小一半，只需满足平均行驶速度，故耗油少；②内燃机调节在最节能的恒定功率工况，效率高；③内燃机在红灯停车时“0”效率、堵车时的低效率状态都不会发生；④能回收减速、刹车的能量；⑤用了事先充的电能。

两次能量转换效率打的折扣只是小数，且任何电动车用电都经两次转换，场所有别而已。增程式客车不充电，仍能大量节油，2014年8月14日，由国家交通部主办的“丝绸之路经济带交通文化之旅”活动举行启动仪式。两辆侨兴科岭的增程式城市客车带领60位记者，从新丝绸之路东端连云港出发，穿越六省、16个城市，奔波5000多公里到达新疆乌鲁木齐。不依赖充电桩(站)，平均百公里耗柴油只有16.3升(同行的、相同长度的燃油客车百公里耗柴油约32升)。他们能做到，别人经过努力也能。有人说“增程式车只有在城市工况行驶时节油率高”，此例说明长途运输也很省油！不充电节油率也很高。

上述两种车的共同问题是电池的低温性能和冬季取暖。由于在增程式车上装有一套发电系统，它可以提供余热。所以，只要传统燃油车能够使用的地方，增程式车都应该可以运行！

三、中国的许多电动汽车人要更新观念

传统汽车人成了中国电动汽车界的领袖和主力军，不少人具有外国师父(直接的或间接的)的传统立场、观念、方法，几乎使电动车发展的所有方面显示出与中国国情的不协调性。

我们要设计、生产、销售我国最广大群众需要的车。要按中国公路法规，选择节能的最高车速和加速度。要优选合适的电池用量和电动机，尽量减轻自重。

要以合用、够用为原则，尽量降低成本，以利发展。标准、设计、运行，应将安全要求放在第一位。要掌握并运用由低到高、量变到质变的唯物辩证法等。

中国电动汽车人要适应无补贴的环境，开创自持发展的新局面。

四、寒区电动汽车主要应由寒区创新

寒区的新技术应该主要出在寒区，主要靠寒区创新。要探索多种措施，解决寒区电动汽车问题。

(1)提高电池适合寒区使用的性能，三种电池均有可能。

(2)选好合适的电动汽车品种，增程式优于其他车种。

(3)改变观念建车库，所需费用不高，但是保温非常有效。

(4)夜间用谷电小电流充电，既可省钱，又保护电池。

(5)对电池采取可靠调温措施，沈阳华龙新能源汽车有限公司有技术。

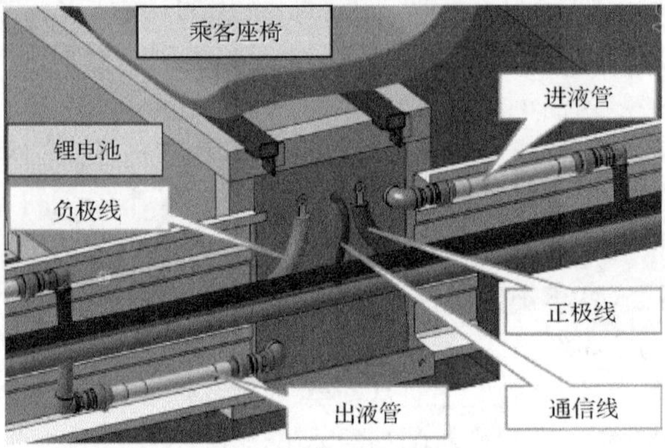

图 1　沈阳华龙 12 米客车恒温电池箱端面图

沈阳华龙新能源汽车有限公司恒温电池解决方案与众不同如图 1 所示。目前流行的电池温度调节主要是：①电池箱外壳加保温层和风机散热；②电池箱内加热元件和冷却。这些方法的调温效果较差、调温不均匀。沈阳华龙方法的优点：①调温液体与电池直接接触，使电池温度自动均衡，电池温度升或降都随液体温度而变化；②可将电池工作温度限制在某一温度范围内，不受外界温度影响，保证车辆在任何环境温度下正常运行；③还可选择有阻燃功能调温液体，在紧急情况时可阻隔电池与空气，达到灭火或阻燃的目的。

“储能国际峰会 2016”开幕式致辞*

大会主席，同志们、朋友们：

早上好！热烈祝贺“储能国际峰会 2016”胜利开幕！

我们大家都感到，储能电池技术日益重要。化学电源已成为新能源、新能源汽车和新材料三大战略性新兴产业的重要交汇点。

电动汽车、可再生电源、新兴工业的大发展对蓄电提出越来越多、越来越高的要求。

储能目前应用最多的是铅酸(炭)电池，但也难以理想地满足大规模可再生能源蓄电要求，必需大力发展新的电池体系。我想就此说三点：

第一点，提出规模储能电池的新目标。

新电池的性能应努力达到如下目标。高安全性：储能电池规模大，安全性十分重要；安全性要高于现有的锂离子电池，而其他性能与之相当。比能量：大于铅酸电池，而价格与之相当，不含有害物。使用方便性：优于液流电池，而全寿命期总储能量与之相当。

第二点，值得重视的高安全性、高比能量电池体系。

聚合物锂离子电池比全固态锂离子电池更现实；有机电极材料水体系电池具有安全性高，资源无限；水体系钠离子电池原料很丰富，成本较低！

第三点，利用电池与电容器的内并融合开发新型蓄电装置。

超级电容器中加入电池材料，比能量可提高；电池中增加电容器功能，提高比功率、寿命和低温性能。举例：

(1)铅酸电池(活性炭加入负极中)：铅炭电池或电容型铅酸电池；

(2)锂离子电池(活性炭加在正极中)：电容型锂离子电池；

(3)锂离子混合电容器：正极用超级活性炭，它不氧化电解液，安全；负极用石墨+硬炭，容量大于正极因而寿命长，比能量 30Wh/kg，循环寿命 50 万次，比功率 5kW/kg。

同志们，大规模蓄电的储能电池正在全球以空前规模进行研究和应用！形势大好，竞争激烈。我们必须努力，以我们的创新劳动为民造福、为国争光。预祝同志们不断取得新的成绩。

预祝“储能国际峰会 2016”圆满成功！

谢谢！

---

* 本文为 2016 年 5 月 11 日在“储能国际峰会 2016”上的演讲。

“重庆新能源汽车动力电池高峰论坛”致辞*

主席，同志们、朋友们：

大家好！

承蒙超威集团周明明董事长盛情邀请参加“重庆新能源汽车动力电池高峰论坛”，不胜荣幸。无奈已有活动安排，不能前来出席，深感遗憾。谨以书面发言热烈祝贺“论坛”隆重开幕！

电动汽车快速发展，对锂离子电池的产量和性能提出日益升高的要求，为锂离子电池开辟了最广阔的市场。

我国发展电动汽车的根本目的，一为节油，二为减排。这是检验电动汽车质量的标尺，也是衡量电动汽车发展路线是否正确的准绳。

根据节油、减排这个根本目的，我一贯主张政府应该以电池的发展水平为依据，推动发展两种汽车，一是大力发展微型、低速、短程纯电动乘用车，既不用油，又节能减排，更符合小康社会最广大群众的消费能力；而不要按电池量进行补贴，去推动节油而不节能、因而排放严重的大型、长里程电动乘用车。二是各种大、中型车要使用增程技术，使节油率达到50%以上。

我的上述主张现正受到越来越多的认同，看来是能经得起实践检验的。

现有的锂离子电池，应用于这两类汽车中均能游刃有余，尤其看好的是磷酸铁锂电池，其热失控温度最高，因而固有安全性最好，又不用我国稀缺的钴和镍，而且我国已有极好的技术积累和材料工业基础。我坚定相信，磷酸铁锂电池与这两类电动汽车相组合，可以创建出具有中国特色、而产品又行销全球的中国电动汽车产业。

我有三点殷切希望：

一望我国的汽车界，将目光放远，看淡补贴的诱惑，努力发展节油又节能、减排又畅销、利国又利民的电动汽车。

二望我国的电池界继续提高动力电池的循环寿命和安全性，创出性能优越、竞争力强、利润稳定的名牌产品。

---

* 本文为2016年5月在“重庆新能源汽车动力电池高峰论坛”上的演讲。

三望政策的制定者认真吸取 15 年来电动汽车发展的经验教训，更新观念，引导我国电动汽车向真正节油又节能、减排又畅销的道路前进。

预祝“重庆新能源汽车动力电池高峰论坛”圆满成功！

谢谢！

杨裕生

2016 年 5 月 17 日于北京

沉着奋战锂硫电池*

一、对锂硫电池的基本认识

锂硫电池被称为“下一代”动力电池、“后锂离子电池”。

果真吗？这是单纯从“理论比能量”一项考虑而得的推论。

我的体会是，锂硫电池“进门容易”而“越做越难”。

锂硫电池有“五低”问题：安全性低；体积比能量低；放电倍率低；能量转换率低；循环次数低。基本解决了五低问题，才能用作电动车动力电池。

二、“五低”问题的分析

要分析引起“五低”原因，探索解决“五低”的途径。

1. 安全性低

负极锂枝晶穿透隔膜是主要原因。正极的硫自古以来是纵火剂，而锂离子电池的正极材料不是易燃物。

要利用好锂离子电池制作工艺中所有安全技术。

要抑制锂枝晶——增加负极面积，降低充电电流密度。

彻底解决的办法也许是全固态电池。但是难度大，还会加重其他问题，如比功率、寿命等。

2. 体积比能量低

原因：①硫的密度低；②金属锂消耗醚类溶剂，电解液必需过量较大。但是，减少电解液用量与循环寿命有矛盾！③正极单位面积载硫量难提高，且提高正极单位面积载硫量与放电倍率相矛盾！

提高正极单位面积的高载硫量是提高重量比能量的关键!

车上体积有限，体积比能量更重要！要有思想准备：体积比能量与锂离子电池打平手，而其他性能有的可能还不及它！

3. 放电倍率低

原因：①硫是电子绝缘体，又是锂离子的“离子绝缘体”。“离子绝缘体”打引号，是我的妄加评论，是指锂离子在硫中的扩散系数极低；②金属锂的表面积太小，也影响大电流放电。

---

* 本文为 2016 年 6 月 11 日在“锂硫电池研讨会”上的演讲。

解决硫电子绝缘问题办法较多，已较好解决，还可继续研究。更应重视的是“离子绝缘”问题，这是提高电池性能的关键！要让硫“溶胀”，还要研究新的溶胀技术。要减小硫颗粒尺寸，但要注意在充电时颗粒是否长大？可以将硫与锂离子导体结合、复合；发展有离子传导功能的粘合剂；用纳米材料与锂复合，增加负极有效面积。

4. 能量转换率低

原因主要是多硫离子的穿梭效应。

解决问题的办法有：使用含(带)阴离子基团的隔膜，排斥阴离子通过，又利于锂离子传导。正极使用功能型粘合剂，阻挡多硫离子溶解。

5. 循环次数低

原因：①电解液干涸；②硫化锂不可逆沉积，导致容量下降快；③充电时硫在正极上的不可逆氧化。

加大电解液用量可延长寿命，但与提高比能量有矛盾。要严格控制充电电压，低倍率充电！

解决“五低”问题，要统筹兼顾！

三、目前锂硫电池技术成熟度的估计

电池技术成熟度的评级分为 9 级，各有其研究阶段、工作内容和所需大约的时间(表 1)。可以认为，锂硫电池已经经历了 TRL1-基本原理、TRL2-概念研究两个阶段，目前技术成熟度正处于 TRL3-实验研究，今后 6 个阶段还需好几年时间。

表 1　电流技术程度分级

TRL4	原理样机	材料体系确定与优化、小型与标准型电芯试制	1～2 年
TRL5	完整测试	达到预期产品性能标准的材料、电芯实验室系统测试	0.5～1 年
TRL6	模拟环境	材料与电芯中试放大，模组研制测试，原料定型	0.5～2 年
TRL7	真实环境	规模批次能力，系统研制，客户送样，完成专利布局	0.5～2 年
TRL8	定型试验	材料、电芯、模组、系统、装备量产；应用接口	0.5～3 年
TRL9	商业应用	应用推广、后期服务、提高市场占有率	1～5 年
总计			4～15 年

但是，现在常听到发表了多少文章；有了“突破”；达到“国内领先”“国际先进”，甚至是“国际领先”等许多“佳音”，总感觉是“虚张声势”居多。

要知道，高比能量只是其中最“容易”达到的一项指标。如果不计寿命和放电倍率，“比能量 800Wh/kg”也可能达到！但对于电动汽车等实际使用又有何意义？还有文章很强调其硫的比容量或硫的利用率多么多么高，其实这也只是十分初步的成绩，因为只要正极活性物质层做薄，硫的比容量就很容易做得很高，但是这样电池的比能量却高不了。

锂硫电池的长寿命很重要——3000 次以上的循环寿命；放电倍率至少达 0.3C 以上，而且高安全性第一位重要。

可见，锂硫电池要达到上车实用，还有很大距离，三年五载很难用上，十年八载不算悲观。很可能，锂硫电池首先用于寿命只要百十次的场合，或体积宽松而重量严格受限制的用处，或作为高比能量的一次电池。

四、几点建议

研究的各种技术措施应无相互制约的功效，努力追求完美！

要按习近平总书记所说去做，“广大科技工作者要把文章写在祖国的大地上，把科技成果应用在实现现代化的伟大事业中。”要有耐心，沉着奋战，多出解决实际问题的文章！不要轻易喊“突破”，不要夸大其词，以免汽车界和官员们误解。

汽车界不要急切寄望于锂硫电池，要用好现有电池！

电池界要多途径探索“五高”锂硫电池！

五、题外话

有说法：“下下一代”动力电池是锂空电池；“比能量达 700Wh/kg，汽车里程赶上燃油车”。

这很悬！锂空电池难题更多，不仅仅是“远水解不了远渴”！安全性、能量转换效率过低，比功率低等问题比锂硫电池更大，最悬的是“氧还原-氧生成”的“双功能氧正极”的短寿命，使它成为动力电池更为渺茫。

可以有少数韧性很强的人在国家支持下长期坚持研究，不要一窝蜂上。当然，出路还在善于创新。

谢谢！

热烈祝贺超威集团的又一创新*

同志们，朋友们：

非常高兴参加超威集团黑金高能量电动汽车电池新品发布会。热烈祝贺超威集团在创新大道上又迈出了新的一大步！

铅酸电池经 157 年不衰，对人类作了很大贡献。随着技术不断进步，铅酸电池出现了许多新品种，性能继续提高，充满着青春活力，在更多的应用领域发挥越来越出色的作用，超威黑金电池就是其中最新的代表。

回首看，铅酸电池的路途不平坦！1990 年以后，镍氢电池和锂离子电池的研究者们常以“铅酸电池有污染”来抬高其自己的身价，以争取研究经费。少数一知半解的官员也说它古老落后、污染环境，将铅酸电池列入限制发展的品种。技术发展得不到支持，落后于世界。

但是，铅酸电池的高安全性、成熟的生产工艺，低廉的价格，高回收利用率等优势，使我们感到应该给它一个公正、全面的评价，让它得到应有的发展。为此，中国工程院能源与矿业学部与中国电池工业协会从 2010 年起，每两年举办一次铅酸电池新技术研讨会。三届研讨会推动了新技术的交流和推广应用，也壮大了声势和信心。第一届研讨会在南京由双登集团承办，会议提出了中国铅酸电池技术三方面问题：寿命不长、污染严重、能量不高，并重点介绍了铅炭电池和超级电池技术。经过两年多，全行业在“延寿、摘帽、加力”三方面都有很大的进展。第二届研讨会 2012 年在长兴由天能集团承办，着重铅污染治理技术的交流，特别是铅酸电池的湿法再生技术，会后超威集团与北京化工大学合作，将全新的湿法处理技术推进到工程化阶段，铅的回收率高于 99%，而且能耗低，现已建立生产厂。第三届研讨会 2014 年在泰安由超威集团承办，参会报告数和人数又有增加。第四届将于今年的十月在曲阜由圣阳集团承办。

铅酸电池在使用中并不污染环境，需要解决的问题是生产和再生铅加工过程可能会对环境造成危害。法规不健全、监管不力，管理不善造成铅中毒的事件频发，算在铅酸电池的账上是不公平的。其实，锂离子电池的生产链中，如石墨的提炼、六氟磷酸锂的合成、电池制作中的有机溶剂挥发，废电池的氟化氢，也同样有污染环境问题。和铅酸电池一样，关键在于管理。最近几年，我国政府认真整顿铅酸电池行业，健全了法规，关闭了大批小企业，严格铅酸电池的准入条件；

---

* 本文为 2016 年 8 月 18 日在超威集团黑金高能量电动汽车电池新品发布会（济南）上的演讲。

现有企业不断治理污染，优化工业卫生，做到文明生产，铅污染的情况在不断改善中。铅酸电池行业的未来会更加美好。

我十分不赞赏那样一些人，他们一方面贬低铅酸电池，而另一方面又尽情享受铅酸电池带来的汽车和移动通信等等现代物质文明。他们伪善的双重人格只能吸引人们的鄙视目光。

我们应该看到，彻底摘除铅酸电池生产链的污染“帽子”，还有不少事情要做。铅污染的治理，是铅酸电池行业的生命线；技术不断创新进步，是铅酸电池行业发展的动力。近年来，铅酸电池循环寿命短、不可深度放电和比能量低等弱点不断改善，其固有的安全、廉价、可靠性高等绝对优势，是锂离子电池等其他电池望尘莫及的。

电池是电动车发展的首要决定性因素。电池的安全性和比能量关系到电动汽车的安全性和续航里程。越过电池水平发展电动汽车产业是一种冒进行为，难免会发生汽车“趴窝”现象或者发生燃烧事故，给国家、企业和个人造成很大的损失。

电动汽车安全第一，就是不要片面地追求电池高比能量。比能量越高，危险性越大。要优先使用高安全性的电池，宁愿牺牲一些比能量。因此，使用铅酸电池，发展低速微型汽车，是一条符合科学规律、适合中国国情的路线。山东带头，做得对；超威配合，做得好。

今年 2 月 29 日，超威集团发布了超威黑金电动自行车电池。超威黑金电池的正极板栅使用国际首创的石墨烯合金，提高了耐腐蚀性；活性物质中添加富勒烯材料，解决了电极软化问题。超威黑金电池具有容量大、内阻小、输出功率高、低温性能好等优点，配置黑金电池的电动自行车跑得远、能爬坡、起步加速能力强，受到用户的青睐，3 个月的时间销量突破 1000 万只。

现在，首款石墨烯黑金纯电动汽车电池研发成功，用在低速电动车上，一次充电行驶里程显著延长；安全性远远高于锂离子电池，价格则远远低于它。相信超威黑金电池将有助于推动低速纯电动车产业的发展。

超威集团有很强的科技创新能力。我们完全可以期待，超威集团未来将源源不断地提供物美价廉的新产品，造福于人民。

谢谢！

第五部分

发展新能源及其他

在 2012 年教师节暨防化研究院研究生教育三十周年庆祝大会上的讲话*

各位领导，老师门，同学们：

节日好！

首先，我代表全体博士生导师和硕士生导师，感谢院党委和院领导组织隆重的教师节庆祝会，这是给我们的崇高荣誉，也是对我们的鼓励和鞭策。

研究院培养研究生已经经历 30 个春秋，为研究院和我军防化事业培养了大批高层次科技人才，是一件值得庆祝的喜事，所以，我们今天的聚会具有双重的意义。

在这喜庆的日子里，作为博士生导师和硕士生导师，我们首先应该重温我们培养研究生的重大责任。

我们一要对国家的未来负责——博士生教育是最高层次教育，博士是国家未来的栋梁；

我们二要对国防建设和军队科研事业负责——要使科技强军有一代胜过一代的接班人；

我们三要对博士生的一生负责——研究生期间是他的成长黄金时期。

我们导师要以“青出于蓝而胜于蓝”的愿望培养博士生，鼓励他们超过老师，超过前人；热忱鼓励和尊重他们的创新和进步。

其次，我们要重视执行我院的研究生培养规定。

我院《研究生培养规定》是集体经验的积累和集成，按照《研究生培养规定》，全程关注和执行研究生培养工作的各个环节和学习进度，可以保证研究生的培养质量。

一要根据学科发展的前沿和工作的需要，为研究生拟定有创新可能的研究方向；

二要根据研究方向和研究生的专业基础，指导研究生选好基础课；

三要认真举行开题答辩，确定论文题目和大纲，评议有无创新的可能性，充

---

* 本文是 2012 年 9 月在防化研究院研究生教育的同年庆祝大会上的讲话。杨裕生在防化研究院培养的 6 名博士生中，文越华获得院“俊才奖”，司玉昌的论文被评为全院每年一篇的优秀博士论文，程杰、徐艳、张浩三人的论文由院优秀博士论文选送被评为全军优秀博士论文，其中张浩成为全国优秀博士论文作者，徐艳的博士论文荣获全国优秀博士论文提名奖。为表彰杨裕生的贡献，2012 年教师节授予他优秀教师称号。

分吸取专家意见，防止走过场；

四要重视中期考评，邀请同行专家，诚恳欢迎“挑刺”；

五要关注研究生把握学位论文研究的全过程，不断启发他们思考，加强研究的深度，及时写出报告和文章；

六要要求研究生有足够的时间反复修改学位论文，认真提高研究能力和论文水平。

导师对关键问题要把关，包括创新点的提炼；新观点、新现象的解释；概念要清楚；用词要准确。还要认真对待预答辩，并使答辩成为研究生提高水平的最后一个阶梯。

最后，导师应该教书育人，言传身教。

我们导师必须以自己的表率行为，培养研究生勤劳刻苦的奋斗精神；实事求是的科学精神；创新攻关的勇敢精神；团结互助的协作精神。

我们导师要在对自己高标准、严要求的基础上，提出对学生的高标准、严要求，从而保证思想品德和业务水平的全面培养质量。

教师的光荣，在于燃烧自己，照亮学生；在于甘为人梯，让学生攀高。只有一代胜过一代，中华民族才有更加美好光明的未来。

光荣啊，教师！自豪吧，教师！

谢谢大家！

蓄电站的安全性问题*

同志们：你们好!

今天我想讲的内容是：第一，几个基本观念；第二，安全性的衡量尺度；第三，影响安全的因素；第四，要重视新型水电解液电池的发展与应用；最后是结束语。

一、几个基本观念

首先，要承认电池组像汽油箱那样是一种含高能物质的部件；而且，锂离子电池中的电解液还是用易燃的溶剂配制而成；电池组又是在高电压、大电流下运行。所以，电池具有危险性的本质，且随着电池比能量和比功率的提高，发生事故的危险性将增大。

其次，要将电池作为使用易燃、易爆物品和高电压器件一样对待，要制定并严格执行安全设计标准和使用规范。

最后，要认识安全性是一个事故概率问题，安全因素控制得好，发生危险事故的概率就降低。

二、安全性的衡量尺度

安全性的实质就是事故概率。既然是概率，它就可以用数值来表示。例如核反应堆设计时，安全性要求达到 10^{-5}～10^{-6}/堆·年。对于飞机，要达到飞行 10^{9} 小时无机毁人亡事故。

要达到如此低的事故概率，一要有高水平的设计、制造能力；二要在运行中有一套严密的操作规程和严格的维修保养制度来保障。

我国现有约 1 亿辆燃油汽车，平均每天发生一起自燃事故；每辆汽车平均按每天行驶 100 公里计，事故概率正是 10^{10} 车公里发生一起燃烧事故。公众似乎可以接受这样电动汽车的事故概率。

电池储能电站的事故概率应该如何定义？事故概率应该定在什么水平？

---

* 本文为 2012 年 10 月 17 日在“中国国际储能电站技术发展高峰论坛”上的演讲。

三、影响安全的因素

(一) 电池的品种最为根本

1. 钠硫电池的安全性

我们曾经一再指出钠硫电池的安全性差。可是，国家电网公司及其所属系统片面地从“技术新颖性”出发，先是支持国内研发，后又热衷于高价购买日本储能电站，并称日本几十座钠硫电池储能电站20年来未发生事故。

事有凑巧，正与日商讨价还价之际，2011年2月和9月日本接连烧掉两座钠硫电池储能电站，购买日本钠硫电池储能电站之事方肯“暂停”了。

可以估算出日本钠硫电池储能电站的事故概率约为 10^{-3}/站·年。换句话说，建1000座与日本平均容量相当的钠硫电池储能电站，每年就可能燃烧一座。此事提醒人们，大规模使用储能电池时，应该参考核电站那样事先认真评估其安全性。

2. 锂离子电池的安全性

锂离子电池中的电解液是用易燃的溶剂配制；正、负电极上的氧化剂和还原剂只隔一层约20微米厚的隔膜。在达到一定温度时，氧化剂和还原剂均易与电解液发生大量生热的化学反应。

在各种动力电池中，锂离子电池的比能量最高，化学副反应放热量大，最易造成电池内气压升高，重则爆炸，轻则电解液泄漏而易燃烧。所以，锂离子电池蓄电站的安全性也很值得重视。

提高锂离子电池的安全性：要推广应用对水不敏感的电解质，或者减少溶剂用量的聚合物(或凝胶)电解质；电解液添加阻燃剂、防过充或防过热的聚合物单体；涂有陶瓷微粉的耐热、不收缩隔膜。

减低电池的内阻有利于减少电池的温升，十分重要，全极耳和极耳与极柱一体化等专利技术应该推广。但是，内阻低的电池在发生短路时，电流很大，危险性甚高。

3. 有机电解液超级电容器

具有高比功率、超长寿命、较高电压等突出优点，可解决短时间、大功率储-放电问题；也有的储能电站将其与电池并联使用，以提升和扩展电站的功能。

有人认为，这种超级电容器比能量低，安全不会有大问题。但是，美国夏威夷Kahuku岛30兆瓦风电场的15兆瓦电池储能电站，使用Dyna公司超级电容器，发生三次着火引发大火(2011年4月、2012年5月及8月1日)，给人们敲响了警钟。

4. 水电解液电池的安全性

金属氢化物/镍电池用碱性的水溶液电解液，铅酸电池用酸性的水溶液电解液，泄漏时有腐蚀的危险。不过，燃、爆性要低得多，但是也并非绝对不出问题，充电后期水电解产氢氧，措施失当就有燃烧、爆炸的可能性。现在铅酸电池的这个问题已经在设计和制作中得到较好解决，铅酸电池是安全性最高的电池，而且价格低廉，循环寿命和比能量也在不断提高中。

5. 液流电池的安全性

可以大规模蓄电的液流电池近些年发展迅速，得益于其使用水电解液而具有极低的爆燃危险性。

全钒液流电池的五价钒有毒，一定要使之与环境隔绝。新近发展的锌-溴液流电池和锌-氯液流电池，虽然有些优点，但是元素态的溴和氯有毒性和腐蚀性，容易渗透或泄漏，在大规模蓄电站中使用，务必做好防止有毒气体泄漏的事故发生。

2011 年国内曾有人提出有机电解液的液流电池新体系构想，并欲申请 2012 年国家 863 计划项目。如果成千上万立方米的有机电解液成天在储能电站的复杂管道中流动，一旦发生事故后果将不堪设想。显然，这样的有机电解液新体系，已与液流电池的高安全性初衷背道而驰，难有实用前景，863 计划不必支持。

(二)电池的设计水平

锂离子电池正极材料如用磷酸亚铁锂，安全性要高于其他正极材料，但也会发生问题，近些年发生的事故大多数用的就是磷酸亚铁锂做正极。

负极用硬碳、硅、钛酸锂，安全性可优于石墨；优选电解液、隔膜均有可能提高电池的安全性。但是这些技术往往以牺牲电池的比能量和比功率为代价，应该综合考虑。

今年 4 月淄博镍氢电池大客车大火，原因可能是将负极的储氢合金以过多的活性炭替代，造成正极活性物质容量过量于负极，导致电池中积累了氢气和氧气。

(三)电池的质量

有些厂家电池试制出来不经长期充分考验，连单体电池的故障率参数还无法统计就急于组装交付演示，电池组的安全性从何谈起？

同样以磷酸亚铁锂做正极的锂离子电池，有些厂家生产的电池发生的事故多些，有的就少些，还有的根本没有发生事故；同一个厂，改进生产工艺、加强质量管理后，电池发生事故的概率明显下降。这些都充分说明，提高生产质量对改善安全性的重要作用。

电池单体的品质还表现在寿命、容量、内阻和自放电率的一致性，它们也与安全性密切相关。

（四）电池的总容量

电池的总容量=电池的单体数×每个单体容量。不言而喻，这是与事故概率成正比的基本因素。现在，电动公交车的锂离子电池装载量约为 200 千瓦时，事故率已不低(约 10^{-3}/车·年)。储能电站的电池容量大于电动汽车百倍，如用品质相当的锂离子电池，其事故概率就有可能也将大百倍(约 10^{-1}/站·年)。显然，这样高的事故概率是不能接受的。

（五）使用时间的长短

也可用充放电次数或使用年数来表达此因素。电池组持续使用后，各单体的容量下降和内阻升高的程度将不同，而且使用时间越长此等差别越大，发生问题的概率随之上升。

（六）安全措施的有效性

管理系统是保证电池组正常工作的有效部件，管理系统失灵可能产生严重后果。

电池的卸压机构(安全阀等)可有效地防止电池爆炸，其可靠性越高，发生爆炸的概率越低。但是，从卸压机构泄出的电解液或气体与空气相遇后仍有燃烧的危险性，这可能就是软包装和塑料壳电池不爆炸而会燃烧的原因。

蓄电站防火功能设计，需要优良的管理系统，牢靠的连接方法，有效的散热途径，稳妥的空气隔绝，及时的监测报警，正确的灭火措施等。

贯彻这些防火设计原则和相应的技术措施，将有助于提高蓄电站的安全性。电池组有效散热和隔绝空气相结合的专利技术，对于防止电池燃烧很有价值。

（七）使用的合理性

不按电池组的特性行事，后果严重。电池组的使用中要尽量避免快充电、充满电、放完电；尤其要杜绝过充、过放。过充和过放不仅会损伤电池的寿命，而且也增加发生事故的危险性。即使是按标称容量全充全放，也不应受到鼓励。超限的、过大的电流，使电池温度将陡然上升，如过流保护机构缺失或失灵，将可能触发安全事故的发生。

（八）其他因素

蓄电站对各种意外因素(如暴雨、海啸造成的水淹，意外的严重撞击等)的调控力和适应性等等。

四、要重视新型水电解液电池的发展与应用

储能电站安全第一。作为经营单位，经济效益也很重要，应该使用能量转换效率高、寿命长、造价和运行成本低、适当兼顾比能量的电池。因此，应高度重视新型水电解液电池的发展与应用：

(1)大力发展新型液流电池：能量转换效率高于80%、造价低于2元/Wh、循环寿命达10000次。现有液流电池也应提高到这个水平。

(2)在持续治理铅污染的同时，积极支持研制比能量大于50Wh/kg、循环寿命达3000次(80%放电深度)、价格低于0.6元/Wh的新技术铅酸电池。

(3)鼓励发展水电解液储能电池新体系：比能量大于 50Wh/kg、循环寿命达4000次、价格低于0.8元/Wh、生产-回收全过程环境友好。

使用上述电池的蓄电站，在合适的进、出电价条件下，均有可能取得YCC指数达1.0的运行效果，且有较高的安全保障。

五、结束语

大规模蓄电的储能电站，务必将安全放在一切需要考虑的问题之首。

要提高蓄电站的安全性，需要立项，系统地研究其安全性规律和用数值来表达安全性(即事故概率)：

(1)如何将安全指标落实(分配)到蓄电站(主要是电池)的各项设计措施中。

(2)如何通过蓄电站实际达到的各项性能，计算出该蓄电站的安全水平(或事故概率)。

(3)通过计算出的各蓄电站事故概率，指导该蓄电站提高安全性。

这是一个难度大而又十分重要的课题。

谢谢！

关于汽车设计时速大于120公里的18问*

中央电视台的特别节目约请了两位交通管理专家，详细讲解了高速公路限制时速120公里的理由，主要是时速超过120公里后事故(特别是亡人的事故)发生率陡然上升。我这个外行听了之后，对高速公路限制时速120公里规定的正确性与必要性深信不疑。

同时，联想出了一些外行问题，想请教于各方专业人士。

现在生产的汽车(不谈赛车)，为什么设计的最高时速要达150～180公里，有的甚至大于200公里？越高档的汽车设计的最高时速越高，目的是什么？我国还有什么样的路允许汽车以每小时120公里以上的速度去飚车吗？

2012年5月26日，深圳非高速公路上一辆豪华车以约每小时180多公里的速度(紧急刹车前约为242公里/时)，撞飞了一辆同向行驶、时速约80公里的出租汽车，造成出租汽车内三人因为头部遭到重创而死亡。当然，“飚哥”要对此事故负全责。但是，如果这辆动能巨大的豪华车的设计最高时速只有120公里(当然，在非高速公路上行驶120公里的时速也是违法的)，是否就不至于将时速相差40公里的出租汽车撞的那么惨？甚至根本就发生不了碰撞？

汽车设计的最高时速越高，发动机的设计功率就要越大，体积和重量就会相应增大；而且，时速越高，车身越要加固。这些因素均会引发汽车总重的上升；车子重了，油耗就会增加。那么，如果汽车以最高时速120公里进行设计，切除现有发动机功率不必要的冗余设计量，是否是燃油车省材、节油的重要途径？能否请汽车专家们算一算，年产1800万辆车一年能省多少材？能节多少油？

汽车出身于国外，合资企业的技术主导权掌控在外方手中；中方合伙人分得一杯羹已很满足，何须操心合资车的设计合理性！民族品牌汽车设计师法于外国，“照搬”似乎已成惯性；如果单独要求民族品牌的汽车以最高时速120公里进行设计，他们还可能会担心产品竞争力下降。于是想探问一下，中国的汽车行业有没有勇气打破“老师”的常规，来一点自主创新，将汽车设计的最高时速定在120公里？政府能否提出一个相应的政策，规定在某一不太遥远的日期之后所有在中国境内销售的汽车，最高时速不得超过120公里？整车全面重新设计需时较长，作为第一步，能否先行改用功率较低的发动机？

电动自行车的限速是20公里/时。生产企业为了既不违反规定而又满足超速

---

* 本文原载于“中国汽车报网”，2013年2月28日。

行驶顾客的需要，在车上装了一个用户可以自行拔除的“限速器”，于是“皆大欢喜”，而限速规定形同虚设。在汽车的限速设计上是否也会发生类似情况？有何可以避免的办法？

汽车在中国部分人士的头脑中已成为社会地位的象征，而最高时速又是汽车企业炫耀汽车身价的重要指标之一。设计、生产高时速的豪华车是否为了迎合、助长某些人自我陶醉的心理？这对于提倡俭朴、反对奢华又有何益？

工信部、国家发改委和公安部都是政府的部门。工信部、国家发改委允许设计、生产时速超过 120 公里的汽车，而公安部不允许汽车行驶时速超过 120 公里，是否有点“矛”与“盾”的味道？在此问题上，工信部、国家发改委是否应该向公安部靠拢呢？还是继续相安无事，让“矛”与“盾”的典故在政府里“传承”下去？

预先谢谢各位对上述 18 个问题的指教！

氢燃料电池拯救不了蓝天*

雾霾天气引起各界对机动车尾气排放的共同关注，也让“能源转化率高、无污染零排放”的氢燃料电池电动汽车重新回到人们的视野。

但是，中国工程院院士杨裕生日前接受本报采访时表示，现在的氢燃料电池电动汽车拯救不了我国当前的空气污染问题。

既骄且贵

在杨裕生看来，氢燃料电池“既娇又贵”。因为目前的燃料电池仍采用“铂”催化剂，不仅价格高，而且对助燃的空气要求很高。

杨裕生举例说，我国曾进口了两台德国的氢燃料电池电动公交车，原计划在北京郊区行驶两年，结果才行驶一年就用坏了 6 台燃料电池发动机。本来计划好的实验才过了一半时间就草草收场，德国方面将其归咎于北京的空气污染太严重，输入的助燃剂空气里含有过多的硫化物、一氧化碳、氮化物，造成铂催化剂中毒，降低了燃料电池的发电性能。

不仅如此，雾霾中含有的固体颗粒和空气中的灰尘也容易堵塞燃料电池。因此，他指出，电动汽车氢燃料电池的研究必须考虑空气污染的问题。但空气纯化装置势必会抬高价格，使原本就复杂的动力系统更加复杂。

因此，杨裕生并不赞成当前使用氢燃料电池电动汽车解决城市污染问题。

全面认识

“氢能转成电能的转化率和污染排放量要从源头算起。氢能不是一次能源，制造过程就要消耗能源。转成氢气后压缩、运输、充瓶又要耗费能源。制造复杂的燃料电池动力系统更要消耗与其价格相对应的能源，这些都应计算在内。”杨裕生说。

“按照‘全寿命’计算的话，从一次能源一直转换到动力，通过氢能的能量总转换效率并不比通过其他能源的效率高，总的污染也不一定低。这些都要系统、全面地计算，而不能‘断章取义’地只算汽车行驶的这一小段。”杨裕生说。

---

* 本文原载于《中国科学报》，2013 年 3 月 20 日 第 1 版。

针对目前氢燃料电池价格高昂、铂产量低的困境，国内外专家都在研制新型催化剂来代替铂。近日，据报道美国能源部太平洋西北国家实验室的研究人员采用铁基催化剂催化氢分解分子，其催化效率接近商业催化剂。

对此，杨裕生认为，其创新精神比那些“修修补补”地研究“少铂”技术要强得多。同时他提出，除了氢电极的非铂催化剂外，也应研究氧电极的铂催化剂替代物，但是这项研究可能难度更大。

杨裕生今年 81 岁，15 年前他才从核试验研究转而从事储能电池研究。

“很多人都感到不理解，我这么大年纪为什么还要改行从‘小学生’做起呢？”杨裕生说，“因为现在国防对电池的需求很急迫，差不多所有武器装备都要用电池。”

杨裕生举例说，氢燃料电池可以为潜水艇提供动力。潜水艇上使用的纯氧气隔绝了一氧化碳、二氧化硫等污染物，可以很好地发挥氢燃料电池的功效。而且潜水艇产量少，用铂量有限，价格也承受得起。

十几年来，杨裕生始终认为燃料电池要发展，但不应急于求成，而应把燃料电池的基础研究搞好。“要能够把燃料电池做得很‘皮实’，不那么娇贵。这样，燃料电池就有前途了。”杨裕生说。

路线之误

杨裕生认为我国当前电动车发展“应用好当前的电池来做好当前的电动汽车”，以微小型、短程、低速纯电动车为突破口，中大型汽车要以增程式电动汽车为主要过渡车种。

“增程式电动汽车的概念最初是美国人提出来的，最早做出增程式电动公交车的却是中国人。”杨裕生说，“事实上，2012 年美国通用公司生产了两万多辆增程式电动轿车，而我国却引导企业生产与燃油车性能全面比拼的高档纯电动汽车，虽然补贴很高，市场反响却不好。受群众欢迎的微小型、短程、低速纯电动汽车却不让生产，也不给上牌照。”

对此，杨裕生感到非常担忧：“2012 年‘十城千辆’的进展仍然很慢，眼看 2015 年累计生产新能源汽车 50 万辆的规划将要落空。错误的技术路线迟误产业的发展，简直太可惜了！希望这次雾霾的冲击能够唤醒一些仍在坚持‘雾里看花’的人。”

电池储能电站的安全性与经济性*

一、安全性和经济性至关重要

储能电池与动力电池要求基本相同：①安全性高，即事故概率低；②价格低；③寿命长；④能量转换效率高；⑤比能量高；⑥易维护；⑦比功率高；⑧环境友好。其中第2～6项关系蓄电的经济效益，第7项对动力电池更为重要。

至今还不存在“理想电池”或“万能电池”，各项要求难以完全满意。

蓄电技术的先进性，首先体现在安全性。安全第一，即不燃、不炸。在确保安全下再讲究比能量、比功率。安全性就是“事故概率”。日本2011年2月、9月连烧两座钠硫电池储能电站；日本钠硫电池电站的事故概率＞10^{-3}/站·年，其危险性远高于核反应堆设计指标的 10^{-5}～10^{-6}/站·年。如容量加大到核电站的水平，危险性还要升高许多倍。

锂离子电池的安全问题。近两年的锂离子电池车辆事故频发：如2011年4月杭州出租车，2011年5月25日巴黎邮政车，2011年7月18日上海公交大巴，2012年5月27日美国“Volt”，2012年5月26深圳比亚迪e6Taxi。波音-787飞机用日本汤浅电池，改进后6月4日又烧一次。

要承认电池组像汽油箱那样，是一种含高能物质的部件，有危险性的本质。

锂离子电池安全问题的主要原因。①$LiCoO_2$锂离子电池充电时，Co氧化为4价。过充态生成CoO_2，是强氧化剂，与电解液反应生成CO_2、O_2，放出大量热量，进一步促进化学反应，温度、气压升高。②充电时在负极产生金属锂枝晶，这是高活性的强还原剂；锂枝晶穿透隔膜，电池内部短路，产生大量热。③电池外短路，或使用时温度升高，隔膜会发生热收缩，引起电池内部短路。温升会引发正极分解、电解质分解、负极与电解质反应等一系列放热的化学反应，造成电池热失控，发生爆炸与燃烧。

要针对性提高安全性，从电极材料、电解液、电池管理等等方面进行细致工作。

蓄电企业经济效益决定性因素是电池性能。我们提出过一个衡量标准，即YCC指数。

---

* 本文为2016年6月11日在“储能技术在微电网及分布式能源中的应用高层研讨会”上的演讲。

$$\text{YCC}=\frac{\text{电价}_{\text{出}}-\dfrac{\text{电价}_{\text{进}}}{\text{能量转换效率}}}{\dfrac{\text{输出1kWh的初投资}}{\text{循环寿命}\times\text{充放深度}}+\text{输出1kWh的运营成本}}$$

YCC＞1，表示储能企业盈利，YCC 越大越好。七项参数统在一个指数上，以便用相同的尺度来衡量不同技术的经济效益。建设费用要低，特别是电池要价廉寿长，有利于初投资回收，对经济效益关系重大。

“储能的直接经济效益”公式的启示：设储能装置的循环寿命为 5000 次；电价$_{\text{进}}$、电价$_{\text{出}}$分别为 0.15、0.80 元/kWh；输出 1kWh 电能的初投资为 4000 元；输出 1kWh 的运营成本为 0.10 元，能量转换效率为 75%，得 YCC=0.67，表示储能企业亏本。如欲保本，即 YCC=1.0，则初投资应降为 2500 元/kWh(寿命 5000 次)；或循环寿命升为 8000 次(初投资 4000 元/kWh)。

经测算，长寿命的铅酸电池和超级电容器可有经济效益。再生式燃料电池无商业价值。此储能系统的工作程序如图 1 所示。

图 1　储能系统的工作程序

总能量转换效率<35%。有人曾建议，与小水电结合，解决蓄电问题。但是，由于能量转换效率不高，电池系统复杂，价格昂贵，可靠性难满足长期运行要求，故 YCC 指数达不到 1.0，规模蓄电不宜采用！

我国发展的非并网风电，可以通过制氢进行储能。即，非并网风电→电解水制氢→储氢；氢+CO_2→转换成甲烷，或者煤的加氢液化→转换成油，均可减少碳排放。

二、铅酸电池是储能电池的首选

为什么铅酸蓄电池为当前的首选？铅酸电池技术成熟，是化学电池中市场份额最大、使用范围最广的电池，占可充电池 89%；全球十亿辆汽车，每辆用一组电池，远未过时。其突出的优点是安全性高、价廉、功率特性、高低温性能优越。

常规潜艇用的是万 Ah 极的大型单体铅酸蓄电池，全系统达几十 MWh。

铅酸蓄电池的缺点有三：①比能量较低；②深放电时循环寿命较短；③冶炼、制造、再生中可能有铅污染，近年来大有改进。

铅酸电池有三项新技术：①铅炭电池与超级电池提高比功率、寿命，杭州南都公司与防化研究院合作研究铅炭电池，2013 年 5 月 17 日国家能源局组织鉴定，鉴定结论是达到国际先进水平；②电池中氢-氧的复合进一步提高安全性；③湿法再生电池，能耗可比干法降低一半，再生铅提取率大于 98%，有利于污染治理。

应该改变对铅酸电池的错误认识。美国 2001 就建成投产 40MWh 的铅酸电池蓄能电站。

奥巴马上台不久就拨款支持新一代电池中的铅酸电池及材料，以(34.3+32.5)百万美元(合人民币 4.7 亿元)资助两种新型铅电池；以 21 百万美元(合人民币 1.5 亿元)资助高能密度纳米炭材料。我国的各部委一毛不拔，还“限制”铅酸电池发展。有些官员深受铅污染、中毒事件纠结而烦恼，到处说“铅酸电池污染环境”，这很不在理，就如同说“猪肉污染环境”一样可笑！养猪场生产过程会有粪便废水，控管好粪便废水不使进入环境，猪肉很香；电池公司生产过程会有含铅废物，控管好含铅废物不使进入环境，电池很好。政府部门要认真抓污染治理，不要冤枉好电池。

全球 2020—2025 年二次电池市场预测铅酸电池和锂离子电池增长速度最快！铅酸电池和锂离子电池将长期占据第一、第二位！

三、锂离子电池的性能不断提高

锂离子电池的性能优点：高比能量、高比功率、高能量转换效率、长循环寿命。不足之处：有的体系安全性较差，价格还不够低。

针对不足，锂离子电池有三方面新进展：

(1)电容型锂离子电池：常州华日升凯晟能源科技有限公司与朝阳立塬新能源有限公司于 2011 年 6 月在北京学术会议上同时宣布研制成功。该电池是在 $LiFePO_4$ 正极中加入活性炭(活性炭为辅)，提高了比功率、寿命。朝阳立塬新能源有限公司的电池经鉴定确认为“高功率、高能量和高安全性磷酸铁锂锂离子电容电池”。其功率型的性能：比功率 2243W/kg；比能量 78Wh/kg，3000 次衰减至 65.8Wh/kg(84%)，–20℃下比能量 71.2Wh/kg。能量型的性能：比功率 1740W/kg；比能量 117Wh/kg，500 次容量保持 97.0%，–20℃下比能量 94.2Wh/kg。

(2)新材料国产化：提高安全性、降低成本。如，涂布陶瓷材料的隔膜、耐温 400℃以上的隔膜、高性能的活性炭、用量很大的电解质 $LiPF_6$、对水不很敏感的新电解质等，在河北、湖南、北京、辽宁、山东、河南、湖北、江苏等省份生产。

(3)成组技术；电池管理系统 BMS，提高了安全性、寿命。

四、液流电池技术迅速发展

全钒液流电池安全、长寿，发展迅速，现有 8 家公司。中国普能公司收购 VRB 公司，产品参加演示，并有外销。中科院大连化物所与大连融科公司推出 22kW 电堆、352kW 模块，3 月 29 日国家能源局组织技术成果鉴定。辽宁电力公司 5MW 储能电站开工兴建，由大连融科公司提供电池。

锌-镍单液流电池，防化研究院有自主知识产权。其优点：效率较高、不用隔膜、结构简单、价廉，已进入工程化开发，20kW 系统交付用户。第二代 300Ah 电池单体开始试制。美国纽约城市大学跟随开发，制定了工程化计划；日本也开始研究此技术。

五、讨论几个问题

1. 各种电池将在竞争中发展，长期共存

新电池如雨后春笋，研发热潮空前高涨。一要热情欢迎，二要严防忽悠，三建厂要谨慎，多数电池未很成熟，正处于“大量投入阶段”。

要各展所长，而用在最适合的地方。各种电池技术将在竞争中发展，长期共存，难说谁取代谁，应由市场裁判。工信部有人说，发展锂离子电池取代铅酸电池。铅酸电池已有 154 年历史，至今生命力旺盛，绝非偶然；89%的储能份额可能会降，但是我预料 20 年内淘汰不了。市场是公正的裁判，不以官员们的意志为转移；官员说话要留有余地，尽量不要成为浅薄的笑柄。

2. 目前的电池难实现“V-2-G”“V-2-H”

电动汽车夜间充电“填谷”很给力。但是，“上网削峰”“家庭供电”有问题，V-2-G、V-2-H 不合算！因为动力电池的寿命不够长，远短于汽车；汽车用动力电池，价格高于储能电池。要计算汽车电池调峰的经济效益 YCC，初步估计电池组寿命应大于 10000 次，动力电池价格应小于 1 元/度，目前的电池都不行！

3. 延长电池寿命是重大的节能

电池生产–运输–回收–再生的循环过程都大量耗能，电池寿命延长就可大节能。但有相当多的电池生产企业不愿将电池寿命做长，他们不考虑能源问题，而只想增加销量，是唯利是图的表现。

电池生产企业要提高社会责任心，讲诚信，要对电池负责到底；电池的价格要与寿命挂钩；可实行电池租赁经营，推动生产企业做长寿命。

还有相当多的电池使用者不将电池寿命用长是由于：①不懂电池的习性，要学习；②保证期末“故意”用坏，免费换新，是自私自利的表现，要改正！

储能企业要吸收电池生产企业参股，利害共享。

谢谢！

在上海吴淞中学 90 华诞庆祝会上的发言*

亲爱的老师和同学们：

非常高兴在母校 90 华诞时回来和大家共庆佳节！

我是杨裕生，1947 年夏天我插班考入吴淞中学读高二。班主任庄纯老师的化学课讲得非常生动，实验课更是引人入胜，引起了我对这一学科的浓厚兴趣，在化学竞赛中，我获得了第一名，从此和这门学科结下了不解之缘。是庄纯老师指引我走进了神秘浩瀚的化学世界。

吴淞中学有体育运动的条件和风气，我喜爱上了打篮球，体质有了明显的增强，养成了锻炼身体的习惯。我将这种习惯一直坚持到中年，健康的体质为我勤奋学习和繁重工作打下了良好基础。

1949 年夏，我作为吴淞中学第一届高中毕业生，参加上海解放后的第一次高考，我依次报考了大连工学院、大同大学、北京大学、华东联合招生(包括浙江大学)等五所学校，全部被录取。正是在吴淞中学读书时对化学课的浓厚兴趣，我最终选择了久负盛名的浙江大学化工系。

1952 年我大学毕业留校。第一个五年计划建设急需分析人才，浙江大学设立工业分析专业，我担任了分析化学助教 4 年、讲师半年，这是我第一次变换专业。1956 年浙江大学工业分析专业停办，1957 年我考进中国科学院化学研究所分析专业研究生，第二年被派往苏联科学院地球化学与分析化学研究所留学。当时，国家要发展原子能事业，让我去学习放射化学，这是我第二次变换专业。1961 年初回到化学所。1963 年 3 月奉调参加核试验基地研究所的筹建，分配给我的任务是开创中国的蘑菇云取样和核武器化学诊断研究，这是我第三次变换专业。我在首次核试验中任取样队长，立二等功；领导建立无人穿云取样技术和原子弹、氢弹、中子弹的爆炸威力测试技术，负责完成了 20 余次核试验的取样分析任务，为验证和改进这些武器设计提供了重要依据。在新疆 27 年半中，历任研究所的研究室主任、副所长、所长，核试验基地的科技委主任，1988 年被授予少将军衔。

1990 年调任防化研究院第一所研究员，1995 年当选为中国工程院院士。我倡议发展“中国士兵系统”——用高新技术装备武装士兵。士兵系统需用每公斤 300 瓦时的超高能量电池，由于难度大、研制周期很长，无人愿意承担。我主动请缨，66 岁白手起家创建了中国人民解放军唯一的化学电源研发中心，这是我第四次变换

---

* 本文为 2014 年 11 月在上海吴淞中学 90 华诞庆祝会上的演讲。

专业。我们在国内率先研究高比能量锂-硫电池，高比功率电化学电容器，大规模蓄电液流电池新体系，廉价、高效而安全的铅炭电池，目前都处于国际领先水平。

我衷心感谢亲爱的母校——吴淞中学，培养教育了我坚实的文化基础，勤奋的学习态度，健康的体魄，使我在 60 多年的工作中能够克服各种困难，为国家做了我应该做的事。

再次感谢我亲爱的母校——吴淞中学！祝愿母校吴淞中学越办越好，为祖国培养更多更好的人才后备军。

请求退休的报告*

张部长、王政委：你们好！

我已过了 82 岁，由于戴上一顶“院士”的帽子，至今仍留在研究员的岗位上。在岗就得切实遵守作息制度，这与我现在体力下降、需要有一个足够时间的午休发生了矛盾。今后随着体力进一步的衰退，需要有更多的休息时间，难以坚持正常上下班，将会造成不良影响。我年轻时本有摄影、书法等业余爱好，因工作繁忙而搁下多年，现在想在悠闲的环境中重新检捡起，以娱晚年，故此报告请求批准退休。

我承诺，退休后可以无限期接受免酬劳返聘，做好两件事：第一，继续培养好已招的博士生(海军 1 名，在地方高校兼职教授招的 6 名)，带领每个博士生的指导小组在教学相长的过程中提高培养质量；第二，尽力做好“军用化学电源研究中心名誉主任”的工作，为我军化学电源水平的提高做些力所能及的事。

院士申请退休，总后已有先例。对于我的退休问题，院、所领导也许做不了主，所以直接给你们打报告，打搅了。

敬礼！

2014 年 12 月 5 日

抄报防化研究院及一所领导。

---

* 本文为 2014 年 12 月给总装备部领导的报告。

创新引领我们的电池研究走向世界前沿*

摘要：回顾了创新在军用化学电源研发中心发展历程中的作用，以八个事例进行具体的分析和说明，它们是：锂硫电池国内领先、我国第一条连续性碱活化生产线的诞生、临近空间电源创新思维竞争掉了跟踪美国方案、装备论证创新必须“不惟上、不惟书”还要“不惟外”、自主创新研究液流电池、创新的合作机制加速铅炭电池研究进程、创新能力是博士生培养的第一要务、创新促进高素质国防科技专家的成长等。

关键词：创新引领；军用电池；世界前沿

军用电池与民品有共性，但是更有特殊性和特殊性引发的高难度，如超高比功率、超高比能量、超长存放期、超高安全性。防化研究院的军用化学电源研究坚守“超”字进入了第18个年头，归结出一条：创新引领我们的电池研究走向世界前沿，贡献了一批新型特种电池，造就了一个富于活力的创新团队。

一、军事需求迫使我们创新研究锂硫电池

“士兵系统”成为20世纪末各军事强国着眼未来战场、争相介入的高科技武器装备领域。我们发起和推动了“中国单兵综合防护系统”的立项，多次联合军内若干科研单位研讨发展的必要性，获得了中央军委首长的肯定。1997年在我院举行士兵系统关键技术论证会，其中的300瓦时/千克的高比能电池，因难度过大、周期太长而无人承担。我院决定筹组力量，开辟这一新的研究领域。这一高目标，是当时美、日等发达国家计划到2010年方能企及的高度，而且技术途径尚不清晰。我们经过一番调研计算后，只有锂硫电池这一技术途径有可能达到这一水平，于是选定这条路。但是，锂硫电池当时在国外研究的人也不多。

1998年夏成立了由刚毕业的曹高萍博士和苑克国硕士组成的三人课题小组。从国防科工委申请到7万元的预研基金，从西安二十一所要来2台即将退役的486计算机，所里挤出了一间实验室，初步解决了无人、无钱、无房的“三无”问题。

锂硫电池的关键在硫正极。为了解决硫离子溶解、循环寿命短的问题，2000年我们提出硫-碳正极材料“主链导电，侧链储能”分子结构设计创新思路，合成出将含硫基团接在导电碳链上的系列材料，比能量和循环寿命都比较好，获得军队科技进步奖三等奖。

---

* 本文为2015年2月投给军内一学术会议的论文。

为了进一步提高比能量和循环性能，我们提出“炭孔藏硫，多式储能”的新构想，将硫藏在炭的纳米孔中以储存能量，既缓解了硫的溶解，又进一步改善了硫导电性差的问题。王维坤博士在 2007 年第十四届全国电化学会议(扬州)上公布了此研究结果。时过一年多，美国科学家才发表将硫复合到炭孔中的文章，现在这已成为业界通用的一种做法。

接着，用纳米碳酸钙为模板的新方法制备出大介孔炭，合成出纳米硫“寄生”于孔中的炭/硫复合新材料，大幅度提高了正极的有效比容量。经过近 10 年的不懈努力，2007 年终于研制出比能量达到 300 瓦时/千克的锂硫电池。现在在电动汽车的需求下，越来越多的人研究锂硫电池，并公认它是未来电动汽车最有希望的高能电池之一，我们却已抢占了先机。

从锂硫电池小组成长出了骨干人才。曹高萍博士先去开辟超级电容器的研究，后来成为军用化学电源研究中心主任的接班人；余仲宝博士担任锂硫电池小组组长几年后，转攻临近空间电池和“超”高比功率锂离子电池，又做出了好成绩；王安邦博士发挥他有机合成的深厚功底，创造性地研制成功廉价的新型接枝复合硫正极材料，使锂硫电池的比能量提高到 350 瓦时/千克以上，寿命延长到 100 次(保持率 80%)，领先于全国，在“十二五”国家 863 计划的锂硫电池项目中，我们的单体电池取得最好成绩；在对地高分辨观测项目的锂硫电池子课题四家承担单位中，是唯一全面完成 2014 年电池组考核指标的一家。现在愿与我们合作深入研究锂硫电池者纷至沓来，长航时无人机项目也表示要用我们的锂硫电池。

二、开创我国超级电容器用炭材料的连续性制备

电化学电容器具有超过电池的比功率和高于物理电容器的比能量，在微波发射、电磁轨道炮和重型车辆启动、电动车等军用和民用两个领域都具有广阔前景，2000 年我们在国内率先开展了研究。2001 年，在总装科技委年会上发表“电化学电容器技术的军民应用”的论文，并在第一个电能源军口 973 计划项目中承担电化学电容器课题，从核心的电极材料入手，研究出数种高性能的多孔电容炭材料和电容器技术：用热塑性酚醛树脂制备纳米孔玻态炭、活性炭的氢氧化钠活化技术、纳米氢氧化镍等，这些创新的材料和技术在学术界引起了关注。在大量实验基础上，我们总结出了电容器理想炭材料的“六高”理论：即高比表面、高中孔孔容、高电导率、高密度、高纯度、高性价比的综合平衡。该项目获得军队科技进步奖二等奖。其中，文越华研究出电导率高达 10s/cm、介孔发达的玻态炭，她因博士学位论文出众而获得“防化研究院俊才奖”。

制备比表面每克 2000m^2 以上的超级活性炭，国内外通常是用大量氢氧化钾作活化剂，徐斌博士用价格只有四分之一的氢氧化钠代替，活化剂用量也大幅度减少，制备出数百千克产品，是氢氧化钠活化制备超级活性炭工艺的开端。

为了克服我国超级活性炭长期依赖进口的困难局面，我们向北京市科委申请到一个 100 万元的项目:“年产 10 吨超级活性炭的环保型中试研究”。张文峰和曹高萍博士负责设计、加工、安装、调试、试产，最后顺利通过了北京市科委组织的鉴定、验收。这是我国第一条连续性碱活化生产线，克服了间隙式生产产品稳定性差的缺点，并大大提高了劳动生产率。后来以此技术为基础，帮助深圳一家公司放大建成超级活性炭生产线，为我国高性能超级活性炭规模化生产开辟了新道路，打破了国外产品的垄断。

三、临近空间电源的创新思维竞争掉了跟踪美国方案

国外的先进技术要学，但不能盲从。我们不赞成将“国外有应用的实例”作为我国选择研发蓄电技术(以及任何其他技术)的决定性依据，认为这是一条扼杀自主创新的大棒!

临近空间飞行器活动的区间是 20～100 公里高空。国外的临近空间飞行器，多选择再生式燃料电池(RFC)作为太阳能发电的蓄电电源。我们从燃料电池的特点出发，经过计算论证后于总装科技委 2006 年年会发表“关于可再生氢-氧燃料电池”论文，指出此储能电池的能量转换效率太低，除非将来太阳能电池的比功率且 RFC 的能量转换效率提高到某个很高的水平，否则与 RFC 匹配的太阳能电池板要多用很多。一年后，我国的临近空间飞行器上马，几家研究单位没有看到这篇论文，都拟跟随国外的路子，有一家甚至已经立题、拨款研制 RFC。我们闻讯后立即给总装机关写信提出建议，并附上已发表的论文。项目首席科学家看到有根有据的计算和分析，当天就来讨论新方案。通过严格论证，确立了锂离子电池新方案，余仲宝博士领头挑起了此项目，突破了 7 项关键技术。经过历时一年的并行研究，两个方案的储能系统均完成了预定的比能量 150 瓦时/千克指标。但是，正如文章中所分析的，由于 RFC 的能量转换效率过低，而现有太阳能电池的光-电转换效率又不够高，RFC 方案要多用太阳能电池板约 800 公斤，临近空间飞行器的浮力无法承担，最后只得放弃了 RFC。正式飞行试验只用了我们的新方案电源，临近空间飞行器胜利升空运行。后来，此电源项目获得军队科技进步奖二等奖。

固体激光武器急需超高功率电池，我们用废弃的七间棚式车库改造为新型电池试制的用房，争得了时间。超高功率锂离子电池在使用中发热量大，温度升高将影响安全和寿命。为此，安全电极材料选择、全极耳新结构、集流体与极柱一体化、变压器油隔绝电池和空气等创新性的思路，均在实践中得到实证，并申请了发明专利。

2015 年 2 月 6 日，中央军委委员、总装备部部长张又侠上将亲临视察，深刻指出“车库搞科研大有希望”“车库精神不能丢”，充分肯定了我们胸怀使命、艰

苦创业的做法。

四、装备论证要创新，必须“不惟上、不惟书”，还要“不惟外”

2002 年我们在总装科技委年会上发表论文，详细论证了燃料电池用作常规潜艇动力电源的优越性和可行性，认为燃料电池的低噪声、高比能量最适用于常规潜艇，可惜因引进斯特林发动机而未被采纳。2004 年德国宣布，燃料电池常规潜艇下水了，后来不仅装备了德国海军，还出口了许多国家。

时隔 12 年，2014 年在总装科技委曹保榆顾问的带领下，我们又一次提出发展“安静型潜艇”燃料电池动力技术的建议，以求将斯特林发动机引起的噪声大为降低。国外的氢源是储氢合金，下一代拟用甲醇重整制氢，而我们建议发展我国的轻金属制氢技术，同等重量和体积的设备，供氢量可以成几倍地增加。建议书得到总装科技委的重视，已经上呈。但是，12 年耽误了，惜哉！

通过临近空间飞行器电源的论证和潜艇燃料电池动力技术的建议，我们有两点感触。一是，符合实际的创新论证，必须建立在对技术深刻理解的基础上；必须客观而不存偏见；必须“不惟上、不惟书”，还要“不惟外”。二是，军事装备发展的论证者如想提出创新的思路，必须有装备研究的功底(最好同时兼做点技术研究)，以便深刻理解技术发展的精髓。

五、自主创新研究液流电池

边防、海岛等不通电网的站点要建立大规模分布式供电系统，各种军事基地虽联电网仍要有规模蓄电作为备用电源，而且在炮火攻击下不发生燃烧、爆炸次生灾害。液流电池就具有这种“超”高安全性的品质。美国空军以全钒液流电池(30 千瓦时)作为雷达的备用电源，还用多硫化钠-溴液流电池作另一机场的备用电源(120 兆瓦时，英国产)。

我们在总装科技委 2005 年年会上发表“大规模液流化学蓄电及其军用前景”的文章。我们一开始就强调要创新，要发展有自主知识产权的液流电池新体系，不做外国人做了多年、价格昂贵的全钒液流电池。但是当时我们缺少液流电池的研究基础，很难申请军队的研究经费。于是，最初的“入门”经费只得来自国家自然科学基金，2005 年我们以创新构想申请到一个课题：蓄电与有机电合成双功能液流电池——有机原料在正极上氧化进行生产的同时，将负极溶液中的金属离子还原为低价态，此低价态金属离子与空气电极组成电池输出电能。文越华博士研究结果表明，此双功能液流电池可以回收有机电合成消耗的 50%以上电能。

2006 年夏我们电源中心组织了一次内部的液流电池新体系漫谈会。在大家七嘴八舌议论中，当时还未答辩博士论文的程杰突发奇想提出锌-镍单液流电池新体系的设想，立即得到了大家一致的肯定：锌-镍单液流电池除具有“超”高安全性外，还不需进口的离子交换膜，结构较简单、成本较低廉、使用寿命长，不用价贵又有毒性的钒，决定马上试验其可行性。2007年成功申请到了总装创新基金，验证了原理。接着，在大连化学物理研究所牵头的国家973计划的液流电池项目中，进一步研究了此新体系的基本参数，又在“十二五”国家863计划中立项研制100kWh的储能系统，实现了电池的小批量试制。现在，改进结构和材料的第三代锌-镍单液流电池正在设计中。

此项研究论文发表后，美国纽约城市大学能源研究所开始跟随研发锌镍单液流电池，投入很大，进度也快。美国人跟着中国人做电池，是很稀罕的事，竞赛也是激烈的。

六、通过创新的合作机制加速铅炭电池研究进程

全世界的常规潜艇和内燃机全用铅酸电池，美国铅酸电池的产量与我国相当，并已将铅酸电池排除在污染环境的行业之外。可是，我国政府部门有些人片面地认为铅酸电池“古老、落后、污染环境”，无视它安全、廉价的优势，对其采取限制发展的政策，致使我国铅酸电池技术落后于外国。十几年来我们一再呼吁要发展铅酸电池新技术，2011年7月28日，我们在《科学时报》上发表题为《别藐视铅酸电池微型电动汽车》的文章，与国家发改委副主任刘铁男贬低铅酸电池小型电动汽车的观点作了针锋相对的对话(当时刘还未成贪污犯)。在未见效果的情况下我们毅然付之以实际行动，在浙江南都和江苏双登两家以生产铅酸电池为主的大公司设立院士工作站，分别合作研制平板式铅炭电池和卷绕式铅炭电池。

为了加速赶超世界水平，我们在与南都合作研究铅炭电池中，采用了“循环接力”的模式：我们负责研究炭材料，做出一种就交给南都一份样品；南都组织专业队伍将炭材料掺入电极制作电池，将测试的性能及时反馈；我们再根据测试结果调整炭材料制作工艺。有时，不等测试结果出来，另一系列的样品就已送到南都，并行、交叉进行试验，更加速了研究进度。在技术各自保有、分工明确、各展所长、相互信任的紧密合作一年多之后，就开始在国内率先小批量生产性能优异的铅炭电池，陆续在海岛分布式微网、港机能量回收、微混电动车、张北国家储能工程中示范应用，与常规的铅酸电池相比，寿命延长十倍、充电时间缩短数倍、功率显著提高。

与双登合作研制的卷绕式铅炭电池，脉冲放电功率达1005瓦/千克，在坦克启动试验中显示出上佳的性能。2014年，国家工业与信息化部在“强基工程”中将铅炭电池列为启停式微混电动车电源，经专家评审，拨款支持南都和双登两家铅酸电池企业发展铅炭电池，这是政府部门对铅蓄电池多年来态度的一点转变。

在规模蓄电的需求牵引下，各种蓄能技术纷纷登场，而且都在充分宣扬自己的优点。我们首先提出：安全性第一，经济效益也很重要。但是，到底应该如何

客观而综合地衡量和比较各种蓄能技术的经济效益呢？经反复推敲我们推导了一个包含七个参数的判据公式(进电价、出电价、能量转换效率、蓄电站每度电的初投资、充放电深度、充放电循环寿命、每出一度电的运行成本等)，命名为 YCC 指数。计算出的 YCC 如大于 1，蓄电站可盈利，小于 1 则亏本。此判据已为储能界广泛接受和使用，对储能技术的发展有重要指导意义。铅炭电池的寿命大为延长，YCC 可以大于 1，加上它的高安全性，可以认为是目前规模蓄电的首选电池。

七、创新能力是博士生培养的第一要务

纳米材料在蓄电领域里应用前景广阔，博士生的创新能力在此领域大可得到锻炼。

博士生程杰以纳米电极材料作为研究方向，具体研究用于混合电容器的纳米氧化镍。他以创新的溶胶凝胶法制备出功率、寿命等性能超群的纳米氧化镍电极材料，装配成的混合型电容器具有远高于双电层电容器的比能量，学位论文在评为院优秀博士论文后，又获得全军优秀博士论文荣誉。

博士生张浩探索碳纳米管阵列(CNTA)用于超级电容器，在碳纳米管阵列及其复合电极的制备与性能方面进行了深入的研究，取得了一系列重要进展：首次将 CNTA 直接生长到不锈钢(负极)和钽(正极)集流体上，组装有机体系电容器，并创造性地将氧化锰电沉积到 CNTA 基底上，制备出氧化锰/CNTA 复合材料。该复合材料具有发达的电子导电网络和离子迁移通路，电容性能优良，能很好地将高比表面、分级孔的氧化锰和高导电性的 CNTA 基底结合，进而带来了性能的全面提升，主要性能指标均超过了市场占主导地位的活性炭电极材料。国际、国内多家著名刊物、网站对此项工作纷纷评论并给予了高度的评价。张浩的博士学位论文被评为 2009 年的全国“百篇优秀”之一，在防化研究院是首次。总装备部首长为此作出重要批示，总装备部机关联合通报表彰，发奖金，防化研究院党委给张浩记二等功。

博士生徐艳研究了原料丰富、价格低廉的有机材料醌及其衍生物作正极的液流电池新体系，并且通过多种科学手段证实了钛铁试剂在充电/放电中的“异常”氧化/还原机制，其学位论文被评为 2009 年全军优秀博士论文，并荣获全国优秀博士论文提名，立三等功一次。

我们提出研究双变价元素正极材料的新结构化合物，作为提高比容量、又保证安全性的新途径。在申请到国家自然科学基金后，主要由武警医学院考来的博士生司玉昌研究。他除了拓宽了化合物的结构外，其研究结果还表明，只有无定形的材料(比纳米还小的结构)每一分子才能可逆地嵌入-脱嵌一个以上的锂离子。司玉昌的学位论文被评为 2014 年的总装优秀博士论文，他在武警系统申请了科技进步二等奖。

八、创新促进高素质国防科技专家的成长

经过了十几年的努力，电源中心从最初的“三无”状态发展成为国内有影响的化学电源研究机构，在出成果的同时，锤炼出了一支素质高、作风好、能攻坚的人才队伍，技术创新蔚然成风，养成了积极参与竞争国家自然科学基金、973 计划、863 计划项目的勇气和能力，申请专利近 100 项，已授权 45 项，电源中心成了我院内的“专利大户”。

电源中心既鼓励大胆创新，又要求脚踏实地，特别是发表文章求精勿滥(SCI 收录的 130 余篇)，反对学术上的浮夸。强调实验设计的重要性，认为这也是一种创新过程。强调看书而又不迷信书，消化文献而又不跟随文献，要在反复思索后提出自己的见解。学而知不足，创而感路宽！电源中心的科技人员，上进心强，工作热情高，团结和谐，乐于助人，积极参与军内外的学术交流，谦虚谨慎，与兄弟单位建立了良好的协作互助关系，为防化研究院赢得了荣誉。

为了让博士生得到各方面能力的训练，采取了许多的措施，特别是每月一次的学术报告会，既是学术交流，更是竞赛和督促。还为每个博士生组织一个指导小组，由论文研究方向有关而专业不同的博士们参加，让学生可以在日常讨论中博采众长，达到博与深的统一，保证博士生攻读学位的高质量，提高发表文章的学术水平和应用价值，同时也使尚非博导的博士们在教学相长中得到锻炼提高，电源中心成为培养高层次科研人员的平台。

九、结束语

(1)感受：创新无止境，持之以恒，忌短平快。创新有甘苦，苦尽甘来，乐在其中。

(2)盼望：信息化战争中，电能与粮、弹、油同等重要而量大，军队要设专管机构。

(3)苦恼：材料成果转化生产前，必须放大创新。费用场地需求大，难解决，奈何！

两会应检查《中华人民共和国节约能源法》的执行情况*

《中国电力报》：您希望在今年两会期间看到哪些有关能源电力的问题，谈谈您关注它们的想法。

杨裕生：我希望两会及其常委会就《中华人民共和国节约能源法》(以下简称《节约能源法》)的执行情况向能源局提出质询。

节约能源，又称提高能源利用效率，是经过国家立法的大事。《中华人民共和国节约能源法》1997 年 11 月 1 日第八届全国人民代表大会常务委员会第二十八次会议通过，2007 年 10 月 28 日第十届全国人民代表大会常务委员会第三十次会议修订。《节约能源法》立法以来，我国的节能工作有了一定的成绩和效果，但是我国能源从生产到消费的各个环节浪费问题依然严重，能源利用效率提高的潜力很大。各级政府部门如能全面、认真执行《节约能源法》，情况当可加速改观。《节约能源法》第五条规定，国务院和县级以上地方各级人民政府应当组织编制和实施节能中长期专项规划、年度节能计划。国务院和县级以上地方各级人民政府每年向本级人民代表大会或者其常务委员会报告节能工作。所以两会及其常委会检查能源局的每年年度节能计划及其执行情况，是依法办事，应该常态化。

《中国电力报》：目前业界有一种观点，就是提高能源利用效率是最大的能源增量，所带来的效益远远超越新兴能源的开发。您是怎么看的？我国应该如何提高能源利用效率？

杨裕生：《节约能源法》第四条规定，国家实施节约与开发并举、把节约放在首位的能源发展战略。所以我以为，不应该将提高能源利用效率与新兴能源的开发对立起来。提高能源利用效率的工作要切实做好，充分收取其效益；新兴能源的开发关系到能源结构的革命，长远效益尤其巨大，两者不可偏废。

至于我国应该如何提高能源利用效率，我以为首先要求国务院和县级以上地方各级人民政府全面、彻底贯彻执行《节约能源法》。该法对节能管理、各行各业的合理使用与节约能源、节能技术进步、激励措施、法律责任等都有详尽的规定。同时，政府要大力对全民进行《节约能源法》的普及教育，使《节约能源法》深入人心，使节约能源成为全民的自觉行动。

---

* 本文为 2015 年 3 月接受《中国电力报》专访。

《中国电力报》：2015 年 2 月，我国人均发电装机历史性突破 1 千瓦。人均装机 1 千瓦，是几代中国电力人为之奋斗经年的中国梦，是几代电力人奋斗的结果，是一个里程碑。您怎么看待这 1 千瓦？怎样评价这一成就和客观看待存在的问题？

杨裕生：的确，我国人均装机容量达到 1 千瓦，是一个历史性大成就。人均年用电量过 4000 度，达到世界平均水平，表明我国经济发展和人民生活水平达到一个新的高度。但是我们不宜过于乐观。应该看到，如果按人均 GDP 的年用电量计算，我们要成倍地高于发达国家。我们还应该看到，我国的火电装机 9.16 亿千瓦(其中煤电占 90%)在总装机中占 67.4%，火电年发电 4.2 万亿千瓦时占总发电量的 75.2%，比世界平均水平高约 28 个百分点，造成烧煤多、二氧化碳排放多的不良后果，也是目前大气中雾霾严重的主要因素之一。

随着经济结构的变化，高耗能行业产能的压缩，现在全国发电设备平均利用小时已经降至 1978 年以来的最低水平。在这种情况下，装机容量的增长速度应该加以调控，尤其是对“大上”火电装机的“惯性”应该给点“刹车”，不仅可以减少浪费，而且有利于电力结构调整。

《中国电力报》：您认为加快电力结构调整，着力点在什么地方？

杨裕生：我国正在大力推动风力和光伏等可再生能源发电，核电发展也在酝酿新思路。但是，目前西北和北方大风电场和大光伏场的运行遇到难处。西北和北方夜间的风大，主要在用电的“谷”期发电，电网消纳不了；抽水蓄能难以发挥作用，其他蓄电技术在规模上差距过大，于是“弃风”严重。此外，输电线路长也是个不利因素。

我以为，加快电力结构调整有两个措施可以采取。

一是大力发展分布式可再生能源发电，特别是发展分布式光伏发电。《节约能源法》第四十条规定，国家鼓励在新建建筑和既有建筑节能改造中安装和使用太阳能等可再生能源利用系统。如果充分利用百亿平方米的屋顶面积(及南墙面)进行太阳能发电，年发电 1500 小时，每平方米的电功率平均为 100 瓦(技术进步可以促其实现)，则共可发电 1.5 万亿千瓦时，相当于火电年发电 4.2 万亿千瓦时的三分之一强。屋顶太阳能发电，就近供家用，与电网互补，也可与蓄电配合白天发电黑夜用。与大规模蓄电不同，电池小规模蓄电技术已经成熟，可以与分布式可再生能源发电(包括户用发电)组成灵活、高效的电源系统。

二是征收煤炭消费税，调节煤炭的使用。这个主意的“发明权”是财政部、国家税务总局的。2015 年 1 月 26 日财政部国家税务总局发布的财税〔2015〕16 号《关于对电池、涂料征收消费税的通知》称：“为促进节能环保，经国务院批准，自 2015 年 2 月 1 日起对电池、涂料征收消费税。”通知中的电池就只指铅酸电池。我国每年消费煤炭 30 余亿吨，不仅浪费严重，而且造成的二氧化硫、汞、灰尘和百亿多吨二氧化碳排放的环境污染，比铅酸电池行业不知要大多少倍。所以，财政部国家税务总局应该发布一个财税〔2015〕XX 号《关于对煤炭征收消费税的通知》，内容也可照搬，"为促进节能环保，经国务院批准，自 201X 年 X 月 X 日起对煤炭征收消费税。"税率也不妨采用铅酸电池消费税的 4%。

运用税收政策控制煤炭消费无节制的扩张，是政府的责任，也是重要的手段之一；从政府办事要公平、公正、不搞双重标准的角度考虑，煤炭消费税也应尽快出台。

良好科研作风培育*

一、什么是科研作风?

什么是良好科研作风？核试验场上归纳的“三老”“四严”科研作风。

1. “三老”

做老实人——遵守纪律，规规矩矩；

说老实话——一是一、二是二，不说瞎话；

干老实事——不耍滑头，不投机取巧，不弄虚作假。

任何人，做人该如此；科研人员对待科研工作也应如此。

2. “四严”——严肃、严格、严谨、严密

(1)严肃：态度认真，一丝不苟。

军队科研工作者要从实战的需要来对待军事科研工作，要认识到我们的工作疏漏会影响作战效果，甚至会增加伤亡、决定战争胜负。要理解我们工作的政治意义，时刻牢记军队科研工作者的使命，以严肃认真的态度对待自己的科研生涯。

我们要掌握对手的水平、特点、动向，从知己知彼中严肃地找差距，找努力方向，找超越的高招。

要有百折不挠的严肃作风，成功在于坚持。三心二意、缺乏毅力和恒心，干不成事情。

科研的本质，就是创新。党中央号召“万众创新”！科研人员更要创新。创新的基础是丰富知识和勤奋思索。

丰富知识从何而来？要刻苦学习，博览群书，及时掌握国际最新文献。不要乐于享受“5 天、6 小时工作制”，早早下班后逍遥自哉！可以算笔账。每天多干(工作+学习)3 小时，一年 250 个工作日就是 750 小时，相当于 125 个工作日。周六、周日用一天工作+学习，一年又是 50 个工作日。共计 175 个工作日，等于多干 8 个月。

社会处处有竞争。机遇是属于有准备的人。军内外均如此。

我向来感到自己天资不高，做什么事总要比别人多费不少时间和精力。“笨鸟要先飞”是我的信条，几十年中对它信守不移。

(2)严格：高标准，严要求。防化研究院是防化战线的国家队，代表国家与外

---

* 本文为 2015 年 5 月 20 日对年青科技人员的讲话提纲。

军竞争，要拿出真刀真枪来，而且是高水平的。不可马虎，不可得过且过。

严格遵守操作规程，即使是自己订的实验操作步骤，也不能有任意性，否则就会带来未知因素的干扰，影响结果的准确性和可比性。

严格遵守仪器的操作规程也很重要；操作仪器前必须先认真阅读说明书，切忌先插电、试试看。

严格遵守规章制度。尤其是安全规章制度，它是用血的教训换来的。要切耳诺贝利核电站事故。

(3)严谨：论证合理，逻辑性强。不牵强附会，不夸大其词。

分析实验结果，实事求是，不主观臆断，不凑数据，不乱拔高。

认真记录实验数据，及时整理分析。

既鼓励大胆创新，又要求脚踏实地、戒急戒躁，特别是发表文章求精勿滥，反对学术上的浮夸。

不赞成将“国外有应用的实例”作为我国选择、支持研发技术(以及任何其他技术)的重要根据。这是一条扼杀自主创新的大棒！

科研者要看书而又不迷信书，消化文献而又不跟随文献，要在反复严谨思索的基础上，提出独到的见解，不可人云亦云，更不能盲目跟随外国人。

例一：临近空间飞行器活动的区间是 20～100 公里高空。国外的临近空间飞行器，多选择研究再生式燃料电池作为太阳能发电的蓄电电源。从燃料电池的特点出发，经过计算论证后于 2008 年发表“关于可再生氢-氧燃料电池”论文，指出可再生氢-氧燃料电池的能量转换效率太低，除非将来太阳能电池的比功率提高到某个很高的水平，否则与可再生氢-氧燃料电池对应的太阳能电池板要多用很多。不久，我国的临近空间飞行器上马，几家研究单位都拟跟随国外的路子，有一家甚至已经立项、拨款研制。闻讯后立即给总装备部机关写信提出建议，并附上 2008 年发表的论文。项目首席科学家看到有根有据的计算和分析，当天就来讨论可行方案。通过严格论证，确立了新方案，余仲宝博士领头挑起了此项目的研究重担。经过历时一年的并行研究，两个方案的储能系统均完成了预定的比能量 150 瓦时/公斤指标。由于再生式燃料电池的能量转换效率过低，要多用太阳能电池板约 800 公斤，临近空间飞行器的浮力无法承担，最后不得已而放弃再生式燃料电池。正式飞行试验只用了防化研究院的新方案电源。

严谨出效果。

例二：对燃料电池的两种重大应用前景提出了两种与众不同见解。燃料电池最适用于常规潜艇，2002 年在总装备部科技委年会上发表论文详细论证了燃料电池用作常规潜艇动力电源的优越性和可行性，可惜未被采纳。2004 年德国宣布，燃料电池常规潜艇下水了，后来不仅装备了德国海军，还出口许多国家。

与此相反，燃料电池用于电动汽车短期内无法实现，且具有局限性。而此时，美国总统布什 2001 年把氢能提到“人类终极能源”的地位，并且提出建立“氢经济”的口号，制定了实现此口号的路线图，各大汽车公司纷纷争先恐后的宣布要在 2 、 3 年内量产燃料电池电动汽车。在美国“氢经济”的影响下，我国燃料电池汽车产业化的呼声一再升温，上海的“百千万辆计划”呼之欲出。对此持有强烈的不同意见。2006 年 6 月起草建议书，与 9 位院士联名上书国务院总理提出氢能燃料电池研究要作长期打算，当前应切切实实地解决关键材料和关键技术，不急于“汽车换代”。

实践证明，观点是对的。切忌讳科技王婆。

(4)严密：工作计划性强，准备周到细致，设计没有疏漏，有条不紊。严密性，是提高工作效率的关键。磨刀不误砍柴工。

强调实验设计的重要性。化学工作者有一个通病，那就是不善于设计实验，往往先试起来看。“试试看”，就不很严密，结果好是碰上的，而且很难重现。试不好，也不易找出原因，容易否定设想的正确性，使本来可有的科研成果失之交臂。

二、良好的科研作风如何培育?

自觉养成为主，互相帮助为辅。

自觉养成为主——重要性认识的提高，是良好科研作风培育是第一步。

参加工作的最初三年，这是黄金般的三年，各种负担最轻，精力旺盛，求知欲强。三年夯牢坚实基础、培育良好的作风和习惯，终生受用。切不可有松口气的打算。

用好参加工作的最初三年，就会显露出明显差距。

享受生活，是否是应该的？生活应该是丰富多彩，但要分清主次，合理安排。你们是自愿选择了做科研人员的。既然选择了做科研人员，就要义无反顾干下去！科研人员应该有什么样的生活？或者说，应该有什么样的苦乐观？应该有什么样的人生价值观？这是一个很值得探讨、思索的问题！读书为乐，钻研得乐，工作有乐，成绩最乐。还是读书为苦，钻研得苦，工作太苦！

有了正确的苦乐观、价值观，才能够自觉坚持严肃、严格、严谨、严密的良好科研作风！

很羡慕年青人，你们在自己的黄金时代遇上中华民族振兴的好时代，可以充分发挥你们的才华，努力吧！

对如皋市发展“增程式”船用动力技术和产业的建议*

一、内河航运是江苏省节能减排的重要领域之一

节能是一个长远的国策。发展节能船用电动技术和产业，可以减少二氧化碳的排放、减轻空气污染，减少石油和天然气的消耗量，降低运输成本，减轻我国石油和天然气的对外依存度。

发展节能船用电动技术和产业，应先从内河做，要先小后大，先易后难，先低后高。江苏省境内有长江、京杭大运河、淮河主通道及芜申运河、苏申内、外港线、长湖申线等省际航道，大小河流共 2200 多条，内河航道总里程 2.4 万公里，约占全国的五分之一。航道网络密布，航运条件优越，全省综合货运量的三分之一通过内河运送，对全省的社会经济发展作用巨大。同时，内河航运也消耗了大量油料和天然气，是江苏省节能减排的重要领域之一。如皋市具有船舶工业基础，但船用动力系统生产力量需要加强。发展节能船用电动技术和产业，是如皋市船舶工业做大做强的优选途径，而且还将在全省乃至全国争取领先地位。我认为，值得市委、市政府认真考虑。

二、“增程式”原理用于轮船的动力系统可大有节能效果

前些年，我从电池应用技术角度出发，在认真对比各种电动汽车模式优缺点的基础上，一再呼吁我国电动汽车发展技术路线应将“增程式”作为大、中型车的主要发展方向。经过多人的共同努力，科技部于 2010 年支持了增程式轿车 3 个课题，2012 年又支持了增程式大客车研究课题两个。2013 年 9 月 17 日科技部等四部委联合下发的《关于继续开展新能源汽车推广应用工作的通知》，首次将增程式汽车列入推广应用补贴政策范围，补贴额度与插电式混合动力乘用车相同。

“增程式”电动汽车显著节油，汽车厂商纷纷研制、生产“增程式”电动客车和乘用车，在我国已有不少成功的实例。

“增程式”电动汽车何以能节能？以燃油的公交车为例，需装配功率 100 千瓦以上的内燃机，以满足启动、加速、上坡的需要。但按城市公交车平均速度，实需平均功率仅 30 千瓦左右，所以，在正常运行时实际上是“大马拉小车”，内

---

* 本文为 2015 年 6 月给如皋市政府的建议。

燃机远非处于节油的工作状态。“增程式”电动汽车上只需配一个有动态控制功能的30～40千瓦发电机组，就可满足车辆正常行驶中的电动机需求，避免了费油的大功率内燃机的“大马拉小车”。车上并联的电池在车辆起动和爬坡时提供辅助功率，在制动和下坡时回收能量，电池用量少，既降低造价，又可显著节能。在行驶中，发电机按需给电池组充电，电池组就不会缺电，既不会过充电，又不会过放电，保证了电池的安全性和长寿命。再有，车上的低功率内燃机基本上以恒功率运行，内燃机-发电机可以设计并始终调节在最佳工况，能量转换效率大幅提高，节能效果明显，总的节油率可达50%以上。“增程式”电动汽车是全电力驱动，但与纯电动汽车相比，电池的用量仅有40%，电池使用寿命大为延长，一次性投资和运行成本显著降低。

“增程式”原理完全可以用于内河轮船的动力系统，根据汽车电动化中采用增程式技术可以节能50%以上的效果，以柴油机、气体燃料发动机作为主推进动力的内河运输船，如果采用增程式技术，大幅度节能也是可能的。

三、“增程式”动力系统可以不用外充电

充电是现今电动汽车难以快速推广的关口之一。对于电动船，用外来电能充电将更为不便。而“增程式”动力系统可以不必充电。

2014年，交通运输部和新疆维吾尔自治区人民政府共同主办的“丝绸之路经济带交通文化之旅”活动中，数十家媒体记者组成采访团重走丝绸之路，开展“新丝路·大交通”主题采访活动。活动于当年8月14日在江苏连云港启动，中途经过江苏徐州，河南郑州、洛阳，陕西西安，宁夏固原，甘肃兰州、武威、张掖、酒泉、嘉峪关、敦煌，新疆哈密、吐鲁番等15座历史文化名城，于8月29日到达终点新疆乌鲁木齐。执行这次交通保障任务的就是北京科凌电动车辆股份有限公司提供的2辆增程式大公交车。此增程式公交车不依赖充电站(桩)，往返行驶了15000余公里，平均百公里油耗只有16.3升，远远低于传统燃料客车(百公里油耗约32升)。沿途路况复杂多变，气候变化多端，电动客车电池组温度却始终保持在35摄氏度左右，电动机、控制器等所有动力系统也都工作在最佳工作温度范围内。汽车各系统安全可靠，高速公路上平均时速达85公里，顺利通过了严峻考验，而且不依赖充电站(桩)实现低耗能，续驶里程长。

此事例充分说明，在电力电子控制技术发展到新水平的今天，“增程式”动力系统可以不必用外来电能充电，为该系统用于节能的船用动力创造了先决条件。

四、国内外电动船技术和产业的概况

我国电动船已经运营多年，如杭州西湖的纯电动游览船，以铅酸蓄电池为电源，夜间在码头用市电充电。在厦门见到过在码头用市电充电、用太阳能电池为辅

助电能的游览船，也可以认为是增程式。这些船都是吨位在 10～20 吨的小型船只。

加拿大的 PlanB 公司是一家经营大型电池电源的储能企业，他们为新建的“混合动力”拖船(实际上就是“增程式”动力)提供了电动系统，降低油耗 50%，降低运营成本 25%，污染物排放减少 70%，造船成本不变。他们还为“公主号”渡轮改装了混合动力，淘汰了备用柴油发电机，节省 25%的燃油费，项目费用 450 万美元，改装投资的回收期小于二年半。在“Viking Lady”号混合动力供给船的改装项目中，每年减少氮氧化合物 180 吨，相当于 2.2 万辆汽车年排放量，费用 210 万美元，投资回收期小于三年。这些船的吨位均在数千吨或万吨级。

至今还未见到类似我国内河运输用的 200～500 吨船只电动化的报道。但是，PlanB 公司的事例说明了，这条道路是能走得通的。关键在于我们通过技术创新，走出中国特色的路子来。

五、对如皋市发展“增程式”船用动力技术和产业的具体意见

(1)如皋市选择一家技术力量较强的造船企业为研制主体单位，再选一家国内技术水平高的电动车辆公司(如北京科凌)按照船用功率的要求，设计、提供增程式动力系统(包括电池、电控、电机三系统)。可以在较短时间内研制出我国第一艘示范性的内河运输 “增程式”电动船，在江苏内河试验运行，积累经验。

(2)如皋市将研制示范性的内河运输“增程式”电动船作为市重点科技攻关项目，加强领导和管理，力促早出成果，多出人才。

(3)如皋市将“增程式”电动船舶产业，作为本市的新兴产业和新的经济增长点，及早布局，悉心培育。

(4)如皋市向江苏省和国家交通运输部建议，将发展“增程式”节能船用电动技术列入“十三五”科技发展计划，并申请将国家项目交给如皋市及在如皋市的船舶企业负责完成。

沉痛悼念乔登江院士*

惊悉乔登江院士昨晚逝世，十分悲痛。我国失去了一位杰出的科学家，中国共产党失去了一位优秀党员，我失去了一位好兄长、好战友。

乔登江院士和我相处52载，关系融洽，感情深厚。我国为了发展核武器而组建核试验基地研究所，乔登江同志和我于1963年初同时由地方调来解放军，在北京西直门内大街的一个军队招待所住在隔壁房间，分别筹划首次核试验的不同专业准备工作。研究所正式成立，我们同一天被任命为研究室副主任，他在五室，我在三室。1964年夏在核试验场上下达批准我们参军的命令，我们同时穿上绿军装，同时被授予大尉军衔。1980年我们又同时被任命为研究所副所长，我们的工作关系进一步密切。1983年他任基地科技委副主任兼研究所科技委主任，我任研究所所长，我们相互尊重、紧密配合。1986年调我到基地科技委任主任，名义上他是副手，实际上他的工作能力和学术水平都高于我，只是因为我比他年轻4岁而已，他给我始终如一的、十分重要的支持和帮助。

1988年夏乔登江同志患肾癌，肿块发展很快，从新疆急送北京301医院动手术。当时我正在北京出差，那天和他夫人一起在手术室外等候。手术很成功，使大家松了一口气。乔登江同志非常乐观，以十分认真积极的态度对待术后康复，坚持每天早晚的锻炼，算来已有27个春秋，堪称奇迹。

1988年秋，军队恢复军衔制，以乔登江同志的功绩、资历和副军职务而论，授少将衔完全是够的，但是组织上考虑他已年过60，没有给他授衔，而且宣布他离休。夏乔登江同志愉快地服从组织决定，表现出一个老共产党员的高尚情操。

乔登江同志离休后仍然心系核试验事业，经常回研究所指导工作，回所的次数和时间比我多得多，并在华东师范大学担任教授，开辟新的理论研究方向。1995年防化研究院推荐我参选中国工程院院士，当选后我就想到应该推荐乔登江同志为下一届的候选人。1997年夏乔登江同志果然不负众望，顺利当选。十几年来，每年的院士大会我们都能相会。在每两年一次院士选举的评议中，我们的观点常常十分相近。乔登江院士坚持标准，表达见解耿直，公正、正确地履行了院士义务和权利。

乔登江院士对我国核试验事业和理论物理学的贡献，彪炳史册！

乔登江院士永垂不朽！

---

* 本文原载于中国工程源《院士通讯》，2015年第6月。

“中国绿色新能源产业技术创新战略联盟”成立大会致辞*

各位领导、嘉宾，同志们、朋友们：

中国绿色新能源产业技术创新战略联盟成立，是能源产业界的一件重要事情，可喜可贺！

减少二氧化碳排放，共创低碳绿色世界，应该成为全中国人民、全世界人民的共同理想和永远追求。绿色新能源产业技术包含丰富的内容，我们中国绿色新能源产业技术创新战略联盟成立后，要联合企业、学校、研究院所共同奋斗，在绿色能源、低碳汽车、提高能效、节能减排等方面，不断提出新观念、创造新技术、为企业增收，为国家添彩，为社会造福。

电动车是当前的热点之一。我国的电动汽车已从补贴导向阶段进入市场化阶段，绿色新能源汽车必须是技术先进、价廉物美，才能具有强竞争力。整个产业链的责任重大！低碳绿色汽车必须通过电动化、轻量化、智能化的技术途径来实现。轻量化就要减轻车身重量和电池重量。减轻车身重量要从材料和设计入手。减轻电池重量，一要提高电池比能量，这是我们电池界义不容辞的责任；二要减少电池用量，但是这与保证里程有矛盾。要认识，靠增加电池来提高里程，是浪费能源增加排放的做法，实不可取。增程式是一个两全其美的解决方案，这种车虽然仍烧油，但节油率高达 50%以上，还可不必使用充电桩。

绿色能源的生产和应用，与蓄电密不可分。在这个领域已经有些企业进入了商业化运行，我们联盟应该看到其大有可为，给予重视。

谢谢大家！

---

* 本文为 2016 年 8 月 4 日在“中国绿色新能源产业技术创新战略联盟”成立大会上的演讲。

游桐庐严子陵祠有感*

高风亮节谬夸哉
避官隐居岂光彩
男儿有志当报国
何恋春江钓鱼台

* 本文为 2016 年 8 月在参加浙江省委组织部组织的院士专家休养期间，在游览富春江畔的严子陵祠时，看到东汉以后历代文人墨客的诗文石刻，均对严子陵弃官隐居赞赏有加，深有感慨，成此诗。

发展规模储能的新型电池*

减少二氧化碳排放，共创低碳绿色世界，应该成为全中国人民、全世界人民的共同理想和永远追求。风能和太阳能发电是减少二氧化碳排放的主要途径。必须配以大规模储能以提高效率。充分利用电网的“谷电”，是节能减排的易行而有效措施。大规模储能电池应该大显身手。

大规模储能电池应该具有的性能：高安全性、长寿命、低价格、高能效、易维护、比能量、比功率、高低温性能、环境友好。

现有电池并非专为大规模储能设计，要改造、创新！

一、铅炭电池商业化崭露头角

1859 年法国普兰特发明铅酸电池，今年 157 岁！老而不衰，绝非偶然！对铅酸电池的性能评价：高安全性、环境友好、长寿命、低价格、高能效、易维护。铅酸电池本身不污染环境。生产和再生铅加工过程如管理不善，可能会对环境造成危害。法规不健全、监管不力是主要原因。近三年，政府部门大力整治，大为改观。

古老的铅酸电池有新技术。中国工程院能源与矿业学部与中国电池工业协会共同主办了四届铅酸电池新技术研讨会，主要内容有：第一，铅炭电池，活性炭解决了负极硫酸盐化问题；第二，铅-稀土合金和铅-石墨烯合金，解决了正极板栅腐蚀和活性物质软化问题；第三，生产自动化、精密化、清洁化水平进一步提高；第四，比能 60Wh/kg 电池(国家 863 计划项目)；第五，湿法再生，解决了烟尘污染问题，提高回收率。

铅酸电池继续保持高安全性、廉价的特点，现今寿命延长。

我国铅炭电池正大步前进，防化研究院与两家公司合作研制铅炭电池，与杭州南都公司研制密封式，与泰州双登集团研制卷绕式，均取得完全成功，解决了严重析气问题，正降低超级活性炭成本。铅炭电池已引起政府部门重视，工信部列入 2014 年“强基工程”，支持双登和南都。科技日报 2013 年 12 月 6 日报道，四川能宝与电子科大合作研制成铅炭电池，天能公司宣布，铅炭电池研制成功。

国家资助演示铅炭电池用于可再生能源储能，例如：南都用铅炭电池与可再生能源发电配套，新疆吐鲁番新能源城市微电网示范工程，浙江鹿西岛 4MWh 新

* 本文为 2016 年 10 月 20 日在“发电侧储能技术商业化应用论坛”上的演讲。

能源微网储能项目，珠海万山海岛 6MWh 新能源微电网示范项目，南方电网光储一体化储能电站联合设计项目，西藏、青海等光明工程光伏储能电站，大连通信数据传输用光伏储能电站，内蒙古风电移动储能示范系统，国电南瑞、中电普瑞 40kW/100kWh 储能系统，国能电力风电路灯示范系统，南非 MOBAX 风光储能电站，南都 2MWh 光储一体化微网储能电站。

铅炭电池已进入发电侧储能“削峰填谷”的商业行为，蓄电按指数 YCC 计算可以取得直接的经济效益：

$$\mathrm{YCC}=\frac{\text{电价}_{\text{出}}-\dfrac{\text{电价}_{\text{进}}}{\text{能量转换效率}}}{\dfrac{\text{输出1kWh的初投资}}{\text{循环寿命}\times\text{充放深度}}+\text{输出1kWh的运营成本}}$$

循环寿命，次；电价进、电价出，￥/kWh；输出 1kWh 电能的成本，￥/kWh，式中：分初投资与运营成本两项。如果 YCC＞1，储能企业盈利；YCC–1=利润率。

不同的运行参数(充放电深度)，产生不同的经济效益；搞透电池充放深度与循环寿命及转换效率的关系，是优化蓄电站经济效益的技术关键，潜力巨大(表 1)。电站规模总计 325.64MWh，步伐大，趋势好！

表 1　南都 2016 年与用电大户签完的商用储能项目

序号	储能/微网项目	电站规模/MWh	投资运营方式
1	徐州中能企业级储能电站	12	协鑫投资+运营
2	苏州腾辉电子企业级储能电站	12	南都投资+运营
3	苏州高景科技储能电站	25.6	南都投资+运营
4	荆玻集团企业级储能电站	9	南都投资+运营
5	苏州锦祥纺织储能电站	24	南都投资+运营
6	苏州建屋发展储能电站	19.04	南都投资+运营
7	镇江新区能源互联网基地储能	100(一期)，600(总容量)	南都投资+运营
8	江苏天工国际智慧型储能电站	100	南都投资+运营
9	上海福耀储能电站	24	南都投资+运营

二、锂离子电池要提高安全性

锂离子电池优点包括比能量高、比功率高、能量效率高、循环寿命长，不足之处包括安全性较差、价格还不够低、可能污染环境。

我国锂离子电池技术在进步：新电极材料及纳米化提高了比能量和比功率；国产隔膜采用复合陶瓷材料，价格低；电池生产自动化，提高了可靠性、一致性。电源管理和控制系统改进，提高了安全性和循环寿命。

张北 24MWh 锂离子电池示范电站正在运行中。要不停顿地大量积累数据，总结规律，以便推广。锂离子电池安全性提高，价格下降后可能用于规模商业储能。

目前说锂离子电池是“绿色”的，不对！锂离子电池含化学品多，生产过程问题也不少。①石墨：从含量百分之几的矿中选取精矿，尾矿堆积如山，废水横流；从精矿中分离出石墨，要用大量酸(含氢氟酸)溶去无机物，产生大量含氟废水。②六氟磷酸锂：制备中用含氟化学品；废电池处理中，六氟磷酸锂一遇到水汽，立即就生成氟化氢。③有机溶剂：电池生产过程中挥发出吡咯烷酮；废电池处理中排出大量有机溶剂。税务总局有朝一日要抽锂离子电池的消费税。

安全第一。锂离子电池组频发着火事件，因为是含能部件，又含有机溶剂，是易燃物；要确保锂离子电池燃烧事故几率极低。但圆满解决，有要个过程。规模蓄电的设计中，要控制不发生“连锁反应”。磷酸铁锂电池热失控温度最高，固有安全性最好，又不用我国稀缺的钴和镍，有极好的技术积累和材料工业基础。要继续提高寿命和优质品率、降低成本。聚合物锂离子电池安全性较高，又较现实。

三、液流电池有待考验经济性

液流电池体系多。全钒电池演示中，锌-溴电池在中国做试验，锌-镍单液流进入工程化阶段。

液流电池安全性高，寿命长。但价格高，能效低，维护繁难，钒有毒，溴挥发，电池比能量不高，放电倍率较低。

液流电池不断扩大演示规模，但是未见经济核算数据公开。应该从运行数据中找问题，找改进方向！应该学习铅炭电池的模式，有了经济效益后再放大规模，避免更大损失！

四、要研发规模储能新型电池

国家科技部“十三五”国家重点研发计划中有《高安全、长寿命和低成本钠基储能电池》的基础科学问题研究。钠资源十分丰富，水体系很适合规模储能！

水体系电池的安全性高，但是比能量较低。提高比能量的研究从两方面进行。

1. 提高水体系的电压

美国马里兰大学与美国陆军实验室合作，以美籍华人和中国留学生为主，研究高电压水介质锂离子电池体系，提出了“水在盐中”的新型浓电解液新概念(引申中科院物理所的“溶剂在盐中”概念)，其正极为尖晶石锰酸锂，负极为 Mo_6S_8，电解液为双(三氟甲基磺酰)亚胺锂(LiTFSI)的 20M 水溶液，电池电压 2.3V，寿命 1000 次循环。高、低倍率充放电下，接近 100%的库伦效率。这是高电压、水介质锂离子电池体系，可贵的创新概念。但实用尚有问题：新体系到实用，一般要 10 年；20M 的 LiTFSI 溶液，价格太高。

2. 提高水体系电极比容量

复旦大学化学学院尖晶石锰酸锂混合电容器、清华大学深圳研究生院二氧化锰锌离子电池、南京精研能源公司锌 X-$LiMn_2O_4$-锂离子电池、哈尔滨工程大学材料与化工学院镍锰氧储镁全为水体系含锰正极，比能量向 100Wh/kg 前进！ 有机电极材料水体系电池的安全性高，资源无限，值得注意。水体系钠离子电池的原料很丰富且成本较低。

张家港智电芳华蓄电研究所的电池研究目标是，安全性要高于现有的锂离子电池，而其他性能与之相当；价格要与铅酸电池相当，而比能量大于它；使用方便性要优于液流电池，而全寿命期总储能量与之相当。 经过几年努力，找到一种水体系二次电池–锌锂锰电池。其正极材料为 $LixMn_2Oy$ ($2 \leqslant x \leqslant 10$，$3 \leqslant y \leqslant 7$)，其中：钴、铬、镍、钛、钒、铁中的一种以上取代部分锰；钠、钾、镁、钙、锌、铜中的一种以上取代部分锂；氟根、磷酸根、硼酸根、硅酸根中一种以上取代部分氧。

以正极材料 Li_2MnO_3 为例，Zn-Li_2MnO_3 水系电池的特性如图 1 所示。充放电初期，平台渐明显，正极容量增大(图 1(a))；正极放电比容量可达 600mAh/g 以上，有 3 段(图 1(b))。排除锌枝晶影响的情况下，420mA/g 的电流密度下循环 1200 次，容量未见明显衰减，并表现出良好的倍率性能。

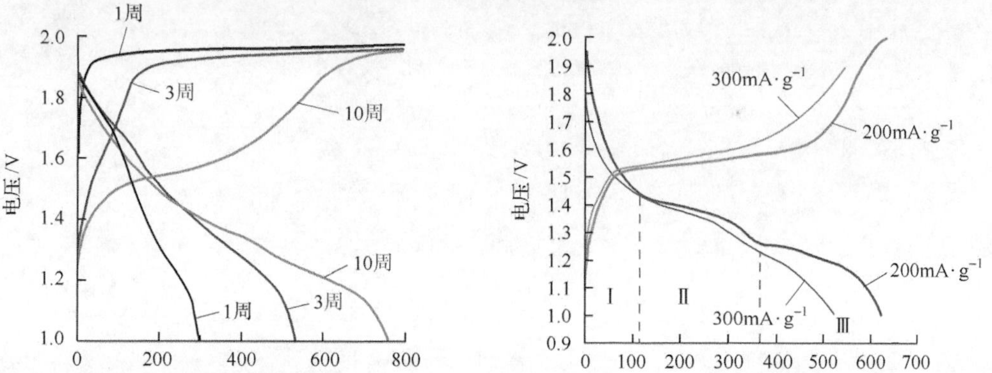

图 1 Li_2MnO_3 水系电池充放电曲线
电解液为：1MLi_2SO_4+0.5M $ZnSO_4$+添加剂

锌锂锰水系二次电池的放大试验性能基本与模拟小电池相当，未见容量明显降低。这种新电池安全性高于锂离子电池，比能量大于铅酸电池一倍以上，廉价，全寿命期总储能量可与液流电池相当，使用却方便得多。研究工作在继续进行中，主要包括克服锌负极三大难点：自腐蚀、枝晶、钝化；搞清正极机制；优化电池设计和材料配比。

专利使用许可转让给常州、长兴两公司，共同攻关；还有合作者要进入；争取两年后进入工程化阶段。

五、结束语

储能电池规模大，安全性十分重要。

现有的电池要用好！理想的储能电池要定做！

水体系储能电池安全性高，应努力创新。

锌锂锰水体系储能电池可能成为规模储能领域重要储能器件，正大力深入研究。

科技部的水系钠离子值得期待，时间很长！

谢谢！

新能源发展与储能技术应用*

今天准备讲六个问题：第一，新能源概述；第二，国内外新能源技术发展情况；第三，储能技术；第四，化学电源及应用；第五，燃料电池及应用；第六，当前电池材料的六个难题。

一、新能源概述

能源，自然界为人类提供的能量资源。传统化石能源有煤、石油、天然气。可再生能源有太阳能、风能、水能、潮汐能、生物质能、地热能。

新能源包括可再生能源、核能(裂变、聚变)、氢能。

大量使用化石能源和工业废气排放，使大气中温室气体浓度增加，大气中 CO_2 浓度已由工业革命前 280ppm 上升到 395ppm；还有 CH_4，NO_2，HFC_S，PFC_S，SF_6 等，是近百年以来全球气候变化的主要原因，造成大气温度升高，加剧自然灾害发生，冰山融化，干旱，暴雨，水灾，强风，沙尘暴，沙漠化，森林火灾等，危及地球生态安全和人类生存与发展。

应对气候变化的核心是控制和减缓温室气体排放。《巴黎协定》是世界共同意愿，到 21 世纪下半叶，全球要实现 CO_2 净零排放，建立以新能源和可再生能源为主体的低碳甚至零碳能源体系。将“全球气温控制在升高 2℃以内”作为目标，大气 CO_2 浓度应控制在 450ppm 内。中国能源发展面临着挑战，中国是世界上能源消费量、碳排放量第一的大国。中国 GDP 占全世界 15.5%，而能源消耗量却占到 22.9%，CO_2 排放量占到 27.8%。

还有能源安全问题。我国进口石油已占总消耗量的 68%(美国下降到 45%以下)。

中国正处于工业化、城市化发展的过程中，进行着大量的基础设施建设，消耗大量的钢、水泥、有色金属等高耗能的物资，能源消费量还将进一步增长。

能效的提高将需经历较长时间。中国能源要绿色低碳化，必须利用可再生能源发电。但是风能、太阳能发电受季节、昼夜、天气等因素影响。

要用储能解决风能、太阳能发电的不稳定性问题。储能方法有抽水上山、蓄电池、转为氢气、压缩空气等。

---

* 本文为 2016 年 11 月 14 日在常州市常州理工学院的报告。

二、国内外新能源技术发展情况

国务院《能源发展战略行动计划(2014—2020 年)》规定，到 2020 年非化石能源占一次能源消费比重达到 15%，煤炭消费比重控制在 62%以内。到 2030 年，非化石能源占一次能源消费比重要提高到 20%左右。

大力发展非化石能源及新能源包括：太阳能、风能、生物质能、地热能、海洋能、氢能、核能、高效储能技术。

太阳能永不枯竭。2009 年国家财政部、科技部、国家能源局联合发布了《关于实施金太阳示范工程的通知》。2009 年国家财政部与住房城乡建设部实施“太阳能屋顶计划”。金太阳示范工程是以国家财政补贴(原则上定为每瓦补贴 20 元)的形式，支持国内光伏市场的启动，在全国建立大型光伏发电示范项目。2014 年中国新增装机容量 13GW，占全球的 27.7%。但是，2013 年 5 月，“金太阳”财政补助出现漏洞，被要求全面进行清算；同时，我国光伏发电场发展快，多省 2015 年“弃光”达 30%。

太阳能电池的光电转换效率竞相提高。目前，多结电池效率高(大于 30%)、成本高，主要用于军工和航天领域。砷化镓-聚光、砷化镓-薄膜晶、单晶硅-聚光、单晶砷化镓、硅异质节的转换效率在 23%～30%。单晶硅、铜铟镓硒-聚光、铜铟镓硒、碲化镉、钙钛矿型电池、多晶硅、薄膜晶硅的转换效率在 20%～25%。其中单晶硅、多晶硅、碲化镉、铜铟镓硒、砷化镓等效率和成本相适应，产业化推广多。

风能发电。1 千瓦风电装置每年可减排 2 吨 CO_2。我国的风能很丰富，陆上离地面 50 米的可开发资源约 24 亿千瓦，主要分布在内蒙古、甘肃、新疆、吉林西部 。海上水深 25 米以浅的风能资源 2 亿千瓦。我国计划兴建 8 个千万千瓦级风力发电场，发展快速，2015 年全年风电新增装机容量 3297 万千瓦，累计并网装机容量 1.29 亿千瓦，占总装机的 8.6%；风电发电量 1863 亿千瓦时，占全部发电量的 3.3%；新增风电核准容量 4300 万千瓦，同比增 700 万千瓦；核准在建容量 8707 万千瓦。

问题也有：北方夜间风大，增加调峰负担；几不稳，影响供电质量，风电成了“垃圾电”；输送不畅，接受不爽，弃风严重。2015 年，全国风电装置平均利用小时数为 1728 小时，同比下降 172 小时。利用小时数最高地区是福建 2658 小时，最低的地区是甘肃 1184 小时。

2015 年，弃风限电加剧，全年弃风电量 339 亿千瓦时，同比增加 213 亿千瓦时，平均弃风率 15%，同比增加 7 个百分点，其中弃风较重地区：内蒙古，弃风电量 91 亿千瓦时、弃风率 18%；甘肃，弃风电量 82 亿千瓦时、弃风率 39%；新疆，弃风电量 71 亿千瓦时、弃风率 32%；吉林，弃风电量 27 亿千瓦时、弃风率 32%。要发展低成本、规模化蓄电，变“垃圾”为“宝”。

德国计划 2030 年可再生能源发电占总电量的 50%，2050 年达到 80%。其能源转换计划 P2G(Power to Gas)将风能转变为氢气，效率约 60%，整个循环过程没有增加碳的排放，如图 1 所示。

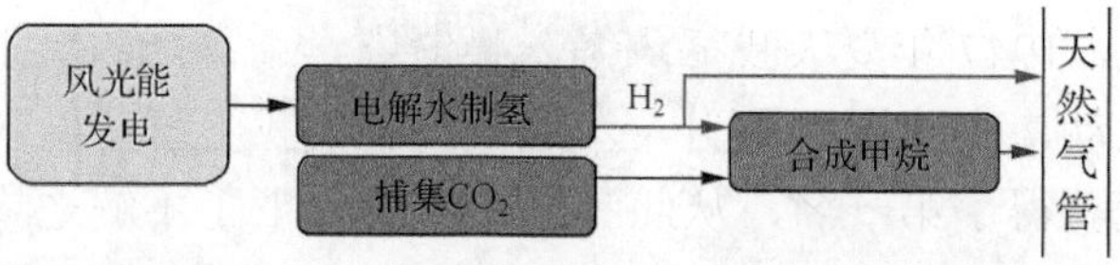

图 1　可再生能源发电至天然气

美国能源部委托可再生能源国家实验室提出了美国未来高比重可再生能源电力系统，提出可再生能源发电占总发电量 80%。其中风电 37.3%，光伏发电 6.5%，光热发电 6.7%，水电 11.6%，地热和生物质发电 19.4%，其余的 20%发电量由天然气发电、煤电以及核电来提供。美国可再生能源资源丰富，可以满足 2050 年可再生能源占主导电力系统的需求。

三、储能技术

可再生能源发电需要规模蓄电。2015 年底全球储能装机 143.6GW，中国储能装机 22.8GW，99.5%是抽水蓄能电站。电化学储能 105.5MW，其中 66%是锂离子电池，铅电池占 15%，液流电池占 13%，超级电容占 6%。还有少量其他物理方法储能。今年铅电池储能电站发展很快！

抽水蓄能是最成熟的大规模蓄电技术，寿命长，运行费低，晚上把水从低处抽到高处的水库，白天流下发电。到 2014 年底，我国装机 2183 万千瓦，2020 年底将达到 7000 万千瓦，主要用于核电调“峰”。

沂蒙抽水蓄能电站 120 万千瓦。上水库库容为 800 万立方米，工程总投资 73.70 亿元。设计年发电量 20.08 亿 kWh，抽水用电 26.77 亿 kWh，能效 75%，预计 2021 年 12 月首台机组发电，2022 年 12 月完工。但抽水蓄能电站需要合适场地；几十万千瓦“整起整落”不能灵活切换。

其他物理储能技术有飞轮、超导储能、物理电容器(储能密度小、脉冲式补偿、寿命长、结构简单、使用方便)、超级电容器(兼有电池与物理电容器优点)、压缩空气储能(德、美、日用地下气库储气，放能时提高燃气轮机效率。但需合适的地质条件，工程量大，日本停了)。

中科院工程热物理所创新压缩空气储能——超临界液化空气，结合蓄热-蓄冷，效率 60%，不需地下气库储气，不消耗天然气。

四、化学电源及应用

化学电源简称电池，是将化学能直接转变为电能的装置。电池的作用已是无处不在，风电、光电中的稳定化作用，通信工程、手机、电子计算机，各种汽车、内燃机车的启动，电动两轮、三轮、汽车的动力，军事应用等，用途广，要求不同，品种规格多(图 2)。

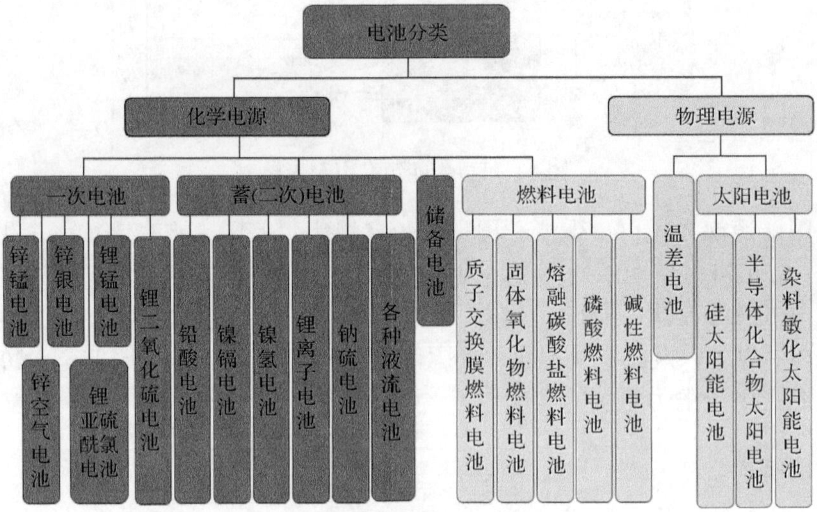

图 2　电池分类

电池的构成：正极、负极、电解液组成电化学体系(图 3)，三者改一个就是改了电化学体系。三者改一个性能如提高，就有“创新”。

电池的性能：电压决定于电池体系；容量，Ah；比能量，Wh/kg；比功率，电池承受工作电流的大小；贮存性能，自放电(漏电)；寿命，循环次数、使用年限；安全性，不易爆炸、燃烧、漏液(腐蚀性)。其他性能有价格、易维护、环境友好。根据用途研制，按照需要调节性能。我国是电池生产大国，实力不弱，但非最强。

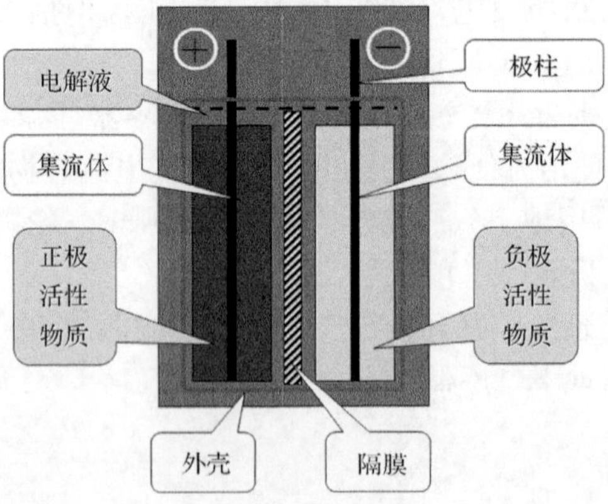

图 3　电池的构成

1. 古老铅酸电池有新技术

从2000年起，中国工程院能源与矿业工程学部与中国电池工业协会共同主办了四届铅酸电池新技术研讨会(两年一次)。重要议题有：铅炭电池，活性炭解决了负极硫酸盐化问题；铅-稀土合金和铅-石墨烯合金，解决了正极板栅腐蚀和活性物质软化问题；生产自动化、精密化、清洁化水平进一步提高；比能 60Wh/kg 电池(双登-防化，国家 863 计划项目)；湿法再生，解决了烟尘污染问题，提高回收率。铅酸电池继续保持高安全性、廉价的优点，寿命延长了。

我国铅炭电池正大步前进。防化研究院与两家公司合作研制铅炭电池，即与杭州南都公司合作密封式，与泰州双登集团合作卷绕式，均取得完全成功，解决了严重析气问题，正在降低超级活性炭成本。铅炭电池已引起政府部门重视：工信部列入 2014 年"强基工程"，支持双登和南都。此外，科技日报 2013 年 12 月 6 日报道四川能宝与电子科大合作，研制成铅炭电池；天能公司宣布，铅炭电池研制成功。

2. 铅炭电池用于商业削峰填谷

蓄电的直接经济效益以指数 YCC 表示：

$$\mathrm{YCC}=\frac{\text{电价}_{\text{出}}-\dfrac{\text{电价}_{\text{进}}}{\text{能量转换效率}}}{\dfrac{\text{输出1kWh的初投资}}{\text{循环寿命}\times\text{充放深度}}+\text{输出1kWh的运营成本}}$$

式中，YCC＞1，储能企业盈利；YCC–1=利润率。

优化铅炭电池的运行参数，经济效益显著。设充放深度为 60%，能量转换效率为 90%；储能装置的循环寿命为 5000 次；电价$_{进}$、电价$_{出}$分别为人民币 0.30、1.00 元/kWh；输出 1kWh 电能的初投资为人民币 1200 元；输出 1kWh 的运营成本为 0.06 元，得 YCC=1.45，表示储能企业利润率 45%。

不同的运行参数(充放深度)产生不同的经济效益；搞透电池充放深度与循环寿命及转换效率的关系，是优化蓄电站经济效益的技术关键，潜力巨大。南都公司 2016 年与用电大户已签 9 座商用储能电站，单站容量在 10～100MWh，总计 325.64MWh，步伐大，趋势好！

3. 高比能量锂离子电池

动力型用于电动车，能量型用于规模储能。锂离子电池要同时提高安全性和寿命，尤其是安全性。负极材料的比容量高，石墨理论值 372mAh/g，硅理论值 4200mAh/g。提高锂离子电池比能量的关键在正极材料(表 1)，影响锂离子电池安全性的关键也是正极。

表 1　不同体系锂离子电池体系性能

正极材料	对锂的平均电压/V	可用比容量 /$(mAh \cdot g^{-1})$	正极比能量# /$(Wh \cdot kg^{-1})$	电池比能量※ /$(Wh \cdot kg^{-1})$	安全性、成本和寿命预测
钴酸锂 $LiCoO_2$	3.9	140	546	200	电池能量密度高，寿命长，成本高、安全性低
改性锰酸锂 $LiMn_2O_4$	4.0	110	440	140	安全性好，成本低，但寿命较短
磷酸铁锂 $LiFePO_4$	3.4	155	527	160	安全性最好，成本较低，寿命很长
三元材料 NCM	3.8	160	646	220	安全性偏低，成本较低，寿命较长
锂镍锰 $LiNi_{0.5}Mn_{1.5}O_4$	4.7	130	611	200	安全性高，成本较低，技术待突破
富锂锰基 Li-rich oxides	3.6	270	972	280	安全性偏低，成本较低，需继续研究

#按对锂平均电压计算。

※电池的负极为石墨。

4. 电动汽车

电动汽车按动力划分为两大类、六种：①纯电动车(EV)；②燃料电池电动车(FCEV)，燃料电池发电；③增程式纯电动车(EREV)，内燃机发电；④油-电混合电动车(HEV)，轻、中、全等不同混合程度；⑤电-油混合电动车(PHEV)，插电式混合动力车；⑥起-停式(微混)汽车，绿灯电起动—燃油行驶—红灯熄火。前 3 种为纯电驱动类，只有电动机一种驱动力；后 3 种为混合(双)动力类，有内燃机和电动机两种动力。

各种电动汽车各有千秋，在发展中竞争。电池是最关键部件，用好电池就能做出特色。山东、河北大力发展的低速、短程纯电动车，受到部分传统汽车人士和少数官员的鄙视和打压，却受广大群众欢迎，年增长幅度 30%～50%，不需补贴和政策优惠，供不应求，因为用好了铅酸电池。

我国电动汽车开始市场化。技术进步，产量增长，成本下降，补贴开始“退坡”。政府准备推行“积分制”，明确汽车企业生产责任。用户要习惯于用油费-电费的差价抵偿电池的价格。节油减排关系国家能源安全和生存环境，人人有责。

“增程式”是自带发电机的纯电驱动电动车，发电机可由各种燃料的内燃机提供动力，行驶前电池组充电，纯电动里程高于 50 公里可以获得政府补贴。“增程式”优点多：电池组不会缺电和过放电，寿命延长，安全性高；可以不用充电桩，且能远距离行驶；也可晚间在停车场充电，既推销电网的“谷电”，用户又可享受峰谷电价差而节省开支；电池少，成本较低；节油率 50%以上；又安全，易于市场化。

介绍一下美国增程技术情况。美军研制的增程式电动车“影子”战车(图 4)，其动力驱动系统：114kW 直喷式柴油发电机；110kW 永磁发电机；四个 50kW 永磁轮毂电机；两组 SAFT 公司的锂离子电池；额定输出 20kWh，最高功率 80kW。“影子”战车的行驶特性：公路上最大时速 112 公里/小时；50km/h 速度，续航里程 758km。纯电动时，续航里程为 32 公里。1999 年开始研制，十几年未报道装备部队。

图 4　美国影子战车

5. 轮船电动化，使用增程式

加拿大 PlanB 公司改装、新建多艘大型船只(图 5)。例：混合动力海洋供给船，淘汰备用柴油发电机。降低 21%的碳排放，项目费用 75 万美元，投资回收期小于二年。

图 5　混合动力海上供给船

6. 武器装备中电源的作用与日俱增

武器装备所需的不同电池(表 2)。武器装备越先进，电源越关键；武器装备越复杂，电源的品种越多；武器装备越发展，对电源的要求越高。传统的电源是各种功率的柴油发电机，仍很重要，但有局限性，如比功率不高，体积大，启动慢，噪声和热辐射，需要进、出气等。电池在武器装备中的作用日益突显。

表 2　不同种类武器装备电源需求

种类	动力电源	储能电源	通信电源	启动电源	引信电源	其他
武器装备	电动鱼雷、全电装甲车微波干扰弹强激光武器激光致盲枪	各种潜艇、水下航行器、临近空间飞器、同步轨道卫星、边防海岛风能、太阳能蓄电	各级电台、移动话机	各类运输车、各类装甲车、各种飞机、各种导弹	导弹、核武器、智能炸弹、智能炮弹火箭、水雷、地雷	卫星定位仪、激光瞄准器、激光测距仪、夜视仪
时间	半小时至几小时	几天至十几天	几十小时	几秒多次	毫秒级	不等
对电源的要求	高比功率、高比能量	特高安全性、高可靠性、长循环寿命	高比能量、脉冲功率	高比功率、长循环寿命	瞬时大电流、可长期存放	高比能量、可长期存放
已用电池品种	锌银电池、铝银电池、锂锰电池	铅酸电池、锂亚硫电池、锂-SO_2 电池	干电池、一次锂电、镉镍电池、氢镍电池	铅酸电池、镉镍电池、热电池	贮备电池、长贮存期一次电池	锌锰电池、氢镍电池
正发展的品种	锂离子电池	再生燃料电池、液流电池、锂离子电池	锂离子电池、锂硫电池	铅碳电池、超级电容器	新贮备电池	锂离子电池、高能锂电池

五、燃料电池及应用

燃料电池是发电机，不是储能装置。燃料电池的种类见表 3。

表 3　燃料电池种类

种类(代号)	工作温度/℃	燃料
固体氧化物(SOFC)	800	氢、天然气
融熔碳酸盐(MCFC)	800	氢、天然气
磷酸型(PAFC)	200	氢
碱性型(AFC)	60	氢
质子交换膜(PEMFC)	80	氢
直接甲醇(DMFC)	80	甲醇(乙醇)

燃料电池优点有：能量转换效率高，质子膜交换燃料电池达 40 %；高温燃料电池可达 60%；洁净、无污染、噪声低；模块结构，根据不同的功率要求组合；比能量高，以 24 小时发电计，为蓄电池的 8 倍，锂离子电池的 3 倍。

燃料电池用于电动汽车，必须与电池并联，实际上将成为燃料电池增程电动车！

燃料电池潜艇。2002 年 3 月 22 日，德国 212A 级潜艇下水。该艇采用了多台 34kW 的燃料电池。艇长 56.0 米，艇高 11.5 米，最大直径 7.0 米，排水量 1450 吨，载员 27 人，充氢一次可连续潜航三周，水下巡航速度 16 节。可再生燃料电池是储能装置，其工作流程如图 6 所示。

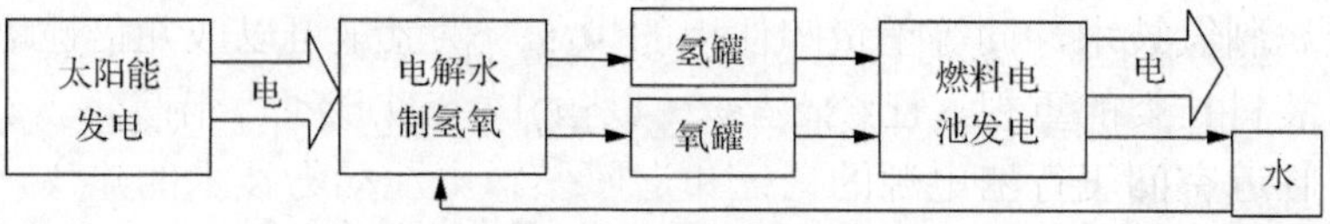

图 6 可再生燃料电池工作流程

美国拟将可再生燃料用于空间。我国的临近空间飞行器也曾准备用此系统。后经竞赛，采用了我们的储能系统新方案，取代再生式燃料电池，少用了 800 公斤太阳能电池板，且可靠性高。

我不赞成将“国外有应用的实例”作为技术方案选择的依据，这样做，不仅限制了创新，而且国外的先例也不一定是先进的。

六、当前电池材料的六个难题

1. 质子交换膜燃料电池的非铂催化剂

(1) 非铂催化剂的重要性：铂贵，储量与产量远不够质子膜交换燃料电池电动车的需求。

(2) 非铂催化剂的问题：反应活性低-比功率低；寿命短。

2. 全固态锂离子电池的电解质

(1) 全固态电解质的重要性：解决锂离子电池安全问题的最佳途径，无需有机溶剂，消除热失控和可燃性的根源。

(2) 全固态电解质的问题：电导率低；与活性物质固/固界面的稳定性，寿命短；比功率低。

3. 锂硫电池的长寿命硫正极材料

(1) 此材料的重要性：电动汽车里程要达到 300 公里，要求“下一代”动力电池“比能量 500Wh/kg”，正极是达到高比能量的关键。

(2) 此材料的问题：硫是电子和离子的绝缘体；反应复杂，寿命短；比功率低。已经发表了很多 S/C 复合材料的文章，有实用性的少！常听到“突破”，容易造成汽车界误解。

4. 锂空气电池的双功能正极材料

(1) 此材料的重要性："下下一代"比能量 700Wh/kg 动力电池，使"电动汽车里程赶上燃油车"，正极应具有氧气还原-氧离子氧化双功能，是锂空气电池可充电的基础。

(2) 此材料的问题：能量转换效率低；寿命短；比功率低。

5. 水体系储能电池的长寿命负极材料

(1) 此材料的重要性：可再生能源大规模蓄电，要求高安全性、长寿命、高比能量、廉价，优于铅酸电池的电池。锌锂锰电池正极比容量达到600mAh/g；但负极难寻，且要资源丰富。

(2) 此材料的问题：镉已禁用；锌易生枝晶，电池寿命短。

6. 超级电容器的高性价比电极材料

(1) 此材料的重要性：超级电容器是高功率、超长寿命储能器件，用途广泛；但比能量低、价格贵；关键在电极材料比容量低，进口价格贵。

(2) 此材料的问题：比表面、中孔孔容、电导率、密度、纯度、性价比相互制约。高电压下的高稳定性差。

难题六个，难度有别但都不小，均需攻坚！

七、结束语

新能源一定要大力发展！新能源发展必然与储能形影不离！

电动汽车、可再生电源、新兴工业的大发展对蓄电池提出越来越高的要求——安全性、高能效、比能量、比功率、寿命、价格！

高要求带来高难度！各有侧重的电池新体系应运而生。储能事业有着空前广阔的创新天地！

谢谢！

在中国超级电容产业联盟成立大会上的讲话*

各位来宾、同仁们：大家上午好！

非常高兴与大家欢聚在这里，共同见证中国超级电容产业联盟的成立。联盟的成立，将为所有致力于超级电容和相关电源的政府部门、企业、高校、科研单位提供一个共同议事，共同发展的平台。这个平台属于行业，属于每一位致力于产业发展的在座诸位，相信这是一个值得我们激动、记忆的时刻。

发展储能及与其密切相关的新能源、新能源汽车，是建设生态文明社会的重要组成部分。超级电容，包括电容电池和电池电容，在储能和新能源、新能源汽车等领域的作用日益重要。

昨天，北京又再次发布了雾霾的“红色”预警。“红色”意味着什么，意味着环境污染已到了十分严重的地步，治理迫在眉睫。我们的联盟要将为环境污染治理贡献我们的力量。

我们联盟成立后，业界同仁要团结起来，为推进产业发展，推动环境友好型社会多做实事。承蒙大家抬举，本人非常荣幸成为联盟的首任理事长，一定要和大家一起，做好联盟的事情！

联盟的成立离不开主管部门的大力支持，更离不开行业工作者的共同努力。我想，联盟成立后，我们首要的目标就是要围绕服务会员、服务企业、进而服务行业，为产业的持续健康发展做工作。与此同时，伴随着新能源汽车的持续发展，超级电容及相关电源的新技术，也是非常值得我们关注和把握的热点。

联盟明年上半年的工作重点围绕“组织建设、项目申报、政策制定及标准化建设”，下半年工作将侧重应用探索、进一步推进相关工作。总体归纳，2017 年的工作目标如下：第一，要加快联盟管理制度建设，逐步规范各项工作流程；第二，要开展重大行业课题研究，为政府提供决策支撑；第三，积极研制超电领域标准，健全行业标准体系；第四，加强国内外交流与合作，提升行业影响力；第五，积极发展会员并反映会员诉求，增强行业凝聚力；第六，加强宣传，提升联盟影响力。详细的工作安排，将由联盟秘书处一一组织大家商讨，希望大家多多提出宝贵的意见和建议。

近年来，经学术界和产业界的不懈努力，超级电容产业已初具规模，超级电容器已应用于辅助峰值功率、备用电源、存储再生能量、替代电源等不同的应用

* 本文为 2016 年 12 月 16 日在中国超级电容产业联盟成立大会上的演讲。

场景，在交通运输、工业控制、风光发电、智能三表、电动工具、军工等领域更是有着非常成熟的应用案例。这都是全行业共同努力的结果。

希望在这样好的契机下，大家进一步紧密团结，共同向前看。当前要着重解决两大问题：一是发展国产超级活性炭，降低价格，大幅度降低超级电容器的成本；二是充分发挥超级电容器的优势，继续开拓其他储能器件难以竞争的应用领域。我们应该满怀信心，在积极推动超级电容及高功率型电源产品发展的征途上，迈开双脚，大踏步朝前走！

最后，预祝行业蒸蒸日上，联盟工作越来越好！

化学储能的历史责任和机遇*

各位同志：早上好！

非常高兴参加“储能国际峰会暨展览会 2017”，我们大家又一次欢聚一堂了！

今天我想就《化学储能的历史责任和机遇》讲三点内容。

(一) 化学储能的历史责任

大量使用化石能源和工业废气排放，使大气中温室气体浓度增加，加剧自然灾害发生，危及地球生态安全和人类生存与发展。减少二氧化碳排放，共创低碳绿色世界，应该成为全国人民、全世界人民的共同理想和永远追求。发展以风能、太阳能为主的可再生能源，是最好的出路。可再生能源发电的不稳定性必需以储能克服。

化学蓄电优势突出。它运用灵活、方便、电-电转换效率高出抽水蓄能约 15%，成本不断下降，在可再生能源发电中有着不可推卸的责任，而且，事实已经证明，有能力承担这种责任。2016 年我国的化学储能事业开始了大发展，开建的 10 兆瓦时以上铅炭电池储能电站总容量超过 300 兆瓦时，最大的达 100 兆瓦时。还使用锂离子电池和其他电池建成和开建了许多包含储能电站分布式电网。总投资 35 亿的全钒液流电池正式立项，这是世界规模的壮举。

此外，在电动车和无线通讯基站中，化学储能也占据无可替代的位置。这些领域中，成百万、千万单元累计起来，总规模十分巨大，是化学储能的重要分枝。当然它们的单元容量比较小，使用要求的重点也有差别，我们另题讨论。

今天要特别强调的是，化学储能应该而且可能在可再生能源发电中发挥积极作用，首先从分布式、微电网做起，进而为主电网服务，推动绿色能源发展，造福于全国人民和全人类子孙后代。

(二) 紧密针对大规模需求，发展新技术

大规模储能要求具有的十大性能：第一位重要的是高安全性；第二位的要求是高转换效率、长循环寿命、价格低廉、使用方便；第三位的要求是资源丰富、环境友好、可耐寒热、高比能量、高比功率。

化学电源工作者的任务是追求“十全十美”的储能技术，使习惯于抽水蓄能

---

* 本文为 2017 年 5 月 23 日在“储能国际峰会暨展览会 2017”上的讲话。

规模的电力界改变“化学电池不足以担此重任”的成见。

“十全十美”的储能技术是理想追求。

现有电池技术要不断改进、完善，充分挖掘潜力，向“十全十美”逼近。铅酸电池发展为铅炭电池，就向前迈出了一大步。铬铁液流电池显示出比全钒液流电池更强的优势。锂离子电池能量转换效高达90%，价格迅速下降。特别是磷酸铁锂为正极的电池安全性较高，寿命较长，比能量达160Wh/kg。进一步提高安全性和寿命，可以在大规模储能中占有一席之地。

更要大力创新，提出并研究具有“十全十美”潜质的新电池体系。我国近几年新电池体系发展加速，出现了几种以不同锰化合物为正极的体系，表现出可喜的发展前景。水体系钠离子电池资源丰富，有较强的竞争力。有机物质取之不尽，制成活性物质安全性高，值得重视。

研究“十全十美”新电池的理想，一定要实现，也一定会逐步实现。

(三)三项建议

1. 建议由政府领导建立蓄电站安全评价体系

蓄电站蓄有大量的能量，有的电池还含易燃物，或在充电时产生氢气、氧气。蓄电站是否安全不是建造者自己说了算，也不能含混地定性评价了事，而应该像核电站或大飞机那样定量分析事故概率。

核电站要求事故概率小于 10^{-5}/堆·年。大飞机则要求，灾难性事件发生概率低于 10^{-9}/飞行小时(1年=8760小时)。

蓄电站应该建立自己的安全评价体系。

2. 建议蓄电站(电动车)建立维修保养制度

蓄电池如同任何机电设备一样是必需维护的。有的电池号称“免维护”，实际上是相对于过去单体电池在一定使用条件下需要的频繁维护而言，但多个电池串并联使用时，情况就完全不同了。所以“免维护”是相对的，需要维护是绝对的。

人们应该建立此观念，从而改变错误的电池组“免维护”使用习惯，建立维护制度和维护规范，以延长使用寿命，减少燃、爆事故的发生。

3. 建议有计划地培养各种层次的蓄电站(及电动车)专业技术人才

电池是高科技产品，蓄电及其充电-放电是十分精细的电化学过程，串并联使用的电池组在外界的影响下，情况更为复杂。

为了适应储能电站快速发展的客观形势需求，我国需要不断培养一大批专业的蓄电站设计、建设人才，也需要更大一批兼有理论知识与实践技能的蓄电站专业维护人才。

(四)展望未来

未来的能源是可再生能源，储能与之同步发展，电池储能是重点。

未来的电池层出不穷，性能将按照规模储能和车船动力的需求不断改善。

未来的蓄电事业一定兴旺发达。

未来的蓄电人一定能为人类作出更大贡献！

附　录

《纵论电动汽车和化学蓄电——杨裕生院士文集》目录

第四部分　动力电池及材料

第五部分　可再生能源与规模蓄电

附　录